高等数学学习指导

（上册）

主　编　朱玉灿　江辉有

副主编　程　航　周　勇

曾勋勋　王　平

科学出版社

北　京

内 容 简 介

本册内容包括函数的极限与连续性、一元函数微分学、一元函数积分学和微分方程四章，每章分成教学基本要求、内容复习与整理、扩展与提高、释疑解惑、典型错误辨析、例题选讲和配套教材习题参考解答七个部分. 内容讲解力求深入浅出，条分缕析，逻辑严谨，突出思想性、知识性、直观性.

本书可作为高等院校理工科各专业高等数学学习的辅导书，也可以作为相关专业教师或科技工作者的参考书.

图书在版编目（CIP）数据

高等数学学习指导. 上册 / 朱玉灿，江辉有主编. —北京：科学出版社，2023.9

ISBN 978-7-03-076482-9

Ⅰ. ①高… Ⅱ. ①朱… ②江… Ⅲ. ①高等数学-高等学校-教学参考资料 Ⅳ. ①O13

中国国家版本馆 CIP 数据核字（2023）第 179408 号

责任编辑：姚莉丽 胡云志 孙翠勤 / 责任校对：杨聪敏
责任印制：师艳茹 / 封面设计：蓝正设计

科学出版社 出版
北京东黄城根北街 16 号
邮政编码：100717
http://www.sciencep.com
涿州市般润文化传播有限公司 印刷
科学出版社发行 各地新华书店经销

*

2023 年 9 月第 一 版 开本：787×1092 1/16
2024 年 1 月第三次印刷 印张：16 1/2
字数：391 000

定价：49.00 元

（如有印装质量问题，我社负责调换）

前　言

本书的写作是在我们的教材《高等数学》(上、下册)由科学出版社出版之后就已经规划的, 只是后来由于种种原因, 过程拖得有点长. 在所有这些原因中, 最主要的是该如何写作这本书. 为此我们做了多次研讨, 参考了许多同类书籍, 听取了校内外许多教学一线教师(还包括一些学生)的意见和建议, 最终在 2020 年年末确定了按照如今出现在读者面前的这种写法来写作.

我校数学公共基础课教学研究中心近些年组织全体教师, 特别是年轻教师积极投入慕课、微课程、线上线下混合式课程等省级平台建设, 取得了很多成果. 本中心还建设了网上阅卷平台, 这样课程教学的过程考核等工作的展开不但效率高, 而且执行方便, 受到了省内同行的一致好评. 所有这些努力对提高学生学习积极性、主动性、融入性起到了关键作用, 也对本书的写作有诸多助益.

基于教材而高于教材, 是我们编写本指导书的指导思想. 总体上我们秉承“以学生为中心, 以发展为主线, 不以考试为导向”的理念, 从学好高等数学课程的角度进行编写, 强调理论的完整性与发展性、方法的多样性与发散性、处理问题的多角度性, 尽可能多地用直观图形帮助理解相关的理论方法.

本书共分九章, 分别为函数的极限与连续性、一元函数微分学、一元函数积分学、(常)微分方程、向量代数与空间解析几何、多元函数微分学、第一型积分、第二型积分、无穷级数. 每章又分七个部分.

1. 教学基本要求: 根据国家工科数学课程教学指导委员会制定的工科本科数学教学基本要求, 结合我校教学实际和研究生入学考试数学(一)高等数学部分大纲编写.

2. 内容复习与整理: 分基本概念、基本理论和方法两部分. 基本概念部分, 是对每章涉及的主要概念的综合性描述, 基本理论与方法部分是从整体角度对每章的主要理论和方法进行归纳、总结.

3. 扩展与提高: 主要理论的补充或升华, 也有方法的拓展和总结, 部分内容还是我们的教学研究成果.

4. 释疑解惑: 主要是教学过程中学生常问的, 甚至是一些老师也感到疑惑的问题的解析.

5. 典型错误辨析: 主要是学生作业和理解方面常见错误的辨析及纠正.

6. 例题选讲: 每章选取一定数量的例题进行详细讲解, 在选题上要求或者能够作为理论补充, 或者有代表性解法, 或者有一定的普适性意义, 大部分都有一定的综合性, 每道题同时还给出思路分析.

7. 配套教材习题参考解答: 包含了我们配套教材的全部习题的详细解答.

这套指导书虽然是作为我们教材《高等数学》(上、下册)的配套读物, 但由于内容的普适性, 我们设定的读者对象主要是综合性大学或者一般本科院校的理工科非数学专业的本科生, 也可以作为研究生入学考试的辅导书及相关教师的教学参考书.

作为学习指导书, 我们希望以更高、更多角度的形式来审视相关数学知识, 更好地理解微积分的思想方法, 更有效地解决学生在学习中遇到的问题. 因此写作时既强调逻辑严谨性, 也强调发散性思维. 是否, 或者能否达成这个目标, 则有待读者的检验. 我们诚挚地希望读者可以指出本书存在的疏漏与不足, 提出宝贵的意见和建议, 以使我们的指导书得到进一步的充实和提高, 成为一套名符其实的具有指导意义的读物.

本书的出版得到福州大学数学与统计学院领导和同事们的大力支持, 在此一并致以诚挚的谢意!

江辉有

2023 年 2 月于福州大学

目　　录

第 1 章　函数、极限与连续性

1.1　教学基本要求

1. 理解函数的概念以及函数的基本性质(奇偶性、周期性、单调性和有界性)，掌握函数的表示方法.

2. 理解复合函数及反函数的概念，了解隐函数的概念.

3. 掌握基本初等函数的性质及图形特征.

4. 能够建立简单应用问题中的函数关系.

5. 理解极限的概念、性质，掌握极限的四则运算法则和复合运算法则.

6. 掌握极限的两个存在准则，会利用其判断极限的存在性，同时要掌握两个重要极限，并能够利用它们求极限.

7. 理解无穷小和无穷大的概念、性质和相互关系，理解无穷小比阶的概念，会利用等价无穷小求极限.

8. 理解函数连续性和间断点的概念，能够判断间断点的类型.

9. 了解闭区间上连续函数的性质(有界性、最大值和最小值的存在性及介值性质)，并会应用这些性质处理相关问题.

1.2　内容复习与整理

1.2.1　基本概念

1. **变量与常量**　在一个特定变化过程中保持不变数值的量称为常量，在该过程中可以取不同数值的量则称为变量.

2. **区间与邻域**　介于两个实数 a 与 $b(a<b)$之间的所有实数构成以 a 和 b 为端点的有限区间，有四种不同类型:

闭区间　$[a,b]=\{x\in\mathbb{R}\,|\,a\leqslant x\leqslant b\}$，**开区间**　$(a,b)=\{x\in\mathbb{R}\,|\,a<x<b\}$，

半开区间　$(a,b]=\{x\in\mathbb{R}\,|\,a<x\leqslant b\}$ 与 $[a,b)=\{x\in\mathbb{R}\,|\,a\leqslant x<b\}$.

此外，还有四类**无限区间**

$$(-\infty,b]=\{x\in\mathbb{R}\,|\,x\leqslant b\},\quad [a,+\infty)=\{x\in\mathbb{R}\,|\,x\geqslant a\},$$

$$(a,+\infty)=\{x\in\mathbb{R}\,|\,x>a\},\quad (-\infty,b)=\{x\in\mathbb{R}\,|\,x<b\}\text{ 及 }(-\infty,+\infty)=\mathbb{R}.$$

以实数 a 为中心，正数δ为半径的邻域就是开区间$(a-\delta,a+\delta)$，简称 **a 的δ邻域**，记为$U(a,\delta)$；而$(a-\delta,a+\delta)-\{a\}=(a-\delta,a)\cup(a,a+\delta)$则称为以点 a 为中心，正数δ为半径的**去心邻域**，简称 a 的去心δ邻域，记为$\mathring{U}(a,\delta)$．一般地，含有点 a 的开区间 I 都可以称

为点 a 的**邻域**.

3. **函数** 给定一个非空集合 $D\subset\mathbb{R}$，如果有一个对应法则 f 使得对任意一个点 $x\in D$，通过法则 f 都能够找到唯一确定的实数 y 与之对应，则称 f 是定义在 D 上的一个(实)函数，记为 $y=f(x)$．也可以称变量 y 是变量 x 的函数，x 称为**自变量**，y 称为**因变量**，D 称为该函数的**定义域**，$R=\{f(x)\,|\,x\in D\}$ 则称为该函数的**值域**.

定义域和对应法则是函数的**两个要素**，缺一不可.

函数的表示法主要有：解析法(公式法)、图形法和表格法.

分段函数 在定义域的不同部分对应法则不完全一致的函数称为分段函数. 我们经常借助于分段函数来解释一些概念之间的关系.

函数的图形 给定函数 $y=f(x)$，$x\in D$．平面点集 $G=\{(x,y)\in\mathbb{R}^2\,|\,x\in D,且y=f(x)\}$ 称为该函数的图形. 它是函数 $y=f(x)$ 的直观体现.

4. **反函数** 对于函数 $y=f(x)$，$x\in D$．设其值域为 R_f，如果对每个 $y\in R_f$，只有唯一一个 $x\in D$ 使得 $y=f(x)$，则这种对应关系确定了一个函数 $x=\varphi(y)$，称为函数 $y=f(x)$ 的反函数. 函数 $x=\varphi(y)$ 与函数 $y=f(x)$ 的定义域与值域互换，且 $x=\varphi(f(x))$，$y=f(\varphi(y))$．抽象函数 $y=f(x)$ 的反函数常常记为 $x=f^{-1}(y)$．

复合函数 设 y 是 u 的函数 $y=f(u)$，$u\in D_f$；同时 u 又是 x 的函数 $u=\varphi(x)$，$x\in D_\varphi$. 如果函数 $u=\varphi(x)$ 的值域 R_φ 与函数 $y=f(u)$ 的定义域 D_f 有交集，即 $R_\varphi\cap D_f\neq\varnothing$，则这两个函数可以复合成一个新的函数 $y=f(\varphi(x))$，称为 $y=f(u)$ 与 $u=\varphi(x)$ 的复合函数，其定义域是使得 $\varphi(x)\in R_\varphi\cap D_f$ 的那些 $x\in D_\varphi$ 构成的集合.

5. **基本初等函数** 幂函数 $y=x^\mu$，指数函数 $y=a^x(a>0,a\neq1)$，对数函数 $y=\log_a x$ $(a>0,a\neq1)$，三角函数 $y=\sin x, y=\cos x, y=\tan x, y=\cot x, y=\sec x, y=\csc x$，反三角函数 $y=\arcsin x$，$y=\arccos x$，$y=\arctan x$，$y=\operatorname{arccot} x$ 以及常值函数 $y=C$ 统称为基本初等函数. 高等数学中最常用的指数函数是 e^x，最常用的对数函数是 $\ln x=\log_{\mathrm{e}} x$．

初等函数 由基本初等函数经过有限次的四则运算和有限次的复合运算所得到的能够用一个数学式子表示的函数称为初等函数.

6. **极限概念** 极限描述的是函数在自变量的某一个变化过程中函数值的一种变化趋势. 为了准确地描述它，引入两个参数，一个参数 ε 用于描述函数值与特定常数(即极限值)之间的接近程度，另一个参数 N(或者 X，δ 等)用于描述自变量变化过程进行到某种程度. 借用逻辑符号，极限主要有如下七种形式的定义:

$\lim\limits_{n\to\infty}x_n=a$：$\forall\varepsilon>0,\exists$ 自然数 N，当 $n>N$ 时，恒有 $|x_n-a|<\varepsilon$．

$\lim\limits_{x\to\infty}f(x)=A$：$\forall\varepsilon>0,\exists X>0$，当 $|x|>X$ 时，恒有 $|f(x)-A|<\varepsilon$．

$\lim\limits_{x\to+\infty}f(x)=A$：$\forall\varepsilon>0,\exists X>0$，当 $x>X$ 时，恒有 $|f(x)-A|<\varepsilon$．

$\lim\limits_{x\to-\infty}f(x)=A$：$\forall\varepsilon>0,\exists X>0$，当 $x<-X$ 时，恒有 $|f(x)-A|<\varepsilon$．

$\lim\limits_{x\to x_0}f(x)=A$：$\forall\varepsilon>0,\exists\delta>0$，当 $0<|x-x_0|<\delta$ 时，恒有 $|f(x)-A|<\varepsilon$．

$\lim\limits_{x\to x_0^+} f(x)=A$：$\forall\varepsilon>0,\exists\delta>0$，当$0<x-x_0<\delta$时，恒有$|f(x)-A|<\varepsilon$.（右极限，此时记$A=f(x_0^+)$.）

$\lim\limits_{x\to x_0^-} f(x)=A$：$\forall\varepsilon>0,\exists\delta>0$，当$-\delta<x-x_0<0$时，恒有$|f(x)-A|<\varepsilon$.（左极限，此时记$A=f(x_0^-)$.）

对应的变化过程的解释:

$n\to\infty$：自然数n无限增大的过程.

$x\to\infty$：数轴上点x离开原点O越来越远，且趋于无穷远的过程，即数$|x|$无限增大的过程.

$x\to+\infty$：数轴上点x在正半轴方向离开原点O越来越远，且趋于无穷远的过程，即数x取正值且$|x|$无限增大的过程.

$x\to-\infty$：数轴上点x在负半轴方向离开原点O越来越远，且趋于无穷远的过程，即数x取负值且$|x|$无限增大的过程.

$x\to x_0$：数轴上点x与点x_0无限接近的过程，即数$|x-x_0|$无限趋于0的过程(注意：在此过程中，$x\neq x_0$).

$x\to x_0^+$：数轴上点x从右侧(即保持$x>x_0$的这一侧)无限接近点x_0的过程，即数$x-x_0$取正值且无限趋于0的过程(注意：在此过程中，$x\neq x_0$).

$x\to x_0^-$：数轴上点x从左侧(即保持$x<x_0$的这一侧)无限接近点x_0的过程，即数$x-x_0$取负值且无限趋于0的过程(注意：在此过程中，$x\neq x_0$).

7. **无穷小**　在自变量的一个变化过程中，以0为极限的量称为该变化过程中的一个无穷小.

无穷大　在自变量的一个变化过程中，若函数的绝对值会无限增大，即对任意给定的正数M，都存在一个时刻T，在时刻T之后，函数的绝对值都大于M，则称该函数为这一变化过程中的无穷大.

(这里及后面所说的“时刻”请参考1.3.1节.)

无穷小的比阶　设在自变量的同一变化过程中，α,β是两个无穷小，即$\lim\alpha=0$，$\lim\beta=0$.

(1) 若$\lim\dfrac{\alpha}{\beta}=0$，则称$\alpha$为比$\beta$高阶的无穷小，记为$\alpha=o(\beta)$，也称$\beta$为比$\alpha$低阶的无穷小;

(2) 若$\lim\dfrac{\alpha}{\beta}=C$(非零常数)，则称$\alpha$为与$\beta$同阶的无穷小. 特别地，当$\lim\dfrac{\alpha}{\beta}=1$时，称$\alpha$为与$\beta$等价的无穷小，记为$\alpha\sim\beta$. 无穷小的等价关系满足反身性、对称性和传递性.

(3) 若$\lim\dfrac{\beta}{\alpha^k}=C$(非零常数)，$k>0$为常数，则称$\beta$为$\alpha$的$k$阶无穷小.

8. **连续性的相关概念**

(1) **增量**　若自变量x从x_0变到x_1，则改变量x_1-x_0称为自变量x的增量，记为Δx，

因此也有 $x_1=x_0+\Delta x$；相应的函数 $y=f(x)$ 的改变量 $f(x_1)-f(x_0)$ 称为函数的增量，记为 $\Delta y=f(x_1)-f(x_0)$. 需要注意的是，这里的“增”未必是增加，准确地说是“改变”.

(2) **函数 $y=f(x)$ 在点 x_0 处连续** 如果函数 $y=f(x)$ 在点 x_0 的某个邻域内有定义，且 $\lim\limits_{x\to x_0}f(x)=f(x_0)$，则称函数 $y=f(x)$ 在点 x_0 处连续.

连续性的等价描述 如果函数 $y=f(x)$ 在点 x_0 的某个邻域内有定义，且 $\lim\limits_{\Delta x\to 0}\Delta y=0$，则称函数 $y=f(x)$ 在点 x_0 处连续.

函数 $y=f(x)$ 在点 x_0 处左连续 如果函数 $y=f(x)$ 在点 x_0 的某个左半邻域内有定义，且 $\lim\limits_{x\to x_0^-}f(x)=f(x_0)$，或 $\lim\limits_{\Delta x\to 0^-}\Delta y=0$，则称函数 $y=f(x)$ 在点 x_0 处左连续.

函数 $y=f(x)$ 在点 x_0 处右连续 如果函数 $y=f(x)$ 在点 x_0 的某个右半邻域内有定义，且 $\lim\limits_{x\to x_0^+}f(x)=f(x_0)$，或 $\lim\limits_{\Delta x\to 0^+}\Delta y=0$，则称函数 $y=f(x)$ 在点 x_0 处右连续.

(3) **连续函数** 若函数 $y=f(x)$ 在区间 (a,b) 的每一点处都连续，则称函数 $y=f(x)$ 在区间 (a,b) 上连续，也称函数 $y=f(x)$ 为区间 (a,b) 上的连续函数，记为 $f(x)\in C(a,b)$.

若函数 $y=f(x)$ 为区间 (a,b) 上的连续函数，且在点 a 处右连续，在点 b 处左连续，则称函数 $y=f(x)$ 为闭区间 $[a,b]$ 上的连续函数，记为 $f(x)\in C[a,b]$.

类似地可定义半开区间 $[a,b)$ 和 $(a,b]$ 上的连续函数.

一个在整个定义域上处处连续的函数简称为**连续函数**.

(4) **间断点** 如果函数 $y=f(x)$ 在点 x_0 的某个去心邻域内有定义，但在点 x_0 处不连续，则称点 x_0 为函数 $y=f(x)$ 的**间断点**.

第一类间断点 函数 $y=f(x)$ 的左右极限 $f(x_0^-)$ 与 $f(x_0^+)$ 均存在的间断点 x_0 称为第一类间断点. 当 $f(x_0^-)=f(x_0^+)$ 时，该间断点称为**可去间断点**；当 $f(x_0^-)\neq f(x_0^+)$ 时，该间断点称为**跳跃间断点**. 对于可去间断点 x_0，若定义

$$F(x)=\begin{cases}f(x), & x\neq x_0,\\ f(x_0^+), & x=x_0,\end{cases}$$

则 $F(x)$ 在 x_0 处连续.

第二类间断点 不是第一类间断点的间断点都称为第二类间断点，其中若 $f(x_0^-)$ 与 $f(x_0^+)$ 有为无穷大的，也称为无穷间断点. 若在 $x\to x_0$ 的过程中，$f(x)$ 出现振荡不收敛(即无极限)的情形，也称 x_0 为振荡间断点.

9. **最大值与最小值** 设函数 $f(x)$ 在 D 上有定义. 如果存在点 $x_0\in D$ 使得对任一 $x\in D$ 都有 $f(x)\leqslant f(x_0)$ 成立，则称 $f(x_0)$ 为**函数 $f(x)$ 在 D 上的最大值**；如果存在点 $x_0'\in D$ 使得对任一 $x\in D$ 都有 $f(x)\geqslant f(x_0')$ 成立，则称 $f(x_0')$ 为**函数 $f(x)$ 在 D 上的最小值**.

1.2.2 基本理论与方法

1. **函数的几种特性**

周期性 对于函数 $y=f(x)$，$x\in D$. 如果存在非零常数 T 使得只要 $x\in D$，就有

$x \pm T \in D$，并且

$$f(x \pm T) = f(x).$$

则称函数 $y = f(x)$ 为**周期函数**，并称 T 为其一个**周期**.

奇偶性　设函数 $y = f(x)$ 的定义域 D 关于原点对称. 若对任一 $x \in D$，都有

$$f(-x) = -f(x) \quad (f(-x) = f(x)),$$

则称函数 $y = f(x)$ 为 D 上的**奇函数(偶函数)**.

单调性　设函数 $y = f(x)$ 在 D 上有定义. 若对于任意两点 $x_1, x_2 \in D$，恒有

$$x_1 < x_2 \Rightarrow f(x_1) < f(x_2) \quad (x_1 < x_2 \Rightarrow f(x_1) > f(x_2)),$$

则称函数 $y = f(x)$ **在 D 上单调递增(单调递减)**. 在整个定义域上单调递增(单调递减)的函数称为**单调递增函数(单调递减函数)**，统称为**单调函数**.

满足

$$\forall x_1, x_2 \in D, \quad x_1 < x_2 \Rightarrow f(x_1) \leqslant f(x_2) \quad (x_1 < x_2 \Rightarrow f(x_1) \geqslant f(x_2))$$

的函数 $y = f(x)$ **称为 D 上的不减函数(不增函数)**.

有界性　设函数 $y = f(x)$ 在 D 上有定义. 若存在常数 $A(B)$ 使得

$$\forall x \in D, \quad f(x) \leqslant A \quad (\forall x \in D, \quad f(x) \geqslant B),$$

则称函数 $y = f(x)$ 在 D 上有**上界** A(有**下界** B). 既有上界又有下界的函数称为**有界函数**.

命题　函数 $y = f(x)$ 在 D 上有界 $\Leftrightarrow$ 存在正数 M 使得 $\forall x \in D$，$|f(x)| \leqslant M$.

2. **极限的基本性质(这里“时刻”一词参考后面的 1.3.1 节)**

(1) **唯一性**　若极限 $\lim f(x)$ 存在，则极限值必定是唯一的.

(2) **局部保号性**

(Ⅰ) 若 $\lim f(x) = a > 0 (< 0)$，则存在某个时刻 T，在时刻 T 之后，恒有 $f(x) > 0 (f(x) < 0)$.

(Ⅱ) 若存在某个时刻 T，在时刻 T 之后，恒有 $f(x) > 0 (f(x) < 0)$ 成立，且 $\lim f(x) = a$，则 $a \geqslant 0 (a \leqslant 0)$.

(3) **局部保序性**　设在自变量 x 的同一变化过程中，$\lim f(x) = a$，$\lim g(x) = b$，则

(Ⅰ) 若 $a < b$，则存在某个时刻 T，在时刻 T 之后，恒有 $f(x) < g(x)$；

(Ⅱ) 若存在某个时刻 T，在时刻 T 之后，恒有 $f(x) < g(x)$，则 $a \leqslant b$ (一般不能保证 $a < b$).

(4) **局部有界性**　若极限 $\lim f(x)$ 存在，则存在时刻 T 及正数 M，在时刻 T 之后，恒有 $|f(x)| \leqslant M$.

(5*) **柯西(Cauchy)归并原理**　$\lim f(x) = A$ 当且仅当对任一相协数列 x_n，都有 $\lim\limits_{n \to \infty} f(x_n) = A$. (**相协数列**的概念具体见后面的 1.3.1 节的性质 5.)

3. **左右极限与一般极限的关系**

(1) $\lim\limits_{x \to x_0} f(x) = A$ 当且仅当 $\lim\limits_{x \to x_0^+} f(x) = A$ 且 $\lim\limits_{x \to x_0^-} f(x) = A$.

(2) $\lim\limits_{x\to\infty} f(x)=A$ 当且仅当 $\lim\limits_{x\to+\infty} f(x)=A$ 且 $\lim\limits_{x\to-\infty} f(x)=A$.

4. 无穷小与函数极限的关系

$\lim f(x)=A$ 当且仅当存在一个该变化过程中的无穷小 $\alpha(x)$ 使得 $f(x)=A+\alpha(x)$.

5. 极限的运算性质

(1) **四则运算性质** 若在自变量 x 的同一变化过程中，极限 $\lim f(x)$ 与 $\lim g(x)$ 都存在，则

① $\lim[f(x)\pm g(x)]=\lim f(x)\pm\lim g(x)$;

② $\lim f(x)\cdot g(x)=\lim f(x)\cdot\lim g(x)$;

③ 若 $\lim g(x)\neq 0$，则 $\lim\dfrac{f(x)}{g(x)}=\dfrac{\lim f(x)}{\lim g(x)}$.

粗略地说，**极限运算与四则运算可以交换**.

(2) **复合运算法则**(即极限计算的**变量替换法**)

若 $\lim\limits_{x\to a}\varphi(x)=b$，$\lim\limits_{u\to b}f(u)=M$，则 $\lim\limits_{x\to a}f[\varphi(x)]\xlongequal{u=\varphi(x)}\lim\limits_{u\to b}f(u)=M$.(可两个方向使用)

【**注**】这里的 a,b,M 可以是常数，也可以是 $-\infty,+\infty,\infty$.

(3) **幂指函数求极限**

(Ⅰ) 设 $\lim f(x)=A$，$\lim g(x)=B$，且 A^B 有意义，则 $\lim[f(x)]^{g(x)}=A^B$.

(Ⅱ) 设 $f(x)>0$，则 $\lim[f(x)]^{g(x)}=\exp\lim[g(x)\ln f(x)]$.

6. 极限存在的两个准则与两个重要极限

(1) **单调有界准则** 在一个无限变化的过程中，单调有界的变量必有极限.

(2) **夹逼准则** 若在某个时刻 T 之后，恒有 $g(x)\leqslant f(x)\leqslant h(x)$ (夹)，且 $\lim g(x)=\lim h(x)=A$ (逼)，则必有 $\lim f(x)=A$.

(3) **两个重要极限**

$$\lim_{x\to 0}\frac{\sin x}{x}=1,\quad \lim_{x\to 0}(1+x)^{\frac{1}{x}}=\mathrm{e}\ (\text{或者}\ \lim_{x\to\infty}\left(1+\frac{1}{x}\right)^x=\mathrm{e}\ ).$$

7. 无穷小的等价替换定理

设在自变量 x 的某一变化过程中，$\alpha(x)$ 与 $\beta(x)$ 是两个等价的无穷小，$f(x)$ 是任一函数，则

(1) $\lim f(x)\alpha(x)=\lim f(x)\beta(x)$;

(2) $\lim\dfrac{f(x)}{\alpha(x)}=\lim\dfrac{f(x)}{\beta(x)}$.

以上两个等式作如下理解：若极限存在，则两边极限相等；若有一边的极限不存在，则另一边的极限也不存在.

常用的等价无穷小有：若 α 是一个不为零的无穷小，则

$$\alpha\sim\sin\alpha\sim\tan\alpha\sim\arcsin\alpha\sim\arctan\alpha\sim \mathrm{e}^{\alpha}-1\sim\ln(1+\alpha),$$

$$1-\cos\alpha\sim\frac{1}{2}\alpha^2,\quad a^{\alpha}-1\sim\alpha\ln a,\quad (1+\alpha)^{\lambda}-1\sim\lambda\alpha.$$

8. **连续性的运算性质**

(1) **四则运算**　若函数 $f(x)$ 与 $g(x)$ 都在点 x_0 处连续，则 $f(x)\pm g(x)$，$f(x)\cdot g(x)$ 都在点 x_0 处连续；当 $g(x_0)\neq 0$ 时，$\dfrac{f(x)}{g(x)}$ 也在点 x_0 处连续. 更一般地说，连续函数经四则运算所得到的函数仍然是连续函数(当然在遇到商运算时，只在分母不为零处保持连续性).

(2) **复合运算**　若函数 $y=f(u)$ 在 u_0 处连续，函数 $u=\varphi(x)$ 在 x_0 处连续，且 $u_0=\varphi(x_0)$，则复合函数 $y=f(\varphi(x))$ 在 x_0 处也连续. 更一般地说，连续函数的复合函数仍然是连续函数.

(3) 所有初等函数在其定义区间内都连续. (注意: 初等函数在其定义域上未必处处连续！)

(4) 单调连续函数的反函数还是连续函数，且两者有相同的单调性.

9. **连续与左右连续的关系**

函数 $f(x)$ 在点 x_0 处连续当且仅当 $f(x)$ 在点 x_0 处既是左连续的，也是右连续的.

10. **闭区间上连续函数的性质**

(1) **有界性**　闭区间上的连续函数一定是有界的.

(2) **最大(最小)值存在性**　闭区间上的连续函数在该闭区间上必定可以取得最大值和最小值.

(3) **介值性质**　闭区间上的连续函数如果能够取得两个不同的值 A 和 $B(A<B)$，则必定可以取得介于 A 和 B 之间的任何值.

介值性质的两个推论:

(Ⅰ) 若 $f(x)$ 在闭区间 $[a,b]$ 上连续，且 m,M 是其最小值和最大值，则 $f(x)$ 在闭区间 $[a,b]$ 上的值域是 $[m,M]$.

(Ⅱ) **零点定理**　若 $f(x)$ 在闭区间 $[a,b]$ 上连续，且 $f(a)\cdot f(b)<0$，则至少有一个点 $\xi\in(a,b)$ 使得 $f(\xi)=0$. ξ 称为函数 $f(x)$ 的**零点**.

1.3　扩展与提高

1.3.1　一元函数极限形式的统一定义

在一元函数部分，我们考虑极限时，自变量的基本变化形式有六种：$x\to\infty$，$x\to+\infty$，$x\to-\infty$，$x\to x_0$，$x\to x_0^+$ 和 $x\to x_0^-$. 这六种变化形式分别指的是:

(1) $x\to\infty$ 意指 x 离开原点越来越远，而且趋于无穷远;

(2) $x\to+\infty$ 意指 x 沿着正实轴方向离开原点越来越远，而且趋于无穷远;

(3) $x\to-\infty$ 意指 x 沿着负实轴方向离开原点越来越远，而且趋于无穷远;

(4) $x\to x_0$ 意指 x 离开 x_0 的距离越来越近，而且会无限接近(但是 x 永远没有到达 x_0 处);

(5) $x \to x_0^+$ (或 $x \to x_0 + 0$)意指 x 从 x_0 的右边(即比 x_0 大的一侧)越来越接近 x_0，而且会无限接近 x_0 (但是 x 永远没有到达 x_0 处);

(6) $x \to x_0^-$ (或 $x \to x_0 - 0$)意指 x 从 x_0 的左边(即比 x_0 小的一侧)越来越接近 x_0，而且会无限地接近 x_0 (但是 x 永远没有到达 x_0 处).

如果我们引入时间参数 t, 把自变量 x 看成 t 的函数 $x = x(t)$, 其变化过程便自然地对应于时间 t 的一个变化过程. 当时间 t 无限地延续时, 自变量 x 达成相应的变化过程. 这相当于把自变量 x 的一个变化过程看成一个按照要求移动的点, 在每一时刻, 该点会处于一个特定的位置, 而且随着时间往后无限延续(注意: 是无限延续！), x 按照要求无限地延续相应的变化过程.

利用时间参数, 我们可以给出一元函数极限的统一定义.

定义 1.3.1.1 设在自变量 x 的某一变化过程中, 在某一时刻 t_0 之后函数 $f(x)$ 有意义. 如果存在常数 A, 使得对于任一给定的正数 ε，都存在某个时刻 T, 在时刻 T 之后, 恒有不等式 $|f(x) - A| < \varepsilon$ 成立, 则称函数 $f(x)$ 在自变量 x 的这一变化过程中以 A 为极限, 记为 $\lim\limits_{x \to \square} f(x) = A$.

此时, 称极限 $\lim\limits_{x \to \square} f(x)$ 存在(这里 $x \to \square$ 表示自变量 x 的相应变化过程). 特别地, 若 $\lim\limits_{x \to \square} f(x) = 0$，则称函数 $f(x)$ 为变化过程 $x \to \square$ 中的无穷小量.

其中 $x \to \square$ 中的那个方框 $\square$ 填写具体的对应变化趋势, 比如可以填写 $\infty, +\infty, -\infty, x_0$, $x_0 + 0$ 或者 $x_0 - 0$.

定义 1.3.1.1 中的“存在某个时刻 T”，“在时刻 T 之后”对不同的变化过程, 只要给出相应的翻译, 即得到我们通常熟悉的定义. 比如, 对 $x \to \infty$ 这种情形, 假设在时刻 T 时 x 离开原点的距离为正数 X, 则“存在某个时刻 T”就翻译成“存在一个正数 X”，而在时刻 T 之后, x 离开原点的距离自然更远, 因此“在时刻 T 之后”自然翻译成“当 $|x| > X$ 时”. 于是得到我们通常的定义.

“设存在常数 A, 使得对于任一给定的正数 ε, 都存在一个正数 X 使得当 $|x| > X$ 时, 恒有不等式 $|f(x) - A| < \varepsilon$ 成立, 则称函数 $f(x)$ 在 $x \to \infty$ 时以 A 为极限.”

又如, 对 $x \to x_0$ 这种情形, 假设在时刻 T 时 x 离开 x_0 的距离为正数 δ，则“存在某个时刻 T”就翻译成“存在一个正数 δ”，而在时刻 T 之后, x 离开 x_0 的距离更近, 因此“在时刻 T 之后”自然相当于“当 $|x - x_0| < \delta$ 时”. 注意到 x 永远没有到达 x_0 处, 因此总有 $|x - x_0| > 0$. 因此“在时刻 T 之后”准确地翻译成“当 $0 < |x - x_0| < \delta$ 时”. 于是得到我们通常的定义

“设存在常数 A, 使得对于任一给定的正数 ε, 都存在一个正数 δ 使得当 $0 < |x - x_0| < \delta$ 时, 恒有不等式 $|f(x) - A| < \varepsilon$ 成立, 则称函数 $f(x)$ 在 $x \to x_0$ 时以 A 为极限.”

其他情形的翻译我们就不赘述了.

此外, 如果允许时间取一个离散的序列, 当然数列极限的定义也可以纳入定义 1.3.1.1 之中.

1.3.2 极限性质的统一证明

现在我们用这个统一的极限定义来统一地给出各种极限的共有性质的证明.

性质 1 若极限 $\lim\limits_{x\to\square} f(x)$ 存在, 极限值必定唯一.

证明 若 $\lim\limits_{x\to\square} f(x)$ 不唯一, 则至少有两个不同的常数 A,B 使得 $\lim\limits_{x\to\square} f(x)=A$, $\lim\limits_{x\to\square} f(x)=B$ 同时成立. 不妨设 $A>B$. 因此对于正数 $\varepsilon=\frac{1}{2}(A-B)$, 由 $\lim\limits_{x\to\square} f(x)=A$ 知, 存在时刻 T_1, 在时刻 T_1 之后, 恒有

$$|f(x)-A|<\varepsilon,\ 即\ \frac{1}{2}(A+B)=A-\varepsilon<f(x)<A+\varepsilon. \tag{1.3.1}$$

又由 $\lim\limits_{x\to\square} f(x)=B$ 知, 存在时刻 T_2, 在时刻 T_2 之后, 恒有

$$|f(x)-B|<\varepsilon,\ 即\ B-\varepsilon<f(x)<B+\varepsilon=\frac{1}{2}(A+B). \tag{1.3.2}$$

现在取 T 为 T_1 和 T_2 之后的某一时刻, 则在时刻 T 之后, 自然也在时刻 T_1 和 T_2 之后, 因此(1.3.1)和(1.3.2)都成立, 从而有

$$\frac{1}{2}(A+B)=A-\varepsilon<f(x)<B+\varepsilon=\frac{1}{2}(A+B).$$

矛盾! 因此 $\lim\limits_{x\to\square} f(x)$ 必唯一. ■

定义 1.3.2.1 在自变量 x 的某一变化过程中, 若存在一个时刻 T 及一个正数 M, 使得在时刻 T 之后恒有

$$|f(x)|\leqslant M$$

成立, 则称 $f(x)$ 是**局部有界**的.

性质 2 若极限 $\lim\limits_{x\to\square} f(x)$ 存在, 则 $f(x)$ 是局部有界的.

证明 设极限 $\lim\limits_{x\to\square} f(x)=A$, 记 $M=|A|+1$. 则由极限定义知, 对正数 $\varepsilon=1$, 存在某个时刻 T, 在时刻 T 之后, 恒有不等式

$$|f(x)-A|<\varepsilon$$

成立, 即有

$$-M=-(|A|+1)\leqslant A-1=A-\varepsilon<f(x)<A+\varepsilon=A+1\leqslant|A|+1=M.$$

从而

$$|f(x)|\leqslant M.$$

因此 $f(x)$ 是局部有界的. ■

性质 3 局部保号性.

(1) 若 $\lim\limits_{x\to\square} f(x)=A>0$ (或者 <0), 则存在某个时刻 T, 在时刻 T 之后, 恒有 $f(x)>0$ (或者 <0).

(2) 若存在某个时刻 T, 在时刻 T 之后, 恒有 $f(x)>0$ (或者 <0), 且 $\lim\limits_{x\to\square} f(x)$ 存在, 则必有

$$\lim_{x\to\square} f(x)\geqslant 0\ (\text{或者} \leqslant 0).$$

证明 (1) 只证明一种情形. 设 $\lim\limits_{x\to\square} f(x)=A>0$, 则对正数 $\varepsilon=\dfrac{1}{2}A$, 存在某个时刻 T, 在时刻 T 之后, 恒有

$$|f(x)-A|<\varepsilon,$$

从而

$$f(x)>A-\varepsilon=A-\frac{1}{2}A=\frac{1}{2}A>0.$$

(2) 只证明一种情形. 假设存在某个时刻 T, 在时刻 T 之后, 恒有 $f(x)<0$, 且 $\lim\limits_{x\to\square} f(x)$ 存在. 记 $\lim\limits_{x\to\square} f(x)=A$. 若 $A>0$, 则由(1), 存在某个时刻 T_1, 在时刻 T_1 之后, 恒有 $f(x)>0$ 这样在 T 和 T_1 之后的任一时刻, 将同时有 $f(x)<0$ 和 $f(x)>0$ 成立, 矛盾! 故必有 $A\leqslant 0$.■

性质 4 极限的保序性质.

(1) 若存在某个时刻 T_0, 在时刻 T_0 之后, 恒有 $f(x)<g(x)$ (或者 $f(x)>g(x)$), 且两个极限 $\lim\limits_{x\to\square} f(x)$, $\lim\limits_{x\to\square} g(x)$ 都存在, 则 $\lim\limits_{x\to\square} f(x)\leqslant\lim\limits_{x\to\square} g(x)$ (或者 $\lim\limits_{x\to\square} f(x)\geqslant\lim\limits_{x\to\square} g(x)$).

(2) 若 $\lim\limits_{x\to\square} f(x)$, $\lim\limits_{x\to\square} g(x)$ 都存在, 且 $\lim\limits_{x\to\square} f(x)<\lim\limits_{x\to\square} g(x)$ (或者 $\lim\limits_{x\to\square} f(x)>\lim\limits_{x\to\square} g(x)$), 则存在某个时刻 T_0, 在时刻 T_0 之后, 恒有 $f(x)<g(x)$ (或者 $f(x)>g(x)$).

证明 只要对函数 $f(x)-g(x)$ 使用性质 3, 即可得证.■

定义 1.3.2.2 给定自变量 x 的一个变化过程, 若数列 x_n 的项两两不同, 且随着自然数 n 越来越大, 数列 x_n 的变化趋势与 x 的变化趋势一致, 则称数列 x_n 为与 x 的变化趋势相协调的数列, 简称**相协数列**.

性质 5 (柯西归并原理) $\lim\limits_{x\to\square} f(x)=A$ 当且仅当对任一与变化趋势 $x\to\square$ 相协调的相协数列 x_n, 都有 $\lim\limits_{n\to\infty} f(x_n)=A$.

证明 (必要性)设 $\lim\limits_{x\to\square} f(x)=A$, 且 x_n 是一个相协数列. 对任一正数 ε, 存在一个时刻 T, 在时刻 T 之后, 恒有 $|f(x)-A|<\varepsilon$. 由 x_n 是一个相协数列知, 存在一个自然数 N, 使得 x_N 位于 x 对应的时刻 T 之后. 从而 $n>N$ 时, x_n 均位于 x 对应的时刻 T 之后, 故恒有

$$|f(x_n)-A|<\varepsilon$$

成立. 因此 $\lim\limits_{n\to\infty} f(x_n)=A$.

(充分性)假设对任一相协数列 x_n，都有 $\lim\limits_{n\to\infty} f(x_n)=A$. 若 $\lim\limits_{x\to\Box} f(x)\neq A$，则存在一个正数 ε，对任一时刻 T, 在时刻 T 之后，$|f(x)-A|<\varepsilon$ 都不能总是成立. 于是任取一个时刻 T_1，在时刻 T_1 之后，有一个 x_1 使得 $|f(x_1)-A|\geqslant\varepsilon$. 设 x_1 所对应的时刻为 T_2，则在时刻 T_2 之后，也有一个 x_2 使得 $|f(x_2)-A|\geqslant\varepsilon$. 如此继续下去，我们可以归纳地取得一个相协数列 x_n，使得对任意自然数 n，都有 $|f(x_n)-A|\geqslant\varepsilon$. 对此数列 x_n，显然不可能有 $\lim\limits_{n\to\infty} f(x_n)=A$ 成立. 矛盾！故必有 $\lim\limits_{n\to\infty} f(x_n)=A$. ■

1.3.3* Stolz 定理

如果 $\lim\limits_{n\to\infty} a_n=\infty$，则称极限 $\lim\limits_{n\to\infty}\dfrac{b_n}{a_n}$ 为 $\lim\limits_{n\to\infty}\dfrac{*}{a_n}$ 型极限. 对于这种类型的极限，斯托尔茨(Stolz)定理是非常有效的工具，其作用类同于函数极限中的洛必达法则.

Stolz 定理　设 $a_1<a_2<\cdots<a_n<\cdots$ 且 $\lim\limits_{n\to\infty} a_n=+\infty$，又知 $\lim\limits_{n\to\infty}\dfrac{b_{n+1}-b_n}{a_{n+1}-a_n}=l$ (其中 l 为常数，或者 $+\infty$，或者 $-\infty$)，则 $\lim\limits_{n\to\infty}\dfrac{b_n}{a_n}=l$.

证明　(1)如果 $l=0$，则由已知条件，对任一正数ε, 存在自然数 N_1，当 $n>N_1$ 时，有

$$\left|\frac{b_{n+1}-b_n}{a_{n+1}-a_n}\right|<\varepsilon\text{，即有}|b_{n+1}-b_n|<|a_{n+1}-a_n|\varepsilon=(a_{n+1}-a_n)\varepsilon.$$

又由于 $\lim\limits_{n\to\infty} a_n=+\infty$，故对上述 ε 和 N_1，存在自然数 $N\geqslant N_1$，当 $n>N$ 时，有

$$-a_{N_1}\varepsilon+|b_{N_1}|<a_n\varepsilon.$$

于是 $n>N$ 时，有

$$\begin{aligned}|b_n|&\leqslant|b_n-b_{N_1}|+|b_{N_1}|\\&\leqslant|b_n-b_{n-1}|+|b_{n-1}-b_{n-2}|+\cdots+|b_{N_1+1}-b_{N_1}|+|b_{N_1}|\\&\leqslant\varepsilon(a_n-a_{n-1})+\varepsilon(a_{n-1}-a_{n-2})+\cdots+\varepsilon(a_{N_1+1}-a_{N_1})+|b_{N_1}|\\&\leqslant\varepsilon a_n-\varepsilon a_{N_1}+|b_{N_1}|<2\varepsilon a_n.\end{aligned}$$

即有 $\left|\dfrac{b_n}{a_n}\right|<2\varepsilon$. 因此 $\lim\limits_{n\to\infty}\dfrac{b_n}{a_n}=0=l$.

(2) 设 l 是任意实数，令 $c_n=b_n-la_n$，则有 $\lim\limits_{n\to\infty}\dfrac{c_n}{a_n}=0$. 于是由(1)可知

$$\lim_{n\to\infty}\frac{c_{n+1}-c_n}{a_{n+1}-a_n}=\lim_{n\to\infty}\frac{b_{n+1}-b_n}{a_{n+1}-a_n}-l=0.$$

因此 $\lim\limits_{n\to\infty}\dfrac{b_{n+1}-b_n}{a_{n+1}-a_n}=l$ 也成立.

(3) 设 $l=+\infty$，则存在自然数 N, 当 $n>N$ 时，有

$$\frac{b_{n+1}-b_n}{a_{n+1}-a_n}>1.$$

由于 $\lim_{n\to\infty} a_n=+\infty$，且 $a_{n+1}>a_n$. 故 $n>N$ 时有 $b_N<b_{N+1}<\cdots<b_n<\cdots$，从而

$$\begin{aligned}b_n-b_N&=(b_n-b_{n-1})+(b_{n-1}-b_{n-2})+\cdots+(b_{N+1}-b_N)\\&>(a_n-a_{n-1})+(a_{n-1}-a_{n-2})+\cdots+(a_{N+1}-a_N)\\&=a_n-a_N\to+\infty\quad(\text{当}n\to\infty\text{时}).\end{aligned}$$

因此可知，$\lim_{n\to\infty} b_n=+\infty$. 而

$$\lim_{n\to\infty}\frac{a_{n+1}-a_n}{b_{n+1}-b_n}=\frac{1}{l}=0.$$

从而由(1)可知，有 $\lim_{n\to\infty}\frac{a_n}{b_n}=0$，故 $\lim_{n\to\infty}\frac{b_n}{a_n}=+\infty=l.$

(4) 设 $l=-\infty$，令 $c_n=-b_n$，则 $\lim_{n\to\infty}\frac{c_{n+1}-c_n}{a_{n+1}-a_n}=-\lim_{n\to\infty}\frac{b_{n+1}-b_n}{a_{n+1}-a_n}=-l=+\infty$，因此由(3)知，有

$$\lim_{n\to\infty}\frac{c_n}{a_n}=+\infty=-l\text{，从而}\lim_{n\to\infty}\frac{b_n}{a_n}=-\infty=l.$$

证明完毕.■

例 1.3.3.1　设 $\lim_{n\to\infty} a_n=A$，证明: (1) $\lim_{n\to\infty}\frac{a_1+a_2+\cdots+a_n}{n}=A$.

(2) 若 $a_n>0$，则 $\lim_{n\to\infty}\sqrt[n]{a_1a_2\cdots a_n}=A$.

证明　(1) 记 $b_n=a_1+a_2+\cdots+a_n, c_n=n$. 则显然 $\lim_{n\to\infty} c_n=+\infty$，且

$$\lim_{n\to\infty}\frac{b_{n+1}-b_n}{c_{n+1}-c_n}=\lim_{n\to\infty}\frac{(a_1+a_2+\cdots+a_{n+1})-(a_1+a_2+\cdots+a_n)}{(n+1)-n}=\lim_{n\to\infty} a_{n+1}=A.$$

因此由 Stolz 定理可知

$$\lim_{n\to\infty}\frac{a_1+a_2+\cdots+a_n}{n}=\lim_{n\to\infty}\frac{b_n}{c_n}=A.$$

(2) 若 $A=0$，则由不等式

$$0\leqslant\sqrt[n]{a_1a_2\cdots a_n}\leqslant\frac{1}{n}(a_1+a_2+\cdots+a_n),$$

利用(1)的结论和夹逼准则可得 $\lim_{n\to\infty}\sqrt[n]{a_1a_2\cdots a_n}=0=A.$

若 $A>0$，则有 $\lim_{n\to\infty}\ln a_n=\ln A$. 于是由指数函数的连续性及(1)可得

$$\lim_{n\to\infty}\sqrt[n]{a_1a_2\cdots a_n}=\lim_{n\to\infty}\mathrm{e}^{\ln\sqrt[n]{a_1a_2\cdots a_n}}=\mathrm{e}^{\lim\limits_{n\to\infty}\frac{1}{n}[\ln a_1+\ln a_2+\ln a_n]}=\mathrm{e}^{\ln A}=A.\ ■$$

1.3.4　数学归纳法介绍

数学归纳法是证明与自然数相关的命题的一个强有力的工具，通常使用的主要有如

下三种模式.

普通归纳法

设 $P(n)$ 是一个与自然数 n 有关的命题. 如果

(1) 对某个最小的自然数 n_0，命题 $P(n_0)$ 成立;

(2) 假设对自然数 $n \geqslant n_0$，命题 $P(n)$ 成立时, 可以证明命题 $P(n+1)$ 也成立.

则命题 $P(n)$ 对一切自然数 $n \geqslant n_0$ 成立.

强归纳法

设 $P(n)$ 是一个与自然数 n 有关的命题. 如果

(1) 对某个最小的自然数 n_0，命题 $P(n_0)$ 成立;

(2) 假设对满足 $n > K \geqslant n_0$ 的自然数 k, 命题 $P(k)$ 都成立时, 可以证明命题 $P(n)$ 也成立.

则命题 $P(n)$ 对一切自然数 $n \geqslant n_0$ 成立.

反向归纳法

设 $P(n)$ 是一个与自然数 n 有关的命题, 满足

(1) 存在一个自然数的单调递增的子序列 n_k (其中对每个 k, $n_k \geqslant n_0$)使得对每个 k, 命题 $P(n_k)$ 均成立;

(2) 对任一自然数 $k \geqslant n_0$，命题 $P(k+1)$ 成立时, 可以证明命题 $P(k)$ 也成立.

则命题 $P(n)$ 对一切自然数 $n \geqslant n_0$ 成立.

下面举一个用反向归纳法证明的例子.

例 1.3.4.1 若 $x_1, x_2, \cdots, x_n$ 是 n 个正数, 则 $\dfrac{x_1+x_2+\cdots+x_n}{n} \geqslant \sqrt[n]{x_1 x_2 \cdots x_n}$ (即 n 个正数的算术平均值不小于几何平均值).

证明 我们采用反向归纳法来证明.

(1) 先证明对每个自然数 $n = 2^k$，不等式是成立的.

当 $n = 2^1$ 时, 由

$$\left(\frac{x_1+x_2}{2}\right)^2 = \frac{x_1^2+x_2^2+2x_1x_2}{4} \geqslant \frac{2x_1x_2+2x_1x_2}{4} = x_1x_2$$

两边开平方可得 $\dfrac{x_1+x_2}{2} \geqslant \sqrt{x_1x_2}$.

假设 $n = 2^k$ 时, 有 $\dfrac{x_1+x_2+\cdots+x_n}{n} \geqslant \sqrt[n]{x_1x_2\cdots x_n}$. 则 $n = 2^{k+1}$ 时有

$$\begin{aligned}
\frac{x_1+x_2+\cdots+x_{2^{k+1}}}{2^{k+1}} &= \frac{\dfrac{x_1+x_2}{2}+\dfrac{x_3+x_4}{2}+\cdots+\dfrac{x_{2^{k+1}-1}+x_{2^{k+1}}}{2}}{2^k} \\
&\geqslant \sqrt[2^k]{\frac{x_1+x_2}{2}\cdot\frac{x_3+x_4}{2}\cdot\cdots\cdot\frac{x_{2^{k+1}-1}+x_{2^{k+1}}}{2}} \\
&\geqslant \sqrt[2^k]{\sqrt{x_1x_2}\cdot\sqrt{x_3x_4}\cdot\cdots\cdot\sqrt{x_{2^{k+1}-1}+x_{2^{k+1}}}} \\
&\geqslant \sqrt[2^{k+1}]{x_1x_2\cdots x_{2^{k+1}}}.
\end{aligned}$$

因此, 对每个自然数 $n=2^k$, 不等式是成立的.

(2) 假设 k 是个自然数, 且对任意 $k+1$ 个正数 $x_1,x_2,\cdots,x_{k+1}$ 都有

$$\frac{x_1+x_2+\cdots+x_{k+1}}{k+1}\geqslant\sqrt[k+1]{x_1x_2\cdots x_{k+1}}.$$

令 $a=\dfrac{x_1+x_2+\cdots+x_k}{k}$, 则

$$a=\frac{ka+a}{k+1}=\frac{x_1+x_2+\cdots+x_k+a}{k+1}\geqslant\sqrt[k+1]{x_1x_2\cdots x_k\cdot a},$$

两边取 $k+1$ 次方得 $a^{k+1}\geqslant x_1x_2\cdots x_k\cdot a$, 故 $a\geqslant\sqrt[k]{x_1x_2\cdots x_k}$, 即有

$$\frac{x_1+x_2+\cdots+x_k}{k}\geqslant\sqrt[k]{x_1x_2\cdots x_k}.$$

因此由反向归纳法可知, 对任意 n 个正数 $x_1,x_2,\cdots,x_n$, 都有

$$\frac{x_1+x_2+\cdots+x_n}{n}\geqslant\sqrt[n]{x_1x_2\cdots x_n}.$$

【注】不难用归纳法证明, 这个不等式成为等式的充分必要条件是 $x_1=x_2=\cdots=x_n$.■

1.3.5* 一致连续性简介

定义 1.3.5.1 设函数 $f(x)$ 在区间 I 上有定义, 若对任一正数 ε, 都存在正数 δ, 使得对区间 I 中的任意两个点 x_1,x_2, 只要 $|x_1-x_2|<\delta$, 就有 $|f(x_2)-f(x_1)|<\varepsilon$. 则称 $f(x)$ 在区间 I 上**一致连续**.

定理 1.3.5.1 (康托尔) 若函数 $f(x)$ 在闭区间 $[a,b]$ 上连续, 则 $f(x)$ 在 $[a,b]$ 上一致连续.

这个定理的证明需要实数理论基础, 就不介绍了. 这里闭区间这个条件很重要, 没有它, 定理不一定成立. 比如, 在开区间 $(0,1)$ 上连续的函数 $f(x)=\dfrac{1}{x}$ 就不一致连续. 我们用反证法证明如下.

若 $f(x)$ 在 $(0,1)$ 上一致连续, 则对正数 $\varepsilon=1$, 应该有一个正数 δ, 使得对任意 $x_1,x_2\in(0,1)$, 只要 $|x_1-x_2|<\delta$, 就有

$$|f(x_1)-f(x_2)|=\left|\frac{1}{x_1}-\frac{1}{x_2}\right|<\varepsilon.$$

然而, 对任一正数 δ, 总有自然数 $n>1$ 使得 $\dfrac{1}{n}<\delta$. 如果取 $x_1=\dfrac{1}{2n}$, $x_2=\dfrac{1}{3n}$, 则 $x_1,x_2\in(0,1)$, 且

$$|x_1-x_2|=\left|\frac{1}{2n}-\frac{1}{3n}\right|=\frac{1}{6n}<\delta.$$

但是 $|f(x_1)-f(x_2)|=|2n-3n|=n>\varepsilon$. 与一致连续性矛盾! 故 $f(x)$ 在 $(0,1)$ 上不一致连续.

1.3.6 三角函数的主要公式

在六个三角函数 $\sin x$, $\cos x$, $\tan x$, $\cot x$, $\sec x$, $\csc x$ 中, $\sin x$, $\tan x$, $\cot x$, $\csc x$ 都是奇函数, $\cos x$, $\sec x$ 则是偶函数. $\sin x$, $\cos x$, $\sec x$, $\csc x$ 以 2π 为最小正周期, $\tan x$, $\cot x$ 以 π 为最小正周期.

1.3.6.1 特殊角的函数值

$$\sin\frac{\pi}{2}=1,\quad \cos\frac{\pi}{2}=0,\quad \tan\frac{\pi}{2}(\text{无意义}),\quad \cot\frac{\pi}{2}=0,\quad \sec\frac{\pi}{2}(\text{无意义}),\quad \csc\frac{\pi}{2}=1.$$

$$\sin\frac{\pi}{3}=\frac{\sqrt{3}}{2},\quad \cos\frac{\pi}{3}=\frac{1}{2},\quad \tan\frac{\pi}{3}=\sqrt{3},\quad \cot\frac{\pi}{3}=\frac{\sqrt{3}}{3},\quad \sec\frac{\pi}{3}=2,\quad \csc\frac{\pi}{3}=\frac{2}{\sqrt{3}}.$$

$$\sin\frac{\pi}{4}=\frac{\sqrt{2}}{2},\quad \cos\frac{\pi}{4}=\frac{\sqrt{2}}{2},\quad \tan\frac{\pi}{4}=1,\quad \cot\frac{\pi}{4}=1,\quad \sec\frac{\pi}{4}=\sqrt{2},\quad \csc\frac{\pi}{4}=\sqrt{2}.$$

$$\sin\frac{\pi}{6}=\frac{1}{2},\quad \cos\frac{\pi}{6}=\frac{\sqrt{3}}{2},\quad \tan\frac{\pi}{6}=\frac{\sqrt{3}}{3},\quad \cot\frac{\pi}{6}=\sqrt{3},\quad \sec\frac{\pi}{6}=\frac{2}{\sqrt{3}},\quad \csc\frac{\pi}{6}=2.$$

$$\sin\pi=0,\quad \cos\pi=-1,\quad \tan\pi=0,\quad \cot\pi(\text{无意义}),\quad \sec\pi=-1,\quad \csc\pi(\text{无意义}).$$

$$\sin 0=0,\quad \cos 0=1,\quad \tan 0=0,\quad \cot 0(\text{无意义}),\quad \sec 0=1,\quad \csc 0(\text{无意义}).$$

1.3.6.2 常用的三角公式

几乎所有的三角公式都是从下面这两个母公式衍生出来的:

$$\sin(\alpha+\beta)=\sin\alpha\cos\beta+\cos\alpha\sin\beta,\quad \cos(\alpha+\beta)=\cos\alpha\cos\beta-\sin\alpha\sin\beta. \tag{1.3.3}$$

把上式中的 β 换成 $-\beta$, 利用奇偶性可得

$$\sin(\alpha-\beta)=\sin\alpha\cos\beta-\cos\alpha\sin\beta,\quad \cos(\alpha-\beta)=\cos\alpha\cos\beta+\sin\alpha\sin\beta. \tag{1.3.4}$$

在上述两个公式(1.3.3)、(1.3.4)中令 $\alpha=\beta$, 可得二倍角公式和勾股定理

$$\sin 2\alpha=2\sin\alpha\cos\alpha,\quad \cos 2\alpha=\cos^2\alpha-\sin^2\alpha,\quad \sin^2\alpha+\cos^2\alpha=1.$$

利用(1.3.3)、(1.3.4)两个公式作除法, 可得

$$\tan(\alpha+\beta)=\frac{\tan\alpha+\tan\beta}{1-\tan\alpha\tan\beta},\quad \tan(\alpha-\beta)=\frac{\tan\alpha-\tan\beta}{1+\tan\alpha\tan\beta}.$$

利用(1.3.3)、(1.3.4)两个公式反向推导, 可得和、差与积的互化公式, 即

$$\sin\alpha-\sin\beta=2\sin\frac{\alpha-\beta}{2}\cos\frac{\alpha+\beta}{2},\quad \cos\alpha-\cos\beta=-2\sin\frac{\alpha-\beta}{2}\sin\frac{\alpha+\beta}{2},$$

$$\sin\alpha+\sin\beta=2\sin\frac{\alpha+\beta}{2}\cos\frac{\alpha-\beta}{2},\quad \cos\alpha+\cos\beta=2\cos\frac{\alpha-\beta}{2}\cos\frac{\alpha+\beta}{2},$$

$$\sin\alpha\sin\beta=-\frac{1}{2}[\cos(\alpha+\beta)-\cos(\alpha-\beta)],\quad \cos\alpha\cos\beta=\frac{1}{2}[\cos(\alpha+\beta)+\cos(\alpha-\beta)],$$

$$\sin\alpha\cos\beta=\frac{1}{2}[\sin(\alpha+\beta)+\sin(\alpha-\beta)].$$

在公式(1.3.3)、(1.3.4)中让其中一个角取特殊角, 可得如下常用的三角诱导公式:

$$\sin(\pi+x)=-\sin x,\quad \cos(\pi+x)=-\cos x,\quad \tan(\pi+x)=\tan x,\quad \cot(\pi+x)=\cot x,$$
$$\sec(\pi+x)=-\sec x,\quad \csc(\pi+x)=-\csc x;$$

$$\sin(\pi-x)=\sin x,\quad \cos(\pi-x)=-\cos x,\quad \tan(\pi-x)=-\tan x,\quad \cot(\pi-x)=-\cot x,$$
$$\sec(\pi-x)=-\sec x,\quad \csc(\pi-x)=\csc x;$$

$$\sin(2\pi-x)=-\sin x,\quad \cos(2\pi-x)=\cos x,\quad \tan(2\pi-x)=-\tan x,\quad \cot(2\pi-x)=-\cot x,$$
$$\sec(2\pi-x)=\sec x,\quad \csc(2\pi-x)=-\csc x;$$

$$\sin\left(\frac{\pi}{2}+x\right)=\cos x,\quad \cos\left(\frac{\pi}{2}+x\right)=-\sin x,\quad \tan\left(\frac{\pi}{2}+x\right)=-\cot x,\quad \cot\left(\frac{\pi}{2}+x\right)=-\tan x,$$
$$\sec\left(\frac{\pi}{2}+x\right)=-\csc x,\quad \csc\left(\frac{\pi}{2}+x\right)=\sec x;$$

$$\sin\left(\frac{\pi}{2}-x\right)=\cos x,\quad \cos\left(\frac{\pi}{2}-x\right)=\sin x,\quad \tan\left(\frac{\pi}{2}-x\right)=\cot x,\quad \cot\left(\frac{\pi}{2}-x\right)=\tan x,$$
$$\sec\left(\frac{\pi}{2}-x\right)=\csc x,\quad \csc\left(\frac{\pi}{2}-x\right)=\sec x;$$

$$\sin(n\pi-x)=(-1)^{n-1}\sin x,\quad \cos(n\pi-x)=(-1)^n\cos x,$$
$$\sec(n\pi-x)=(-1)^n\sec x,\quad \csc(n\pi-x)=(-1)^{n-1}\csc x.$$

还有下面几个在积分换元法中常用的平方关系公式

$$1-\sin^2 x=\cos^2 x\Leftrightarrow 1-\cos^2 x=\sin^2 x\Leftrightarrow \sin^2 x+\cos^2 x=1;$$
$$1+\tan^2 x=\sec^2 x\Leftrightarrow \sec^2 x-1=\tan^2 x\Leftrightarrow \sec^2 x-\tan^2 x=1;$$
$$1+\cot^2 x=\csc^2 x\Leftrightarrow \csc^2 x-1=\cot^2 x\Leftrightarrow \csc^2 x-\cot^2 x=1.$$

以上这些公式, 属于常用的三角函数公式, 应该要熟练掌握的.

1.3.7 两个常用的数学运算符号

连和号 $\sum$ 当表示某些符合条件的对象求和时, 经常会使用运算符号 $\sum$. 具体而言, 有如下这样一些用法: 若 Λ 是个可数集, 对每个 $\lambda\in\Lambda$, 有一个对应的数 x_λ, 则所有这些数的和可记为 $\sum\limits_{\lambda\in\Lambda}x_\lambda$.

比如, 当 $\Lambda=\{1,2,\cdots,n\}$ 时, 若对每个 $k\in\Lambda$, 都有一个数 a_k 与之对应, 则这些数的和可记为

$$a_1+a_2+a_3+\cdots+a_n=\sum_{k=1}^n a_k=\sum_{1\leqslant k\leqslant n}a_k=\sum_{k\in\{1,2,\cdots,n\}}a_k.$$

当 $\Lambda=\mathbb{N}=\{1,2,\cdots,n,\cdots\}$ 时, 且对每个 $k\in\Lambda$, 都有一个数 a_k 与之对应, 则这些数的和可记为

$$a_1+a_2+\cdots+a_n+\cdots=\sum_{k=1}^\infty a_k=\sum_{1\leqslant k<+\infty}a_k=\sum_{k\in\mathbb{N}}a_k.$$

还有叠加式的用法, 如

$$\sum_{i=1}^{m}\sum_{j=1}^{n}a_{ij}=\sum_{1\leqslant i\leqslant m,1\leqslant j\leqslant n}a_{ij}=\sum_{i=1}^{m}(a_{i1}+a_{i2}+\cdots+a_{in})$$

$$=(a_{11}+a_{12}+\cdots+a_{1n})+(a_{21}+a_{22}+\cdots+a_{2n})+\cdots+(a_{m1}+a_{m2}+\cdots+a_{mn}).$$

$$\sum_{i=1}^{m}\sum_{j=1}^{n}a_ib_j=\sum_{1\leqslant i\leqslant m,1\leqslant j\leqslant n}a_ib_j=\sum_{i=1}^{m}\left[a_i\left(\sum_{j=1}^{n}b_j\right)\right]=\sum_{i=1}^{m}[a_i(b_1+b_2+\cdots+b_n)]$$

$$=a_1(b_1+b_2+\cdots+b_n)+a_2(b_1+b_2+\cdots+b_n)+\cdots+a_m(b_1+b_2+\cdots+b_n).$$

连乘号 $\prod$　当表示某些符合条件的数作乘积时，经常会使用运算符号 $\prod$. 具体而言，有如下这样一些用法：若 Λ 是个可数集合，对每个 $\lambda\in\Lambda$，有一个对应的数 x_λ，则所有这些数的乘积可记为 $\prod\limits_{\lambda\in\Lambda}x_\lambda$.

比如，当 $\Lambda=\{1,2,\cdots,n\}$ 时，若对每个 $k\in\Lambda$，都有一个数 a_k 与之对应，则这些数的乘积可记为

$$a_1\cdot a_2\cdot a_3\cdot\cdots\cdot a_n=\prod_{k=1}^{n}a_k=\prod_{1\leqslant k\leqslant n}a_k=\prod_{k\in\{1,2,\cdots,n\}}a_k.$$

当 $\Lambda=\mathbb{N}=\{1,2,\cdots,n,\cdots\}$ 时，若对每个 $k\in\Lambda$，都有一个数 a_k 与之对应，则这些数的乘积可记为

$$a_1\cdot a_2\cdot\cdots\cdot a_n\cdot\cdots=\prod_{k=1}^{\infty}a_k=\prod_{1\leqslant k<\infty}a_k=\prod_{k\in\mathbb{N}}a_k.$$

还有混用模式，如

$$\prod_{i=1}^{m}\prod_{j=1}^{n}a_{ij}=\prod_{i=1}^{m}(a_{i1}a_{i2}\cdots a_{in})=(a_{11}a_{12}\cdots a_{1n})(a_{21}a_{22}\cdots a_{2n})\cdots(a_{m1}a_{m2}\cdots a_{mn}),$$

$$\prod_{i=1}^{m}\sum_{j=1}^{n}a_{ij}=\left(\sum_{j=1}^{n}a_{1j}\right)\left(\sum_{j=1}^{n}a_{2j}\right)\cdots\left(\sum_{j=1}^{n}a_{mj}\right),$$

$$\sum_{i=1}^{m}\prod_{j=1}^{n}a_{ij}=\prod_{j=1}^{n}a_{1j}+\prod_{j=1}^{n}a_{2j}+\cdots+\prod_{j=1}^{n}a_{mj}=a_{11}a_{12}\cdots a_{in}+a_{21}a_{22}\cdots a_{2n}+\cdots+a_{m1}a_{m2}\cdots a_{mn}.$$

还有，如果表示对所有可能的指标 i 求和(或者求积)，则可以表示为 $\sum\limits_{i}a_i$ (或者 $\prod\limits_{i}a_i$). 比如，若约定 i 表示自然数，则

$$\sum_{i}a_i=a_1+a_2+a_3+\cdots+a_n+\cdots,$$

$$\prod_{i}a_i=a_1\cdot a_2\cdot a_3\cdot\cdots\cdot a_n\cdot\cdots.$$

1.3.8* 实数理论中的几个主要定理

先介绍几个基本概念

定义 1.3.8.1　一个数列 $\{x_n\}$ 如果满足：对任一正数 ε，都存在自然数 N 使得当 $m,n\geqslant N$ 时，都有 $|x_m-x_n|<\varepsilon$ 成立，则称 $\{x_n\}$ 为**柯西基本数列**，简称基本数列或柯西数列.

定义 1.3.8.2　对一个实数集 A, 如果常数 M 满足: 对任一 $x\in A$, 都有 $x\leqslant M$, 则称 M 为 A 的一个**上界**. A 的最小的上界称为 A 的**上确界**; 类似地, 如果常数 m 满足: 对任一 $x\in A$, 都有 $x\geqslant M$, 则称 m 为 A 的一个**下界**. A 的最大的下界称为 A 的**下确界**. 既有上界又有下界的集合称为**有界集合**.

定义 1.3.8.3　设 $[a,b]$ 是个闭区间, 一个开区间的集合(称为开区间族) $\Omega=\{(a_\lambda,b_\lambda)\mid\lambda\in\Lambda\}$ 如果满足: Ω 的并集包含闭区间 $[a,b]$, 即 $[a,b]\subset\bigcup\limits_{\lambda\in\Lambda}(a_\lambda,b_\lambda)$ 则称 Ω 为 $[a,b]$ 的一个**开覆盖**. 如果 Ω 的一个子集 Ω' 也构成 $[a,b]$ 的开覆盖, 则称 Ω' 为 Ω 的一个**子覆盖**. 如果 $[a,b]$ 的开覆盖 Ω 只含有有限个开区间, 则称 Ω 为 $[a,b]$ 的**有限开覆盖**.

定义 1.3.8.4　如果每个 $I_n=[a_n,b_n]$ 都是闭区间, 满足:

$$I_1\supset I_2\supset\cdots\supset I_n\supset\cdots, \text{即 } a_1\leqslant a_2\leqslant\cdots\leqslant a_n\leqslant\cdots\leqslant b_n\leqslant\cdots\leqslant b_2\leqslant b_1.$$

且 $\lim\limits_{n\to\infty}|I_n|=0$ (其中 $|I_n|=b_n-a_n$ 表示区间 I_n 的长度), 则称 $\{I_n\}$ 为一个**闭区间套**.

实数理论中的主要定理有下面这几个.

定理 1.3.8.1 (确界存在定理)　有上(下)界的非空实数集必有唯一的上(下)确界.

定理 1.3.8.2　单调有界的数列必有极限.

定理 1.3.8.3 (区间套定理)　闭区间套 $\{I_n\}$ 的交集 $\bigcap\limits_{n=1}^{\infty}I_n$ 为单点集.

定理 1.3.8.4 (波尔查诺-魏尔斯特拉斯(Bolzano-Weierstrass))　有界数列必存在收敛子列.

定理 1.3.8.5(海涅-博雷尔(Heine-Borel)有限覆盖定理)　若开区间族 $\Omega=\{(a_\lambda,b_\lambda)\mid\lambda\in\Lambda\}$ 构成闭区间 $[a,b]$ 的覆盖, 则必可从 Ω 中选出有限个开区间 $(a_{\lambda_1},b_{\lambda_1}),(a_{\lambda_2},b_{\lambda_2}),\cdots,(a_{\lambda_n},b_{\lambda_n})$ 使得

$$[a,b]\subset(a_{\lambda_1},b_{\lambda_1})\cup(a_{\lambda_2},b_{\lambda_2})\cup\cdots\cup(a_{\lambda_n},b_{\lambda_n}).$$

即闭区间 $[a,b]$ 的每个开覆盖 Ω 必有有限的子覆盖.

1.4　释 疑 解 惑

1. 如何写出一个命题的否定式?

答　数学命题的基本模式是如下两种:

A: 对每一个 $x\in D$, 都有 $P(x)$ 成立;

B: 存在一个 $x\in D$ 使得 $P(x)$ 成立.

对于命题 A, 其否定式是

$\neg A$: 存在一个 $x_0\in D$ 使得 $P(x_0)$ 不成立.

对于命题 B, 其否定式是:

$\neg B$: 对任意一个 $x\in D$, $P(x)$ 都不成立.

(1) 比如, 函数有界的定义是这样的:

如果存在常数 $M>0$, 使得对任意一个 $x\in I$ 都有 $|f(x)|\leqslant M$ 成立, 则称函数 $f(x)$ 在 I 上有界.

首先注意, 上述定义是由两个简单命题构成的.

① A　存在常数 $M>0$, 使得 B 成立.

② B　对任意一个 $x\in I$, 都有 $|f(x)|\leqslant M$ 成立.

要写出函数有界这一命题的否定式, 可以利用逐层否定的方式来进行, 即我们可以写出函数 $f(x)$ 在 I 上无界的一个定义:

对任一常数 $M>0$, B 都不成立

$\Leftrightarrow$ 对任一常数 $M>0$, 都存在一个 $x_0\in I$, 使得 $|f(x_0)|>M$.

具体写出来, 就是

"如果对任一常数 $M>0$, 都存在一个 $x_0\in I$, 使得 $|f(x_0)|>M$, 则称函数 $f(x)$ 在 I 上无界." ■

例 1.4.1.1　试说明函数 $f(x)=\dfrac{1}{x+1}$ 在区间 $(-1,0)$ 上是无界的.

解　(1) 对任一常数 $M>0$, 取 $x_0=-\dfrac{M}{M+1}$, 则 $x_0\in(-1,0)$, 且

$$|f(x_0)|=\left|\frac{1}{-\dfrac{M}{M+1}+1}\right|=M+1>M.$$

因此, 函数 $f(x)=\dfrac{1}{x+1}$ 在区间 $(-1,0)$ 上是无界的.

(2) 再比如, 函数 $f(x)$ 在自变量 x 的某一变化过程中局部有界的定义是这样的:

A　若存在一个时刻 T 及一个正数 M, 使得在时刻 T 之后恒有 $|f(x)|\leqslant M$ 成立, 则称函数 $f(x)$ 在自变量 x 的这一变化过程中是局部有界的.

利用逐层否定的方式, 可以写出函数 $f(x)$ 在自变量 x 的某一变化过程中非局部有界的定义如下:

$\neg A$　若对任意一个时刻 T 及任意一个正数 M, 都存在时刻 T 之后的一个点 x 使得

$$|f(x)|>M$$

成立, 则称函数 $f(x)$ 在自变量 x 的这一变化过程中不是局部有界的.■

例 1.4.1.2　试说明函数 $f(x)=x\cos x$ 在 $x\to+\infty$ 时不是局部有界的.

解　对任一正数 X(相当于一个时刻 T)及正数 M, 令 $x_0=2([X]+[M]+1)\pi$, 则 $|x_0|>X$ (这表明 x_0 在时刻 T 之后), 且

$$|f(x_0)|=|x_0\cos x_0|=2([X]+[M]+1)\pi>M.$$

可见, 函数 $f(x)=x\cos x$ 在 $x\to+\infty$ 时不是局部有界的.■

2. 下列几个命题正确与否?

(1) 在自变量 x 的某一变化过程中, 如果 $f(x)$ 与 $g(x)$ 都没有极限, 则 $f(x)+g(x)$ 与 $f(x)-g(x)$ 也没有极限;

(2) 在自变量 x 的某一变化过程中, 如果 $f(x)$ 有极限, 而 $g(x)$ 没有极限, 则 $f(x)+g(x)$ 与 $f(x)-g(x)$ 都没有极限.

(3) 在自变量 x 的某一变化过程中，如果 $f(x)$ 与 $g(x)$ 都没有极限，则 $f(x)g(x)$ 与 $\frac{f(x)}{g(x)}$ (其中 $g(x)\neq 0$)也没有极限；

(4) 在自变量 x 的某一变化过程中，如果 $f(x)$ 有极限，而 $g(x)$ 没有极限，则 $f(x)g(x)$ 与 $\frac{f(x)}{g(x)}$ (其中 $g(x)\neq 0$)也没有极限；

(5) 在自变量 x 的某一变化过程中，如果 $f(x)$ 没有极限，而 $g(x)$ 有非零的极限，则 $f(x)g(x)$ 与 $\frac{f(x)}{g(x)}$ (设 $g(x)\neq 0$)也没有极限.

答 (1) 这个命题是错误的，比如在 $x\to 0$ 这一过程中，函数 $f(x)=\sin\frac{1}{x}$, $g(x)=1-\sin\frac{1}{x}$ 与 $h(x)=\sin\frac{1}{x}-1$ 都没有极限，但是 $\lim\limits_{x\to 0}[f(x)+g(x)]=1$ ，$\lim\limits_{x\to 0}[f(x)-h(x)]=1$.

(2) 这个命题是正确的. 证明如下：设 $\lim f(x)=A$. 若 $f(x)+g(x)$ 有极限，不妨设 $\lim[f(x)+g(x)]=B$. 则由极限的四则运算法则可得

$$\lim g(x)=\lim[(f(x)+g(x))-f(x)]=\lim[(f(x)+g(x))-\lim f(x)]=B-A.$$

这与 $g(x)$ 没有极限矛盾！因此 $f(x)+g(x)$ 没有极限.

类似地可以证明，$f(x)-g(x)$ 也没有极限.

(3) 这个命题是错误的. 比如，在 $x\to 0$ 这一过程中，函数 $f(x)=\begin{cases}-1, & x\in\mathbb{Q},\\ 1, & x\notin\mathbb{Q}\end{cases}$ 与 $g(x)=\begin{cases}1, & x\in\mathbb{Q},\\ -1, & x\notin\mathbb{Q}\end{cases}$ 均没有极限，但是 $f(x)g(x)=\frac{f(x)}{g(x)}\equiv -1$ 却是有极限的，且极限值为 -1 .

(4) 这个命题也是错误的. 比如，在 $x\to 0$ 这一过程中，函数 $f(x)\equiv 0$ 有极限，而 $g(x)=\begin{cases}1, & x\in\mathbb{Q},\\ -1, & x\notin\mathbb{Q}\end{cases}$ 没有极限，但是 $f(x)g(x)=\frac{f(x)}{g(x)}\equiv 0$ 却是有极限的，且极限值为 0.

(5) 这个命题是正确的. 我们用反证法证明如下：

设 $\lim g(x)=B\neq 0$ ，则由极限的保号性知，存在某一时刻 T_1 使得在时刻 T_1 之后，有 $g(x)\neq 0$.

(Ⅰ)若 $\lim f(x)g(x)=A$ ，则由极限的四则运算法则可得

$$\lim f(x)=\lim\frac{f(x)g(x)}{g(x)}=\frac{A}{B}.$$

因此 $f(x)$ 有极限，矛盾！故 $f(x)g(x)$ 没有极限.

(Ⅱ) 若 $\lim\frac{f(x)}{g(x)}=C$ ，则由极限的乘积运算法则可得

$$\lim f(x)=\lim\frac{f(x)}{g(x)}\cdot g(x)=CB.$$

因此 $f(x)$ 有极限，矛盾！故 $\frac{f(x)}{g(x)}$ 没有极限.■

【注】这个例子提醒我们, 对一些简单命题, 其否命题是否正确, 需要作适当的研究, 才能做出判断. 而学习数学就需要这种精神. 每一个定理、定义、题目实际上都是一个数学命题, 其逆命题、否命题、逆否命题是怎样的以及是否正确, 常常值得我们去探讨、研究.

3. "如果存在常数 A 及一个正常数 M, 使得对于任意给定的正数 ε, 都存在一个时刻 T, 使得对时刻 T 之后的任何 x, 都有 $|f(x)-A|<M\varepsilon$ 成立" 为什么等价于 $\lim f(x)=A$.

答　我们知道, $\lim f(x)=A$ 的定义是这样的:

"对于任意给定的正数 ε, 都存在一个时刻 T, 对时刻 T 之后的任何 x, 都有 $|f(x)-A|<\varepsilon$ 成立", 那么为什么把不等式中的 ε 改成 $M\varepsilon$, 两者居然是等价的呢? 最主要的一点, 是要能够准确理解"任意"一词的含义. 下面我们给出两者等价的证明.

如果对于任意给定的正数 ε, 都存在一个时刻 T, 对时刻 T 之后的任何 x, 都有 $|f(x)-A|<M\varepsilon$ 成立. 则对于任意给定的正数 ε, 由于 M 是个正数, 因此 $\dfrac{\varepsilon}{M}$ 也是一个正数, 故对这个正数 $\dfrac{\varepsilon}{M}$, 由假设应该存在一个时刻 T', 对时刻 T' 之后的任何 x, 都有 $|f(x)-A|<M\dfrac{\varepsilon}{M}=\varepsilon$ 成立. 可见 $\lim f(x)=A$.

反之, 若 $\lim f(x)=A$. 则对于任意给定的正数 ε, $M\varepsilon$ 也是一个正数, 故对这个正数 $M\varepsilon$, 应该存在相应的一个时刻 T, 对时刻 T 之后的任何 x, 都有 $|f(x)-A|<M\varepsilon$ 成立.

这表明, 两种表述确实是等价的.

正因为这种等价性, 我们在用定义证明某个极限值等于 A 时, 经常只需证明诸如

"$\forall\varepsilon>0$, $\exists$ 一个时刻 T, 对时刻 T 之后的任何 x, 都有 $|f(x)-A|<2\varepsilon$"

或者

"$\forall\varepsilon>0$, $\exists$ 一个时刻 T, 对时刻 T 之后的任何 x, 都有 $|f(x)-A|<\dfrac{1}{3}\varepsilon$"

等等.■

4. 我们知道, 连续函数的复合函数是连续的, 试问下列三个命题正确与否?

(1) 若 $y=f(u)$ 在 u_0 处连续, 而 $u=\varphi(x)$ 在 x_0 处不连续, 且 $u_0=\varphi(x_0)$, 则复合函数 $y=f(\varphi(x))$ 在 x_0 处也不连续;

(2) 若 $y=f(u)$ 在 u_0 不连续, 而 $u=\varphi(x)$ 在 x_0 处连续, 且 $u_0=\varphi(x_0)$, 则复合函数 $y=f(\varphi(x))$ 在 x_0 处也不连续;

(3) 若 $y=f(u)$ 在 u_0 处不连续, 而 $u=\varphi(x)$ 在 x_0 处也不连续, 且 $u_0=\varphi(x_0)$, 则复合函数 $y=f(\varphi(x))$ 在 x_0 处也不连续.

答　(1)该命题不正确. 比如, 若 $y=f(u)\equiv 1$, $u=\varphi(x)=\begin{cases}-1, & x<0,\\ 1, & x\geqslant 0,\end{cases}$ $x_0=0, u_0=1$, 则 $y=f(u)$ 在 u_0 处连续, 而 $u=\varphi(x)$ 在 x_0 处不连续(仅仅右连续), 且 $u_0=\varphi(x_0)$, 但是由于复合函数 $y=f(\varphi(x))\equiv 1$, 它还是处处连续的, 在 x_0 处并没有间断.

(2) 该命题不正确. 比如, 若 $y=f(u)=\begin{cases}-1, & u<0,\\ 1, & u\geqslant 0,\end{cases}$ $u=\varphi(x)\equiv 0, x_0=0, u_0=0$, 则

$y=f(u)$ 在 u_0 处不连续，而 $u=\varphi(x)$ 在 x_0 处连续，且 $u_0=\varphi(x_0)$，但是复合函数 $y=f(\varphi(x))\equiv 1$，还是处处连续的，在 x_0 处并没有间断.

(3) 该命题不正确. 比如，若 $y=f(u)=\begin{cases}-1, & u<0,\\ 1, & u\geqslant 0,\end{cases}$ $u=\varphi(x)=\begin{cases}0, & x=0,\\ 1, & x\neq 0,\end{cases}$ $x_0=0, u_0=0$，则 $y=f(u)$ 在 u_0 处不连续，$u=\varphi(x)$ 在 x_0 处也不连续，且 $u_0=\varphi(x_0)$，但是由于 $\varphi(x)\geqslant 0$，故复合函数 $y=f(\varphi(x))\equiv 1$，是处处连续的，在 x_0 处并没有间断. ■

5. 如果 $f(x)$ 与 $g(x)$ 都在点 x_0 的任一邻域内无界，则 $f(x)+g(x)$，$f(x)-g(x)$，$f(x)g(x)$ 是否也在点 x_0 的任一邻域内无界?

答　当 $f(x)$ 与 $g(x)$ 都在点 x_0 的任一邻域内无界时，$f(x)+g(x)$，$f(x)-g(x)$，$f(x)g(x)$ 未必在点 x_0 的任一邻域内无界. 我们看下面这三个例子就清楚了.

(1) $f(x)=\begin{cases}\dfrac{1}{1-x}, & x\neq 1,\\ 0, & x=1,\end{cases}$ $g(x)=\begin{cases}\dfrac{1}{x-1}, & x\neq 1,\\ 0, & x=1\end{cases}$ 都在点 $x=1$ 的任一邻域内无界，但是 $f(x)+g(x)\equiv 0$ 却是一个有界函数.

(2) $f(x)=\begin{cases}\dfrac{2-x}{1-x}, & x\neq 1,\\ 1, & x=1,\end{cases}$ $g(x)=\begin{cases}\dfrac{1}{1-x}, & x\neq 1,\\ 0, & x=1\end{cases}$ 都在点 $x=1$ 的任一邻域内无界，但是 $f(x)-g(x)\equiv 1$ 却是一个有界函数.

(3) $f(x)=\begin{cases}x, & x\in\mathbb{Q},\\ \dfrac{1}{x}, & x\notin\mathbb{Q},\end{cases}$ $g(x)=\begin{cases}\dfrac{1}{x}, & x\in\mathbb{Q}-\{0\},\\ 0, & x=0,\\ x, & x\notin\mathbb{Q}\end{cases}$ 都在点 $x=0$ 的任一邻域内无界，但是 $f(x)g(x)=\begin{cases}1, & x\neq 0,\\ 0, & x=0\end{cases}$ 却是一个有界函数.■

6. 如何把握无穷小的四则运算规律?

答　设在自变量 x 的某一变化过程中，$\alpha(x)$ 与 $\beta(x)$ 分别是某一无穷小 $\sigma(x)$ 的 m 阶和 n 阶无穷小，则有如下几个结论成立:

(1) 当 $m>n$ 时，$\alpha(x)\pm\beta(x)$ 是 $\sigma(x)$ 的 n 阶无穷小;

(2) 当 $m=n$ 时，$\alpha(x)\pm\beta(x)$ 是 $\sigma(x)$ 的不低于 n 阶的无穷小;

(3) $\alpha(x)\cdot\beta(x)$ 是 $\sigma(x)$ 的 $m+n$ 阶无穷小;

(4) 当 $m>n$ 时，$\dfrac{\alpha(x)}{\beta(x)}$ 是 $\sigma(x)$ 的 $m-n$ 阶无穷小;

我们逐个证明如下: 由假设知，$\lim\dfrac{\alpha(x)}{\sigma^m(x)}=A$，$\lim\dfrac{\beta(x)}{\sigma^n(x)}=B$，其中 A, B 都是非零常数.

(1) 当 $m>n$ 时，有

$$\lim\frac{\alpha(x)\pm\beta(x)}{\sigma^n(x)}=\lim\frac{\alpha(x)}{\sigma^n(x)}\pm\lim\frac{\beta(x)}{\sigma^n(x)}=\lim\sigma^{m-n}(x)\frac{\alpha(x)}{\sigma^m(x)}\pm\lim\frac{\beta(x)}{\sigma^n(x)}=0\cdot A\pm B=\pm B.$$

因此 $\alpha(x)\pm\beta(x)$ 是 $\sigma(x)$ 的 n 阶无穷小.

(2) 当 $m=n$ 时, 有

$$\lim\frac{\alpha(x)\pm\beta(x)}{\sigma^n(x)}=\lim\frac{\alpha(x)}{\sigma^n(x)}\pm\lim\frac{\beta(x)}{\sigma^n(x)}=\lim\frac{\alpha(x)}{\sigma^m(x)}\pm\lim\frac{\beta(x)}{\sigma^n(x)}=A\pm B.$$

极限是存在的, 关键看 $A\pm B$ 这个常数是不是等于 0. 若 $A\pm B$ 等于 0, 则 $\alpha(x)\pm\beta(x)$ 是 $\sigma(x)$ 的高于 n 阶的无穷小; 若 $A\pm B$ 不等于 0, 则 $\alpha(x)\pm\beta(x)$ 是 $\sigma(x)$ 的 n 阶的无穷小. 因此 $\alpha(x)\pm\beta(x)$ 是 $\sigma(x)$ 的不低于 n 阶的无穷小.

(3) 由于

$$\lim\frac{\alpha(x)\cdot\beta(x)}{\sigma^{m+n}(x)}=\lim\frac{\alpha(x)}{\sigma^m(x)}\cdot\lim\frac{\beta(x)}{\sigma^n(x)}=AB.$$

极限是一个非零常数 AB, 故 $\alpha(x)\cdot\beta(x)$ 是 $\sigma(x)$ 的 $m+n$ 阶无穷小.

(4) 当 $m>n$ 时, 由于

$$\lim\frac{\dfrac{\alpha(x)}{\beta(x)}}{\sigma^{m-n}(x)}=\frac{\lim\dfrac{\alpha(x)}{\sigma^m(x)}}{\lim\dfrac{\beta(x)}{\sigma^n(x)}}=\frac{A}{B}.$$

极限是一个非零常数 $\dfrac{A}{B}$, 故 $\dfrac{\alpha(x)}{\beta(x)}$ 是 $\sigma(x)$ 的 $m-n$ 阶无穷小.

由前面所证明的这几个结论, 我们有如下几个常用的推论: 设 $\alpha\to 0$, 且 α 是非零变量, 则

(5) $o(\alpha^k)\pm o(\alpha^k)=o(\alpha^k)$ (这里 k 为正数);

(6) 当 $m>n$ 时, $o(\alpha^m)\pm o(\alpha^n)=o(\alpha^n)$;

(7) $o(\alpha^m)\cdot o(\alpha^n)=o(\alpha^{m+n})$. ■

7. 我们知道, 在自变量的同一变化过程中, 有限个无穷小的乘积仍然是无穷小. 那么无限个无穷小的乘积也一定是无穷小吗?

答　无限个无穷小的乘积未必是无穷小! 我们看下面这个例子.

对每对自然数 m,n, 令

$$x_n^1:\quad 1,\frac{1}{2},\frac{1}{3},\frac{1}{4},\frac{1}{5},\cdots,\frac{1}{n},\cdots;$$

$$x_n^2:\quad 1,2,\frac{1}{3},\frac{1}{4},\frac{1}{5},\cdots,\frac{1}{n},\cdots;$$

$$x_n^3:\quad 1,1,3^2,\frac{1}{4},\frac{1}{5},\cdots,\frac{1}{n},\cdots;$$

$$x_n^4:\quad 1,1,1,4^3,\frac{1}{5},\cdots,\frac{1}{n},\cdots;$$

……

$$x_n^m:\quad 1,\cdots,1,m^{m-1},\frac{1}{m+1},\frac{1}{m+2},\cdots,\frac{1}{n},\cdots.$$

则对每一个自然数 m, 数列 x_n^m 都满足 $\lim\limits_{n\to\infty} x_n^m = 0$, 即每个数列 x_n^m 作为 n 的函数都是 $n\to\infty$ 时的无穷小. 现在对每个自然数 n, 令

$$x_n = \prod_{m=1}^{\infty} x_n^m \quad (\text{即所有 } x_n^1, x_n^2, \cdots, x_n^m, \cdots \text{ 的乘积}),$$

则直接验证可知, 对每个 n, 都有 $x_n = 1$. 因此 x_n 是个常值数列, 因而 $\lim\limits_{n\to\infty} x_n = 1$. 这表明这无穷多个无穷小 x_n^m 的乘积 x_n 并不是无穷小.

把上述例子稍作修改, 让

$$x_n^m : \overbrace{1,\cdots,1}^{m-1\text{个}}, m^m, \frac{1}{m+1}, \frac{1}{m+2}, \cdots, \frac{1}{n}, \cdots \quad (m = 1, 2, 3, \cdots),$$

则可使得 $x_n = n$, 这下子它不但不是无穷小, 还成了无穷大了! 无穷多个无穷小的乘积居然有可能是无穷大! ■

无限是个非常有意思的概念, 在数学学习中, 要尽可能避免一些想当然的错误.

1.5 典型错误辨析

1.5.1 错误地使用极限运算法则

例 1.5.1.1 求极限 $\lim\limits_{x\to 0} x\sin\frac{1}{x}$.

错误解法

$$\lim_{x\to 0} x\sin\frac{1}{x} = \lim_{x\to 0} x \cdot \lim_{x\to 0}\sin\frac{1}{x} = 0\cdot \lim_{x\to 0}\sin\frac{1}{x} = 0.$$

解析 极限的四则运算法则是在两个函数都有极限的前提下才有的, 而在这里, 极限 $\lim\limits_{x\to 0}\sin\frac{1}{x}$ 并不存在, 因此上式中的第一个等号并不成立(因为等式右边没有意义!). 因此尽管最终结论是正确的, 但是计算过程却是错误的.

正确解法 由于函数 $\sin\frac{1}{x}$ 有界, 而 $x\to 0$ 时 x 是无穷小, 因此根据无穷小的性质(局部有界量与无穷小量的乘积仍然是无穷小量)可知, $x\sin\frac{1}{x}$ 也是无穷小, 因此 $\lim\limits_{x\to 0} x\sin\frac{1}{x} = 0$. ■

例 1.5.1.2 求极限 $\lim\limits_{x\to 0^+} x\ln x$.

错误解法

$$\lim_{x\to 0^+} x\ln x = \lim_{x\to 0^+} x \cdot \lim_{x\to 0^+}\ln x = 0\cdot \lim_{x\to 0^+}\ln x = 0.$$

解析　在上述解法中，第一个等号是不对的，因为 $\lim\limits_{x\to 0^+}\ln x$ 实际上是个无穷大，因此不能使用极限的乘积运算法则. 至于正确解法，在下一章讲过导数之后，我们利用洛必达法则，可以很容易求得该极限为 0.■

以上两个例子，尽管最终结果是对的，但是解法却是错误的，这一点应该好好琢磨琢磨.

例 1.5.1.3　求极限 $\lim\limits_{n\to\infty}\left(\dfrac{1}{n^2+\sin 1}+\dfrac{2}{n^2+2\sin 2}+\cdots+\dfrac{n}{n^2+n\sin n}\right)$.

错误解法

$$\begin{aligned}&\lim_{n\to\infty}\left(\frac{1}{n^2+\sin 1}+\frac{2}{n^2+2\sin 2}+\cdots+\frac{n}{n^2+n\sin n}\right)\\=&\lim_{n\to\infty}\frac{1}{n^2+\sin 1}+\lim_{n\to\infty}\frac{2}{n^2+2\sin 2}+\cdots+\lim_{n\to\infty}\frac{n}{n^2+n\sin n}=0+0+\cdots+0=0.\end{aligned}$$

解析　本题中自变量的变化过程是 $n\to\infty$，也就是说，n 是变化的！随着 n 越来越大，作和的项数也越来越多，因此这里不能用和的极限运算法则！极限运算中和的法则是对固定的若干个函数而言的，如果这几个函数都有极限，那么它们的代数和的极限等于它们极限的代数和. 现在参与和运算的函数是越来越多的，就不能使用这个法则了.

正确解法　不妨设 $n>1$，由于

$$\frac{1}{2}=\frac{1+2+\cdots+n}{n^2+n}\leqslant\frac{1}{n^2+\sin 1}+\frac{2}{n^2+2\sin 2}+\cdots+\frac{n}{n^2+n\sin n}\leqslant\frac{1+2+\cdots+n}{n^2-n}=\frac{n^2+n}{2(n^2-n)},$$

且

$$\lim_{n\to\infty}\frac{n^2+n}{2(n^2-n)}=\lim_{n\to\infty}\frac{1+\dfrac{1}{n}}{2\left(1-\dfrac{1}{n}\right)}=\frac{1}{2}.$$

因此由夹逼准则可知

$$\lim_{n\to\infty}\left(\frac{1}{n^2+\sin 1}+\frac{2}{n^2+2\sin 2}+\cdots+\frac{n}{n^2+n\sin n}\right)=\frac{1}{2}.$$

使用法则或者定理来作计算或者证明时，一定要注意使用法则或者定理的条件是否满足！■

1.5.2　不注意运算条件

例 1.5.2.1　求极限 $\lim\limits_{x\to 0}\dfrac{\sqrt{1-\cos x}}{x}$.

错误解法

$$\lim_{x\to 0}\frac{\sqrt{1-\cos x}}{x}=\lim_{x\to 0}\frac{\sqrt{2\sin^2\dfrac{x}{2}}}{x}=\lim_{x\to 0}\frac{\sqrt{2}\sin\dfrac{x}{2}}{x}=\lim_{x\to 0}\frac{\sqrt{2}\cdot\dfrac{x}{2}}{x}=\frac{\sqrt{2}}{2}.$$

解析　这里的变化过程是 $x\to 0$，因此 x 可以从左边趋于 0，也可以从右边趋于 0，故等式 $\sqrt{2\sin^2\dfrac{x}{2}}=\sqrt{2}\sin\dfrac{x}{2}$ 是有问题的！正确的应该是 $\sqrt{2\sin^2\dfrac{x}{2}}=\sqrt{2}\left|\sin\dfrac{x}{2}\right|$.

正确解法　通过计算可得

$$\lim_{x\to 0^+}\frac{\sqrt{1-\cos x}}{x}=\lim_{x\to 0^+}\frac{\sqrt{2\sin^2\frac{x}{2}}}{x}=\lim_{x\to 0^+}\frac{\sqrt{2}\sin\frac{x}{2}}{x}=\lim_{x\to 0^+}\frac{\sqrt{2}\cdot\frac{x}{2}}{x}=\frac{\sqrt{2}}{2}.$$

$$\lim_{x\to 0^-}\frac{\sqrt{1-\cos x}}{x}=\lim_{x\to 0^-}\frac{\sqrt{2\sin^2\frac{x}{2}}}{x}=\lim_{x\to 0^-}\frac{-\sqrt{2}\sin\frac{x}{2}}{x}=-\lim_{x\to 0^-}\frac{\sqrt{2}\cdot\frac{x}{2}}{x}=-\frac{\sqrt{2}}{2}.$$

可见左右极限尽管存在，但不相等，因此极限 $\lim\limits_{x\to 0}\frac{\sqrt{1-\cos x}}{x}$ 不存在. ■

1.5.3　错误地使用等价无穷小替换

例 1.5.3.1　求极限 $\lim\limits_{x\to 0}\frac{\sin x-\tan x}{x^3}$.

错误解法

$$\lim_{x\to 0}\frac{\sin x-\tan x}{x^3}=\lim_{x\to 0}\frac{x-x}{x^3}=0.$$

解析　当 $x\to 0$ 时，确实有 $\sin x\sim x$ 和 $\tan x\sim x$ 成立，但是在上述解题过程中的等价替换却是错误的. 我们证明的无穷小等价替换定理中，被替换的部分是整个函数的一个因式，而这里的 $\sin x$ 与 $\tan x$ 在整个函数表达式中都不是因式，因此这样的替换就有可能出问题. 等价无穷小替换本质上是忽略掉高阶无穷小，比如，当 $x\to 0$ 时，由于

$$\sin x=x-\frac{1}{3!}x^3+\frac{1}{5!}x^5-\cdots,$$

后面的项都是 x 的高阶无穷小，忽略掉这些高阶项，我们才得到 $\sin x\sim x$. 但是由于本题中函数的分母是 x 的 3 阶无穷小，因此把分子中的 $-\frac{1}{3!}x^3$ 忽略掉，显然会导致错误！

同样地，由于

$$\tan x=x+\frac{2}{3!}x^3+\frac{16}{5!}x^5-\cdots,$$

在本题中也不能把 $\tan x$ 直接替换成 x 而忽略掉当中的 $\frac{2}{3!}x^3$.

正确解法

$$\lim_{x\to 0}\frac{\sin x-\tan x}{x^3}=\lim_{x\to 0}\frac{\tan x(\cos x-1)}{x^3}=\lim_{x\to 0}\frac{x\cdot\left(-\frac{x^2}{2}\right)}{x^3}=-\frac{1}{2}.$$

注意，这里被等价替换的 $\tan x$，$\cos x-1$ 都是函数的因式！

当学过微分学后，我们还可以用泰勒公式和洛必达法则来求解:

$$\lim_{x\to 0}\frac{\sin x-\tan x}{x^3}=\lim_{x\to 0}\frac{\left(x-\frac{1}{3!}x^3+o(x^3)\right)-\left(x+\frac{1}{3}x^3+o(x^3)\right)}{x^3}=\lim_{x\to 0}\frac{-\frac{x^3}{2}+o(x^3)}{x^3}=-\frac{1}{2}$$

或

$$\lim_{x\to0}\frac{\sin x-\tan x}{x^3}=\lim_{x\to0}\frac{\cos x-\sec^2 x}{3x^2}=\lim_{x\to0}\frac{1}{\cos^2 x}\cdot\lim_{x\to0}\frac{\cos^3 x-1}{3x^2}=\lim_{x\to0}\frac{\cos^3 x-1}{3x^2}$$
$$=\lim_{x\to0}\frac{3\cos^2 x(-\sin x)}{6x}=\lim_{x\to0}\frac{3\cos^2 x(-x)}{6x}=-\frac{1}{2}.$$

注意　把函数中的无穷小因式作等价替换对极限计算没有影响，但是如果替换掉的部分不是因式，那就有可能影响到极限计算！■

例 1.5.3.2　求极限 $\lim\limits_{x\to\pi}\dfrac{e^{\sin x}-e^{\tan x}}{\ln\dfrac{x}{\pi}}$.

错误解法　$\lim\limits_{x\to\pi}\dfrac{e^{\sin x}-e^{\tan x}}{\ln\dfrac{x}{\pi}}=\lim\limits_{x\to\pi}\dfrac{e^{\tan x}(e^{\sin x-\tan x}-1)}{\ln\left[1+\left(\dfrac{x}{\pi}-1\right)\right]}=\lim\limits_{x\to\pi}e^{\tan x}\cdot\lim\limits_{x\to\pi}\dfrac{\sin x-\tan x}{\dfrac{x}{\pi}-1}$

$$=\pi\lim_{x\to\pi}\frac{\tan x(\cos x-1)}{x-\pi}=\pi\lim_{x\to\pi}\frac{x\cdot\left(-\dfrac{x^2}{2}\right)}{x-\pi}=\infty.$$

解析　由于本题中自变量的变化过程是 $x\to\pi$，在此过程中，$\sin x\to0$，$\tan x\to0$，$\dfrac{x}{\pi}-1\to0$，因此上述解法中的前三个等式都没有问题. 但是第四个等号却不成立！因为 x 并不是无穷小，因此此时 $\tan x\sim x$ 与 $\cos x-1\sim-\dfrac{1}{2}x^2$ 都是不成立的.

正确解法

$$\lim_{x\to\pi}\frac{e^{\sin x}-e^{\tan x}}{\ln\dfrac{x}{\pi}}=\lim_{x\to\pi}\frac{e^{\tan x}(e^{\sin x-\tan x}-1)}{\ln\left[1+\left(\dfrac{x}{\pi}-1\right)\right]}=\lim_{x\to\pi}e^{\tan x}\cdot\lim_{x\to\pi}\frac{\sin x-\tan x}{\dfrac{x}{\pi}-1}$$
$$=\pi\lim_{x\to\pi}\frac{\tan x(\cos x-1)}{x-\pi}=\pi\lim_{x\to\pi}\frac{\tan(\pi-x)(1-\cos x)}{x-\pi}$$
$$=\pi\lim_{x\to\pi}\frac{(\pi-x)(1-\cos x)}{x-\pi}=-2\pi.$$

这里应用了等价无穷小替换 $\ln\left[1+\left(\dfrac{x}{\pi}-1\right)\right]\sim\dfrac{x}{\pi}-1$，$\tan(\pi-x)\sim\pi-x$ 及三角公式 $\tan(\pi-x)=-\tan x$，以及 $\lim\limits_{x\to\pi}(1-\cos x)=2$.

注意　求极限的过程中要始终注意到自变量的变化过程！■

1.5.4 对初等函数的基本性质不熟悉导致对自变量的变化过程理解不全面

例 1.5.4.1　求极限 $\lim\limits_{x\to0}\dfrac{e^{\frac{1}{x}}+1}{e^{\frac{1}{x}}-1}\arctan\dfrac{1}{x}$.

错误解法　由于 $\lim\limits_{x\to 0}\frac{1}{x}=\infty$，故 $\lim\limits_{x\to 0}\mathrm{e}^{\frac{1}{x}}=\infty$，$\lim\limits_{x\to 0}\arctan\frac{1}{x}=\frac{\pi}{2}$，从而

$$\lim_{x\to 0}\frac{\mathrm{e}^{\frac{1}{x}}+1}{\mathrm{e}^{\frac{1}{x}}-1}\arctan\frac{1}{x}=\lim_{x\to 0}\frac{1+\mathrm{e}^{-\frac{1}{x}}}{1-\mathrm{e}^{-\frac{1}{x}}}\arctan\frac{1}{x}=\frac{1+0}{1-0}\cdot\frac{\pi}{2}=\frac{\pi}{2}.$$

解析　这里的错误在于没有注意到如下细节：当 x 从左右两边趋于 0 时，分别有

$$\lim_{x\to 0^-}\frac{1}{x}=-\infty,\quad \lim_{x\to 0^-}\mathrm{e}^{\frac{1}{x}}=0,\quad \lim_{x\to 0^-}\arctan\frac{1}{x}=-\frac{\pi}{2};$$

$$\lim_{x\to 0^+}\frac{1}{x}=+\infty,\quad \lim_{x\to 0^+}\mathrm{e}^{\frac{1}{x}}=+\infty,\quad \lim_{x\to 0^+}\arctan\frac{1}{x}=\frac{\pi}{2}.$$

而上述解法实际上相当于只考虑了当 x 从右边趋于 0 这种情况，因而逻辑上有缺陷.

当 x 从左右两边趋于 0 而导致函数中的某些部分会有不同的变化趋势时，极限问题必须从左右极限去考虑.

正确解法　由于

$$\lim_{x\to 0^-}\frac{\mathrm{e}^{\frac{1}{x}}+1}{\mathrm{e}^{\frac{1}{x}}-1}\arctan\frac{1}{x}=\frac{0+1}{0-1}\cdot\left(-\frac{\pi}{2}\right)=\frac{\pi}{2},$$

$$\lim_{x\to 0^+}\frac{\mathrm{e}^{\frac{1}{x}}+1}{\mathrm{e}^{\frac{1}{x}}-1}\arctan\frac{1}{x}=\lim_{x\to 0^+}\frac{1+\mathrm{e}^{-\frac{1}{x}}}{1-\mathrm{e}^{-\frac{1}{x}}}\arctan\frac{1}{x}=\frac{1+0}{1-0}\cdot\frac{\pi}{2}=\frac{\pi}{2}.$$

左右极限存在并且相等，因此有 $\lim\limits_{x\to 0}\frac{\mathrm{e}^{\frac{1}{x}}+1}{\mathrm{e}^{\frac{1}{x}}-1}\arctan\frac{1}{x}=\frac{\pi}{2}$. ■

1.6　例题选讲

选例 1.6.1 (数列极限的柯西收敛准则)　数列 $\{a_n\}$ 收敛的充分必要条件是它为一个基本数列.

思路　利用数列极限的定义和实数理论的主要定理.

证明　若数列 $\{a_n\}$ 收敛，不妨设 $\lim\limits_{n\to\infty}a_n=A$，则对任一正数 ε，存在自然数 N 使得当 $n>N$ 时，都有

$$|a_n-A|<\frac{\varepsilon}{2}.$$

因此若 $m,n>N$，则有

$$|a_m-a_n|=|(a_m-A)-(a_n-A)|\leqslant|a_m-A|+|a_n-A|<\frac{\varepsilon}{2}+\frac{\varepsilon}{2}=\varepsilon.$$

这说明$\{a_n\}$是一个基本数列.

反过来, 若$\{a_n\}$是一个基本数列, 则对正数$\varepsilon=1$, 存在自然数N_0使得当$m,n\geqslant N_0$时, 恒有

$$|a_m-a_n|<1.$$

特别地, 有$|a_m-a_{N_0}|<1$, 即$|a_m|<1+|a_{N_0}|$. 令$M=\max\{|a_1|,|a_2|,\cdots,|a_{N_0-1}|,1+|a_{N_0}|\}$, 则对任一自然数 n, 都有$|a_n|<M$, 因此数列$\{a_n\}$有界. 由波尔查诺-魏尔斯特拉斯定理知, $\{a_n\}$有收敛子数列$\{a_{n_k}\}$, 不妨设$\lim\limits_{k\to\infty}a_{n_k}=A$.则对任一正数$\varepsilon$, 存在自然数$N_1$和$N_2$使得当$m,n\geqslant N_1$时, 恒有

$$|a_m-a_n|<\frac{\varepsilon}{2}.$$

当$k\geqslant N_2$时, 恒有

$$|a_{n_k}-A|<\frac{\varepsilon}{2}.$$

令$N=\max\{N_1,N_2\}$, 则当$n>N$时, 有

$$|a_n-A|=|(a_n-a_{n_n})+(a_{n_n}-A)|\leqslant|a_n-a_{n_n}|+|a_{n_n}-A|<\frac{\varepsilon}{2}+\frac{\varepsilon}{2}=\varepsilon.$$

可见, $\lim\limits_{n\to\infty}a_n=A$. ■

选例 1.6.2　设$\lim\limits_{n\to\infty}a_n=a$, $\lim\limits_{n\to\infty}b_n=b$, 证明$\lim\limits_{n\to\infty}\dfrac{a_nb_1+a_{n-1}b_2+\cdots+a_1b_n}{n}=ab$.

思路　利用极限与无穷小量之间的关系, 转化为关于无穷小的估计.

证明　由于$\lim\limits_{n\to\infty}a_n=a$, $\lim\limits_{n\to\infty}b_n=b$, 故可设$a_n=a+\alpha_n$, $b_n=b+\beta_n$, 其中$\lim\limits_{n\to\infty}\alpha_n=\lim\limits_{n\to\infty}\beta_n=0$. 于是

$$\begin{aligned}\frac{a_nb_1+a_{n-1}b_2+\cdots+a_1b_n}{n}-ab=&a\frac{\beta_1+\beta_2+\cdots+\beta_n}{n}+b\frac{\alpha_1+\alpha_2+\cdots+\alpha_n}{n}\\&+\frac{\alpha_n\beta_1+\alpha_{n-1}\beta_2+\cdots+\alpha_1\beta_n}{n}.\end{aligned}\tag{1.6.1}$$

由例 1.3.3.1 可知, $\dfrac{\alpha_1+\alpha_2+\cdots+\alpha_n}{n}$, $\dfrac{\beta_1+\beta_2+\cdots+\beta_n}{n}$都是无穷小量, 因此为了完成证明, 只需说明$\dfrac{\alpha_n\beta_1+\alpha_{n-1}\beta_2+\cdots+\alpha_1\beta_n}{n}$也是无穷小量即可. 由于$\lim\limits_{n\to\infty}\beta_n=0$, 故存在正数$M$使得对任一自然数$n$, 都有$|\beta_n|\leqslant M$. 于是

$$0\leqslant\left|\frac{\alpha_n\beta_1+\alpha_{n-1}\beta_2+\cdots+\alpha_1\beta_n}{n}\right|\leqslant M\frac{|\alpha_n|+|\alpha_{n-1}|+\cdots+|\alpha_1|}{n}.$$

而$\dfrac{|\alpha_n|+|\alpha_{n-1}|+\cdots+|\alpha_1|}{n}$是无穷小量, 因此$\dfrac{\alpha_n\beta_1+\alpha_{n-1}\beta_2+\cdots+\alpha_1\beta_n}{n}$也是无穷小量. 从而由

(1.6.1)式可知

$$\lim_{n\to\infty}\frac{a_nb_1+a_{n-1}b_2+\cdots+a_1b_n}{n}=ab. \blacksquare$$

选例 1.6.3　设 $\lim\limits_{n\to\infty}a_n=a$，证明 $\lim\limits_{n\to\infty}\dfrac{a_1+2a_2+\cdots+na_n}{1+2+\cdots+n}=a.$

思路　利用极限与无穷小量的关系，或者用 Stolz 定理.

证法一　首先证明 $a=0$ 时成立. 若 $\lim\limits_{n\to\infty}a_n=0$，则对任一正数 ε，存在自然数 N_1，使得当 $n>N_1$ 时，恒有 $|a_n|<\dfrac{\varepsilon}{2}$. 记 $M=\max\{|a_1|,|a_2|,\cdots,|a_{N_1}|\}$，则 $n>N_1$ 时，有

$$\left|\frac{a_1+2a_2+\cdots+na_n}{1+2+\cdots+n}\right|\leqslant\frac{|a_1|+2|a_2|+\cdots+n|a_n|}{1+2+\cdots+n}\leqslant\frac{M+2M+\cdots+N_1M+(N_1+1)\frac{\varepsilon}{2}+\cdots+n\frac{\varepsilon}{2}}{1+2+\cdots+n}$$
$$\leqslant\frac{1+2+\cdots+N_1}{1+2+\cdots+n}M+\frac{(N_1+1)+\cdots+n}{1+2+\cdots+n}\cdot\frac{\varepsilon}{2}\leqslant\frac{MN_1(N_1+1)}{n(n+1)}+\frac{\varepsilon}{2}.$$

由于 $\lim\limits_{n\to\infty}\dfrac{MN_1(N_1+1)}{n(n+1)}=0$，故存在自然数 N_2 使得当 $n>N_2$ 时，恒有 $\dfrac{MN_1(N_1+1)}{n(n+1)}<\dfrac{\varepsilon}{2}$. 令 $N=\{N_1,N_2\}$，则当 $n>N_1$ 时，恒有

$$\left|\frac{a_1+2a_2+\cdots+na_n}{1+2+\cdots+n}\right|\leqslant\frac{MN_1(N_1+1)}{n(n+1)}+\frac{\varepsilon}{2}<\frac{\varepsilon}{2}+\frac{\varepsilon}{2}=\varepsilon.$$

因此有 $\lim\limits_{n\to\infty}\dfrac{a_1+2a_2+\cdots+na_n}{1+2+\cdots+n}=0.$

若 $\lim\limits_{n\to\infty}a_n=a\neq0$，令 $a_n=a+b_n$，则 $\lim\limits_{n\to\infty}b_n=0$，因此有

$$0=\lim_{n\to\infty}\frac{b_1+2b_2+\cdots+nb_n}{1+2+\cdots+n}=\lim_{n\to\infty}\frac{(a_1-a)+2(a_2-a)+\cdots+n(a_n-a)}{1+2+\cdots+n}$$
$$=\lim_{n\to\infty}\frac{a_1+2a_2+\cdots+na_n}{1+2+\cdots+n}-a.$$

因此 $\lim\limits_{n\to\infty}\dfrac{a_1+2a_2+\cdots+na_n}{1+2+\cdots+n}=a.$

证法二*　由 Stolz 定理可知

$$\lim_{n\to\infty}\frac{a_1+2a_2+\cdots+na_n}{1+2+\cdots+n}=\lim_{n\to\infty}\frac{(a_1+2a_2+\cdots+(n+1)a_{n+1})-(a_1+2a_2+\cdots+na_n)}{(1+2+\cdots+n+(n+1))-(1+2+\cdots+n)}$$
$$=\lim_{n\to\infty}\frac{(n+1)a_{n+1}}{(n+1)}=\lim_{n\to\infty}a_{n+1}=a. \blacksquare$$

选例 1.6.4　求下列极限.

(1) $\lim\limits_{n\to\infty}\cos\dfrac{x}{2}\cos\dfrac{x}{2^2}\cos\dfrac{x}{2^3}\cdots\cos\dfrac{x}{2^n}.$　　(2) $\lim\limits_{n\to\infty}\dfrac{3}{2}\cdot\dfrac{5}{4}\cdot\dfrac{17}{16}\cdot\cdots\cdot\dfrac{2^{2^n}+1}{2^{2^n}}.$

思路　通过特定的技术把数列的项约简.

解　(1) 若 $x=0$, 则 $\lim\limits_{n\to\infty}\cos\frac{x}{2}\cos\frac{x}{2^2}\cos\frac{x}{2^3}\cdots\cos\frac{x}{2^n}=1$.

若对某个整数 n 使得 $x=\pm 2^n\pi$, 则 $\lim\limits_{n\to\infty}\cos\frac{x}{2}\cos\frac{x}{2^2}\cos\frac{x}{2^3}\cdots\cos\frac{x}{2^n}=0$.

否则, 对每个整数 n 使得 $\sin\frac{x}{2^n}\neq 0$. 于是连续利用正弦倍角公式可得

$$\cos\frac{x}{2}\cos\frac{x}{2^2}\cos\frac{x}{2^3}\cdots\cos\frac{x}{2^n}=\frac{\cos\frac{x}{2}\cos\frac{x}{2^2}\cos\frac{x}{2^3}\cdots\cos\frac{x}{2^n}\cdot 2^n\sin\frac{x}{2^n}}{2^n\sin\frac{x}{2^n}}=\frac{\sin x}{2^n\sin\frac{x}{2^n}}.$$

因此

$$\lim_{n\to\infty}\cos\frac{x}{2}\cos\frac{x}{2^2}\cos\frac{x}{2^3}\cdots\cos\frac{x}{2^n}=\lim_{n\to\infty}\frac{\sin x}{2^n\sin\frac{x}{2^n}}=\frac{\sin x}{x}.$$

(2) 连续利用平方差公式 $(a-b)(a+b)=a^2-b^2$ 可得

$$\begin{aligned}\frac{3}{2}\cdot\frac{5}{4}\cdot\frac{17}{16}\cdot\cdots\cdot\frac{2^{2^n}+1}{2^{2^n}}&=\left(1+\frac{1}{2}\right)\left(1+\frac{1}{2^2}\right)\left(1+\frac{1}{2^{2^2}}\right)\cdots\left(1+\frac{1}{2^{2^n}}\right)\\&=2\left(1-\frac{1}{2}\right)\cdot\left(1+\frac{1}{2}\right)\left(1+\frac{1}{2^2}\right)\left(1+\frac{1}{2^{2^2}}\right)\cdots\left(1+\frac{1}{2^{2^n}}\right)=2\left(1-\frac{1}{2^{2^{n+1}}}\right).\end{aligned}$$

因此

$$\lim_{n\to\infty}\frac{3}{2}\cdot\frac{5}{4}\cdot\frac{17}{16}\cdot\cdots\cdot\frac{2^{2^n}+1}{2^{2^n}}=\lim_{n\to\infty}2\left(1-\frac{1}{2^{2^{n+1}}}\right)=2.\ \blacksquare$$

选例 1.6.5　求极限 $\lim\limits_{n\to\infty}\sin^2\left(\pi\sqrt{n^2+n}\right)$.

思路　利用三角诱导公式 $\sin(n\pi-\alpha)=(-1)^{n-1}\sin\alpha$ 和平方差公式 $a-b=\frac{a^2-b^2}{a+b}$.

解　
$$\begin{aligned}\lim_{n\to\infty}\sin^2\left(\pi\sqrt{n^2+n}\right)&=\lim_{n\to\infty}\left[(-1)^{n-1}\sin\left(n\pi-\pi\sqrt{n^2+n}\right)\right]^2\\&=\lim_{n\to\infty}\sin^2\left(\pi\sqrt{n^2+n}-n\pi\right)=\lim_{n\to\infty}\sin^2\frac{n\pi}{\sqrt{n^2+n}+n}\\&=\lim_{n\to\infty}\sin^2\frac{\pi}{\sqrt{1+\frac{1}{n}}+1}=\sin^2\frac{\pi}{2}=1.\ \blacksquare\end{aligned}$$

选例 1.6.6　求函数 $y=\arcsin\ln\frac{x-1}{x}-\frac{\sqrt{x-x^3}}{\sin 2x}$ 的定义域.

思路　求函数的定义域实际上就是把函数中所涉及的运算的制约条件全部列出来, 得到一个不等式组, 然后解这个不等式组, 其解就是函数的定义域.

解　本题中的函数涉及对数运算、反正弦运算、分式运算、正弦运算、开平方运算. 由

于反正弦函数的定义域是$[-1,1]$，对数函数的定义域是$(0,+\infty)$，分母不能为零，负数不能开平方，因此该函数所涉及运算的全部制约条件如下：

(1) $-1\leqslant\ln\dfrac{x-1}{x}\leqslant 1$(反正弦函数的定义域是$[-1,1]$)；

(2) $\dfrac{x-1}{x}>0$(真数必须是正数)；

(3) $x\neq 0$(分母不能为零)；

(4) $x-x^3\geqslant 0$(非负数才能开平方)；

(5) $\sin 2x\neq 0$(分母不能为零).

注意到：(1) 等价于$\mathrm{e}^{-1}\leqslant\dfrac{x-1}{x}\leqslant\mathrm{e}$，又等价于$x\geqslant\dfrac{\mathrm{e}}{\mathrm{e}-1}$或者$x\leqslant-\dfrac{1}{\mathrm{e}-1}$；

(2) 等价于$x>1$或者$x<0$；

(4) 等价于$x\leqslant -1$或者$0\leqslant x\leqslant 1$；

(5) 等价于$x\neq\dfrac{k\pi}{2}(k\in\mathbb{Z})$.

因此使得(1)～(5)均成立的点x的集合(即所求的定义域)为

$$D=\left\{x\in\mathbb{R}\,\middle|\,x\leqslant -1, x\neq\frac{k\pi}{2}, k\in\mathbb{N}\right\}.$$ ■

选例 1.6.7 设函数$f(x)=\begin{cases}\mathrm{e}^x-1, & x\geqslant 0,\\ \ln(1+x), & -1<x<0,\end{cases}$ $g(x)=\begin{cases}x^2, & |x|\geqslant 1,\\ 2x-1, & |x|<1.\end{cases}$ 求$f(g(x))$与$g(f(x))$的表达式.

思路 复合的过程本质上就是代入的过程，对分段函数的复合运算也一样. 要计算$f(g(x))$，就得知道什么时候$g(x)\geqslant 0$，什么时候$-1<g(x)<0$. 要计算$g(f(x))$，就得知道什么时候$|f(x)|\geqslant 1$，什么时候$|f(x)|<1$. 这些信息弄清楚了，剩下就是代入了.

解 由于$|x|\geqslant 1$时，$g(x)=x^2\geqslant 0$；

$\dfrac{1}{2}\leqslant x<1$时，$g(x)=2x-1\geqslant 0$；

$0<x<\dfrac{1}{2}$时，$-1<g(x)=2x-1<0$；

$-1<x\leqslant 0$时，$-3<g(x)=2x-1\leqslant -1$.

因此

$$f(g(x))=\begin{cases}\mathrm{e}^{g(x)}-1, & g(x)\geqslant 0,\\ \ln(1+g(x)), & -1<g(x)<0\end{cases}$$

$$=\begin{cases}\mathrm{e}^{x^2}-1, & |x|\geqslant 1,\\ \mathrm{e}^{2x-1}-1, & \dfrac{1}{2}\leqslant x<1,\\ \ln(2x), & 0<x<\dfrac{1}{2}.\end{cases}$$

又由于 $0 \leqslant x < \ln 2$ 时，$0 \leqslant f(x) = \mathrm{e}^x - 1 < 1$，从而 $|f(x)| < 1$；

$\frac{1}{\mathrm{e}} - 1 < x < 0$ 时，$-1 < f(x) = \ln(1+x) < 0$，从而 $|f(x)| < 1$；

$x \geqslant \ln 2$ 时，$f(x) = \mathrm{e}^x - 1 \geqslant 1$，从而 $|f(x)| \geqslant 1$；

$x \leqslant \frac{1}{\mathrm{e}} - 1$ 时，$f(x) = \ln(1+x) \leqslant -1$，从而 $|f(x)| \geqslant 1$.

因此

$$g(f(x)) = \begin{cases} f^2(x), & |f(x)| \geqslant 1, \\ 2f(x) - 1, & |f(x)| < 1 \end{cases}$$

$$= \begin{cases} \ln^2(1+x), & x \leqslant \frac{1}{\mathrm{e}} - 1, \\ 2\ln(1+x) - 1, & \frac{1}{\mathrm{e}} - 1 < x < 0, \\ 2\mathrm{e}^x - 3, & 0 \leqslant x < \ln 2, \\ (\mathrm{e}^x - 1)^2, & x \geqslant \ln 2. \end{cases} \blacksquare$$

选例 1.6.8　设函数 $f(x)$ 满足：对任一实数 x，都有 $f(x) + 2f(1-x) = x\sin x$，试求 $f(x)$ 的表达式.

思路　已知式子中有两个未知量 $f(x)$ 和 $f(1-x)$，由于该式子对一切实数 x 都成立，因此当用 $1-x$ 取代 x 时式子仍然成立，这样就得到关于 $f(x)$ 和 $f(1-x)$ 的两个方程. 解这两个方程也就得到所需要的 $f(x)$ 了.

解　由已知条件，对任一实数 x，有

$$f(x) + 2f(1-x) = x\sin x, \tag{1.6.2}$$

把(1.6.2)式中的 x 替换成 $1-x$，又有

$$f(1-x) + 2f(x) = (1-x)\sin(1-x). \tag{1.6.3}$$

由(1.6.2)与(1.6.3)联立，可解得

$$f(x) = \frac{1}{3}[2(1-x)\sin(1-x) - x\sin x]. \blacksquare$$

选例 1.6.9　图 1.6-1 是机械中常用的一种既可改变运动方向，又可调整运动速度的联动装置. 设滑块 A, B 与点 O 的距离分别为 x 和 y，OA 与 OB 的夹角为 α (保持定值)，连接滑块 A 与 B 的杆长为 l(保持定值). 试建立 x 与 y 之间的函数关系.

思路　建立 x 与 y 之间的函数关系就是建立 x 与 y 应该满足的方程，通过这些方程就可以得到所需的函数关系. 而建立方程，主要的工作就是寻找与 x 和 y 有关的等量.

解　如图 1.6-2 所示，延长 BO 到 C，作 AC 使得 $AC \perp BC$. 则有如下两个关系式：

$$\begin{cases} AC = x \cdot \sin(\pi - \alpha) = x\sin\alpha, \\ OC = x \cdot \cos(\pi - \alpha) = -x\cos\alpha. \end{cases}$$

由于

$$AC^2 + BC^2 = AB^2，即 (y - x\cdot\cos\alpha)^2 + (x\sin\alpha)^2 = l^2,$$

整理得

$$x^2 + y^2 - 2xy\cos\alpha = l^2.$$

此即所求的 x 与 y 之间的函数关系. 该方程能够确定一个函数 $y = y(x)$，由于其对应法则隐藏在一个方程里，通常把这种函数称为隐函数.

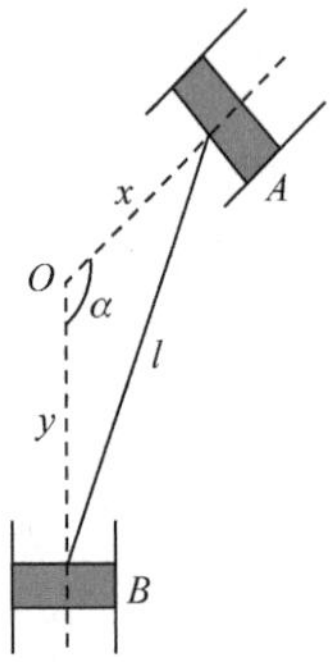

图 1.6-1

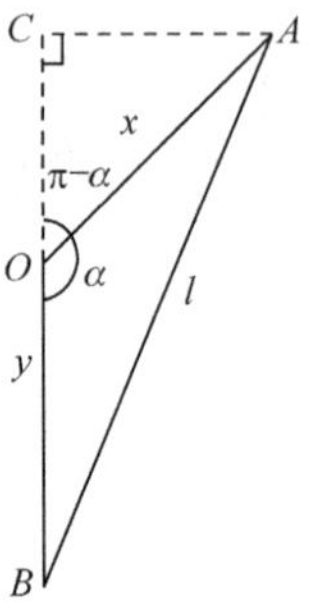

图 1.6-2

【注】本题中如果要把函数写成 $y = x\cos x \pm \sqrt{l^2 - x^2\sin^2 x}$，就需要讨论根式前面的正负号如何选取，反而有点啰嗦，因此这里只保留方程形式，即隐函数形式.■

选例 1.6.10　一个半径为 a 的圆沿直线作无滑动的滚动，圆周上一个固定点在此过程中描出一条曲线，称为摆线. 试求出摆线的一个参数方程.

思路　无滑动的滚动一定要理解准确. 无滑动的滚动，意思相当于定点在直线上走的位移等于其在圆周上走的位移. 反映在图 1.6-3 上，就是弧 $\overset{\frown}{AM}$ 的长度等于直线段 OA 的长度. 这是解题的关键.

解　如图 1.6-3 所示，以滚动开始时圆的触地点为原点，已知直线为 x 轴建立平面直角坐标系. 设固定点刚开始时位于原点，当滚动到触地点位于 A 处时，圆周上的固定点运动到 M 处，设其直角坐标为 (x, y). 现选取角 θ (圆心 O' 与点 M 的连线 $O'M$ 与铅直半径 $O'A$ 的夹角，$0 \leqslant \theta \leqslant 2\pi$)为参数，则由于滚动过程无滑动，因此弧 $\overset{\frown}{AM}$ 的长度等于直线段 OA 的长度，而 $\overset{\frown}{AM} = a\theta$，因此有

$$x = OA - MB = \overset{\frown}{AM} - MB = a\theta - a\sin\theta = a(\theta - \sin\theta),$$
$$y = AB = O'A - O'B = a - a\cos\theta.$$

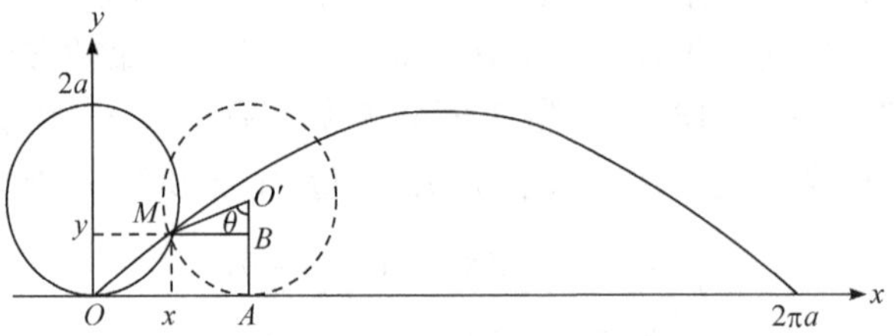

图 1.6-3

这样就给出了摆线一拱的一个以 θ 为参数的参数方程:

$$\begin{cases} x = a(\theta - \sin\theta), \\ y = a(1-\cos\theta) \end{cases} \quad (0 \leqslant \theta \leqslant 2\pi). \blacksquare$$

选例 1.6.11　求常数 a,b,c 使得函数 $f(x) = \begin{cases} \dfrac{a+\cos x}{\sqrt{1+x^2}-1}, & x>0, \\ b, & x=0, \\ \dfrac{\ln(1+cx)}{\sin 2x}, & x<0 \end{cases}$ 在点 $x=0$ 处连续.

思路　函数在一点连续的充要条件是在该点左右都连续，因此 $f(x)$ 在点 $x=0$ 处连续当且仅当 $\lim\limits_{x\to 0^-} f(x) = f(0) = \lim\limits_{x\to 0^+} f(x)$. 此外一个分式函数如果有极限，且分母又是无穷小，则分子必定也是无穷小.利用这几个条件就可以得到与 a,b,c 有关的三个方程，解方程组即可得到 a,b,c 应该取的值.

解　函数 $f(x)$ 在点 $x=0$ 处连续当且仅当 $\lim\limits_{x\to 0^-} f(x) = f(0) = \lim\limits_{x\to 0^+} f(x)$. 由于 $\lim\limits_{x\to 0^+}\left(\sqrt{1+x^2}-1\right)=0$，因此由 $\lim\limits_{x\to 0^+} f(x) = \lim\limits_{x\to 0^+} \dfrac{a+\cos x}{\sqrt{1+x^2}-1}$ 存在知

$$a+1 = \lim_{x\to 0^+}(a+\cos x) = \lim_{x\to 0^+} f(x)\cdot\left(\sqrt{1+x^2}-1\right) = \lim_{x\to 0^+} f(x)\cdot \lim_{x\to 0^+}\left(\sqrt{1+x^2}-1\right) = 0,$$

即有 $a=-1$. 此时,

$$\lim_{x\to 0^+} f(x) = \lim_{x\to 0^+} \frac{a+\cos x}{\sqrt{1+x^2}-1} = \lim_{x\to 0^+} \frac{-1+\cos x}{\sqrt{1+x^2}-1} = \lim_{x\to 0^+} \frac{-\frac{1}{2}x^2}{\frac{1}{2}x^2} = -1.$$

又 $f(0)=b$，且

$$\lim_{x\to 0^-} f(x) = \lim_{x\to 0^-} \frac{\ln(1+cx)}{\sin 2x} = \lim_{x\to 0^-} \frac{cx}{2x} = \frac{c}{2}.$$

因此，要使函数 $f(x)$ 在点 $x=0$ 处连续，必须且只需 $a=-1$，且 $-1=b=\dfrac{c}{2}$. 因此 $a=b=-1$，$c=-2$. ■

选例 1.6.12　设 k 是一个给定的正整数，$a_n = \dfrac{1}{n(n+1)\cdots(n+k)}$，$S_n = a_1 + a_2 + \cdots + a_n$，试求 $\lim\limits_{n\to\infty} S_n$.

思路　首先简化 S_n 的表达式，再求极限.

解　由于

$$a_n = \frac{1}{k}\frac{(n+k)-n}{n(n+1)\cdots(n+k)} = \frac{1}{k}\left[\frac{1}{n(n+1)\cdots(n+k-1)} - \frac{1}{(n+1)(n+2)\cdots(n+k)}\right],$$

因此经过若干次抵消前后项中的相同部分，可得

$$S_n=\frac{1}{k}\left[\frac{1}{1\cdot 2\cdot\cdots\cdot k}-\frac{1}{(n+1)(n+2)\cdots(n+k)}\right],$$

于是,

$$\lim_{n\to\infty}S_n=\lim_{n\to\infty}\frac{1}{k}\left[\frac{1}{1\cdot 2\cdot\cdots\cdot k}-\frac{1}{(n+1)(n+2)\cdots(n+k)}\right]=\frac{1}{k\cdot k!}.\ ■$$

选例 1.6.13　证明: 对任意自然数 n, 方程 $x+x^2+\cdots+x^n=1$ 有唯一的正实根 ξ_n, 并求 $\lim\limits_{n\to\infty}\xi_n$.

思路　证明方程有根一般可借助于零点定理, 根的唯一性一般可由单调性保证. 求 $\lim\limits_{n\to\infty}\xi_n$, 则可利用 ξ_n 满足的方程取极限得到极限值 $\lim\limits_{n\to\infty}\xi_n$ 所满足的方程, 解该方程得到.

证明　当 $n=1$ 时, $x=1$ 显然是方程 $x+x^2+\cdots+x^n=1$ 的唯一正实根. 当 $n\geqslant 2$ 时, 令

$$f(x)=x+x^2+\cdots+x^n-1,$$

则 $f(x)$ 是 $(-\infty,+\infty)$ 上的连续函数, 且 $x\geqslant 1$ 时, $f(x)>0$, 因此 $f(x)$ 在 $[1,+\infty)$ 无实根. 又由 $f(0)=-1<0$, $f(1)=n-1>0$ 及零点定理可知, $f(x)$ 在 $(0,1)$ 内至少有一个实根. 下面我们先证明, $f(x)$ 在 $(0,1)$ 内单调递增, 因此 $f(x)$ 在 $(0,1)$ 内的实根是唯一的.

事实上, 对任意 $0<a<b<1$ 及任一自然数 k, 有 $a^k<b^k$, 因此

$$f(b)-f(a)=(b-a)+(b^2-a^2)+\cdots+(b^n-a^n)>0.$$

可见, $f(x)$ 在 $(0,1)$ 内确实单调递增.

记 $f(x)$ 在 $(0,1)$ 内的唯一实根为 ξ_n, 比较下面两个式子

$$\xi_n+\xi_n^2+\cdots+\xi_n^n=1,$$

$$\xi_{n+1}+\xi_{n+1}^2+\cdots+\xi_{n+1}^n+\xi_{n+1}^{n+1}=1$$

可知, 必有 $\xi_{n+1}<\xi_n<1(n\geqslant 2)$. 因此 ξ_n 单调递减且有下界 0. 由不等式 $0<\xi_n<\xi_2<1$ $(n>2)$ 可得

$$0<\xi_n^n<\xi_2^n<1\quad(n>2),$$

再由 $\lim\limits_{n\to\infty}\xi_2^n=0$ 和夹逼准则可得 $\lim\limits_{n\to\infty}\xi_n^n=0$.

下面我们来计算 $\lim\limits_{n\to\infty}\xi_n$. 设 $\lim\limits_{n\to\infty}\xi_n=c$. 则由

$$1=\xi_n+\xi_n^2+\cdots+\xi_n^n=\xi_n\cdot\frac{1-\xi_n^n}{1-\xi_n}$$

可得

$$1-\xi_n=\xi_n\cdot(1-\xi_n^n),$$

对上式两边取极限, 得 $1-c=c\cdot(1-0)$. 由此解得 $c=\dfrac{1}{2}$. 即有 $\lim\limits_{n\to\infty}\xi_n=\dfrac{1}{2}$. ■

选例 1.6.14　证明: 设 $a_n>0(n=1,2,\cdots)$, 且 $\lim\limits_{n\to\infty}\dfrac{a_{n+1}}{a_n}=A$ (其中 A 为常数), 则 $\lim\limits_{n\to\infty}\sqrt[n]{a_n}=A$.

思路　可以用极限的定义证明, 也可以用已知结论来证明.

证法一　设 $\lim\limits_{n\to\infty}\frac{a_{n+1}}{a_n}=A$, 则由 1.3.3 节后面那个例子中的第二个结论可知,

$$\lim_{n\to\infty}\sqrt[n]{a_n}=\lim_{n\to\infty}\sqrt[n]{a_1\cdot\frac{a_2}{a_1}\cdot\frac{a_3}{a_2}\cdot\cdots\cdot\frac{a_n}{a_{n-1}}}$$

$$=\lim_{n\to\infty}\sqrt[n]{a_1}\cdot\left(\sqrt[n-1]{\frac{a_2}{a_1}\cdot\frac{a_3}{a_2}\cdot\cdots\cdot\frac{a_n}{a_{n-1}}}\right)^{\frac{n-1}{n}}=1\cdot A^1=A.$$

证法二　若 $A=0$, 则由 $\lim\limits_{n\to\infty}\frac{a_{n+1}}{a_n}=A=0$ 可知, 对任一正数 ε, 存在自然数 $N,n>N$ 时, 恒有

$$\left|\frac{a_{n+1}}{a_n}\right|<\varepsilon,$$

记 $B=a_1\cdot\frac{a_2}{a_1}\cdot\frac{a_3}{a_2}\cdot\cdots\cdot\frac{a_N}{a_{N-1}}$, 则当 $n>N$ 时, 有

$$0<\sqrt[n]{a_n}=\sqrt[n]{a_1\cdot\frac{a_2}{a_1}\cdot\frac{a_3}{a_2}\cdot\cdots\cdot\frac{a_N}{a_{N-1}}\cdot\frac{a_{N+1}}{a_N}\cdot\cdots\cdot\frac{a_n}{a_{n-1}}}<\sqrt[n]{B}\cdot\varepsilon^{\frac{n-N}{n}},$$

注意 B,N 都是常数, 且 $\lim\limits_{n\to\infty}\sqrt[n]{B}\cdot\varepsilon^{\frac{n-N}{n}}=1\cdot\varepsilon=\varepsilon$, 因此存在自然数 N_ε 使得当 $n>N_\varepsilon$ 时, 总有

$$0<\sqrt[n]{a_n}\leqslant\varepsilon.$$

由于 ε 的任意性, 有 $\lim\limits_{n\to\infty}\sqrt[n]{a_n}=0=A$.

若 $A>0$, 则对任一正数 $\varepsilon<A$, 存在自然数 $N',n>N'$ 时, 恒有

$$\left|\frac{a_{n+1}}{a_n}-A\right|<\varepsilon,\quad 即\quad A-\varepsilon<\frac{a_{n+1}}{a_n}<A+\varepsilon.$$

记 $B'=a_1\cdot\frac{a_2}{a_1}\cdot\frac{a_3}{a_2}\cdot\cdots\cdot\frac{a_{N'}}{a_{N'-1}}$, 则当 $n>N'$ 时, 有

$$\sqrt[n]{B'}\cdot(A-\varepsilon)^{\frac{n-N'}{n}}<\sqrt[n]{a_n}=\sqrt[n]{a_1\cdot\frac{a_2}{a_1}\cdot\frac{a_3}{a_2}\cdot\cdots\cdot\frac{a_{N'}}{a_{N'-1}}\cdot\frac{a_{N'+1}}{a_{N'}}\cdot\cdots\cdot\frac{a_n}{a_{n-1}}}<\sqrt[n]{B'}\cdot(A+\varepsilon)^{\frac{n-N'}{n}}.$$

注意 B',N' 都是正常数, 且

$$\lim_{n\to\infty}\sqrt[n]{B'}\cdot(A-\varepsilon)^{\frac{n-N}{n}}=A-\varepsilon,\quad \lim_{n\to\infty}\sqrt[n]{B'}\cdot(A+\varepsilon)^{\frac{n-N}{n}}=A+\varepsilon.$$

因此存在自然数 N'_ε 使得当 $n>N'_\varepsilon$ 时, 总有

$$A-\varepsilon\leqslant\sqrt[n]{a_n}\leqslant A+\varepsilon.$$

由于 ε 的任意性, 有 $\lim\limits_{n\to\infty}\sqrt[n]{a_n}=A.$ ■

选例 1.6.15　证明: 设 a 和 b 为两个正数, 则由下列各式

$$a_1=a,\quad b_1=b,\quad a_{n+1}=\sqrt{a_nb_n},\quad b_{n+1}=\frac{a_n+b_n}{2},\quad n=1,2,\cdots$$

所确定的数列 a_n 和 b_n 有相同的极限 $\mu(a,b)$ (称为 a 和 b 的算术-几何平均值).

思路　利用重要不等式和极限的单调有界存在准则.

证明　若 $a=b$, 则对任意自然数 n, 都有 $a_n=b_n=a$, 显然数列 a_n 和 b_n 有相同的极限 a. 因此可不妨设 $a<b$. 则由重要不等式可得

$$a_1=a<\sqrt{ab}=\sqrt{a_1b_1}=a_2\leqslant\frac{a_1+b_1}{2}=b_2=\frac{a+b}{2}<b=b_1,$$

进而有

$$a_2\leqslant\sqrt{a_2b_2}=a_3\leqslant\frac{a_2+b_2}{2}=b_3\leqslant b_2,$$

利用归纳法不难得到

$$a=a_1\leqslant a_2\leqslant a_3\leqslant\cdots\leqslant a_n\leqslant\cdots\leqslant b_n\leqslant\cdots\leqslant b_3\leqslant b_2\leqslant b_1=b.$$

可见数列 a_n 单调递增且有上界 b, 而数列 b_n 则单调递减且有下界 a. 因此 $\lim\limits_{n\to\infty}a_n$ 与 $\lim\limits_{n\to\infty}b_n$ 均存在. 若记 $\lim\limits_{n\to\infty}a_n=A$, $\lim\limits_{n\to\infty}b_n=B$, 则由 $a_n\leqslant b_n$ 可得 $A\leqslant B$. 再由 $b_{n+1}=\dfrac{a_n+b_n}{2}$ 两边取极限, 可得 $B=\dfrac{A+B}{2}$, 因此 $A=B$. 可见数列 a_n 和 b_n 确实有相同的极限.■

选例 1.6.16　设数列 $0<a_n<1$, 且 $(1-a_n)a_{n+1}>\dfrac{1}{4}(n\geqslant 1)$. 证明: 数列 $\{a_n\}$ 收敛, 并计算极限 $\lim\limits_{n\to\infty}a_n$.

思路　利用单调有界准则.

证明　由假设 $0<a_n<1$, 且 $(1-a_n)a_{n+1}>\dfrac{1}{4}(n\geqslant 1)$. 因此 $a_{n+1}>\dfrac{1}{4(1-a_n)}(n\geqslant 1)$. 于是

$$a_{n+1}-a_n>\frac{1}{4(1-a_n)}-a_n=\frac{(2a_n-1)^2}{4(1-a_n)}\geqslant 0,\quad 即\quad a_{n+1}\geqslant a_n.$$

因此, 数列 $\{a_n\}$ 单调递增并且有界, 因此是收敛的. 设 $\lim\limits_{n\to\infty}a_n=a$, 则由 $(1-a_n)a_{n+1}>\dfrac{1}{4}$ 取极限可得

$$(1-a)a\geqslant\frac{1}{4},\ 即\ (2a-1)^2\leqslant 0.$$

因此 $a=\dfrac{1}{2}$, 即 $\lim\limits_{n\to\infty}a_n=\dfrac{1}{2}$.■

选例 1.6.17　已知 $\lim\limits_{x\to 0}\left(1+x+\dfrac{f(x)}{x}\right)^{\frac{1}{x}}=1$, 求 $\lim\limits_{x\to 0}\left(1+x\quad\dfrac{f(x)}{x}\right)^{\frac{1}{x}}$.

思路　首先利用已知极限，得出 $\lim\limits_{x\to0}\dfrac{f(x)}{x^2}=-1$. 然后用指数方法即可求出极限.

解　由 $\lim\limits_{x\to0}\left(1+x+\dfrac{f(x)}{x}\right)^{\frac{1}{x}}=1$ 可知,

$$0=\ln1=\lim_{x\to0}\ln\left(1+x+\frac{f(x)}{x}\right)^{\frac{1}{x}}=\lim_{x\to0}\frac{\ln\left(1+x+\dfrac{f(x)}{x}\right)}{x}.$$

因此

$$\lim_{x\to0}\ln\left(1+x+\frac{f(x)}{x}\right)=\lim_{x\to0}\frac{\ln\left(1+x+\dfrac{f(x)}{x}\right)}{x}\cdot x=0.$$

可见 $\lim\limits_{x\to0}\left(x+\dfrac{f(x)}{x}\right)=0$，且

$$0=\lim_{x\to0}\frac{\ln\left(1+x+\dfrac{f(x)}{x}\right)}{x}=\lim_{x\to0}\frac{x+\dfrac{f(x)}{x}}{x}=1+\lim_{x\to0}\frac{f(x)}{x^2}.$$

故有 $\lim\limits_{x\to0}\dfrac{f(x)}{x^2}=-1$. 从而也有 $\lim\limits_{x\to0}\left(x-\dfrac{f(x)}{x}\right)=0$，于是

$$\lim_{x\to0}\left(1+x-\frac{f(x)}{x}\right)^{\frac{1}{x}}=\exp\lim_{x\to0}\frac{\ln\left(1+x-\dfrac{f(x)}{x}\right)}{x}=\exp\lim_{x\to0}\frac{x-\dfrac{f(x)}{x}}{x}$$

$$=\exp\lim_{x\to0}\left(1-\frac{f(x)}{x^2}\right)=\exp(1-(-1))=\mathrm{e}^2.\ \blacksquare$$

选例 1.6.18　设函数 $f(x)=\lim\limits_{n\to\infty}\dfrac{x^{2n-1}+ax^2+bx+c}{x^{2n}+1}$，试求使得 $f(x)$ 在 $(-\infty,+\infty)$ 上连续的常数 a,b,c 的值.

思路　因为极限 $\lim\limits_{n\to\infty}x^{2n}$ 怎么样，取决于 $|x|$ 与 1 的大小关系，即有 $\lim\limits_{n\to\infty}x^{2n}=\begin{cases}0, & |x|<1,\\ 1, & |x|=1,\\ +\infty, & |x|>1,\end{cases}$ 因此 $f(x)$ 实际上是一个根据 $|x|$ 与 1 的大小关系进行分段的分段函数. 求出 $f(x)$ 的分段表达式后，利用分段点处的连续性，即可求出常数 a,b,c 的值.

解　由于 $f(x)$ 的表达式中受 $n\to\infty$ 影响的只有 x^{2n} 和 x^{2n-1} 两项，因此可作如下讨论得到 $f(x)$ 的具体表达式:

当 $|x|>1$ 时，$f(x)=\lim\limits_{n\to\infty}\dfrac{x^{2n-1}+ax^2+bx+c}{x^{2n}+1}=\lim\limits_{n\to\infty}\dfrac{1+ax^{3-2n}+bx^{2-2n}+cx^{1-2n}}{x+x^{1-2n}}=\dfrac{1}{x}$；

当 $x=1$ 时，$f(x)=\lim\limits_{n\to\infty}\dfrac{x^{2n-1}+ax^2+bx+c}{x^{2n}+1}=\dfrac{1}{2}(ax^2+bx+c+1)=\dfrac{1}{2}(a+b+c+1)$；

当 $x=-1$ 时，$f(x)=\lim\limits_{n\to\infty}\dfrac{x^{2n-1}+ax^2+bx+c}{x^{2n}+1}=\dfrac{1}{2}(ax^2+bx+c-1)=\dfrac{1}{2}(a-b+c-1)$；

当 $|x|<1$ 时，$f(x)=\lim\limits_{n\to\infty}\dfrac{x^{2n-1}+ax^2+bx+c}{x^{2n}+1}=ax^2+bx+c$.

因此有

$$f(x)=\begin{cases}\dfrac{1}{x}, & |x|>1,\\ \dfrac{1}{2}(a+b+c+1), & x=1,\\ \dfrac{1}{2}(a-b+c-1), & x=-1,\\ ax^2+bx+c, & |x|<1.\end{cases}$$

不难看出, 要使 $f(x)$ 在 $(-\infty,+\infty)$ 上连续必要且只要 $f(x)$ 在两个分段点 $x=1$ 和 $x=-1$ 处连续, 即有下列两组式子成立:

$$\begin{cases}f(1-0)=f(1)=f(1+0),\\ f(-1-0)=f(-1)=f(-1+0).\end{cases}\tag{1.6.4}$$

由于

$$f(-1-0)=\lim_{x\to-1^-}f(x)=\lim_{x\to-1^-}\frac{1}{x}=-1,$$

$$f(-1+0)=\lim_{x\to-1^+}f(x)=\lim_{x\to-1^+}(ax^2+bx+c)=a-b+c,$$

$$f(1-0)=\lim_{x\to1^-}f(x)=\lim_{x\to1^-}(ax^2+bx+c)=a+b+c,$$

$$f(1+0)=\lim_{x\to1^+}f(x)=\lim_{x\to1^+}\frac{1}{x}=1.$$

因此(1.6.4)式等价于

$$\begin{cases}a+b+c=\dfrac{1}{2}(a+b+c+1)=1,\\ -1=\dfrac{1}{2}(a-b+c-1)=a-b+c.\end{cases}$$

由此解得: $a=-c$, $b=1$. 这表明, 对满足 $a=-c$, $b=1$ 的任意一组常数 a,b,c , 函数 $f(x)$ 都在 $(-\infty,+\infty)$ 上连续. 反过来, 若函数 $f(x)$ 都在 $(-\infty,+\infty)$ 上连续, 则 a,b,c 必须满足 $a=-c$, $b=1$.■

选例 1.6.19 求极限 $\lim\limits_{x\to0}\left(\dfrac{2+e^{\frac{1}{x}}}{1+e^{\frac{2}{x}}}+\dfrac{x}{|x|}\right)$.

思路 由于当 $x\to0^-$ 时，$\dfrac{1}{x}\to-\infty$, $e^{\frac{1}{x}}\to0$; 而 $x\to0^+$ 时，$\dfrac{1}{x}\to+\infty$, $e^{\frac{1}{x}}\to+\infty$. 因此要分左右极限来考虑.

解　注意到 $x\to 0^-$ 时，$\frac{1}{x}\to -\infty$，$e^{\frac{1}{x}}\to 0$；而 $x\to 0^+$ 时，$\frac{1}{x}\to +\infty$，$e^{\frac{1}{x}}\to +\infty$. 因此

$$\lim_{x\to 0^-}\frac{2+e^{\frac{1}{x}}}{1+e^{\frac{2}{x}}}=\frac{2+0}{1+0}=2,\quad \lim_{x\to 0^-}\frac{x}{|x|}=\lim_{x\to 0^{-1}}\frac{x}{-x}=-1.$$

从而

$$\lim_{x\to 0^-}\left(\frac{2+e^{\frac{1}{x}}}{1+e^{\frac{2}{x}}}+\frac{x}{|x|}\right)=2-1=1.$$

又

$$\lim_{x\to 0^+}\frac{2+e^{\frac{1}{x}}}{1+e^{\frac{2}{x}}}=\lim_{x\to 0^+}\frac{2e^{-\frac{2}{x}}+e^{-\frac{1}{x}}}{e^{-\frac{2}{x}}+1}=\frac{0+0}{0+1}=0,\quad \lim_{x\to 0^+}\frac{x}{|x|}=\lim_{x\to 0^+}\frac{x}{x}=1.$$

从而

$$\lim_{x\to 0^+}\left(\frac{2+e^{\frac{1}{x}}}{1+e^{\frac{2}{x}}}+\frac{x}{|x|}\right)=0+1=1.$$

由于左右极限都存在且相等，因此，

$$\lim_{x\to 0}\left(\frac{2+e^{\frac{1}{x}}}{1+e^{\frac{2}{x}}}+\frac{x}{|x|}\right)=1. \blacksquare$$

选例 1.6.20　求下列极限.

(1) $\lim\limits_{n\to\infty}\left(\frac{2^3-1}{2^3+1}\cdot\frac{3^3-1}{3^3+1}\cdot\cdots\cdot\frac{n^3-1}{n^3+1}\right)$；　(2) $\lim\limits_{n\to\infty}\sqrt[n]{n}$；　(3) $\lim\limits_{n\to\infty}(n!)^{\frac{1}{n^2}}$.

解　(1) 注意到 $(k-1)^2+(k-1)+1=k^2-2k+1+k-1+1=k^2-k+1$，因此

$$\frac{(k-1)^3-1}{k^3+1}=\frac{[(k-1)-1][(k-1)^2+(k-1)+1]}{(k+1)(k^2-k+1)}=\frac{k-2}{k+1},$$

于是有

$$\begin{aligned}\lim_{n\to\infty}\left(\frac{2^3-1}{2^3+1}\cdot\frac{3^3-1}{3^3+1}\cdot\cdots\cdot\frac{n^3-1}{n^3+1}\right)&=\lim_{n\to\infty}\left[\frac{1}{2^3+1}\cdot\frac{2^3-1}{3^3+1}\cdot\frac{3^3-1}{4^3+1}\cdot\cdots\cdot\frac{(n-1)^3-1}{n^3+1}\cdot(n^3-1)\right]\\&=\lim_{n\to\infty}\left[\frac{1}{2^3+1}\cdot\frac{3-2}{3+1}\cdot\frac{4-2}{4+1}\cdot\cdots\cdot\frac{(n-1)-2}{(n-1)+1}\cdot\frac{n-2}{n+1}\cdot(n^3-1)\right]\\&=\lim_{n\to\infty}\frac{2(n^2+n+1)}{3n(n+1)}=\frac{2}{3}.\end{aligned}$$

(2) 令 $\sqrt[n]{n}=a_n+1$，则当 $n>1$ 时有 $a_n>0$，且

$$n=(a_n+1)^n=1+na_n+\frac{n(n+1)}{2}a_n^2+\cdots+a_n^n\geqslant\frac{n(n+1)}{2}a_n^2.$$

从而得到

$$0<a_n\leqslant\sqrt{\frac{2}{n+1}}\quad(\text{当}\, n>1\,\text{时}),$$

由于 $\lim\limits_{n\to\infty}\sqrt{\dfrac{2}{n+1}}=0$，故由夹逼准则知，$\lim\limits_{n\to\infty}a_n=0$，从而得 $\lim\limits_{n\to\infty}\sqrt[n]{n}=1$.

(3) **解法一** 由于

$$1\leqslant(n!)^{\frac{1}{n^2}}\leqslant(n^n)^{\frac{1}{n^2}}=n^{\frac{1}{n}}=\sqrt[n]{n},$$

而由(2)知，$\lim\limits_{n\to\infty}\sqrt[n]{n}=1$. 故由夹逼准则可知 $\lim\limits_{n\to\infty}(n!)^{\frac{1}{n^2}}=1$.

解法二 令 $a_n=n^2$，$b_n=\ln1+\ln2+\cdots+\ln n$. 则 a_n 单调递增，且 $\lim\limits_{n\to\infty}a_n=+\infty$. 又

$$\lim_{n\to\infty}\frac{b_{n+1}-b_n}{a_{n+1}-a_n}=\lim_{n\to\infty}\frac{\ln(n+1)}{2n+1}=0,$$

故由 Stolz 定理可知,

$$\lim_{n\to\infty}\frac{\ln1+\ln2+\cdots+\ln n}{n^2}=0.$$

于是利用指数函数的连续性，可得

$$\lim_{n\to\infty}(n!)^{\frac{1}{n^2}}=\exp\lim_{n\to\infty}\frac{\ln(n!)}{n^2}=\exp\lim_{n\to\infty}\frac{\ln1+\ln2+\cdots+\ln n}{n^2}=e^0=1.\ \blacksquare$$

1.7 配套教材小节习题参考解答

习题 1.1

习题1.1参考解答

1. 判别下列函数是否表示同一函数，并说明理由:

(1) $f(x)=x+1,\quad \varphi(x)=\dfrac{x^2+3x+2}{x+2}$;

(2) $f(x)=\sqrt[4]{x^4},\quad \varphi(x)=x$;

(3) $f(x)=\sqrt[3]{x^3},\quad \varphi(x)=x$.

2. 判断下列函数，哪些是奇函数，哪些是偶函数，哪些是非奇非偶函数?

(1) $y=x\sin x+1$; (2) $y=3x^2-x^3$; (3) $y=\ln\dfrac{2-x}{2+x}$;

(4) $y=x\dfrac{2^x-1}{2^x+1}$; (5) $y=\ln\left(x+\sqrt{x^2+1}\right)$; (6) $y=\sin x+xe^x$.

3. 判断下列函数在指定区间的单调性.

(1) $y=x^2,\quad (0,6)$; (2) $y=x^2,\quad (-6,6)$.

4. 下列哪些函数是周期函数？对于周期函数，指出其周期:

(1) $y=\sin x\cos x$；　(2) $y=\cos^2 x-\sin^2 x$；　(3) $y=x+\sin x$.

5. 如果函数 $f(x)$ 在 I 上满足 $f(x)\leqslant M$，其中 M 是与 x 无关的常数，那么称 $f(x)$ 在 I 上上方有界；如果 $f(x)$ 在 I 上满足不等式 $f(x)\geqslant m$，其中 m 是与 x 无关的常数，那么称 $f(x)$ 在 I 上下方有界. 试说明：若 $f(x)$ 在 I 上有界，则 $f(x)$ 在 I 上既上方有界又下方有界. 反之也是成立的.

6. 求函数 $f(x)=\begin{cases} e^x, & x\geqslant 0, \\ \dfrac{1}{x}, & x<0 \end{cases}$ 的反函数.

7. 设函数 $f(x)=\begin{cases} 1, & 0\leqslant x\leqslant 1, \\ x, & 1<x\leqslant 2. \end{cases}$ 求函数 $f(x-3)$ 的表达式.

8. 设函数 $f(x)=\begin{cases} e^x, & x<1, \\ x, & x\geqslant 1, \end{cases}$ $\varphi(x)=\begin{cases} x+2, & x<0, \\ -1, & x\geqslant 0, \end{cases}$ 求 $f(\varphi(x))$ 的表达式.

9. 设 a 为常数，函数 $f(x)$ 的定义域为 $[0,1]$，求函数 $f(x+a)+f(x-a)$ 的定义域.

10. 设函数 $f(x)$ 满足：$f\left(x+\dfrac{1}{x}\right)=x^3+\dfrac{1}{x^3}$，求 $f(x)$ 的表达式.

习题 1.2

习题1.2参考解答

1. 观察下列数列的变化趋势，如果数列是收敛的，写出它们的极限.

(1) $a_n=\dfrac{1}{2^n}$；　(2) $a_n=1+\dfrac{1}{n^2}$；　(3) $a_n=(-1)^n n$；　(4) $a_n=2(-1)^n+1$.

2. 用极限的定义证明:

(1) $\lim\limits_{n\to\infty}\dfrac{n+1}{2n+1}=\dfrac{1}{2}$；　(2) $\lim\limits_{n\to\infty}\dfrac{n^2-4}{n^2+1}=1$；

(3) $\lim\limits_{n\to\infty}\dfrac{\cos(2n)}{n+1}=0$；　(4) $\lim\limits_{n\to\infty}\dfrac{\sqrt{n^2+1}}{n}=1$.

3. 如果 $\lim\limits_{n\to\infty}a_n=a$，证明：$\lim\limits_{n\to\infty}|a_n|=|a|$. 但是反之不成立，请举例说明.

4. 设 $\{a_n\}_{n=1}^{\infty}$ 为有界数列，如果 $\lim\limits_{n\to\infty}b_n=0$，证明 $\lim\limits_{n\to\infty}a_n b_n=0$.

5. 如果 $\lim\limits_{n\to\infty}a_{2n}=a$，且 $\lim\limits_{n\to\infty}a_{2n-1}=a$，证明：$\lim\limits_{n\to\infty}a_n=a$.

习题 1.3

习题1.3参考解答

1. 用函数极限的定义证明:

(1) $\lim\limits_{x\to\infty}\dfrac{x-1}{x+1}=1$;　(2) $\lim\limits_{x\to+\infty}\dfrac{\cos(2x)}{\sqrt{x}}=0$;

(3) $\lim\limits_{x\to 2}(2x-3)=1$;　(4) $\lim\limits_{x\to-1}\dfrac{1-x^2}{x+1}=2$.

2. 求 $f(x)=\dfrac{x}{x}$，$\varphi(x)=\dfrac{|x|}{x}$ 当 $x\to 0$ 时的左右极限，并说明它们在 $x\to 0$ 时的极限是否存在.

3. 设 $f(x)=\begin{cases}\mathrm{e}^x, & x\geqslant 0,\\ 4x+1, & x<0,\end{cases}$ 求 $\lim\limits_{x\to 0^-}f(x)$，$\lim\limits_{x\to 0^+}f(x)$. 问极限 $\lim\limits_{x\to 0}f(x)$ 是否存在？为什么？

4. 设极限 $\lim\limits_{x\to 2}f(x)$ 存在，且函数 $f(x)$ 满足：$f(x)=x+2\lim\limits_{x\to 2}f(x)$，求 $\lim\limits_{x\to 2}f(x)$.

5. 设 $f(x)=\begin{cases}\sqrt{x}, & x>1,\\ \mathrm{e}^x, & x\leqslant 1,\end{cases}$ 问极限 $\lim\limits_{x\to 1}f(x)$ 是否存在？请说明理由.

6. 证明：极限 $\lim\limits_{x\to 0}\cos\dfrac{1}{x}$ 不存在.

7. 用函数极限的定义证明：$\lim\limits_{x\to x_0}\ln x=\ln x_0$ (其中 $x_0>0$).

8. 用函数极限的定义证明：$\lim\limits_{x\to 2}(2x^2+1)=9$.

习题 1.4

习题1.4参考解答

1. 计算下列极限.

(1) $\lim\limits_{x\to 1}\dfrac{x^2+3x+5}{2x+1}$；　(2) $\lim\limits_{x\to -1}\dfrac{x^3+1}{x+1}$；　(3) $\lim\limits_{x\to 2}\left(\dfrac{2}{x-2}-\dfrac{8}{x^2-4}\right)$；

(4) $\lim\limits_{h\to 0}\dfrac{(x+h)^2-x^2}{h}$；　(5) $\lim\limits_{x\to\infty}\dfrac{x^2-1}{x^4+2x+1}$；　(6) $\lim\limits_{x\to\infty}\dfrac{x^2}{2x+1}$；

(7) $\lim\limits_{x\to+\infty}\left(\sqrt{x^2+x}-x\right)$；　(8) $\lim\limits_{n\to\infty}\left(\dfrac{1}{2}+\dfrac{1}{2^2}+\cdots+\dfrac{1}{2^n}\right)$；

(9) $\lim\limits_{n\to\infty}\left(\dfrac{1}{1\cdot 2}+\dfrac{1}{2\cdot 3}+\cdots+\dfrac{1}{n(n+1)}\right)$；　(10) $\lim\limits_{n\to\infty}\left(\dfrac{1}{n^2}+\dfrac{2}{n^2}+\cdots+\dfrac{n}{n^2}\right)$.

2. 计算下列极限.

(1) $\lim\limits_{x\to 0}\dfrac{1-\cos(2x)}{x\sin x}$；　(2) $\lim\limits_{x\to 1}\dfrac{\sin(x^2-1)}{\sin(x-1)}$；　(3) $\lim\limits_{x\to 0}\dfrac{\tan(x^2)}{x\sin x}$；

(4) $\lim\limits_{x\to+\infty}\left(1-\dfrac{1}{x}\right)^{\sqrt{x}}$；　(5) $\lim\limits_{x\to 1}x^{\frac{1}{\ln x}}$；　(6) $\lim\limits_{x\to 0}(1+x\sin x)^{\frac{1}{\ln(x^2+1)}}$；

(7) $\lim\limits_{x\to 0}\dfrac{\sqrt{1+x\tan x}-\cos x}{x^2}$；　(8) $\lim\limits_{x\to 0}\dfrac{x^2\sin\dfrac{1}{x}}{\tan x}$.

3. 设 $f(x)=\begin{cases}\sin x, & x\leqslant 0,\\ \ln(1+x), & x>0,\end{cases}$ 求极限 $\lim\limits_{x\to 0}\dfrac{f(x)-f(0)}{x}$.

4. 已知 $\lim\limits_{x\to\infty}\left(\dfrac{x^2}{1+x}-ax-b\right)=1$，试确定常数 a,b 的值.

5. 设 $f(x)=\begin{cases}\dfrac{\sqrt{1+x}-1}{x}, & x>0,\\ \dfrac{1}{2}, & x\leqslant 0,\end{cases}$ 求极限 $\lim\limits_{x\to 0}\dfrac{f(x)-f(0)}{x}$.

6. 设 $x_1>0$，$x_{n+1}=\dfrac{1}{2}\left(x_n+\dfrac{1}{x_n}\right)(n=1,2,\cdots)$，证明：极限 $\lim\limits_{n\to\infty}x_n$ 存在，并求极限 $\lim\limits_{n\to\infty}x_n$.

7. 求极限 $\lim\limits_{n\to\infty}\left(\dfrac{\sqrt{n}}{n^2}+\dfrac{\sqrt{n}}{(n+1)^2}+\cdots+\dfrac{\sqrt{n}}{(n+n)^2}\right)$.

8. 设 $a_1,a_2,\cdots,a_m$ 为 m 个正数，证明：$\lim\limits_{n\to\infty}\sqrt[n]{a_1^n+a_2^n+\cdots+a_m^n}=\max\{a_1,a_2,\cdots,a_m\}$.

9. 设 $a_1=\sqrt{2}$，$a_{n+1}=\sqrt{2+a_n}\,(n=1,2,\cdots)$，证明极限 $\lim\limits_{n\to\infty}a_n$ 存在.

习题 1.5

习题1.5参考解答

1. 计算下列极限.

(1) $\lim\limits_{x\to 0}\dfrac{\sin(5x)}{\sin(3x)}$；　(2) $\lim\limits_{x\to 0}\dfrac{\sin(2x^3)}{x(1-\cos x)}$；　(3) $\lim\limits_{x\to 0}\dfrac{\sin x-\tan x}{x\ln(1+x^2)}$；

(4) $\lim\limits_{x\to 0}\dfrac{\ln\cos x}{x\sin x}$；　(5) $\lim\limits_{x\to 0}\dfrac{\sin^m x}{\sin(x^n)}$(其中 m,n 为正整数)；

(6) $\lim\limits_{x\to 0}\dfrac{2\sin x-\sin(2x)}{x^2\tan x}$；　(7) $\lim\limits_{x\to 1}\dfrac{1+\cos(\pi x)}{(1-x)^2}$；　(8) $\lim\limits_{x\to 0}\dfrac{\sqrt{1+x\tan x}-\cos x}{(3^x-1)\ln(1+x)}$.

2. 求 $\lim\limits_{x\to\infty}\dfrac{x^3}{x^2+1}\sin\dfrac{1}{x}$.

3. 求 $\lim\limits_{x\to 0}\dfrac{\sqrt{1+\tan x}-\sqrt{1+\sin x}}{x^2(\mathrm{e}^x-1)}$.

4. 求 $\lim\limits_{x\to 0}\dfrac{\sqrt{1+x\tan x}-\sqrt{\cos x}}{\ln\cos x}$.

5. 证明：当 $x\to 0$ 时，$\arctan x\sim x$.

6. 指出当 $x\to 0$ 时，$1-\cos(\sin x)$，$x^2+2\sin x$ 分别是 x 的几阶无穷小.

习题 1.6

习题1.6参考解答

1. 研究下列函数的连续性，并画出函数的图形.

(1) $f(x)=\begin{cases}x^2, & |x|\leqslant 1,\\ |x|, & |x|>1;\end{cases}$　(2) $f(x)=\begin{cases}x^2+1, & x\neq 0,\\ 0, & x=0.\end{cases}$

2. 求下列函数的间断点，并说明这些间断点的类型. 如果是可去间断点，补充或改变定义使其连续.

(1) $f(x)=\cos\dfrac{1}{x}$；　(2) $f(x)=x\cot x$；　(3) $f(x)=\dfrac{x^2+x-2}{x^3-1}$；

(4) $f(x)=\dfrac{x}{\sin(\pi x)}$;　(5) $f(x)=x\sin\dfrac{1}{x}$;　(6) $f(x)=\dfrac{1}{\mathrm{e}-\mathrm{e}^{\frac{1}{x}}}$;

(7) $f(x)=\begin{cases}\sqrt{x}\sin\dfrac{1}{x}, & x>0,\\ x^2+1, & x\leqslant 0;\end{cases}$　(8) $f(x)=\begin{cases}\dfrac{1}{1+x}, & x\geqslant 0,\\ \mathrm{e}^{\frac{1}{x}}, & x<0.\end{cases}$

3. 确定常数 a 的值使函数 $f(x)=\begin{cases}\cos x, & x\geqslant 0,\\ a+x, & x<0\end{cases}$ 在 $(-\infty,+\infty)$ 内处处连续.

4. 讨论函数的连续性. 若有间断点, 判别其类型.

(1) $f(x)=\lim\limits_{n\to\infty}\sqrt[n]{1+x^{2n}}$;　(2) $f(x)=\lim\limits_{n\to\infty}\dfrac{x-x^{2n}}{1+x^{2n}}$.

5. 证明: 若函数 $f(x)$ 在 $x=x_0$ 处连续, 且 $f(x_0)\neq 0$, 则存在 x_0 的一个邻域 $U(x_0)$ 使得当 $x\in U(x_0)$ 时, $f(x)\neq 0$.

6. 求下列极限.

(1) $\lim\limits_{x\to 0}\sqrt{\mathrm{e}^x+5x^2+3}$;　(2) $\lim\limits_{x\to 1}\ln(1+\sin(\pi x))$;　(3) $\lim\limits_{x\to a}\dfrac{\sin x-\sin a}{x-a}$;

(4) $\lim\limits_{x\to+\infty}\arctan\left(\sqrt{x^2+2x}-x\right)$;　(5) $\lim\limits_{x\to 0}(\cos x)^{\frac{1}{x\sin x}}$;　(6) $\lim\limits_{x\to 0}\left(\dfrac{1+\tan x}{1+\sin x}\right)^{\frac{1}{x^3}}$.

习题 1.7

习题1.7参考解答

1. 证明: 方程 $\mathrm{e}^x-x=2$ 在 $(0,2)$ 内至少有一个根.

2. 设 $a>0$, $b>0$. 证明: 方程 $x=a\sin x+b$ 至少有一个正根, 并且它不超过 $a+b$.

3. 设函数 $f(x)$ 对于闭区间 $[a,b]$ 上的任意两点 x,y, 恒有 $|f(x)-f(y)|\leqslant L|x-y|$, 其中 L 为正常数, 并且 $f(a)\cdot f(b)<0$. 证明: 至少有一点 $\xi\in(a,b)$ 使得 $f(\xi)=0$.

4. 若 $f(x)$ 在闭区间 $[a,b]$ 上连续, $a<x_1<x_2<\cdots<x_n<b(n\geqslant 2)$, 则在 $[x_1,x_n]$ 上至少有一点 ξ 使得

$$f(\xi)=\frac{f(x_1)+f(x_2)+\cdots+f(x_n)}{n}.$$

5. 证明: $f(x)$ 在 $(-\infty,+\infty)$ 内连续, 且 $\lim\limits_{x\to\infty}f(x)$ 存在, 则 $f(x)$ 在 $(-\infty,+\infty)$ 内必有界.

6. 设 $f(x)$ 在 (a,b) 内连续, 且 $\lim\limits_{x\to a^+}f(x)=-\infty$, $\lim\limits_{x\to b^-}f(x)=+\infty$, 证明: 函数 $f(x)$ 在 (a,b) 内有零点.

总习题一参考解答

1. 单项选择题.

(1) 函数 $f(x)=\dfrac{\mathrm{e}^{\frac{1}{x}}}{(x-2)(x-3)}$ 在区间(　　)内有界.

(A) $(-1,0)$　　(B) $(0,1)$　　(C) $(1,2)$　　(D) $(2,3)$

(2) 设 n 为正整数，当 $x\to 0$ 时，$\ln(1+x^2)$ 与 $x^n\sin x$ 是等价无穷小，则 $n=($　　$)$.

(A) 1　　(B) 2　　(C) 3　　(D) 4

(3) 函数 $f(x)=\dfrac{x-x^2}{\sin(\pi x)}$ 的可去间断点个数为(　　).

(A) 1　　(B) 2　　(C) 3　　(D) 无穷多个

(4) 极限 $\lim\limits_{x\to 0}\sqrt{\dfrac{1-\cos(2x)}{x}}$ 为(　　).

(A) 0　　(B) 1　　(C) $\sqrt{2}$　　(D) 不存在

(5) $x=0$ 是函数 $f(x)=\dfrac{\sin x}{1+\mathrm{e}^{\frac{1}{x}}}$ 的(　　).

(A) 可去间断点　　(B) 跳跃间断点　　(C) 无穷间断点　　(D) 连续点

解　(1) 正确答案是(A). 因为 $f(x)$ 在 $(-1,0)$ 内连续，且

$$\lim_{x\to -1^+} f(x)=\lim_{x\to -1^+}\frac{\mathrm{e}^{\frac{1}{x}}}{(x-2)(x-3)}=\frac{1}{12\mathrm{e}},\quad \lim_{x\to 0^-} f(x)=\lim_{x\to 0^-}\frac{\mathrm{e}^{\frac{1}{x}}}{(x-2)(x-3)}=\frac{0}{6}=0.$$

但是

$$\lim_{x\to 0^+} f(x)=\lim_{x\to 0^+}\frac{\mathrm{e}^{\frac{1}{x}}}{(x-2)(x-3)}=+\infty,\quad \lim_{x\to 1} f(x)=\lim_{x\to 1}\frac{\mathrm{e}^{\frac{1}{x}}}{(x-2)(x-3)}=\frac{\mathrm{e}}{2}.$$

$$\lim_{x\to 2} f(x)=\lim_{x\to 2}\frac{\mathrm{e}^{\frac{1}{x}}}{(x-2)(x-3)}=\infty,\quad \lim_{x\to 3} f(x)=\lim_{x\to 3}\frac{\mathrm{e}^{\frac{1}{x}}}{(x-2)(x-3)}=\infty.$$

(2) 正确答案是(A). 因为当 $x\to 0$ 时，$\ln(1+x^2)\sim x^2$，$x^n\sin x\sim x^{n+1}$.

(3)正确答案是(B). 函数的定义域为 $D=\bigcup\limits_{n=1}^{\infty}[(n-1,n)]\cup(-n,-n+1)]$，间断点有 $x=0$, $\pm1,\pm2,\pm3,\cdots$，即所有整数点. 因为

$$\lim_{x\to 0} f(x)=\lim_{x\to 0}\frac{x-x^2}{\sin(\pi x)}=\lim_{x\to 0}\frac{x-x^2}{\pi x}=\frac{1}{\pi},\quad \lim_{x\to 1} f(x)=\lim_{x\to 1}\frac{x-x^2}{\sin(\pi x)}=\lim_{x\to 1}\frac{x-x^2}{\pi-\pi x}=\frac{1}{\pi}.$$

而当 $k\in\mathbb{Z}-\{0,1\}$ 时，

$$\lim_{x\to k} f(x)=\lim_{x\to k}\frac{x-x^2}{\sin(\pi x)}=\infty.$$

因此可去间断点只有 $x=0$ 和 $x=1$ 两个，其他都是无穷间断点.

(4) 正确答案是(D). 因为取极限的函数 $\sqrt{\dfrac{1-\cos(2x)}{x}}$ 的定义域是 $(0,+\infty)$，因此该函数实际上就是只有右极限，而没有左极限，从而极限 $\lim\limits_{x\to 0}\sqrt{\dfrac{1-\cos(2x)}{x}}$ 是不存在的. 当然利

用函数$\sqrt{u}$在$u=0$处的右连续性，可得右极限

$$\lim_{x\to0^+}\sqrt{\frac{1-\cos(2x)}{x}}=\sqrt{\lim_{x\to0^+}\frac{1-\cos(2x)}{x}}=\sqrt{\lim_{x\to0^+}\frac{2x^2}{x}}=0.$$

(5) 正确答案是(A). 因为$0<\dfrac{1}{1+e^{\frac{1}{x}}}<1$，且$\lim\limits_{x\to0}\sin x=0$，故由无穷小的性质可知，有$\lim\limits_{x\to0}\dfrac{\sin x}{1+e^{\frac{1}{x}}}=0$. 但是函数在$x=0$处无定义，因此函数在$x=0$处可去间断. ■

2. 填空题.

(1) 极限$\lim\limits_{n\to\infty}\left(\sqrt{2+4+\cdots+2n}-n\right)=$____________.

(2) 设$f(x)=\begin{cases}2-x^2, & |x|<1,\\ 0, & |x|\geqslant1.\end{cases}$ 则$f(f(x))=$____________.

(3) 若极限$\lim\limits_{x\to\infty}\left(\dfrac{1-2x^2}{2x+1}-ax\right)=\dfrac{1}{2}$，则$a=$____________.

(4) 若极限$\lim\limits_{x\to\infty}\left(\dfrac{x+a}{x-a}\right)^x=4$，则$a=$____________.

(5) 函数$f(x)=\dfrac{x\ln(x+2)}{(x^2-1)(x^2-9)}$的间断点的个数为____________.

解 (1) $\lim\limits_{n\to\infty}\left(\sqrt{2+4+\cdots+2n}-n\right)=\lim\limits_{n\to\infty}\left(\sqrt{2\cdot\dfrac{n(n+1)}{2}}-n\right)=\lim\limits_{n\to\infty}\left(\sqrt{n(n+1)}-n\right)$

$$=\lim_{n\to\infty}\frac{n}{\sqrt{n(n+1)}+n}=\lim_{n\to\infty}\frac{1}{\sqrt{1+\frac{1}{n}}+1}=\frac{1}{2}.$$

(2) 由于$|x|\geqslant1$时，$|f(x)|=0<1$. $|x|<1$时，$|f(x)|=2-x^2>1$. 因此

$$f(f(x))=\begin{cases}2-f^2(x), & |f(x)|<1,\\ 0, & |f(x)|\geqslant1\end{cases}=\begin{cases}2-0^2, & |x|\geqslant1,\\ 0, & |x|<1\end{cases}=\begin{cases}2, & |x|\geqslant1,\\ 0, & |x|<1.\end{cases}$$

(3) 由已知条件，有

$$\frac{1}{2}=\lim_{x\to\infty}\left(\frac{1-2x^2}{2x+1}-ax\right)=\lim_{x\to\infty}\frac{1-ax-(2+2a)x^2}{2x+1},$$

故必有$\begin{cases}-a=1,\\ -(2+2a)=0,\end{cases}$ 由此解得$a=-1$.

(4) 由已知条件可得

$$4=\lim_{x\to\infty}\left(\frac{x+a}{x-a}\right)^x=\lim_{x\to\infty}\left[\left(1+\frac{2a}{x-a}\right)^{\frac{x-a}{2a}}\right]^{\frac{2ax}{x-a}}=e^{2a}.$$

两边取自然对数可得，$2a=\ln4=2\ln2$，因此$a=\ln2$.

(5) 由于函数的定义域由条件 $\begin{cases} x+2>0, \\ x^2-1\neq 0, \\ x^2-9\neq 0 \end{cases}$ 确定，即为 $D=(-2,-1)\cup(-1,1)\cup(1,3)\cup(3,+\infty)$，因此函数的间断点有 $x_1=-1$，$x_2=1$，$x_3=3$. 即 $f(x)$ 的间断点的个数为 3. ■

3. 设 $|x|<1$，求 $\lim\limits_{n\to\infty}(1+x)(1+x^2)(1+x^4)\cdots(1+x^{2^n})$.

解　由于 $|x|<1$，故

$$\lim_{n\to\infty}(1+x)(1+x^2)(1+x^4)\cdots(1+x^{2^n})=\lim_{n\to\infty}\frac{(1-x)(1+x)(1+x^2)(1+x^4)\cdots(1+x^{2^n})}{1-x}$$

$$=\lim_{n\to\infty}\frac{1-x^{2^{n+1}}}{1-x}=\frac{1-0}{1-x}=\frac{1}{1-x}.\ ■$$

4. 求 $\lim\limits_{n\to\infty}\left(\frac{1}{n^2+1}+\frac{2}{n^2+2}+\cdots+\frac{n}{n^2+n}\right)$.

解　对每个自然数 n，都有

$$\frac{1}{2}=\frac{1+2+\cdots+n}{n^2+n}\leqslant\frac{1}{n^2+1}+\frac{2}{n^2+2}+\cdots+\frac{n}{n^2+n}\leqslant\frac{1+2+\cdots+n}{n^2+1}=\frac{n^2+n}{2(n^2+1)},$$

且

$$\lim_{n\to\infty}\frac{n^2+n}{2(n^2+1)}=\lim_{n\to\infty}\frac{1+\frac{1}{n}}{2\left(1+\frac{1}{n^2}\right)}=\frac{1}{2},$$

故由夹逼准则可得

$$\lim_{n\to\infty}\left(\frac{1}{n^2+1}+\frac{2}{n^2+2}+\cdots+\frac{n}{n^2+n}\right)=\frac{1}{2}.\ ■$$

5. 证明 $\lim\limits_{n\to\infty}\sqrt[n]{n}=1$.

证明　参见选例 1.6.15(2). ■

6. 证明极限 $\lim\limits_{n\to\infty}\sin\frac{n\pi}{2}$ 不存在.

证法一　我们用反证法来证明. 若 $\lim\limits_{n\to\infty}\sin\frac{n\pi}{2}$ 存在，不妨设 $\lim\limits_{n\to\infty}\sin\frac{n\pi}{2}=a$. 则对正数 $\varepsilon=\frac{1}{2}$，应该存在自然数 N，使得当自然数 $n>N$ 时，恒有 $\left|\sin\frac{n\pi}{2}-a\right|<\frac{1}{2}$.取一个 $n=2k>N$，得到 $|\sin k\pi-a|=|a|<\frac{1}{2}$；取一个 $n=4k+1>N$，得到 $\left|\sin\left(2k\pi+\frac{\pi}{2}\right)-a\right|=|1-a|<\frac{1}{2}$. 于是有

$$1=|a+(1-a)|\leqslant|a|+|1-a|<\frac{1}{2}+\frac{1}{2}=1.$$

矛盾！因此极限 $\lim\limits_{n\to\infty}\sin\frac{n\pi}{2}$ 不存在.

证法二 记$a_n=\sin\frac{n\pi}{2}$，则

$$\lim_{n\to\infty}a_{2n}=\lim_{n\to\infty}\sin\frac{2n\pi}{2}=0,\quad \lim_{n\to\infty}a_{4n+1}=\lim_{n\to\infty}\sin\frac{(4n+1)\pi}{2}=\lim_{n\to\infty}\sin\left(2n\pi+\frac{\pi}{2}\right)=1.$$

因此由柯西归并原理知，极限$\lim\limits_{n\to\infty}\sin\frac{n\pi}{2}$不存在.■

7. 求下列极限.

(1) $\lim\limits_{x\to\infty}x^2\left(1-\cos\frac{1}{x}\right)$； (2) $\lim\limits_{x\to 0}(1+3\tan^2 x)^{\cot^2 x}$； (3) $\lim\limits_{x\to 1}\frac{x^x-1}{\cos(\pi x)\ln x}$；

(4) $\lim\limits_{x\to\infty}x^2\left(a^{\frac{1}{x}}-a^{\frac{x}{x+1}}\right)(a>0)$； (5) $\lim\limits_{x\to 0}\frac{1-\sqrt{\cos x}}{(e^x-1)\ln(1+x)}$； (6) $\lim\limits_{x\to 0}\left(\frac{\cos 2x}{\cos x}\right)^{\frac{1}{x^2}}$.

解 (1) 由于$\lim\limits_{x\to\infty}\frac{1}{x}=0$，故利用等价无穷小替换可得

$$\lim_{x\to\infty}x^2\left(1-\cos\frac{1}{x}\right)=\lim_{x\to\infty}x^2\cdot\frac{1}{2}\left(\frac{1}{x}\right)^2=\frac{1}{2}.$$

(2) $\lim\limits_{x\to 0}(1+3\tan^2 x)^{\cot^2 x}\xlongequal{\tan^2 x=t}\lim\limits_{t\to 0}\left[(1+3t)^{\frac{1}{3t}}\right]^3=e^3.$

(3) 由于$\lim\limits_{x\to 1}x\ln x=0$，$\lim\limits_{x\to 1}\cos(\pi x)=-1$，故

$$\lim_{x\to 1}\frac{x^x-1}{\cos(\pi x)\ln x}=-\lim_{x\to 1}\frac{e^{x\ln x}-1}{\ln x}=-\lim_{x\to 1}\frac{x\ln x}{\ln x}=-1.$$

(4) $$\lim_{x\to\infty}x^2\left(a^{\frac{1}{x}}-a^{\frac{1}{x+1}}\right)=\lim_{x\to\infty}x^2a^{\frac{1}{x+1}}\left(a^{\frac{1}{x}-\frac{1}{x+1}}-1\right)$$

$$=a^0\cdot\lim_{x\to\infty}x^2\left(a^{\frac{1}{x(x+1)}}-1\right)=\lim_{x\to\infty}x^2\cdot\frac{1}{x(x+1)}\cdot\ln a=\ln a.$$

(5) $$\lim_{x\to 0}\frac{1-\sqrt{\cos x}}{(e^x-1)\ln(1+x)}=\lim_{x\to 0}\frac{1-\cos x}{(1+\sqrt{\cos x})(e^x-1)\ln(1+x)}=\frac{1}{2}\lim_{x\to 0}\frac{1-\cos x}{(e^x-1)\ln(1+x)}$$

$$=\frac{1}{2}\lim_{x\to 0}\frac{\frac{1}{2}x^2}{x\cdot x}=\frac{1}{4}.$$

(6) $$\lim_{x\to 0}\left(\frac{\cos 2x}{\cos x}\right)^{\frac{1}{x^2}}=\exp\left[\lim_{x\to 0}\frac{1}{x^2}\ln\left(\frac{\cos 2x}{\cos x}\right)\right]=\exp\left[\lim_{x\to 0}\frac{1}{x^2}\cdot\left(\frac{\cos 2x}{\cos x}-1\right)\right]$$

$$=\exp\left[\lim_{x\to 0}\frac{\cos 2x-\cos x}{x^2\cos x}\right]=\exp\left[\lim_{x\to 0}\frac{\cos 2x-\cos x}{x^2}\right]$$

$$=\exp\left[\lim_{x\to 0}\frac{\cos 2x-1}{x^2}+\lim_{x\to 0}\frac{1-\cos x}{x^2}\right]$$

$$=\exp\left[\lim_{x\to 0}\frac{-\frac{1}{2}(2x)^2}{x^2}+\lim_{x\to 0}\frac{\frac{1}{2}x^2}{x^2}\right]=e^{-\frac{3}{2}}.$$

注意，这里用了等价无穷小替换 $\ln\frac{\cos 2x}{\cos x}=\ln\left[1+\left(\frac{\cos 2x}{\cos x}-1\right)\right]\sim\frac{\cos 2x}{\cos x}-1$.■

8. 讨论函数 $f(x)=\begin{cases}|x-1|, & |x|>1,\\ \cos\frac{\pi x}{2}, & |x|\leqslant 1\end{cases}$ 的连续性.

解　当 $x<-1$ 时，$f(x)=|x-1|=1-x$ 是初等函数，自然是连续的；当 $-1<x<1$ 时，$f(x)=\cos\frac{\pi x}{2}$ 也是连续的；当 $x>1$ 时，$f(x)=|x-1|=x-1$ 还是连续的. 因此只需再考察 $x=\pm 1$ 处的连续性. 由于

$$\lim_{x\to -1^-}f(x)=\lim_{x\to -1^-}(1-x)=2,\quad \lim_{x\to -1^+}f(x)=\lim_{x\to -1^+}\cos\frac{\pi x}{2}=0,\quad f(-1)=\cos\left(-\frac{\pi}{2}\right)=0,$$

故知 $f(x)$ 在点 $x=-1$ 处右连续，但左不连续，因此出现间断，且为跳跃型间断；

又由于

$$\lim_{x\to 1^-}f(x)=\lim_{x\to 1^-}\cos\frac{\pi x}{2}=0,\quad \lim_{x\to 1^+}f(x)=\lim_{x\to 1^+}(x-1)=0,\quad f(1)=\cos\frac{\pi}{2}=0.$$

故知 $f(x)$ 在点 $x=1$ 处连续.

总而言之，函数 $f(x)$ 仅在点 $x=-1$ 处出现跳跃间断，其他地方处处连续.■

9. 设 $a>0$，$a_1>0$，$a_{n+1}=\frac{1}{2}\left(a_n+\frac{a}{a_n}\right)(n=1,2,\cdots)$. 证明：极限 $\lim\limits_{n\to\infty}a_n$ 存在，并求 $\lim\limits_{n\to\infty}a_n$.

证明　由数列 a_n 的定义可知，$a_n>0$，且 $a_{n+1}=\frac{1}{2}\left(a_n+\frac{a}{a_n}\right)\geqslant\sqrt{a}(n=1,2,\cdots)$. 因此，当 $n\geqslant 2$ 时，有

$$a_{n+1}-a_n=\frac{1}{2}\left(a_n+\frac{a}{a_n}\right)-a_n=\frac{1}{2}\left(\frac{a}{a_n}-a_n\right)=\frac{1}{2a_n}(a-a_n^2)\leqslant 0.$$

这说明 a_n 是单调递减数列，且有下界 $\sqrt{a}$. 因此由单调有界收敛准则知，极限 $\lim\limits_{n\to\infty}a_n$ 存在. 设 $\lim\limits_{n\to\infty}a_n=A$，则由极限性质可知 $A\geqslant\sqrt{a}$.

对 $a_{n+1}=\frac{1}{2}\left(a_n+\frac{a}{a_n}\right)$ 两边取极限，可得 $A=\frac{1}{2}\left(A+\frac{a}{A}\right)$. 由此可解得 $A=\sqrt{a}$.■

10. 讨论函数 $f(x)=\lim\limits_{n\to\infty}\frac{2\mathrm{e}^{nx}\cos x+\sin x}{1+\mathrm{e}^{nx}}$ 的连续性.

解　当 $x=0$ 时，$f(0)=\lim\limits_{n\to\infty}\frac{2\mathrm{e}^0\cos 0+\sin 0}{1+\mathrm{e}^0}=1$.

当 $x<0$ 时，$\lim\limits_{n\to\infty}nx=-\infty$，$\lim\limits_{n\to\infty}\mathrm{e}^{nx}=0$，从而

$$f(x)=\lim_{n\to\infty}\frac{2\mathrm{e}^{nx}\cos x+\sin x}{1+\mathrm{e}^{nx}}=\frac{0+\sin x}{1+0}=\sin x.$$

当 $x>0$ 时, $\lim\limits_{n\to\infty} nx=+\infty$, $\lim\limits_{n\to\infty} \mathrm{e}^{nx}=+\infty$. 从而

$$f(x)=\lim_{n\to\infty}\frac{2\mathrm{e}^{nx}\cos x+\sin x}{1+\mathrm{e}^{nx}}=\lim_{n\to\infty}\frac{2\cos x+\mathrm{e}^{-nx}\sin x}{\mathrm{e}^{-nx}+1}=\frac{2\cos x+0}{0+1}=2\cos x.$$

因此

$$f(x)=\begin{cases}\sin x, & x<0,\\ 1, & x=0,\\ 2\cos x, & x>0.\end{cases}$$

由此不难看出, 函数 $f(x)$ 在 $x>0$ 时和 $x<0$ 时都是处处连续的, 而在 $x=0$ 处, 由于

$$f(0^-)=\lim_{x\to0^-}\sin x=0,\quad f(0)=1,\quad f(0^+)=\lim_{x\to0^+}2\cos x=2.$$

可见此时左、右都不连续, 出现跳跃型间断.■

11. 设 a 为实数, 问 a 为何值时, 函数 $f(x)=\begin{cases}x^a\sin\dfrac{1}{x}, & x>0,\\ 0, & x\leqslant 0\end{cases}$ 在 $x=0$ 处连续.

解　容易看出, $f(0)=0=\lim\limits_{x\to0^-}f(x)$. 即无论 a 为何值, 函数 $f(x)$ 在 $x=0$ 处都是左连续的. 因此 $f(x)$ 在 $x=0$ 处连续当且仅当 $f(x)$ 在 $x=0$ 处右连续, 即 $f(0)=0=\lim\limits_{x\to0^+}f(x)$. 注意到在 $x\to0^+$ 时 $\sin\dfrac{1}{x}$ 的振荡性质, 因此 $\lim\limits_{x\to0^+}f(x)$ 存在与否完全由控制振幅的 x^a 的变化趋势决定. 由于

当 $a>0$ 时, $\lim\limits_{x\to0^+}x^a=0$; 当 $a=0$ 时, $\lim\limits_{x\to0^+}x^a=1$; 当 $a<0$ 时, $\lim\limits_{x\to0^+}x^a=+\infty$.

故有

$$\lim_{x\to0^+}f(x)=\lim_{x\to0^+}x^a\sin\frac{1}{x}=\begin{cases}0, & a>0,\\ \text{不存在}, & a\leqslant 0.\end{cases}$$

因此仅当 $a>0$ 时, $f(x)$ 在 $x=0$ 处连续.■

12. 设 $f(x)$ 在 $[a,b]$ 上连续, 且 $f([a,b])\subset[a,b]$. 证明: 存在 $\xi\in[a,b]$ 使得 $f(\xi)=\xi$.

证明　令 $F(x)=f(x)-x$, 则 $F(x)$ 在 $[a,b]$ 上连续. 又由于 $f([a,b])\subset[a,b]$, 故

$$F(a)=f(a)-a\geqslant 0,\quad F(b)=f(b)-b\leqslant 0.$$

若 $F(a)=0$, 则取 $\xi=a$, 可使得 $f(\xi)=\xi$;

若 $F(b)=0$, 则取 $\xi=b$, 可使得 $f(\xi)=\xi$;

否则, $F(a)>0, F(b)<0$, 因此由零点定理知, 存在 $\xi\in(a,b)$ 使得 $F(\xi)=0$, 即 $f(\xi)=\xi$.

总之, 存在点 $\xi\in[a,b]$ 使得 $f(\xi)=\xi$.■

第 2 章　一元函数微分学

2.1　教学基本要求

1. 理解导数和微分的概念，理解导数和微分的关系，理解导数的几何意义，会求平面曲线的切线方程与法线方程. 了解导数的物理意义，会用导数描述一些物理量. 理解函数的连续性与可导性之间的关系.

2. 掌握导数的四则运算法则和复合运算法则，掌握基本初等函数的导数公式，了解微分的运算法则和一阶微分形式不变性，会求函数的微分.

3. 了解高阶导数的概念，会求简单函数的高阶导数.

4. 会求分段函数的导数，会求隐函数和由参数方程确定的函数的导数以及反函数的导数.

5. 理解并会应用罗尔(Rolle)中值定理，拉格朗日(Lagrange)中值定理和泰勒(Taylor)中值定理，了解并会用柯西(Cauchy)中值定理.

6. 掌握用洛必达(L'Hospital)法则求未定式的极限的方法.

7. 理解函数的极值概念，掌握用导数判断函数的单调性和求函数极值的方法，掌握函数最大值和最小值的求法及其应用.

8. 会用导数判断函数图形的凹凸性，会求函数图形的拐点以及水平、铅直和斜渐近线，会描绘函数的图形.

9. 了解曲率、曲率圆与曲率半径的概念，会计算函数图形的曲率和曲率半径.

2.2　内容复习与整理

2.2.1　基本概念

1. **导数**　设函数 $y=f(x)$ 在点 x_0 的某邻域内有定义，若 $\lim\limits_{\Delta x\to 0}\dfrac{f(x_0+\Delta x)-f(x_0)}{\Delta x}$ 存在，则称函数 $y=f(x)$ 在点 x_0 处**可导**，并称极限值为函数 $y=f(x)$ 在点 x_0 处的导数，记为 $f'(x_0)$，或者 $\left.\dfrac{\mathrm{d}y}{\mathrm{d}x}\right|_{x=x_0}$.

左导数　若 $\lim\limits_{\Delta x\to 0^-}\dfrac{f(x_0+\Delta x)-f(x_0)}{\Delta x}$ 存在，则称函数 $y=f(x)$ 在点 x_0 处**左可导**，并称极限值为函数 $y=f(x)$ 在点 x_0 处的**左导数**，记为 $f'_-(x_0)$.

右导数　若 $\lim\limits_{\Delta x\to 0^+}\dfrac{f(x_0+\Delta x)-f(x_0)}{\Delta x}$ 存在，则称函数 $y=f(x)$ 在点 x_0 处**右可导**，并称

极限值为函数 $y=f(x)$ 在点 x_0 处的**右导数**，记为 $f'_+(x_0)$.

导数的几何意义　函数 $y=f(x)$ 在点 x_0 处可导在几何上表示曲线 $y=f(x)$ 在点 $(x_0, f(x_0))$ 处有非铅直的切线，且切线的斜率就等于导数 $f'(x_0)$.

函数 $y=f(x)$ 在点 x_0 处左可导在几何上表示曲线 $y=f(x)$ 在点 $(x_0,f(x_0))$ 左侧有非铅直的切线，且切线的斜率就等于左导数 $f'_-(x_0)$.

函数 $y=f(x)$ 在点 x_0 处右可导在几何上表示曲线 $y=f(x)$ 在点 $(x_0,f(x_0))$ 右侧有非铅直的切线，且切线的斜率就等于右导数 $f'_+(x_0)$.

导函数　若函数 $y=f(x)$ 在区间 I 上的每一点都可导，则任一 $x\in I$ 都对应唯一的导数值 $f'(x)$，这样所确定的函数称为函数 $y=f(x)$ 在区间 I 上的导函数，记为 y'，或者 $f'(x)$.

高阶导数　如果函数 $y=f(x)$ 的导函数 $f'(x)$ 在点 x_0 处可导，其导数值称为函数 $y=f(x)$ 在点 x_0 处的二阶导数，记为 $f''(x_0)$，或者 $\left.\dfrac{\mathrm{d}^2y}{\mathrm{d}x^2}\right|_{x=x_0}$. 若函数 $y=f(x)$ 在区间 I 上的每一点都有二阶导数，则任一 $x\in I$ 都对应唯一的二阶导数值 $f''(x)$，这样所确定的函数称为函数 $y=f(x)$ 在区间 I 上的二阶导函数，记为 y''，或者 $f''(x)$.

一般地，若 $n-1(n\geqslant 2)$ 阶导函数 $f^{(n-1)}(x)$ 在点 x_0 处可导，其导数值称为函数 $y=f(x)$ 在点 x_0 处的 n 阶导数，记为 $f^{(n)}(x_0)$，或者 $\left.\dfrac{\mathrm{d}^ny}{\mathrm{d}x^n}\right|_{x=x_0}$. 若函数 $y=f(x)$ 在区间 I 上的每一点都有 n 阶导数，则任一 $x\in I$ 都对应唯一的 n 阶导数值 $f^{(n)}(x)$，这样所确定的函数称为函数 $y=f(x)$ 在区间 I 上的 n 阶导函数，记为 $y^{(n)}$，$\dfrac{\mathrm{d}^ny}{\mathrm{d}x^n}$ 或者 $f^{(n)}(x)$.

泰勒公式　若函数 $f(x)$ 在点 x_0 处有直到 $n+1$ 阶的导数，则称公式

$$f(x)=f(x_0)+f'(x_0)(x-x_0)+\frac{f''(x_0)}{2!}(x-x_0)^2+\cdots+\frac{f^{(n)}(x_0)}{n!}(x-x_0)^n+\frac{f^{(n+1)}(\xi)}{(n+1)!}(x-x_0)^{n+1}$$

(其中 ξ 介于 x 与 x_0 之间，有时记 $\xi=x_0+\theta(x-x_0)$ (其中 $0<\theta<1$))为 $f(x)$ 的带拉格朗日型余项 $R_n(x)=\dfrac{f^{(n+1)}(\xi)}{(n+1)!}(x-x_0)^{n+1}$ 的 n 阶泰勒公式；称公式

$$f(x)=f(x_0)+f'(x_0)(x-x_0)+\frac{f''(x_0)}{2!}(x-x_0)^2+\cdots+\frac{f^{(n)}(x_0)}{n!}(x-x_0)^n+o((x-x_0)^n)$$

为 $f(x)$ 的带佩亚诺型余项 $R_n(x)=o((x-x_0)^n)$ 的 n 阶泰勒公式. 对应的多项式

$$f(x_0)+f'(x_0)(x-x_0)+\frac{f''(x_0)}{2!}(x-x_0)^2+\cdots+\frac{f^{(n)}(x_0)}{n!}(x-x_0)^n$$

称为函数 $f(x)$ 在点 x_0 处的 n 阶泰勒多项式.

2. **微分**　设函数 $y=f(x)$ 在点 x_0 的某邻域内有定义，若存在常数 A 使得在自变量增量 $\Delta x\to 0$ 时有

$$\Delta y=A\cdot\Delta x+o(\Delta x)$$

成立，则称函数 $y=f(x)$ 在点 x_0 处可微，并称 $A\cdot\Delta x$ 为函数 $y=f(x)$ 在点 x_0 处的微分，记为 $\mathrm{d}y\big|_{x=x_0}$.

几何意义　对于可微函数 $y=f(x)$，当自变量有增量 Δx 时，微分 $\mathrm{d}y\big|_{x=x_0}$ 在几何上表示曲线 $y=f(x)$ 在点 x_0 处的切线的纵坐标的对应增量，而函数增量 Δy 在几何上表示曲线 $y=f(x)$ 的纵坐标的对应增量. 函数可微表明在自变量增量 Δx 充分小时有近似关系 $\Delta y\approx \mathrm{d}y\big|_{x=x_0}$，几何上可以解释为此时可以把点 $(x_0,f(x_0))$ 附近的曲线 $y=f(x)$ 近似地看成切线 $y-f(x_0)=f'(x_0)(x-x_0)$. 图 2.2-1 显示了几种状态.

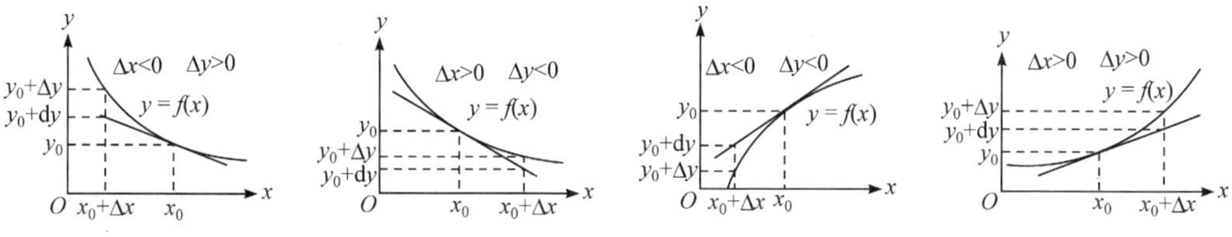

图 2.2-1

3. **极值**　设函数 $y=f(x)$ 在点 x_0 的某邻域内有意义，若存在一个正数 δ 使得当 $x\in U(x_0,\delta)-\{x_0\}$ 时恒有 $f(x)<f(x_0)$ (或者 $f(x)>f(x_0)$)成立，则称函数 $y=f(x)$ 在点 x_0 处取得**极大值**(或者**极小值**)，点 x_0 则称为函数 $y=f(x)$ 的**极大值点**(或者**极小值点**). 极大值与极小值统称为极值，极大值点与极小值点统称为极值点.

驻点　若 $f'(x_0)=0$，则称点 x_0 为函数 $f(x)$ 的**驻点**.

4. **凹凸性**　若曲线 $y=f(x)$ 在区间 I 上满足

$\forall x_1,x_2\in I,x_1\neq x_2$，都有 $\frac{1}{2}[f(x_1)+f(x_2)]>f\left(\frac{x_1+x_2}{2}\right)$ (或都有 $\frac{1}{2}[f(x_1)+f(x_2)]<f\left(\frac{x_1+x_2}{2}\right)$)，则称曲线 $y=f(x)$ 在区间 I 上是向下凸(向上凸)的，并称 I 是曲线 $y=f(x)$ 的一个向下凸(向上凸)区间.

拐点　连续曲线上向下凸弧段与向上凸弧段的交接点称为该曲线的**拐点**.

5. **渐近线**　如果曲线 $y=f(x)$ 在伸向无穷远处时，曲线上的点到定直线 l 的距离会无限地趋于 0，则称直线 l 为曲线 $y=f(x)$ 的一条**渐近线**. 与 x 轴垂直的渐近线称为**铅直渐近线**，与 x 轴平行的渐近线称为**水平渐近线**，与 x 轴成锐角或钝角的渐近线称为**斜渐近线**.

6. **曲率**　光滑曲线上点的切线相对于横轴的倾角 φ 关于弧长 s 的变化率 $\left|\frac{\mathrm{d}\varphi}{\mathrm{d}s}\right|$ 称为曲线在该点处的曲率.

曲率圆与曲率半径　光滑曲线 $y=f(x)$ 在其上某一点的凹的那一侧与曲线相切于该点，且在切点处与曲线有相同曲率的圆称为曲线在该点处的曲率圆，其半径称为曲线在该点处的曲率半径.

2.2.2 基本理论与方法

1. 函数在一点处极限存在、连续与可导之间的关系

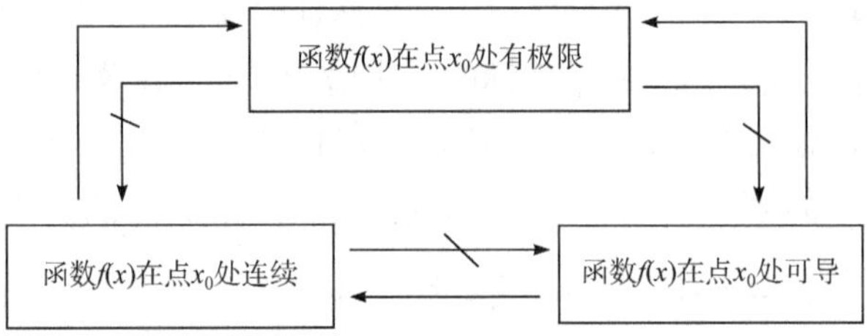

2. 导数与左、右导数的关系

函数 $y=f(x)$ 在点 x_0 处可导 $\Leftrightarrow$ 函数 $y=f(x)$ 在点 x_0 处左可导且右可导，且左、右导数值相等.

当函数 $y=f(x)$ 在点 x_0 处可导时，$f'(x_0)=f'_-(x_0)=f'_+(x_0)$.

3. 可导与可微的关系

函数 $y=f(x)$ 在点 x_0 处可导 $\Leftrightarrow$ 函数 $y=f(x)$ 在点 x_0 处可微.

当函数 $y=f(x)$ 在点 x_0 处可微时，$\mathrm{d}y\big|_{x=x_0}=f'(x_0)\mathrm{d}x$.

4. 基本初等函数的导数、微分公式

(1) $(C)'=0$，　　$\mathrm{d}(C)=0$；

(2) $(x^{\mu})'=\mu x^{\mu-1}$，　　$\mathrm{d}x^{\mu}=\mu x^{\mu-1}\mathrm{d}x$；

(3) $(a^x)'=a^x\ln a(a>0,a\neq 1)$，　　$\mathrm{d}a^x=a^x\ln a\mathrm{d}x$；

(4) $(\mathrm{e}^x)'=\mathrm{e}^x$，　　$\mathrm{d}\mathrm{e}^x=\mathrm{e}^x\mathrm{d}x$；

(5) $(\log_a x)'=\dfrac{1}{x\ln a}(a>0,a\neq 1)$，　　$\mathrm{d}\log_a x=\dfrac{1}{x\ln a}\mathrm{d}x$；

(6) $(\ln x)'=\dfrac{1}{x}$，　　$\mathrm{d}\ln x=\dfrac{1}{x}\mathrm{d}x$；

(7) $(\sin x)'=\cos x$，　　$\mathrm{d}\sin x=\cos x\mathrm{d}x$；

(8) $(\cos x)'=-\sin x$，　　$\mathrm{d}\cos x=-\sin x\mathrm{d}x$；

(9) $(\tan x)'=\sec^2 x$，　　$\mathrm{d}\tan x=\sec^2 x\mathrm{d}x$；

(10) $(\cot x)'=-\csc^2 x$，　　$\mathrm{d}\cot x=-\csc^2 x\mathrm{d}x$；

(11) $(\sec x)'=\sec x\tan x$，　　$\mathrm{d}\sec x=\sec x\tan x\mathrm{d}x$；

(12) $(\csc x)'=-\csc x\cot x$，　　$\mathrm{d}\csc x=-\csc x\cot x\mathrm{d}x$；

(13) $(\arcsin x)'=\dfrac{1}{\sqrt{1-x^2}}$，　　$\mathrm{d}\arcsin x=\dfrac{1}{\sqrt{1-x^2}}\mathrm{d}x$；

(14) $(\arccos x)'=-\dfrac{1}{\sqrt{1-x^2}}$，　　$\mathrm{d}\arccos x=-\dfrac{1}{\sqrt{1-x^2}}\mathrm{d}x$；

(15) $(\arctan x)'=\dfrac{1}{1+x^2}$，　　$\mathrm{d}\arctan x=\dfrac{1}{1+x^2}\mathrm{d}x$；

(16) $(\operatorname{arccot} x)' = -\dfrac{1}{1+x^2}$,　　$\mathrm{d}\operatorname{arccot} x = -\dfrac{1}{1+x^2}\mathrm{d}x$.

5. **求导(微分)法则**

(1) **四则运算法则**　设 $f(x), g(x)$ 均可导，λ, μ 是常数，则

① $[\lambda f(x)+\mu g(x)]' = \lambda f'(x)+\mu g'(x)$,　　$\mathrm{d}[\lambda f(x)+\mu g(x)] = \lambda \mathrm{d}f(x)+\mu \mathrm{d}g(x)$;

② $[f(x)\cdot g(x)]' = f'(x)\cdot g(x)+f(x)\cdot g'(x)$, $\mathrm{d}[f(x)\cdot g(x)] = g(x)\cdot \mathrm{d}f(x)+f(x)\cdot \mathrm{d}g(x)$;

③若 $g(x)\neq 0$，则 $\left[\dfrac{f(x)}{g(x)}\right]' = \dfrac{f'(x)g(x)-g'(x)f(x)}{g^2(x)}$, $\mathrm{d}\left[\dfrac{f(x)}{g(x)}\right] = \dfrac{g(x)\cdot \mathrm{d}f(x)-f(x)\cdot \mathrm{d}g(x)}{g^2(x)}$.

(2) **复合运算法则**　设 $y=f(u), u=\varphi(x)$ 在对应点处均可导，则有

① $\dfrac{\mathrm{d}y}{\mathrm{d}x} = \dfrac{\mathrm{d}y}{\mathrm{d}u}\cdot\dfrac{\mathrm{d}u}{\mathrm{d}x}$ 或 $[f(\varphi(x))]' = f'(\varphi(x))\cdot\varphi'(x)$.

② **一阶微分形式不变性**　$\mathrm{d}y = f'(u)\mathrm{d}u = [f(\varphi(x))]'\mathrm{d}x$　或　$\mathrm{d}y = \dfrac{\mathrm{d}y}{\mathrm{d}u}\mathrm{d}u = \dfrac{\mathrm{d}y}{\mathrm{d}x}\mathrm{d}x$.

6. **隐函数求导、微分方法**

设二元方程 $\varphi(x,y)=0$ 确定一个可导的隐函数 $y=y(x)$，则求函数 $y=y(x)$ 的导数或微分可按如下两种方法进行:

① 利用求导法则对方程两边同时关于自变量 x 求导(注意此时 y 是 x 的函数!)，这样可以得到关于 y' 的一元一次方程，解该方程可得导数 y'，进而可得微分 $\mathrm{d}y$.

② 利用微分法则对方程两边同时取微分，可得到一个关于 $\mathrm{d}x$ 和 $\mathrm{d}y$ 的一次方程，整理可得微分 $\mathrm{d}y$，也可以得到导数 $\dfrac{\mathrm{d}y}{\mathrm{d}x}$.

7. **参数方程确定的函数求导、求微分方法**

设参数方程 $\begin{cases} x=\varphi(t), \\ y=\psi(t) \end{cases}$ 确定一个可导函数 $y=y(x)$，则

$$\frac{\mathrm{d}y}{\mathrm{d}x} = \frac{\dfrac{\mathrm{d}y}{\mathrm{d}t}}{\dfrac{\mathrm{d}x}{\mathrm{d}t}} = \frac{\psi'(t)}{\varphi'(t)}, \quad \frac{\mathrm{d}^2 y}{\mathrm{d}x^2} = \frac{\mathrm{d}}{\mathrm{d}t}\left(\frac{\psi'(t)}{\varphi'(t)}\right)\cdot\frac{\mathrm{d}t}{\mathrm{d}x} = \frac{\psi''(t)\varphi'(t)-\psi'(t)\varphi''(t)}{[\varphi'(t)]^3},$$

$$\mathrm{d}y = \frac{\psi'(t)}{\varphi'(t)}\mathrm{d}x.$$

8. **微分中值定理**

(1) **费马(Fermat)引理**　若函数 $f(x)$ 在点 x_0 的某邻域 $U(x_0,\delta)$ 内有定义，且在点 x_0 处可导. 若对任一 $x\in U(x_0,\delta)$ 都有 $f(x)\leqslant f(x_0)$ (或者都有 $f(x)\geqslant f(x_0)$)，则 $f'(x_0)=0$.

(2) **罗尔中值定理**　若函数 $f(x)$ 在闭区间 $[a,b]$ 上连续，在开区间 (a,b) 内可导，且 $f(a)=f(b)$，则至少存在一个点 $\xi\in(a,b)$ 使得 $f'(\xi)=0$.

(3) **拉格朗日中值定理**　若函数 $f(x)$ 在闭区间 $[a,b]$ 上连续，在开区间 (a,b) 内可导，则至少存在一个点 $\xi\in(a,b)$ 使得 $f'(\xi) = \dfrac{f(b)-f(a)}{b-a}$.

(4) **柯西中值定理**　若函数 $f(x)$ 与 $g(x)$ 都在闭区间 $[a,b]$ 上连续，在开区间 (a,b) 内

可导, 且在 (a,b) 内恒有 $g'(x)\neq 0$, 则至少存在一个点 $\xi\in(a,b)$ 使得 $\dfrac{f'(\xi)}{g'(\xi)}=\dfrac{f(b)-f(a)}{g(b)-g(a)}$.

(5) **泰勒中值定理**　若函数 $f(x)$ 在含有点 x_0 的某开区间 (a,b) 内有直到 $n+1$ 阶的导数, 则对任一点 $x\in(a,b)$, 存在介于 x_0 与 x 之间的点 ξ 使得

$$f(x)=f(x_0)+f'(x_0)(x-x_0)+\frac{f''(x_0)}{2!}(x-x_0)^2+\cdots+\frac{f^{(n)}(x_0)}{n!}(x-x_0)^n+\frac{f^{(n+1)}(\xi)}{(n+1)!}(x-x_0)^{n+1}.$$

这里的 $R_n(x)=\dfrac{f^{(n+1)}(\xi)}{(n+1)!}(x-x_0)^{n+1}$ 也称为拉格朗日型余项, 也可以表示为

$$R_n(x)=\frac{f^{(n+1)}(x_0+\theta(x-x_0))}{(n+1)!}(x-x_0)^{n+1}\quad(其中 0<\theta<1).$$

9. **函数单调性判别法**

如果函数 $f(x)$ 在闭区间 $[a,b]$ 上连续, 在开区间 (a,b) 内可导, 且 $f'(x)>0(<0)$, 则函数 $f(x)$ 在闭区间 $[a,b]$ 上单调递增(单调递减);

如果函数 $f(x)$ 在闭区间 $[a,b]$ 上连续, 在开区间 (a,b) 内可导, 且 $f'(x)\geqslant 0(\leqslant 0)$, 则函数 $f(x)$ 在闭区间 $[a,b]$ 上不减(不增).

若在 $f(x)$ 在闭区间 $[a,b]$ 上连续, 开区间 (a,b) 内只有有限个驻点且 $f'(x)\geqslant 0(\leqslant 0)$, 则函数 $f(x)$ 在闭区间 $[a,b]$ 上单调递增(单调递减).

10. **函数 $f(x)$ 在点 x_0 处取得极值的条件**

(1) **必要条件**　若函数 $f(x)$ 在点 x_0 处取得极值, 则要么 $f'(x_0)=0$, 要么 $f'(x_0)$ 不存在. 即可导的极值点必为驻点.

(2) **充分条件**

① **第一充分条件**　若函数 $f(x)$ 在点 x_0 处连续, 且存在 x_0 的一个邻域 $(x_0-\delta,x_0+\delta)$ 使得 $f(x)$ 在 $(x_0-\delta,x_0]$ 单调递增(单调递减), 在 $[x_0,x_0+\delta)$ 单调递减(单调递增), 则 $f(x)$ 在点 x_0 处取得极大值(极小值).

推论　若函数 $f(x)$ 在点 x_0 处连续, 且在 x_0 的某去心邻域 $\mathring{U}(x_0,\delta)$ 内可导. 若当 $x\in(x_0-\delta,x_0)$ 时恒有 $f'(x)>0(<0)$; 当 $x\in(x_0,x_0+\delta)$ 时恒有 $f'(x)<0(>0)$. 则 $f(x)$ 在点 x_0 处取得极大值(极小值).

② **第二充分条件**　若函数 $f(x)$ 在点 x_0 处有二阶导数, 且 $f'(x_0)=0, f''(x_0)>0(<0)$, 则 $f(x)$ 在点 x_0 处取得极小值(极大值).

(3) **求函数极值的逻辑步骤**:

① 寻找可能的极值点(驻点或不可导的点),

② 利用充分条件或者定义判断这些点是否是极值点,

③ 求出极值.

11. **判断曲线 $y=f(x)$ 凹凸性的方法**

若光滑曲线 $y=f(x)$ 在区间 I 上满足 $f''(x)>0(<0)$, 则曲线 $y=f(x)$ 在区间 I 上是向下凸(向上凸)的.

12. 曲线 $y=f(x)$ 拐点的判断

(1) **必要条件**　若 (x_0,y_0) 是曲线 $y=f(x)$ 的拐点，则要么 $f''(x_0)=0$，要么 $f''(x_0)$ 不存在.

(2) **充分条件**

① 若曲线 $y=f(x)$ 在点 (x_0,y_0) 处连续，且存在 x_0 的一个邻域 $(x_0-\delta,x_0+\delta)$ 使得在 $(x_0-\delta,x_0)$ 内 $f''(x)>0(<0)$，在 $(x_0,x_0+\delta)$ 内 $f''(x)<0(>0)$，则 (x_0,y_0) 是曲线 $y=f(x)$ 的拐点.

② 若函数 $f(x)$ 在点 x_0 处满足：$f''(x_0)=0$，$f'''(x_0)$ 存在且不等于 0，则 (x_0,y_0) 是曲线 $y=f(x)$ 的拐点.

13. 曲率公式、曲率半径、曲率圆

(1) 对于光滑曲线 L：$y=f(x)$，若 $f(x)$ 在点 x_0 处有二阶导数，则 L 上一点 (x_0,y_0) 处的曲率为

$$K\Big|_{(x_0,y_0)}=\frac{|f''(x_0)|}{[1+f'^2(x_0)]^{\frac{3}{2}}}.$$

(2) 光滑的参数曲线 $\begin{cases}x=\varphi(t),\\ y=\psi(t)\end{cases}$ 在其上一点 (x_0,y_0) (对应参数为 t_0)处的曲率为

$$K|_{(x_0,y_0)}=\frac{|\varphi'(t_0)\psi''(t_0)-\varphi''(t_0)\psi'(t_0)|}{[\varphi'^2(t_0)+\psi'^2(t_0)]^{\frac{3}{2}}}.$$

(3)若曲线 $L:y=f(x)$ 在点 (x_0,y_0) 处满足 $f''(x_0)$ 存在且不为零，则曲线 L 在点 (x_0,y_0) 处的曲率半径为 $R=\dfrac{1}{K|_{(x_0,y_0)}}=\dfrac{[1+f'^2(x_0)]^{\frac{3}{2}}}{|f''(x_0)|}$. 设曲线 L 在点 (x_0,y_0) 处的法线为 Γ，在曲线 L 凹的那一侧的法线 Γ 上取一个点 (x_1,y_1) 使得 (x_0,y_0) 与 (x_1,y_1) 的距离恰好为曲率半径 R，则曲线 L 在点 (x_0,y_0) 处的曲率圆为

$$(x-x_1)^2+(y-y_1)^2=R^2.$$

14. 洛必达法则

设函数 $f(x),g(x)$ 在点 a 的某个去心邻域内可导，且 $g'(x)\neq 0$. 若在 $x\to a$ 的过程中，$f(x),g(x)$ 都是无穷大(无穷小)，且 $\lim\limits_{x\to a}\dfrac{f'(x)}{g'(x)}$ 存在(或为 ∞)，则有

$$\lim_{x\to a}\frac{f(x)}{g(x)}=\lim_{x\to a}\frac{f'(x)}{g'(x)}.$$

(这里的 a 可以是常数，也可以是 ∞，而 $x\to a$ 可以是 $x\to x_0,x\to x_0^+,x\to x_0^-$，或者 $x\to+\infty$，$x\to-\infty,x\to\infty$.)

七种未定式求极限的基本处理模式：

(1) $\lim\dfrac{f(x)}{g(x)},\dfrac{0}{0}$ 型或 $\dfrac{\infty}{\infty}$ 型：若在自变量 x 的某一变化过程中，$f(x),g(x)$ 同为无穷小

(或同为无穷大), 且 $\dfrac{f(x)}{g(x)}$ 已经是经过等价替换后的约简模式, 则可以考虑使用洛必达法则

$$\lim\frac{f(x)}{g(x)}=\lim\frac{f'(x)}{g'(x)}.$$

(2) $\lim f(x)g(x), 0\cdot\infty$型: 若在自变量 x 的某一变化过程中, $f(x)$ 为无穷小, 而 $g(x)$ 为无穷大, 则可通过下列过程转化为情形(1), 然后按照(1)的处理方式求极限:

$$f(x)\cdot g(x)=\frac{f(x)}{\dfrac{1}{g(x)}}=\frac{0}{0},\quad f(x)\cdot g(x)=\frac{g(x)}{\dfrac{1}{f(x)}}=\frac{\infty}{\infty}.$$

(3) $\lim[f(x)-g(x)], \infty-\infty$型: 若在自变量 x 的某一变化过程中, $f(x), g(x)$ 为同类无穷大, 则可以先通过技术手段把 $f(x)-g(x)$ 整合成(1)或(2)型, 这里的技术手段包括通分、变量替换、利用公式

$$f(x)-g(x)=\frac{f^n(x)-g^n(x)}{f^{n-1}(x)+f^{n-2}(x)g(x)+f^{n-3}(x)g^2(x)+\cdots+g^{n-1}(x)}$$

等方式.

(4) $\lim[f(x)]^{g(x)}, 1^\infty$型, 0^0型, 或∞^0型通过下述公式转化为(2)型:

$$\lim[f(x)]^{g(x)}=\exp[\lim g(x)\ln f(x)].$$

2.3 扩展与提高

2.3.1 洛必达法则的改进

在我们的教材里, 通常介绍洛必达法则时, 关于无穷大的法则是这样的:

如果两个可导函数 $f(x)$ 与 $g(x)$ 在 $x\to a$ 时(这里 a 可以是常数, 也可以是 ∞, 或者 $a^+, a^-, +\infty, -\infty$)都是无穷大, 并且极限 $\lim\limits_{x\to a}\dfrac{f'(x)}{g'(x)}$ 存在(或者为无穷大), 则有

$$\lim_{x\to a}\frac{f(x)}{g(x)}=\lim_{x\to a}\frac{f'(x)}{g'(x)}.$$

但实际上我们可以有如下更一般化的定理.

定理 2.3.1.1 如果函数 $f(x)$ 与 $g(x)$ 在 a 的某个去心邻域可微, $g'(x)\neq 0$, 且 $x\to a$ 时 $g(x)$ 是无穷大, 并且极限 $\lim\limits_{x\to a}\dfrac{f'(x)}{g'(x)}$ 存在(或者为无穷大), 则有

$$\lim_{x\to a}\frac{f(x)}{g(x)}=\lim_{x\to a}\frac{f'(x)}{g'(x)}.$$

(这里 a 可以是常数, 也可以是∞, $x\to a$ 也可以是 $x\to a^+$, $x\to a^-$, $x\to\infty$, $x\to+\infty$, $x\to-\infty$, $f(x)$ 可以不是无穷大, 甚至也可以没有极限.)

证明　我们就a为常数，$x\to a^+$时给出证明，其他情形的证明可以稍作变动得到，这里略去.

(1) 若$\lim\limits_{x\to a}\dfrac{f'(x)}{g'(x)}=A$ (常数)，则对任一正数ε，存在正数δ_1使得当$0<x-a<\delta_1$时，有

$$\left|\frac{f'(x)}{g'(x)}-A\right|<\varepsilon,\quad 即\ A-\varepsilon<\frac{f'(x)}{g'(x)}<A+\varepsilon.$$

取定一个点$b\in(a,a+\delta_1)$，则对任一$x\in(a,a+\delta_1)$，$x\neq b$，由柯西中值定理，存在介于x与b之间的ξ使得(注意此时也有$\xi\in(a,a+\delta_1)$)

$$\frac{f(x)-f(b)}{g(x)-g(b)}=\frac{f'(\xi)}{g'(\xi)},$$

同时，由于$\lim\limits_{x\to a^+}g(x)=\infty$，故存在正数$\delta<\delta_1$使得当$x\in(a,a+\delta)$时，$\left|\dfrac{g(b)}{g(x)}\right|<\varepsilon$，$\left|\dfrac{f(b)}{g(x)}\right|<\varepsilon$. 于是由

$$\frac{f(x)}{g(x)}=\frac{f(x)-f(b)}{g(x)}+\frac{f(b)}{g(x)}=\left(1-\frac{g(b)}{g(x)}\right)\frac{f(x)-f(b)}{g(x)-g(b)}+\frac{f(b)}{g(x)}=\left(1-\frac{g(b)}{g(x)}\right)\frac{f'(\xi)}{g'(\xi)}+\frac{f(b)}{g(x)},$$

可得

$$\begin{aligned}\left|\frac{f(x)}{g(x)}-A\right|&=\left|\left(1-\frac{g(b)}{g(x)}\right)\cdot\frac{f'(\xi)}{g'(\xi)}+\frac{f(b)}{g(x)}-A\right|=\left|\frac{f'(\xi)}{g'(\xi)}-A-\frac{g(b)}{g(x)}\cdot\frac{f'(\xi)}{g'(\xi)}+\frac{f(b)}{g(x)}\right|\\&\leqslant\left|\frac{f'(\xi)}{g'(\xi)}-A\right|+\left|\frac{g(b)}{g(x)}\cdot\frac{f'(\xi)}{g'(\xi)}\right|+\left|\frac{f(b)}{g(x)}\right|\\&=\left|\frac{f'(\xi)}{g'(\xi)}-A\right|+\left|\frac{g(b)}{g(x)}\right|\left|\frac{f'(\xi)}{g'(\xi)}\right|+\left|\frac{f(b)}{g(x)}\right|\\&\leqslant\varepsilon+\varepsilon(|A|+\varepsilon)+\varepsilon=(2+|A|+\varepsilon)\varepsilon.\end{aligned}$$

由于ε的任意性，可知$\lim\limits_{x\to a}\dfrac{f(x)}{g(x)}=A$.

(2) 若$\lim\limits_{x\to a^+}\dfrac{f'(x)}{g'(x)}=\infty$ 则对任一正数M，存在正数δ_1使得当$0<x-a<\delta_1$时，有

$$\left|\frac{f'(x)}{g'(x)}\right|\geqslant 2M+1.$$

取定一个点$b\in(a,a+\delta_1)$，则对任一$x\in(a,a+\delta_1)$，$x\neq b$，由柯西中值定理，存在介于x与b之间的ξ使得(注意此时也有$\xi\in(a,a+\delta_1)$)

$$\frac{f(x)-f(b)}{g(x)-g(b)}=\frac{f'(\xi)}{g'(\xi)},$$

同时，由于$\lim\limits_{x\to a^+}g(x)=\infty$，故存在正数$\delta<\delta_1$使得当$x\in(a,a+\delta)$时，$\left|\dfrac{g(b)}{g(x)}\right|<\dfrac{1}{2}$，$\left|\dfrac{f(b)}{g(x)}\right|$

$<\frac{1}{2}$. 于是由

$$\frac{f(x)}{g(x)}=\frac{f(x)-f(b)}{g(x)}+\frac{f(b)}{g(x)}=\left(1-\frac{g(b)}{g(x)}\right)\frac{f(x)-f(b)}{g(x)-g(b)}+\frac{f(b)}{g(x)}=\left(1-\frac{g(b)}{g(x)}\right)\frac{f'(\xi)}{g'(\xi)}+\frac{f(b)}{g(x)},$$

可得

$$\begin{aligned}\left|\frac{f(x)}{g(x)}\right|&=\left|\left(1-\frac{g(b)}{g(x)}\right)\frac{f'(\xi)}{g'(\xi)}+\frac{f(b)}{g(x)}\right|\geqslant\left|\left(1-\frac{g(b)}{g(x)}\right)\frac{f'(\xi)}{g'(\xi)}\right|-\left|\frac{f(b)}{g(x)}\right|\geqslant\frac{1}{2}\left|\frac{f'(\xi)}{g'(\xi)}\right|-\frac{1}{2}\\&\geqslant\frac{1}{2}(2M+1)-\frac{1}{2}=M.\end{aligned}$$

由于 M 的任意性, 可知 $\lim\limits_{x\to a}\frac{f(x)}{g(x)}=\infty$. ■

例 2.3.1.1　设函数 $f(x)$ 可微, 且满足 $\lim\limits_{x\to+\infty}[f(x)+f'(x)]=a$ (常数或无穷大), 试求极限 $\lim\limits_{x\to+\infty}f(x)$.

解　由于 $\lim\limits_{x\to+\infty}\mathrm{e}^x=+\infty$, 因此由上述洛必达法则, 得

$$\lim_{x\to+\infty}f(x)=\lim_{x\to+\infty}\frac{\mathrm{e}^x f(x)}{\mathrm{e}^x}=\lim_{x\to+\infty}\frac{\mathrm{e}^x(f(x)+f'(x))}{\mathrm{e}^x}=\lim_{x\to+\infty}(f(x)+f'(x))=a. ■$$

2.3.2　高阶微分简介

当函数 $y=y(x)$ 可微时, 有一阶微分 $\mathrm{d}y=y'(x)\mathrm{d}x$. 当 $\mathrm{d}x$ 固定时, $\mathrm{d}y$ 还是 x 的函数, 对它仍然可以考虑求微分 $\mathrm{d}(\mathrm{d}y)$, 这个微分称为**二阶微分**, 记为 d^2y. 在求二阶微分时, 规定自变量 x 的增量总是取 $\mathrm{d}x$. 于是当 $y''(x)$ 存在时, 有

$$\mathrm{d}^2y=\mathrm{d}(\mathrm{d}y)=\mathrm{d}(y'(x)\mathrm{d}x)=(y'(x)\mathrm{d}x)'_x\mathrm{d}x=y''(x)\mathrm{d}x\mathrm{d}x=y''(x)\mathrm{d}x^2.$$

一般地说, 可以归纳地定义高阶微分: 若已经定义好了 $n-1$ 阶微分 $\mathrm{d}^{n-1}y$, 则如果它仍然是可微的, 就可以定义 n **阶微分**为 $\mathrm{d}^{n-1}y$ 的微分, 记为 d^ny, 即 $\mathrm{d}^ny=\mathrm{d}(\mathrm{d}^{n-1}y)$. 注意, 在这样定义时, 规定自变量 x 的增量总是取 $\mathrm{d}x$ (即把它看作与 x 无关的常数!). 容易归纳地证明, 如果 $y^{(n)}(x)$ 存在, 则有

$$\mathrm{d}^ny=\mathrm{d}(\mathrm{d}^{n-1}y)=\mathrm{d}(y^{(n-1)}(x)\mathrm{d}x^{n-1})=(y^{(n-1)}(x)\mathrm{d}x^{n-1})'_x\mathrm{d}x=[y^{(n)}(x)\mathrm{d}x^{n-1}]\mathrm{d}x=y^{(n)}(x)\mathrm{d}x^n,$$

这里 $\mathrm{d}x^n=(\mathrm{d}x)^n$. 因而又有

$$\frac{\mathrm{d}^ny}{\mathrm{d}x^n}=y^{(n)}(x).$$

这也是为什么函数 $y=y(x)$ 的 n 阶导数也可以记为 $\frac{\mathrm{d}^ny}{\mathrm{d}x^n}$ 的原因. 二阶以上的微分都可称为高阶微分.

例 2.3.2.1　设 $y=\mathrm{e}^x$, $x=t^3$, 求 $\mathrm{d}y,\mathrm{d}^2y$.

解　直接计算可得

$$\mathrm{d}y=y'_x\mathrm{d}x=\mathrm{e}^x\,\mathrm{d}x=\mathrm{e}^x\cdot 3t^2\mathrm{d}t=3t^2\,\mathrm{e}^{t^3}\,\mathrm{d}t.$$

$$\mathrm{d}^2y=\mathrm{d}(\mathrm{e}^x\,\mathrm{d}x)=\mathrm{e}^x\,\mathrm{d}x^2+\mathrm{e}^x\,\mathrm{d}^2x=\mathrm{e}^{t^3}\cdot(3t^2\mathrm{d}t)^2+\mathrm{e}^{t^3}\cdot 6t\mathrm{d}t^2=\mathrm{e}^{t^3}(9t^4+6t)\mathrm{d}t^2.$$

注意，由上面计算可知，有

$$\mathrm{d}y=y'_x\mathrm{d}x=y'_t\mathrm{d}t,$$

但是

$$\mathrm{d}^2y=\mathrm{e}^{t^3}(9t^4+6t)\mathrm{d}t^2=y''_t\mathrm{d}t^2\neq \mathrm{e}^{t^3}9t^4\mathrm{d}t^2=y''_x\mathrm{d}x^2.$$

也就是说，一阶微分满足微分形式不变性，但是二阶微分却不具备这个性质！一般地说，高阶微分都不具有形式不变性.■

2.3.3　从微分的观点处理导数问题

函数 $y=f(x)$ 可微等价于函数 $y=f(x)$ 可导. 我们知道，在求导时，如果出现中间变量，则必须清楚各个中间变量与自变量之间的关系，这样才不至于计算错误. 而在求一阶微分时，由于微分具有一阶微分形式不变性，因此大可不必关心每个字母表示的变量究竟是自变量、中间变量还是函数(因变量)，只需知道它是变量，然后注意到关联的函数关系即可. 因此用一阶微分法处理一阶导数问题，有时候反而是比较简单的.

比如，在求隐函数的导数或者参数方程确定的函数的一阶导数时，用一阶微分的方式来处理，由于一阶微分形式的不变性，可以忽略变量是否为中间变量还是自变量，直接把它看成变量，这样会带来一定的便利. 我们各举一个例子来说明.

例 2.3.3.1　设方程 $x^2y^3-\arcsin(x-y)=\mathrm{e}^x-1$ 确定隐函数 $y=y(x)$，求 $y'(0)$.

解　首先，将 $x=0$ 代入方程，可得 $y=0$. 然后对方程两边微分(注意，此时 x,y 只是变量)，可得

$$2xy^3\mathrm{d}x+3x^2y^2\mathrm{d}y-\frac{1}{\sqrt{1-(x-y)^2}}(\mathrm{d}x-\mathrm{d}y)=\mathrm{e}^x\,\mathrm{d}x,$$

将 $x=0$ 与 $y=0$ 代入上式，得 $\mathrm{d}y=2\mathrm{d}x$，因此 $y'(0)=\frac{\mathrm{d}y}{\mathrm{d}x}\big|_{x=0}=2$. ■

例 2.3.3.2　设参数方程 $\begin{cases}x=2\sin(x^2+t),\\ y=t\ln(1+t)\end{cases}$ 确定函数 $y=y(x)$，求导函数 $\frac{\mathrm{d}y}{\mathrm{d}x}$.

解　对方程两边微分，可得

$$\begin{cases}\mathrm{d}x=2\cos(x^2+t)(2x\mathrm{d}x+\mathrm{d}t),\\ \mathrm{d}y=\left[\ln(1+t)+\dfrac{t}{1+t}\right]\mathrm{d}t,\end{cases}$$

消去 $\mathrm{d}t$ 可得

$$\frac{\mathrm{d}y}{\mathrm{d}x}=\frac{\ln(1+t)+\dfrac{t}{1+t}}{\dfrac{2\cos(x^2+t)}{1-4x\cos(x^2+t)}}=\frac{\left[\ln(1+t)+\dfrac{t}{1+t}\right][1-4x\cos(x^2+t)]}{2\cos(x^2+t)}.$$ ■

处理问题的角度不一样, 常常会带来难易不同的方法. 以后在多元函数微积分中微分更能够显示出其优势来.

此外, 从函数 $y=f(x)$ 的微分形式 $\mathrm{d}y=f'(x_0)\mathrm{d}x$ 可以知道, 当把 $\mathrm{d}x$ 与 $\mathrm{d}y$ 分别换成 $x-x_0$ 与 $y-y_0$ 时, 即得到切线方程 $y-y_0=f'(x_0)(x-x_0)$. 因此在求曲线的切线方程时, 也可以使用微分方法. 比如, 要求曲线 $2xy^2-5x^3+3y^3=3\mathrm{e}^x$ 在点 $(0,1)$ 处的切线时, 我们可以先两边取微分, 得到

$$2y^2\mathrm{d}x+4xy\mathrm{d}y-15x^2\mathrm{d}x+9y^2\mathrm{d}y=3\mathrm{e}^x\,\mathrm{d}x,$$

再将 $x=0$, $y=1$ 代入上式, 得到

$$2\mathrm{d}x+9\mathrm{d}y=3\mathrm{d}x,$$

把上式中的 $\mathrm{d}x$ 与 $\mathrm{d}y$ 分别换成 $x-0$ 与 $y-1$ 时, 即得到切线方程

$$2x+9(y-1)=3(x-0),\quad 即\ x-9y+9=0.$$

在一元函数情形, 还显不出微分的明显的优势, 以后在多元函数微分学中, 像在求曲面的切平面, 或者空间曲线的切线等问题中, 微分法将更能够显示出其优势来.

2.3.4　用微分法证明不等式的几个基本模式

如果函数 $f(x),g(x)$ 在闭区间 $[a,b]$ (半开区间 $[a,b)$ 或 $(a,b]$)上连续, 在开区间 (a,b) 内可导, 那么证明在闭区间 $[a,b]$ (半开区间 $[a,b)$ 或 $(a,b]$ 或开区间 (a,b))上不等式 $f(x)\geqslant g(x)$ 成立的基本方法有如下几种:

(1) 若 $f(x)$ 与 $g(x)$ 都是明显的增量式函数, 则可以使用微分中值定理, 通过对导数的估计完成不等式证明.

例 2.3.4.1　设 $a>\mathrm{e}$, 证明: 当 $x>a$ 时, $\ln^2 x-\ln^2 a<\dfrac{2}{\mathrm{e}}(x-a)$.

证明　由于不等式左右两边都是函数在区间 $[a,x]$ 的增量模式, 因此可设 $f(t)=\ln^2 t$, 则 $f(t)$ 在 $(0,+\infty)$ 上可导. 由于 $a>\mathrm{e}$, 则由拉格朗日中值定理知, 当 $x>a$ 时, 存在 $\xi\in(a,x)$ 使得

$$f(x)-f(a)=f'(\xi)(x-a),\quad 即\ \ln^2 x-\ln^2 a=\frac{2\ln\xi}{\xi}(x-a).$$

令 $g(t)=\dfrac{2\ln t}{t}$, 则 $g(t)$ 在 $[\mathrm{e},+\infty)$ 上可微, 且 $t>\mathrm{e}$ 时,

$$g'(t)=\frac{\dfrac{2}{t}\cdot t-2\ln t}{t^2}=\frac{2(1-\ln t)}{t^2}<0.$$

因此 $g(t)$ 在 $[\mathrm{e},+\infty)$ 上单调递减, 故由 $\mathrm{e}<a<\xi<x$ 知, $g(\xi)<g(\mathrm{e})$, 即 $\dfrac{2\ln\xi}{\xi}<\dfrac{2\ln\mathrm{e}}{\mathrm{e}}=\dfrac{2}{\mathrm{e}}$.

因此有

$$\ln^2 x-\ln^2 a=\frac{2\ln\xi}{\xi}(x-a)<\frac{2}{\mathrm{e}}(x-a).\ \blacksquare$$

(2) 作辅助函数 $F(x)=f(x)-g(x)$，则 $F(x)=f(x)-g(x)$ 在闭区间 $[a,b]$ (半开区间 $[a,b)$ 或 $(a,b]$)上连续，在开区间 (a,b) 内可导.

① 若在 (a,b) 内 $F'(x)>0$，且 $F(a)\geqslant 0$ (或者 $F(a^+)\geqslant 0$)，则在闭区间 $[a,b]$ (半开区间 $[a,b)$ 或 $(a,b]$)上恒有 $F(x)\geqslant 0$，即有 $f(x)\geqslant g(x)$.

例 2.3.4.2　证明：当 $x>0$ 时，$1+x\ln\left(x+\sqrt{1+x^2}\right)>\sqrt{1+x^2}$.

证明　令 $f(x)=1+x\ln\left(x+\sqrt{1+x^2}\right)-\sqrt{1+x^2}$，则 $f(x)$ 在 $[0,+\infty)$ 上可微，$f(0)=0$，且当 $x>0$ 时，

$$f'(x)=\ln\left(x+\sqrt{1+x^2}\right)+x\cdot\frac{1+\dfrac{x}{\sqrt{1+x^2}}}{x+\sqrt{1+x^2}}-\frac{x}{\sqrt{1+x^2}}=\ln\left(x+\sqrt{1+x^2}\right)>\ln 1=0.$$

因此 $f(x)$ 在 $[0,+\infty)$ 上单调递增，故当 $x>0$ 时，$f(x)>f(0)=0$，即

$$1+x\ln\left(x+\sqrt{1+x^2}\right)>\sqrt{1+x^2}.\ ■$$

② 若在 (a,b) 内 $F'(x)<0$，且 $F(b)\geqslant 0$ (或者 $F(b^-)\geqslant 0$)，则在闭区间 $[a,b]$ (半开区间 $[a,b)$ 或 $(a,b]$)上恒有 $F(x)\geqslant 0$，即有 $f(x)\geqslant g(x)$.

例 2.3.4.3　证明：当 $0<x<1$ 时，$\dfrac{1}{x}+\dfrac{1}{\ln(1-x)}<1$.

证明　由于当 $0<x<1$ 时，$x\ln(1-x)<0$，故所需证明的不等式等价于

$$x\ln(1-x)<x+\ln(1-x).$$

令 $f(x)=x\ln(1-x)-x-\ln(1-x)$. 则 $f(x)$ 为 $[0,1)$ 上的可微函数，且 $x\in(0,1)$ 时有

$$f'(x)=\ln(1-x)+x\cdot\frac{-1}{1-x}-1-\frac{-1}{1-x}=\ln(1-x)<0.$$

故 $f(x)$ 在 $[0,1)$ 上单调递减. 又 $f(0)=0$，因此当 $x\in(0,1)$ 时有 $f(x)<f(0)=0$，即

$$x\ln(1-x)<x+\ln(1-x).$$

由于当 $0<x<1$ 时，$x\ln(1-x)<0$，上式两边同除以 $x\ln(1-x)$ 得

$$\frac{1}{x}+\frac{1}{\ln(1-x)}<1.\ ■$$

③ 若在 (a,b) 内 $F'(x)$ 不保持同号，求出 $F(x)$ 在闭区间 $[a,b]$ (半开区间 $[a,b)$ 或 $(a,b]$)上的最大值 M (或最小值 m)，若 $M\leqslant 0$ (或 $m\geqslant 0$)，则在闭区间 $[a,b]$ (半开区间 $[a,b)$ 或 $(a,b]$)上恒有 $F(x)\leqslant 0$，即有 $f(x)\leqslant g(x)$ (或 $F(x)\geqslant 0$，即有 $f(x)\geqslant g(x)$).

【注】上面①、②、③中的 a 也可以是 $-\infty$，b 也可以是 $+\infty$.

例 2.3.4.4　证明：当 $0<x<2$ 时，$x^2+2x-4x\ln x\leqslant 3$.

证明　令 $f(x)=x^2+2x-4x\ln x-3$，则 $f(x)$ 在 $(0,2)$ 内可微，且当 $x\in(0,2)$ 时，

$$f'(x)=2x+2-4\ln x-4=2x-2-4\ln x,\quad f''(x)=2-\frac{4}{x}=\frac{2(x-2)}{x}<0.$$

因此，$f'(x)$ 在 $(0,2)$ 内单调递减. 令 $f'(x)=0$ 解得 $x=1$. 故在 $(0,1)$ 内 $f'(x)>0$，在 $(1,2)$ 内

$f'(x)<0$. 由此可知, $f(1)=0$ 是 $f(x)$ 在 $(0,2)$ 内的最大值, 故当 $0<x<2$ 时, $f(x)\leqslant f(1)=0$, 即有

$$x^2+2x-4x\ln x\leqslant 3. ■$$

(3) 通过变量替换, 或者已知的单调函数, 证明与 $f(x)\leqslant g(x)$ 等价的不等式 $u(x)\leqslant v(x)$, 而证明后者可采用(1)的方法.

例 2.3.4.5　设常数 $a>\mathrm{e}$, 试证明: 当 $x>0$ 时, $(a+x)^a<a^{a+x}$.

证明　由于对数函数 $\ln t$ 是单调递增的, 故当 $x>0$ 时, 有

$$(a+x)^a<a^{a+x}\Leftrightarrow \ln(a+x)^a<\ln a^{a+x}\Leftrightarrow a\ln(a+x)<(a+x)\ln a.$$

因此, 令 $f(x)=a\ln(a+x)-(a+x)\ln a$, 则 $f(x)$ 在 $[0,+\infty)$ 上可微, 且当 $x\geqslant 0$ 时,

$$f'(x)=\frac{a}{a+x}-\ln a,\quad f''(x)=-\frac{a}{(a+x)^2}<0.$$

因此 $f'(x)$ 在 $[0,+\infty)$ 内单调递减. 由于, $a>\mathrm{e}$, 故 $f'(0)=1-\ln a<0$, 因此当 $x>0$ 时, $f'(x)<0$, 从而 $f(x)$ 在 $[0,+\infty)$ 上单调递减. 而 $f(0)=a\ln a-a\ln a=0$, 因此当 $x>0$ 时, $f(x)<0$, 即有

$$a\ln(a+x)<(a+x)\ln a,$$

从而有 $(a+x)^a<a^{a+x}$. ■

2.4　释 疑 解 惑

1. 我们知道, 当函数 $f(x)$ 在点 $x=x_0$ 处可导时, 曲线 $y=f(x)$ 在点 (x_0,y_0) 处有切线. 那么当函数 $f(x)$ 在点 $x=x_0$ 处不可导时, 曲线 $y=f(x)$ 在点 (x_0,y_0) 处是否就没有切线呢?

答　函数 $f(x)$ 在点 $x=x_0$ 处可导是曲线 $y=f(x)$ 在点 (x_0,y_0) 处有切线的充分条件, 但不是必要条件. 比如, 函数 $y=\sqrt[3]{x}$ 在点 $x=0$ 处不可导(因为 $\lim\limits_{x\to 0}\dfrac{\sqrt[3]{x}-0}{x-0}=\infty$), 但是曲线 $y=\sqrt[3]{x}$ 点 $(0,0)$ 处有 y 轴作为切线.

一般地说, 若 $\lim\limits_{x\to x_0}\dfrac{f(x)-f(x_0)}{x-x_0}=\infty$, 则函数 $f(x)$ 在点 $x=x_0$ 处不可导(也称它有无穷导数), 但是曲线 $y=f(x)$ 在点 (x_0,y_0) 处有切线 $x=x_0$, 即有平行于 y 轴的切线.

但是, 若 $\lim\limits_{x\to x_0}\dfrac{f(x)-f(x_0)}{x-x_0}$ 不存在, 且 $\lim\limits_{x\to x_0}\dfrac{f(x)-f(x_0)}{x-x_0}\neq\infty$, 则曲线 $y=f(x)$ 在点 (x_0,y_0) 处必没有切线.

总之, 函数 $f(x)$ 在点 $x=x_0$ 处不可导时, 曲线在点 $(x_0,f(x_0))$ 处没有非铅直的切线. ■

2. 设函数 $f(x)$ 在点 $x=x_0$ 处可导, 函数 $g(x)$ 在点 $x=x_0$ 处不可导, 试问

(1) $f(x)\pm g(x)$ 在点 $x=x_0$ 处是否可导?

(2) $f(x)g(x)$ 在点 $x=x_0$ 处是否可导?

(3) 如果 $\dfrac{f(x)}{g(x)}$ 有意义, 它在点 $x=x_0$ 处是否可导? 如果 $\dfrac{g(x)}{f(x)}$ 有意义, 它在点 $x=x_0$

处是否可导？

(4) 如果 $f[g(x)]$ 有意义，它在点 $x=x_0$ 处是否可导？如果 $g[f(x)]$ 有意义，它在点 $x=x_0$ 处是否可导？

答　(1) $f(x)\pm g(x)$ 在点 $x=x_0$ 处必定不可导. 因为根据求导的四则运算法则，若 $f(x)\pm g(x)$ 在点 $x=x_0$ 处可导，则函数 $[f(x)\pm g(x)]-f(x)=\pm g(x)$ 在点 $x=x_0$ 处也可导，这与 $g(x)$ 在点 $x=x_0$ 处不可导矛盾！

(2) $f(x)g(x)$ 在点 $x=x_0$ 处未必可导，即有可能可导，也有可能不可导. 我们看下面两个例子：

① 若 $f(x)=x^2$，$g(x)=|x|$，$x_0=0$，则 $f(x)$ 在点 $x=0$ 处可导，而 $g(x)$ 在点 $x=0$ 处不可导. 此时函数 $y=f(x)g(x)=x^2|x|$ 在点 $x=0$ 处可导，且 $y'(0)=0$.

② 若 $f(x)=x$，$g(x)=\begin{cases}1, & x<0,\\ 2, & x\geqslant 0,\end{cases}$ $x_0=0$，则 $f(x)$ 在点 $x=0$ 处可导，而 $g(x)$ 在点 $x=0$ 处不可导(甚至不连续). 此时函数 $h(x)=f(x)g(x)=\begin{cases}x, & x<0,\\ 2x, & x\geqslant 0\end{cases}$ 在点 $x=0$ 处不可导，因为

$$h'_-(0)=\lim_{x\to 0^-}\frac{x-0}{x-0}=1,\quad h'_+(0)=\lim_{x\to 0^+}\frac{2x-0}{x-0}=2,\quad h'_-(0)\neq h'_+(0).$$

(3) 如果 $\dfrac{f(x)}{g(x)}$ 有意义，它在点 $x=x_0$ 处未必可导，即有可能可导，也有可能不可导，见下面这两个例子：

③ 若 $f(x)=x^2$，$g(x)=\begin{cases}1, & x<0,\\ 2, & x\geqslant 0,\end{cases}$ $x_0=0$，则 $f(x)$ 在点 $x=0$ 处可导，而 $g(x)$ 在点 $x=0$ 处不可导. 此时函数 $F(x)=\dfrac{f(x)}{g(x)}=\begin{cases}x^2, & x<0,\\ \dfrac{x^2}{2}, & x\geqslant 0,\end{cases}$ 在点 $x=0$ 处可导，且容易看出 $F'(0)=0$.

④ 若 $f(x)=x$，$g(x)=\begin{cases}1, & x<0,\\ 2, & x\geqslant 0,\end{cases}$ $x_0=0$，则 $f(x)$ 在点 $x=0$ 处可导，而 $g(x)$ 在点 $x=0$ 处不可导(甚至不连续). 此时函数 $F(x)=\dfrac{f(x)}{g(x)}=\begin{cases}x, & x<0,\\ \dfrac{x}{2}, & x\geqslant 0\end{cases}$ 在点 $x=0$ 处不可导，因为

$$F'_-(0)=\lim_{x\to 0^-}\frac{x-0}{x-0}=1,\quad F'_+(0)=\lim_{x\to 0^+}\frac{\frac{x}{2}-0}{x-0}=\frac{1}{2},\quad F'_-(0)\neq F'_+(0).$$

如果 $\dfrac{g(x)}{f(x)}$ 有意义，则它在点 $x=x_0$ 处必不可导. 因为若 $\dfrac{g(x)}{f(x)}$ 在点 $x=x_0$ 处可导，则由 $f(x)$ 在点 $x=x_0$ 处可导及乘积函数求导法则可知，函数 $g(x)=\dfrac{g(x)}{g(x)}\cdot f(x)$ 在点 $x=x_0$ 处

也可导，矛盾！

(4) 如果 $f[g(x)]$ 有意义，它在点 $x=x_0$ 处有可能可导，也有可能不可导；同样地，如果 $g[f(x)]$ 有意义，则它在点 $x=x_0$ 处有可能可导，也有可能不可导. 见下面两个例子:

⑤ 若 $f(x)=1$，$g(x)=|x|$，$x_0=0$，则 $f(x)$ 在点 $x=0$ 处可导，而 $g(x)$ 在点 $x=0$ 处不可导. 此时函数 $y=f[g(x)]=1$ 在点 $x=0$ 处可导，且 $y'(0)=0$. 函数 $y=g[f(x)]=g(1)=1$ 在点 $x=0$ 处也可导，且也有 $y'(0)=0$.

⑥ 若 $f(x)=x$，$g(x)=\begin{cases}1, & x<0,\\ 2, & x\geqslant 0,\end{cases}$ $x_0=0$，则 $f(x)$ 在点 $x=0$ 处可导，而 $g(x)$ 在点 $x=0$ 处不可导. 此时函数 $f[g(x)]=g(x)$ 在点 $x=0$ 处不可导，函数 $g[f(x)]=g(x)$ 在点 $x=0$ 处也不可导.■

3. 我们知道，若函数 $f(x)$ 在区间 (a,b) 内的导数 $f'(x)>0$，则 $f(x)$ 在区间 (a,b) 内单调递增. 那么当 $f(x)$ 在点 x_0 处的导数 $f'(x_0)>0$ 时，是否一定会存在点 x_0 的一个邻域 $(x_0-\delta,x_0+\delta)$ 使得 $f(x)$ 在 $(x_0-\delta,x_0+\delta)$ 内单调递增呢?

答 当我们用初等函数去验证时，会发现这一结论似乎是对的，许多同学因此就认为这个结论对所有函数都成立. 这种思维方式是不对的. 事实上，除了初等函数，还有大量的其他函数存在着. 依据初等函数的结论简单地推广到其他函数上去，很多时候是不行的. 现在这个问题就是这样.

下面我们举两个例子来说明:

(1) 设 $f(x)=\begin{cases}x^2, & x\in\mathbb{Q},\\ 2x-1, & x\notin\mathbb{Q},\end{cases}$ 则容易算出 $f'(1)=2>0$，但是对任一正数 δ，$f(x)$ 在 $(1-\delta,1+\delta)$ 内都不是单调递增的.(注意: 这是一个只有唯一一个连续点 $x=1$ (也是可导点)的函数！)

事实上，由于对任意 $x\in(-\infty,+\infty)$，都有 $2x-1\leqslant f(x)\leqslant x^2$，因此当 $x>1$ 时，有

$$\frac{(2x-1)-f(1)}{x-1}\leqslant\frac{f(x)-f(1)}{x-1}\leqslant\frac{x^2-f(1)}{x-1},$$

由于 $f(1)=1$，且

$$\lim_{x\to1^+}\frac{(2x-1)-f(1)}{x-1}=\lim_{x\to1^+}\frac{(2x-1)-1}{x-1}=2,\quad \lim_{x\to1^+}\frac{x^2-f(1)}{x-1}=\lim_{x\to1^+}\frac{x^2-1}{x-1}=2.$$

因此由夹逼准则知，$f'_+=\lim\limits_{x\to1^+}\dfrac{x^2-f(1)}{x-1}=2$.

当 $x<1$ 时，有

$$\frac{(2x-1)-f(1)}{x-1}\geqslant\frac{f(x)-f(1)}{x-1}\geqslant\frac{x^2-f(1)}{x-1},$$

再由 $f(1)=1$，且

$$\lim_{x\to1^-}\frac{(2x-1)-f(1)}{x-1}=\lim_{x\to1^-}\frac{(2x-1)-1}{x-1}=2,\quad \lim_{x\to1^-}\frac{x^2-f(1)}{x-1}=\lim_{x\to1^-}\frac{x^2-1}{x-1}=2.$$

因此由夹逼准则知，$f'_-(1)=\lim\limits_{x\to1^-}\dfrac{x^2-f(1)}{x-1}=2$．可见 $f'(1)=2>0$．

由于有理数和无理数的稠密性，同时抛物线 $y=x^2$ 总是位于直线 $y=2x-1$ 的上方，两者仅仅在点 $(1,1)$ 处相切，因此由 $f(x)$ 的定义很容易看出，对任一正数 δ，$f(x)$ 在 $(1-\delta,1+\delta)$ 内都不是单调递增的.

(2) 我们把上面这个例子稍作修改，得到下面这个处处连续、处处可导的函数

$$f(x)=\begin{cases}\dfrac{1}{2}\left[(x^2+2x-1)+(x-1)^2\sin\dfrac{1}{x-1}\right], & x\neq1,\\ 1, & x=1.\end{cases}$$

注意：其图形是在 $y=x^2$ 和直线 $y=2x-1$ 之间无限振荡的连续曲线！对任意 $x\in(-\infty,+\infty)$，都有

$$2x-1=\frac{1}{2}[(x^2+2x-)-(x-1)^2]\leqslant f(x)\leqslant\frac{1}{2}[(x^2+2x-1)+(x-1)^2]=x^2.$$

因此与(1)几乎一样的证明可知，$f'(1)=2>0$，但是由于在 $x\to1$ 的过程中函数 $y=f(x)$ 的图形一直在曲线 $y=x^2$ 与直线 $y=2x-1$ 之间无限振荡(由 $\sin\dfrac{1}{x-1}$ 产生的无限振荡)，因此对任一正数 δ，$f(x)$ 在 $(1-\delta,1+\delta)$ 内都不是单调递增的.■

4. 我们知道，若在区间 (a,b) 内 $f''(x)>0$，则曲线 $y=f(x)$ 在 (a,b) 内是向下凸的. 反过来，若曲线 $y=f(x)$ 在 (a,b) 内是向下凸的，且 $f(x)$ 在 (a,b) 内有连续的二阶导数时，是否必有 $f''(x)\geqslant0$？

答 答案是肯定的. 因为若存在 $x_0\in(a,b)$ 使得 $f''(x_0)<0$，则由 $f''(x)$ 的连续性，必有正数 δ 使得 $(x_0-\delta,x_0+\delta)\subset(a,b)$ 且任一 $x\in(x_0-\delta,x_0+\delta)$ 都有 $f''(x)<0$，从而曲线 $y=f(x)$ 在 $(x_0-\delta,x_0+\delta)$ 内是向上凸，矛盾！

不过，此时一般不能保证在 (a,b) 内恒有 $f''(x)>0$. 比如，曲线 $y=x^4$ 在 $(-\infty,+\infty)$ 内都是向下凸的，但是 $y''(0)=0$.

然而，在题设条件下，使得 $f''(x)=0$ 的点一定是零散的，不会包含一个区间. 因为一旦出现这种情况，那么在这个区间上，曲线 $y=f(x)$ 实际上成为直线，与向下凸就矛盾了.■

5. (1) 拐点有没有可能是极值点？

(2) 若函数 $f(x)$ 在点 $x=x_0$ 附近有二阶连续导数，且 $(x_0,f(x_0))$ 是曲线 $y=f(x)$ 的拐点，此时 $x=x_0$ 有没有可能是函数 $f(x)$ 的极值点？

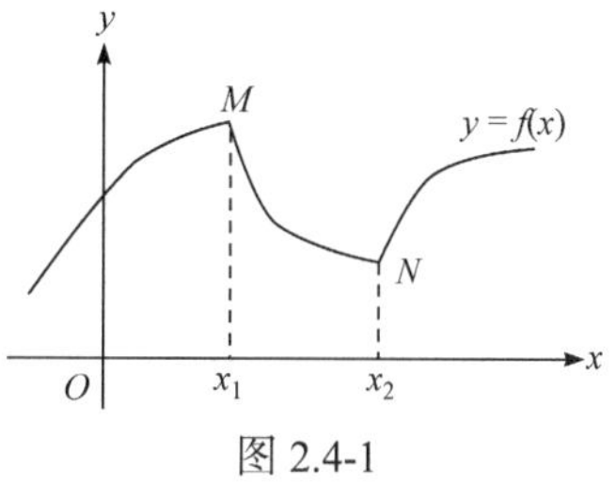

图 2.4-1

答 (1) 拐点当然有可能是极值点. 为直观起见，我们用图 2.4-1 举一个图像法的例子. 图中左边点 x_1 是函数 $f(x)$ 的极大值点，同时点 M 是曲线 $y=f(x)$ 的拐点；右边点 x_2 是函数 $f(x)$ 的极小值点，同时 N 也是曲线

$y=f(x)$ 的拐点.

(2) 设函数 $f(x)$ 在点 $x=x_0$ 附近有二阶连续导数，且 $(x_0,f(x_0))$ 是曲线 $y=f(x)$ 的拐点，则由拐点的定义，不妨设存在点 $x=x_0$ 的一个邻域 $(x_0-\delta_1,x_0+\delta_1)$ 使得曲线 $y=f(x)$ 在 $(x_0-\delta_1,x_0)$ 内向下凸，在 $(x_0,x_0+\delta_1)$ 内向上凸，从而在 $(x_0-\delta_1,x_0)$ 内有 $f''(x)\geqslant 0$，在 $(x_0,x_0+\delta_1)$ 内有 $f''(x)\leqslant 0$.

若 $x=x_0$ 为函数 $f(x)$ 的极值点，不妨设 $f(x_0)$ 为极大值，则存在点 $x=x_0$ 的一个邻域 $(x_0-\delta_2,x_0+\delta_2)$ 使得任意 $x\in(x_0-\delta_2,x_0)\cup(x_0,x_0+\delta_2)$，都有 $f(x)<f(x_0)$，同时又有 $f'(x_0)=0$.

令 $\delta=\min\{\delta_1,\delta_2\}$，则在 $(x_0-\delta,x_0)$ 内有 $f''(x)>0$ 且 $f(x)<f(x_0)$.

另一方面，由泰勒中值定理，对 $x\in(x_0-\delta,x_0)$，存在 $\xi\in(x,x_0)$ 使得

$$f(x)=f(x_0)+f'(x_0)(x-x_0)+\frac{1}{2}f''(\xi)(x-x_0)^2=f(x_0)+\frac{1}{2}f''(\xi)(x-x_0)^2\geqslant f(x_0).$$

矛盾!

因此，$x=x_0$ 不可能为函数 $f(x)$ 的极值点.

由(1)和(2)可知，由于通常的初等函数在其定义域内一般都有连续的二阶导数，因此举凹凸性与拐点方面的反例时，用初等函数对应的曲线来说明，常常会有论据不足之嫌! ■

6. 下列四个条件与函数 $f(x)$ 在点 $x=0$ 处可导有什么样的蕴含关系吗?

(1) $\lim\limits_{x\to 0}\dfrac{f(x)-f(-x)}{2x}$ 存在;　　(2) $\lim\limits_{x\to 0}\dfrac{f(x^2)-f(0)}{1-\cos x}$ 存在;

(3) $\lim\limits_{x\to 0}\dfrac{f(\sin x)-f(0)}{2x}$ 存在;　　(4) $\lim\limits_{x\to 0}\dfrac{f(|x|)-f(0)}{x}$ 存在.

答　(1) 若 $f(x)$ 在点 $x=0$ 处可导，则

$$\lim_{x\to 0}\frac{f(x)-f(-x)}{2x}=\frac{1}{2}\lim_{x\to 0}\left[\frac{f(x)-f(0)}{x-0}+\frac{f(-x)-f(0)}{(-x)-0}\right]=\frac{1}{2}[f'(0)+f'(0)]=f'(0),$$

因此 $\lim\limits_{x\to 0}\dfrac{f(x)-f(-x)}{2x}$ 存在.

但是，当 $\lim\limits_{x\to 0}\dfrac{f(x)-f(-x)}{2x}$ 存在时，$f(x)$ 在点 $x=0$ 处却未必可导! 例如，当 $f(x)=|x|$ 时，有 $\lim\limits_{x\to 0}\dfrac{f(x)-f(-x)}{2x}=0$，但是由于 $f'_-(0)=-1$，$f'_+(0)=1$，故 $f(x)$ 在点 $x=0$ 处并不可导.

因此 $\lim\limits_{x\to 0}\dfrac{f(x)-f(-x)}{2x}$ 存在是 $f(x)$ 在点 $x=0$ 处可导的必要条件，但非充分条件.

(2) 若 $f(x)$ 在点 $x=0$ 处可导，则

$$\lim_{x\to 0}\frac{f(x^2)-f(0)}{1-\cos x}=\lim_{x\to 0}\frac{f(x^2)-f(0)}{\frac{1}{2}x^2}=2\lim_{x\to 0}\frac{f(x^2)-f(0)}{x^2-0}=2f'(0).$$

因此 $\lim\limits_{x\to 0}\dfrac{f(x^2)-f(0)}{1-\cos x}$ 存在.

但是，当 $\lim\limits_{x\to 0}\dfrac{f(x^2)-f(0)}{1-\cos x}$ 存在时，$f(x)$ 在点 $x=0$ 处未必可导. 例如，当 $f(x)=\begin{cases}1, & x\geqslant 0,\\ x, & x<0\end{cases}$ 时，有

$$\lim_{x\to 0}\frac{f(x^2)-f(0)}{1-\cos x}=2\lim_{x\to 0}\frac{f(x^2)-f(0)}{x^2}\xlongequal{x^2=t}2\lim_{t\to 0^+}\frac{f(t)-f(0)}{t}=2\lim_{t\to 0^+}\frac{1-1}{t}=0,$$

但是计算可知 $f'_+(0)=0, f'_-(0)=\infty$ (不存在)，故 $f(x)$ 在点 $x=0$ 处不可导.

不过，当 $\lim\limits_{x\to 0}\dfrac{f(x^2)-f(0)}{1-\cos x}$ 存在时，$f(x)$ 在点 $x=0$ 处必右可导！因为，若 $\lim\limits_{x\to 0}\dfrac{f(x^2)-f(0)}{1-\cos x}=a$，则

$$\lim_{t\to 0^+}\frac{f(t)-f(0)}{t}\xlongequal{t=x^2}\lim_{x\to 0}\frac{f(x^2)-f(0)}{x^2}=\lim_{x\to 0}\frac{f(x^2)-f(0)}{1-\cos x}\cdot\frac{1-\cos x}{x^2}=a\cdot\frac{1}{2}=\frac{1}{2}a,$$

因此，$f(x)$ 在点 $x=0$ 处右可导，且 $f'_+(0)=\dfrac{1}{2}a$.

因此极限 $\lim\limits_{x\to 0}\dfrac{f(x^2)-f(0)}{1-\cos x}$ 存在是函数 $f(x)$ 在点 $x=0$ 处可导的必要条件，但非充分条件. 然而，极限 $\lim\limits_{x\to 0}\dfrac{f(x^2)-f(0)}{1-\cos x}$ 存在却是 $f(x)$ 在点 $x=0$ 处右可导的充分必要条件.

(3) 若 $f(x)$ 在点 $x=0$ 处可导，则

$$\lim_{x\to 0}\frac{f(\sin x)-f(0)}{2x}=\frac{1}{2}\lim_{x\to 0}\frac{f(\sin x)-f(0)}{\sin x-0}\cdot\frac{\sin x}{x}=\frac{1}{2}f'(0)\cdot 1=\frac{1}{2}f'(0),$$

因此 $\lim\limits_{x\to 0}\dfrac{f(\sin x)-f(0)}{2x}$ 存在.

反过来，当 $\lim\limits_{x\to 0}\dfrac{f(\sin x)-f(0)}{2x}$ 存在时，$f(x)$ 在点 $x=0$ 处也必可导！不妨设 $\lim\limits_{x\to 0}\dfrac{f(\sin x)-f(0)}{2x}=a$，则有

$$\lim_{x\to 0}\frac{f(x)-f(0)}{x-0}\xlongequal{x=\sin t}\lim_{t\to 0}\frac{f(\sin t)-f(0)}{\sin t}=\lim_{t\to 0}\frac{f(\sin t)-f(0)}{2t}\cdot\frac{2t}{\sin t}=a\cdot 2=2a.$$

可见，$f(x)$ 在点 $x=0$ 处可导，且 $f'(0)=2a$.

因此 $\lim\limits_{x\to 0}\dfrac{f(\sin x)-f(0)}{2x}$ 存在是 $f(x)$ 在点 $x=0$ 处可导的充分必要条件，即等价条件.

(4) 当 $f(x)$ 在点 $x=0$ 处可导时，极限 $\lim\limits_{x\to 0}\dfrac{f(|x|)-f(0)}{x}$ 未必存在. 比如，当 $f(x)=x$ 时，$f(x)$ 在点 $x=0$ 处可导，且 $f'(0)=1$，但 $\lim\limits_{x\to 0}\dfrac{f(|x|)-f(0)}{x}=\lim\limits_{x\to 0}\dfrac{|x|}{x}$ 不存在.

反过来，当 $\lim\limits_{x\to 0}\dfrac{f(|x|)-f(0)}{x}$ 存在时，$f(x)$ 在点 $x=0$ 处也未必可导. 比如，令

$f(x)=\begin{cases}1, & x\geqslant 0,\\ -1, & x<0,\end{cases}$ 则 $\lim\limits_{x\to 0}\dfrac{f(|x|)-f(0)}{x}=\lim\limits_{x\to 0}\dfrac{1-1}{x}=0$，但是函数 $f(x)$ 在点 $x=0$ 处甚至不连续(仅仅右连续)，更别提可导了.

因此 $\lim\limits_{x\to 0}\dfrac{f(|x|)-f(0)}{x}$ 存在与函数 $f(x)$ 在点 $x=0$ 处可导没有必然的蕴含关系. 也就是说，$\lim\limits_{x\to 0}\dfrac{f(|x|)-f(0)}{x}$ 存在是 $f(x)$ 在点 $x=0$ 处可导的既非充分也非必要的条件.■

7. 若 $g(x)$ 是一个在 $x=x_0$ 处有直到 $n+1$ 阶导数的函数，且 $g(x_0)\neq 0$，则 $f(x)=|x-x_0|^{n+1}g(x)$ 在 $x=x_0$ 处具有的最高阶导数是多少阶？

答 这里需要考虑 n 的奇偶性.

(1) 若 n 是奇数，则 $f(x)=|x-x_0|^{n+1}g(x)=(x-x_0)^{n+1}g(x)$，由于 $g(x)$ 是一个有 $n+1$ 阶导数的函数，且 $g(x_0)\neq 0$，同时 $(x-x_0)^{n+1}$ 有任意阶导数，故 $f(x)$ 在 $x=x_0$ 处必有 $n+1$ 阶导数. 那么它在 $x=x_0$ 处还会有 $n+2$ 阶导数吗？由莱布尼茨公式可知，有

$$f^{(n+1)}(x)=\sum_{k=0}^{n+1}\mathrm{C}_{n+1}^{k}[(x-x_0)^{n+1}]^{(k)}g^{(n+1-k)}(x)=\sum_{k=0}^{n+1}[\mathrm{C}_{n+1}^{k}]^2k!(x-x_0)^{n+1-k}g^{(n+1-k)}(x),$$

故 $f^{(n+1)}(x_0)=[\mathrm{C}_{n+1}^{n+1}]^2(n+1)!g(x_0)=(n+1)!g(x_0)$，从而

$$\lim_{x\to x_0}\frac{f^{(n+1)}(x)-f^{(n+1)}(x_0)}{x-x_0}=\lim_{x\to x_0}\frac{1^2\cdot(n+1)![g(x)-g(x_0)]+(n+1)^2n!(x-x_0)g'(x)}{x-x_0}$$

$$=(n+1)!g'(x_0)+(n+1)^2\cdot n!g'(x_0)=(n+2)!g'(x_0).$$

故 $f^{(n+2)}(x_0)=(n+2)!g'(x_0)$. 故此时函数在点 $x=x_0$ 处起码有 $n+2$ 阶导数. 由于 $g(x)$ 是一个有 $n+1$ 阶导数的函数，它有没有 $n+2$ 阶导数不得而知，因此 $f(x)$ 在 $x=x_0$ 处能够确定存在的导数的最高阶数是 $n+2$. 不难看出，如果 $g(x)$ 在 $x=x_0$ 处具有的最高阶导数为 k，则 $f(x)$ 在 $x=x_0$ 处具有的最高阶导数为 $k+1$ 阶.

(2) 若 n 是偶数，则

$$f(x)=|x-x_0|^{n+1}g(x)=(x-x_0)^n|x-x_0|g(x)=\begin{cases}-(x-x_0)^{n+1}g(x), & x\leqslant x_0,\\ (x-x_0)^{n+1}g(x), & x>x_0.\end{cases}$$

不难看出，$f(x)$ 在 $x=x_0$ 附近有直到 n 阶的导函数，且

$$f^{(n)}(x)=\begin{cases}-\sum\limits_{k=0}^{n}\left(\dfrac{n+1}{n-k+1}[\mathrm{C}_n^k]^2k!(x-x_0)^{n+1-k}g^{(n-k)}(x)\right), & x\leqslant x_0,\\ \sum\limits_{k=0}^{n}\left(\dfrac{n+1}{n-k+1}[\mathrm{C}_n^k]^2k!(x-x_0)^{n+1-k}g^{(n-k)}(x)\right), & x>x_0.\end{cases}$$

由于 $f^{(n)}(x_0)=0$，故

$$\lim_{x\to x_0^+}\frac{f^{(n)}(x)-f^{(n)}(x_0)}{x-x_0}=\lim_{x\to x_0^+}\frac{\sum\limits_{k=0}^{n}\left(\dfrac{n+1}{n-k+1}[\mathrm{C}_n^k]^2k!(x-x_0)^{n+1-k}g^{(n-k)}(x)\right)}{x-x_0}=(n+1)!g(x_0),$$

$$\lim_{x\to x_0^-}\frac{f^{(n)}(x)-f^{(n)}(x_0)}{x-x_0}=\lim_{x\to x_0^-}\frac{-\sum\limits_{k=0}^{n}\left(\dfrac{n+1}{n-k+1}[C_n^k]^2 k!(x-x_0)^{n+1-k}g^{(n-k)}(x)\right)}{x-x_0}=-(n+1)!g(x_0),$$

因此，$f_+^{(n+1)}(x_0)=(n+1)!g(x_0)$，$f_-^{(n+1)}(x_0)=-(n+1)!g(x_0)$．由于 $g(x_0)\neq 0$，故 $f_+^{(n+1)}(x_0)\neq f_-^{(n+1)}(x_0)$．因此 $f(x)$ 在 $x=x_0$ 处没有 $n+1$ 阶的导数．故此时 $f(x)$ 在 $x=x_0$ 处存在的最高阶导数是 n 阶导数.

例如，函数 $f(x)=|(x-1)(x^2-1)(x^3-1)|$ 在 $x=1$ 处存在的最高阶导数是 2 阶导数．因为在点 $x=1$ 附近，有

$$f(x)=|(x-1)(x^2-1)(x^3-1)|=|x-1|^3(x+1)(x^2+x+1),$$

此时就是(2)中 $n=2$，$x_0=1$，$g(x)=(x+1)(x^2+x+1)$ 的情形.■

8. 如何利用泰勒公式代替等价无穷小替换定理求极限?

答　我们在使用等价无穷小替换定理来求极限时，函数中的因式可以被等价替换．但是如果被替换的部分不是因式，则极限情形可能就变了．比如，下面这个解法是错误的:

$$\lim_{x\to 0}\frac{x-\sin x}{x^3}=\lim_{x\to 0}\frac{x-x}{x^3}=0,$$

这里之所以错了，就是因为把不是因式的无穷小 $\sin x$ 替换成了与之等价的无穷小 x. 那么，这里是不是就不能使用等价无穷小替换来求这个极限呢？也不是．求极限时，使用等价无穷小替换本质上就是忽略掉不影响极限的更高阶的无穷小．注意到现在这个函数的分母是 x^3，它是 x 的三阶无穷小，因此替换 $\sin x$ 时，只能忽略掉高于三阶的无穷小，也就是说，此时应该用等价无穷小 $\sin x\sim x-\frac{1}{3!}x^3$ (这个等价关系是由麦克劳林公式得到的)，这样一来，就有

$$\lim_{x\to 0}\frac{x-\sin x}{x^3}=\lim_{x\to 0}\frac{x-\left(x-\dfrac{1}{3!}x^3\right)}{x^3}=\lim_{x\to 0}\frac{\dfrac{1}{3!}x^3}{x^3}=\frac{1}{3!}=\frac{1}{6}.$$

因此，使用等价无穷小替换定理时，首先应该注意最终要与之比较的是多少阶的无穷小，这样才能确定在使用等价无穷小替换定理时，可以忽略掉哪些．比如，在求下列极限

$$\lim_{x\to 0}\frac{e^{x^2}-\cos x-\dfrac{3}{2}x^2}{\ln(1+x^3)\cdot\arctan 2x}$$

时，注意到在 $x\to 0$ 这个变化过程中，函数的分母 $\ln(1+x^3)\cdot\arctan 2x\sim x^3\cdot 2x=2x^4$，即分母是四阶无穷小，故在使用等价无穷小替换定理时，只能忽略掉分子 $e^{x^2}-\cos x-\frac{3}{2}x^2$ 中高于四阶的无穷小．由泰勒公式可知

$$e^{x^2}=1+x^2+\frac{1}{2!}x^4+o(x^4),\quad \cos x=1-\frac{1}{2!}x^2+\frac{1}{4!}x^4+o(x^4),$$

因此有

$$\mathrm{e}^{x^2}-\cos x-\frac{3}{2}x^2=(\mathrm{e}^{x^2}-1)+(1-\cos x)-\frac{3}{2}x^2\sim\left(x^2+\frac{1}{2!}x^4\right)+\left(\frac{1}{2!}x^2-\frac{1}{4!}x^4\right)-\frac{3}{2}x^2=\frac{11}{24}x^4.$$

从而

$$\lim_{x\to0}\frac{\mathrm{e}^{x^2}-\cos x-\frac{3}{2}x^2}{\ln(1+x^3)\cdot\arctan 2x}=\lim_{x\to0}\frac{\frac{11}{24}x^4}{2x^4}=\frac{11}{48}.$$

因此, 利用泰勒公式求极限, 实际上就是等价无穷小替换定理的一种推广形式.■

9. 对数求导法与指数求导法有什么区别吗?

答　所谓**对数求导法**, 是指为了求函数 $y=f(x)$ 的导数 $\frac{\mathrm{d}y}{\mathrm{d}x}$, 由于直接求导比较繁琐, 因此两边取对数, 得到 $\ln y=\ln f(x)$, 再用隐函数求导法, 两边关于 x 求导, 最后整理出 $\frac{\mathrm{d}y}{\mathrm{d}x}$ 的求导法. 这种求导法主要适用于对 $\ln f(x)$ 求导比对 $f(x)$ 求导更方便的函数类型, 比较有代表性的是多因式乘积函数和幂指函数. 比如, 若对函数 $y=\frac{x^2\sqrt{(x+1)^3}\sin x}{(x-1)(x^2+1)}$ 求导, 直接求导会让你感到崩溃, 但是用对数求导法, 先两边取对数得到

$$\ln y=\frac{x^2\sqrt{(x+1)^3}\sin x}{(x-1)(x^2+1)}=2\ln x+\frac{3}{2}\ln(x+1)+\ln\sin x-\ln(x-1)-\ln(x^2+1),$$

再两边关于 x 求导, 你就会舒服得多. 主要原因是对数函数能够把乘积转化为和, 商转化为差, 和差的导数容易处理, 乘积或者商的导数就要复杂得多.

再比如对于幂指函数 $y=(1+x^2)^{\sin x}$ 求导, 由于它既不是指数函数, 也不是幂函数, 因此没有现成的公式可用, 取对数则可得 $\ln y=\sin x\cdot\ln(1+x^2)$, 再用隐函数求导法就很容易得到 $\frac{\mathrm{d}y}{\mathrm{d}x}$.

所谓**指数求导法**, 是指通过下述方法来求函数 $y=f(x)$ 的导数 $\frac{\mathrm{d}y}{\mathrm{d}x}$ 的求导法:

$$\frac{\mathrm{d}y}{\mathrm{d}x}=\frac{\mathrm{d}}{\mathrm{d}x}f(x)=\frac{\mathrm{d}}{\mathrm{d}x}(\mathrm{e}^{\ln f(x)})=\mathrm{e}^{\ln f(x)}\cdot\frac{\mathrm{d}}{\mathrm{d}x}[\ln f(x)]=f(x)\cdot\frac{\mathrm{d}}{\mathrm{d}x}[\ln f(x)],$$

这里本质上还是归结为对数函数 $\ln f(x)$ 的求导. 由于指数函数 $y=\mathrm{e}^x$ 与对数函数 $y=\ln x$ 互为反函数, 因此这两种方法没有什么本质的区别.

那么, 在使用对数求导法(或者指数求导法)时, 要不要把 $\ln y=\ln f(x)$ 写成 $\ln|y|=\ln|f(x)|$ 呢? 因为负数没有对数. 道理上是没错, 但是注意, 在这里对数只是一种工具, 用完之后, 并没有出现在求导结果中, 因此真数取不取绝对值其实没有什么关系. 由于当 $x\neq0$ 时, 总有 $\frac{\mathrm{d}}{\mathrm{d}x}(\ln|x|)=\frac{1}{x}$, 因此对 $\ln y=\ln f(x)$ 两边关于 x 求导得

$$\frac{1}{y}\frac{\mathrm{d}y}{\mathrm{d}x}=\frac{1}{f(x)}\cdot f'(x),$$

对 $\ln|y|=\ln|f(x)|$ 两边关于 x 求导也得到

$$\frac{1}{y}\frac{\mathrm{d}y}{\mathrm{d}x}=\frac{1}{f(x)}\cdot f'(x).$$

因此, 在这个意义下, 真数取不取绝对值其实没有什么关系.■

2.5 典型错误辨析

2.5.1 追加额外条件解题

例 2.5.1.1 设 $f(x)=(x-1)g(x)$, 其中 $g(x)$ 在点 $x=1$ 处连续, 且 $g(1)=2$, 求 $f'(1)$.

错误解法 由于

$$f'(x)=[(x-1)g(x)]'=g(x)+(x-1)g'(x),$$

故

$$f'(1)=g(1)+(1-1)g'(1)=g(1)=2.$$

解析 上述解法的错误之处在于, 函数 $g(x)$ 只提供了在点 $x=1$ 处连续的条件, 而连续未必可导, 在点 $x=1$ 附近更未必有导函数! 因此这种解法实际上追加了额外条件(即 $g(x)$ 在点 $x=1$ 某邻域内可导), 因此是不正确的. 比如, 当 $g(x)=|x-1|$ 时上述解法就不成立.

正确解法 利用导数定义及 $g(x)$ 在点 $x=1$ 处的连续性可得

$$f'(1)=\lim_{x\to1}\frac{f(x)-f(1)}{x-1}=\lim_{x\to1}\frac{(x-1)g(x)-(1-1)g(1)}{x-1}=\lim_{x\to1}g(x)=g(1)=2.■$$

2.5.2 概念混淆导致解法错误

例 2.5.2.1 设 $f(x)=\begin{cases}x^{\frac{3}{2}}\sin\dfrac{1}{x}, & x>0,\\ 0, & x\leqslant 0,\end{cases}$ 试问 $f(x)$ 在点 $x=0$ 处是否可导?

错误解法 当 $x>0$ 时,

$$f'(x)=\frac{3}{2}x^{\frac{1}{2}}\sin\frac{1}{x}+x^{\frac{3}{2}}\cos\frac{1}{x}\cdot\frac{-1}{x^2}=\frac{3}{2}x^{\frac{1}{2}}\sin\frac{1}{x}-x^{-\frac{1}{2}}\cos\frac{1}{x}.$$

由于 $\lim\limits_{x\to0^+}\dfrac{3}{2}x^{\frac{1}{2}}\sin\dfrac{1}{x}=0$, $\lim\limits_{x\to0^+}x^{-\frac{1}{2}}\cos\dfrac{1}{x}$ 不存在, 因此 $\lim\limits_{x\to0^+}\left(\dfrac{3}{2}x^{\frac{1}{2}}\sin\dfrac{1}{x}-x^{-\frac{1}{2}}\cos\dfrac{1}{x}\right)$ 不存在, 故 $f(x)$ 在点 $x=0$ 处不右可导, 从而也不可导.

解析 这里把导函数在一点连续与函数在该点可导混淆在一起了. 一般地说, 讨论函数在分段点处的连续性、可导性、是否有极限等等, 都需要结合定义, 从左右两侧加以讨论. 对于可导性而言, 导数存在远弱于导函数连续, 当导函数不连续时, 导数仍有可能是存在的.

正确解法 由于

$$\lim_{x\to0^+}\frac{f(x)-f(0)}{x-0}=\lim_{x\to0^+}\frac{x^{\frac{3}{2}}\sin\frac{1}{x}-0}{x}=\lim_{x\to0^+}x^{\frac{1}{2}}\sin\frac{1}{x}=0,$$

$$\lim_{x\to0^-}\frac{f(x)-f(0)}{x-0}=\lim_{x\to0^-}\frac{0-0}{x}=0.$$

可见 $f(x)$ 在点 $x=0$ 处的左右导数都存在，且均为 0，故 $f(x)$ 在点 $x=0$ 处可导，且 $f'(0)=0$. ■

2.5.3　概念混淆导致解法错误

例 2.5.3.1　设 $f(x)=\begin{cases}\sin x, & x>0,\\ x+1, & x\leqslant 0.\end{cases}$ 求 $f'(0)$.

错误解法　当 $x>0$ 时，$f'(x)=(\sin x)'=\cos x$；当 $x<0$ 时，$f'(x)=(x+1)'=1$. 于是

$$f'_+(0)=\cos x|_{x=0}=1,\quad f'_-(0)=1.$$

因此 $f'(0)=1$.

解析　分段函数在分段点处的可导性应该用定义来判断，只有左右导数都存在并且相等的时候才可导. 这是一个概念化的常识性的认知. 函数在分段点处的左右导数只能用定义去计算，它与左右两侧函数在该点的导数未必相等，除非事先知道导函数在分段点处连续. 此外，作为一种思维习惯，讨论分段点处的可微性，应该先检验其连续性. 由于可导的地方一定是连续的，因此如果不连续，则必定不可导. 只有在连续的时候，才有必要讨论左右导数的存在与否以及是否相等，以便判断函数在分段点处是否可导.

正确解法一　由于 $f(0+0)=0$ ，$f(0)=f(0-0)=1$. 故函数 $f(x)$ 在点 $x=0$ 处左连续，但不右连续，因此不连续，从而也不可导，即 $f'(0)$ 不存在.

正确解法二　直接计算可知

$$f'_-(0)=\lim_{x\to0^-}\frac{(x+1)-1}{x-0}=1,\quad f'_+(0)=\lim_{x\to0^+}\frac{\sin x-1}{x-0}=-\infty.$$

因此 $f'(0)$ 不存在. ■

2.5.4　概念不清、滥用洛必达法则

例 2.5.4.1　设 $f(0)=0$ ，$f'(0)=1$ ，求 $\lim\limits_{x\to0}\dfrac{1-\cos f(x)}{\ln(1+x^2)}$.

错误解法　由已知条件可知，$\lim\limits_{x\to0}f(x)=f(0)=0$ ，因此

$$\lim_{x\to0}\frac{1-\cos f(x)}{\ln(1+x^2)}=\lim_{x\to0}\frac{1-\cos f(x)}{x^2}=\lim_{x\to0}\frac{\sin f(x)\cdot f'(x)}{2x}=\frac{1}{2}\lim_{x\to0}\frac{f(x)\cdot f'(x)}{x}$$

$$=\frac{1}{2}\lim_{x\to0}\frac{f(x)-f(0)}{x}\cdot f'(x)=\frac{1}{2}[f'(0)]^2=\frac{1}{2}.$$

解析　这里有几个错误的地方. 第一个错误出现在第二个等号那里，错误地使用洛

必达法则. 因为从题目所给条件来看, 我们只知道函数 $f(x)$ 在点 $x=0$ 处可导, 在其他点是否可导并不知道, 因此这里不能利用洛必达法则来求极限. 第二个错误出现在第五个等号那里, 它实际上利用了 $f'(x)$ 在点 $x=0$ 处的连续性, 而题目中根本就没有提供这样的条件. 任何解题都只能在题目所给条件下进行, 添加条件解题是不对的.

正确解法　由于 $f(0)=0$, $f'(0)=1$, 故函数 $f(x)$ 在点 $x=0$ 处也连续, 且 $\lim\limits_{x\to 0}f(x)=0$, 因此

$$\lim_{x\to 0}\frac{1-\cos f(x)}{\ln(1+x^2)}=\lim_{x\to 0}\frac{\frac{1}{2}f^2(x)}{x^2}=\frac{1}{2}\left[\lim_{x\to 0}\frac{f(x)}{x}\right]^2=\frac{1}{2}\left[\lim_{x\to 0}\frac{f(x)-f(0)}{x-0}\right]^2=\frac{1}{2}[f'(0)]^2=\frac{1}{2}. ■$$

2.5.5　审题不细心

例 2.5.5.1　求曲线 $y=\mathrm{e}^x$ 的经过点 $(0,0)$ 的切线方程.

错误解法　由于 $y'=\mathrm{e}^x$, 故 $y'|_{x=0}=\mathrm{e}^0=1$, 因此所求的切线方程为

$$y-0=x-0 \quad 即 \quad y=x.$$

解析　这里的错误是把点 $(0,0)$ 看成曲线 $y=\mathrm{e}^x$ 上的点了. 其实, 点 $(0,0)$ 并不在曲线 $y=\mathrm{e}^x$ 上! 应该说这是一个粗心的错误, 也是很多人容易犯的一个错误. 养成良好的逻辑思维习惯, 是克服这类错误的不二法门. 通常求过某一点的切线, 首先应该检验这个点是否在曲线上, 然后才考虑如何去求这个切线方程.

正确解法　设所求切线在曲线 $y=\mathrm{e}^x$ 上的切点为 (a,b), 则 $b=\mathrm{e}^a$, 且切线方程为

$$y-b=\mathrm{e}^a(x-a).$$

由于切线经过点 $(0,0)$, 故

$$0-b=\mathrm{e}^a(0-a).$$

由此解得 $a=1,b=\mathrm{e}$. 故所求的切线方程为

$$y-\mathrm{e}=\mathrm{e}(x-1). ■$$

2.5.6　把直角坐标系中的方法滥用在极坐标系下

例 2.5.6.1　求极坐标曲线 $r=2\theta$ 在点 $\left(\frac{\pi}{3},\frac{2\pi}{3}\right)$ 处的切线的极坐标方程.

错误解法　由于 $\frac{\mathrm{d}r}{\mathrm{d}\theta}=2$, 故所求的切线方程为

$$r-\frac{2\pi}{3}=2\left(\theta-\frac{\pi}{3}\right), \quad 即 \quad r=2\theta.$$

解析　这里的错误是把极坐标曲线的切线问题与直角坐标曲线的切线问题混淆起来了. 求极坐标曲线的切线不能与求直角坐标曲线的切线一样来求, 那样做会导致一些非常可笑的结果. 比如像上面这个解法, 得出的所谓切线方程为 $r=2\theta$, 这根本就不是一条

直线, 而是螺线. 那么怎么来求极坐标曲线的切线呢? 办法当然不是唯一的, 我们下面介绍一种方法: 先把曲线转化为直角坐标曲线, 求出切线方程后, 再转化为极坐标方程.

正确解法　由于 $r=\sqrt{x^2+y^2}$, $\tan\theta=\dfrac{y}{x}$, 因此极坐标曲线 $r=2\theta$ 在点 $\left(\dfrac{\pi}{3},\dfrac{2\pi}{3}\right)$ 附近的直角坐标方程为

$$2\arctan\frac{y}{x}=\sqrt{x^2+y^2}.$$

两边关于 x 求导, 得

$$2\cdot\frac{1}{1+\left(\dfrac{y}{x}\right)^2}\cdot\frac{xy'-y}{x^2}=\frac{2x+2yy'}{2\sqrt{x^2+y^2}},$$

在点 $\left(\dfrac{\pi}{3},\dfrac{2\pi}{3}\right)$ 处, $x=\dfrac{2\pi}{3}\cos\dfrac{\pi}{3}=\dfrac{\pi}{3}$, $y=\dfrac{2\pi}{3}\sin\dfrac{\pi}{3}=\dfrac{\pi}{\sqrt{3}}$, 代入上式可得

$$y'=\frac{\pi+3\sqrt{3}}{3-\sqrt{3}\pi}.$$

因此所求切线的直角坐标方程为

$$y-\frac{\pi}{\sqrt{3}}=\frac{\pi+3\sqrt{3}}{3-\sqrt{3}\pi}\left(x-\frac{\pi}{3}\right),$$

其极坐标方程为

$$r\sin\theta-\frac{\pi}{\sqrt{3}}=\frac{\pi+3\sqrt{3}}{3-\sqrt{3}\pi}\left(r\cos\theta-\frac{\pi}{3}\right),$$

即

$$r=\frac{4\pi^2}{(3\pi+9\sqrt{3})\cos\theta-(9-3\sqrt{3}\pi)\sin\theta}.\ \blacksquare$$

2.6 例题选讲

选例 2.6.1　设函数 $f(x)$ 可导, 且 $f(x)f'(x)>0$. 则(　　).

(A) $f(1)>f(-1)$　(B) $f(1)<f(-1)$　(C) $|f(1)|>|f(-1)|$　(D) $|f(1)|<|f(-1)|$

解　应该选择(C). 因为由 $f(x)f'(x)>0$ 可知 $[f^2(x)]'=2f(x)f'(x)>0$. 故 $f^2(x)$ 是单调递增函数, 从而 $f^2(1)>f^2(-1)$, 可见有 $|f(1)|>|f(-1)|$. 因此选择(C).■

选例 2.6.2　设函数 $f(x)$ 具有二阶导数, $g(x)=f(0)(1-x)+f(1)x$, 则在区间 $[0,1]$ 上(　　).

(A) 当 $f'(x)\geqslant 0$ 时, $f(x)\geqslant g(x)$　(B) 当 $f'(x)\geqslant 0$ 时, $f(x)\leqslant g(x)$

(C) 当 $f''(x)\geqslant 0$ 时, $f(x)\geqslant g(x)$　(D) 当 $f''(x)\geqslant 0$ 时, $f(x)\leqslant g(x)$

解　应该选择(D). 因为如果令

$$F(x)=f(x)-g(x)=f(x)+(x-1)f(0)-f(1)x,$$

则 $F(x)$ 二阶可导, 且 $F(0)=f(0)-f(0)=0$, $F(1)=f(1)-f(1)=0$. 又

$$F'(x)=f'(x)+f(0)-f(1),\quad F''(x)=f''(x).$$

因此, 当 $f'(x)\geqslant 0$ 时, 只能得到 $F'(x)\geqslant f(0)-f(1)$, 由于 $f(0)$ 与 $f(1)$ 具体取值未知, 无助于判断函数 $f(x)$ 与 $g(x)$ 的大小. 而当 $f''(x)\geqslant 0$ 时, 也有 $F''(x)\geqslant 0$, 曲线 $y=F(x)$ 向下凸 (即是凹的), 故由 $F(0)=F(1)=0$ 可知, 在区间 $[0,1]$ 上, 恒有 $F(x)\leqslant 0$ 上, 即 $f(x)\leqslant g(x)$.■

选例 2.6.3　设 $f(x)$ 在点 $x=a$ 处可导, 且 $f(a)\neq 0$, 求 $\lim\limits_{n\to\infty}\left(\dfrac{f\left(a+\frac{1}{n}\right)}{f\left(a-\frac{1}{n}\right)}\right)^n$.

思路　利用导数的定义.

解法一　由于 $f(x)$ 在点 $x=a$ 处可导, 且 $f(a)\neq 0$, 因此函数 $\ln|f(x)|$ 在点 $x=a$ 处也可导. 由 $f(x)$ 在点 $x=a$ 处连续可知, 当 n 充分大时, $f\left(a+\dfrac{1}{n}\right)$ 与 $f\left(a-\dfrac{1}{n}\right)$ 同号, 因此为方便起见, 记

$$x_n=\ln\left(\frac{f\left(a+\frac{1}{n}\right)}{f\left(a-\frac{1}{n}\right)}\right)^n=n\left[\ln\left|f\left(a+\frac{1}{n}\right)\right|-\ln\left|f\left(a-\frac{1}{n}\right)\right|\right],$$

则

$$\begin{aligned}\lim_{n\to\infty}x_n&=\lim_{n\to\infty}n\left[\ln\left|f\left(a+\frac{1}{n}\right)\right|-\ln\left|f\left(a-\frac{1}{n}\right)\right|\right]\\&=2\lim_{n\to\infty}\frac{\ln\left|f\left(a+\frac{1}{n}\right)\right|-\ln\left|f\left(a-\frac{1}{n}\right)\right|}{\frac{2}{n}}=2[\ln|f(x)|]'_{x=a}=\frac{2f'(a)}{f(a)},\end{aligned}$$

从而

$$\lim_{n\to\infty}\left(\frac{f\left(a+\frac{1}{n}\right)}{f\left(a-\frac{1}{n}\right)}\right)^n=\lim_{n\to\infty}e^{x_n}=e^{\lim\limits_{n\to\infty}x_n}=e^{\frac{2f'(a)}{f(a)}}.$$

解法二　直接利用重要极限, 可得

$$\lim_{n\to\infty}\left(\frac{f\left(a+\frac{1}{n}\right)}{f\left(a-\frac{1}{n}\right)}\right)^n=\lim_{n\to\infty}\left[\left(1+\frac{f\left(a+\frac{1}{n}\right)-f\left(a-\frac{1}{n}\right)}{f\left(a-\frac{1}{n}\right)}\right)^{\frac{f\left(a-\frac{1}{n}\right)}{f\left(a+\frac{1}{n}\right)-f\left(a-\frac{1}{n}\right)}}\right]^{n\frac{f\left(a+\frac{1}{n}\right)-f\left(a-\frac{1}{n}\right)}{f\left(a-\frac{1}{n}\right)}}$$

$$=\exp\left[\lim_{n\to\infty} n\cdot\frac{f\left(a+\frac{1}{n}\right)-f\left(a-\frac{1}{n}\right)}{f\left(a-\frac{1}{n}\right)}\right]$$

$$=\exp\left[2\lim_{n\to\infty}\frac{f\left(a+\frac{1}{n}\right)-f\left(a-\frac{1}{n}\right)}{\frac{2}{n}}\cdot\frac{1}{f\left(a-\frac{1}{n}\right)}\right]=\exp\left[\frac{2f'(a)}{f(a)}\right].$$

上述解法应另外讨论一些特殊情况：如果在点 $x=a$ 附近 $f(x)$ 是常值，则不可用上述方法，因为此时 $\dfrac{f\left(a-\frac{1}{n}\right)}{f\left(a+\frac{1}{n}\right)-f\left(a-\frac{1}{n}\right)}$ 无意义. 不过，此时 $\lim\limits_{n\to\infty}\left(\dfrac{f\left(a+\frac{1}{n}\right)}{f\left(a-\frac{1}{n}\right)}\right)^n=\lim\limits_{n\to\infty}1=1$. 上述结论仍然是对的.■

选例 2.6.4 设 $f(x)$ 定义在 $\mathbb{R}$ 上，满足 $\lim\limits_{x\to 0}\dfrac{f(x)}{x}=1$，且 $\forall x,y,f(x+y)=f(x)+f(y)+x^2y+xy^2$，计算 $f'(x)$.

思路 利用导数定义.

解 由所给条件，取 $x=y=0$ 得 $f(0)=f(0+0)=f(0)+f(0)+0+0$，因此 $f(0)=0$. 再由已知条件可得

$$1=\lim_{x\to 0}\frac{f(x)}{x}=\lim_{x\to 0}\frac{f(x)-f(0)}{x-0}=f'(0).$$

从而，对任一 $x\in\mathbb{R}$，有

$$f'(x)=\lim_{\Delta x\to 0}\frac{f(x+\Delta x)-f(x)}{\Delta x}=\lim_{\Delta x\to 0}\frac{f(x)+f(\Delta x)+x^2\Delta x+x(\Delta x)^2-f(x)}{\Delta x}$$
$$=\lim_{\Delta x\to 0}\left(\frac{f(\Delta x)}{\Delta x}+x^2+x\cdot\Delta x\right)=1+x^2.■$$

选例 2.6.5 设 $f(x)=\begin{cases}x, & x\leqslant 0,\\ \dfrac{1}{n}, & \dfrac{1}{n+1}<x\leqslant\dfrac{1}{n},n=1,2,3,\cdots,\end{cases}$ 试问：$f(x)$ 在 $x=0$ 处是否连续？$f(x)$ 在 $x=0$ 处是否可导？

思路 分段点的连续性和可导性只能用定义，通过左右两侧是否连续、是否可导来进行讨论.

解 显然，

$$\lim_{x\to 0^-}f(x)=\lim_{x\to 0^-}x=0=f(0);\quad \lim_{x\to 0^-}\frac{f(x)-f(0)}{x-0}=\lim_{x\to 0^-}\frac{x-0}{x-0}=1.$$

又对任一 $x\in(0,1)$，存在唯一个自然数 $n_x>1$ 使得 $\dfrac{1}{n_x+1}<x\leqslant\dfrac{1}{n_x}$，因此 $f(x)=\dfrac{1}{n_x}$. 注意

到 $x\to 0^+$ 当且仅当 $n_x\to\infty$，并且

$$1=\frac{\frac{1}{n_x}}{\frac{1}{n_x}}\leqslant\frac{f(x)-f(0)}{x-0}=\frac{\frac{1}{n_x}-0}{x}<\frac{\frac{1}{n_x}}{\frac{1}{n_x+1}}=1+\frac{1}{n_x}.$$

由于

$$\lim_{x\to 0^+}\left(1+\frac{1}{n_x}\right)=\lim_{n_x\to\infty}\left(1+\frac{1}{n_x}\right)=1.$$

故由夹逼准则知，$\lim\limits_{x\to 0^+}\dfrac{f(x)-f(0)}{x-0}=1$．可见 $f'(0)=1$，因此 $f(x)$ 在 $x=0$ 处可导，因而也连续. ■

选例 2.6.6　设函数 $f(x)$ 在点 $x=a$ 连续，且已知

$$\lim_{x\to 0}\frac{\ln[f(a-x^2)+\cos x-1]}{\arcsin x^2}=-1.$$

求 $f'_-(a)$.

思路　利用无穷小的性质、连续性和左导数的定义.

解　由已知条件可得

$$\lim_{x\to 0}\ln[f(a-x^2)+\cos x-1]=\lim_{x\to 0}\frac{\ln[f(a-x^2)+\cos x-1]}{\arcsin x^2}\cdot\arcsin x^2=-1\times 0=0.$$

因此

$$\lim_{x\to 0}[f(a-x^2)+\cos x-1]=\mathrm{e}^0=1.$$

由于 $f(x)$ 在点 $x=a$ 连续，故由上式可得 $f(a)=1$．于是有

$$\begin{aligned}-1&=\lim_{x\to 0}\frac{\ln[f(a-x^2)+\cos x-1]}{\arcsin x^2}=\lim_{x\to 0}\frac{f(a-x^2)+\cos x-2}{x^2}\\&=\lim_{x\to 0}\left[\frac{f(a-x^2)-1}{x^2}+\frac{\cos x-1}{x^2}\right]=\lim_{x\to 0}\left[-\frac{f(a-x^2)-f(a)}{-x^2}+\frac{\cos x-1}{x^2}\right],\end{aligned}$$

从而

$$f'_-(a)=\lim_{x\to 0}\frac{f(a-x^2)-f(a)}{-x^2}=1+\lim_{x\to 0}\frac{\cos x-1}{x^2}=1+\lim_{x\to 0}\frac{-\frac{1}{2}x^2}{x^2}=1-\frac{1}{2}=\frac{1}{2}.$$

【注】这里只能得到 $f'_-(a)=\dfrac{1}{2}$，却未必有 $f'(a)=\dfrac{1}{2}$．因为在 $\lim\limits_{x\to 0}\dfrac{f(a-x^2)-f(a)}{-x^2}$ 中，自变量的对应增量是 $-x^2<0$．■

选例 2.6.7　试确定常数 a,b,c,d 的值，使得函数 $f(x)=\begin{cases}\dfrac{a+\cos x}{x}, & x<0,\\ 2b-1, & x=0,\\ cx+d, & x>0\end{cases}$ 在 $x=0$ 处

可导, 并问此时 $f'(x)$ 在 $x=0$ 处是否连续?

思路 这是一个比较细腻的题目, 扣概念扣得很紧凑. 主要利用函数在一点连续的充分必要条件是左右都连续; 函数在一点可导的充分必要条件是左右都可导, 且左右导数相等; 可导必连续. 这几个结论用上了, 相关的方程就建立起来了, 常数 a,b,c,d 的值也就可以求出来了.

解 要使得函数 $f(x)$ 在 $x=0$ 处可导, 必须 $f(x)$ 在 $x=0$ 处连续, 因此必须有

$$f(0^-)=f(0)=f(0^+).$$

注意到 $a\neq -1$ 时, $f(0^-)=\lim\limits_{x\to 0^-}\dfrac{a+\cos x}{x}=\infty$, 函数不可能连续, 因此必有 $a=-1$. 此时,

$$f(0^-)=\lim_{x\to 0^-}\frac{-1+\cos x}{x}=0,\quad f(0)=2b-1,\quad f(0^+)=\lim_{x\to 0^+}(cx+d)=d,$$

因此有 $0=2b-1=d$.故 $b=\dfrac{1}{2}$, $d=0$. 而当 $a=-1$, $b=\dfrac{1}{2}$, $d=0$ 时,

$$f'_-(0)=\lim_{x\to 0^-}\frac{f(x)-f(0)}{x-0}=\lim_{x\to 0^-}\frac{\dfrac{-1+\cos x}{x}-0}{x-0}=\lim_{x\to 0^-}\frac{-1+\cos x}{x^2}=\lim_{x\to 0^-}\frac{-\sin x}{2x}=-\frac{1}{2},$$

$$f'_+(0)=\lim_{x\to 0^+}\frac{f(x)-f(0)}{x-0}=\lim_{x\to 0^+}\frac{cx+d-0}{x-0}=\lim_{x\to 0^+}\frac{cx}{x}=c.$$

由 $f(x)$ 在 $x=0$ 处可导, 必有 $c=-\dfrac{1}{2}$.

因此, 当 $a=-1$, $b=\dfrac{1}{2}$, $c=-\dfrac{1}{2}$, $d=0$ 时, 函数 $f(x)$ 在 $x=0$ 处可导. 此时, 有

$$f'(x)=\begin{cases}\dfrac{1-\cos x-x\sin x}{x^2}, & x<0,\\[2mm] -\dfrac{1}{2}, & x\geqslant 0.\end{cases}$$

由于

$$\lim_{x\to 0^-}f'(x)=\lim_{x\to 0^-}\frac{1-\cos x-x\sin x}{x^2}=\lim_{x\to 0^-}\frac{-x\cos x}{2x}=-\frac{1}{2}=f'(0)=\lim_{x\to 0^+}f'(x),$$

可见, $f'(x)$ 在 $x=0$ 处连续. ■

选例 2.6.8 设 $f(x)$ 与 $g(x)$ 都是取正值的可微函数, $f(x)\neq 1$, 试求函数 $y=\log_{f(x)}g(x)$ 的导数.

思路 利用对数换底公式和商的求导公式.

解 根据对数换底公式有

$$y=\log_{f(x)}g(x)=\frac{\ln g(x)}{\ln f(x)},$$

于是有

$$y'=\left(\frac{\ln g(x)}{\ln f(x)}\right)'=\frac{\frac{g'(x)}{g(x)}\ln f(x)-\frac{f'(x)}{f(x)}\ln g(x)}{[\ln f(x)]^2}=\frac{f(x)g'(x)\ln f(x)-f'(x)g(x)\ln g(x)}{f(x)g(x)[\ln f(x)]^2}.$$ ■

选例 2.6.9　设数列 $\{x_n\}$ 满足：$x_1>0$，$x_n\mathrm{e}^{x_{n+1}}=\mathrm{e}^{x_n}-1(n=1,2,\cdots)$，证明：$\{x_n\}$ 收敛，并求 $\lim\limits_{n\to\infty}x_n$.

思路　先用单调有界准则确定收敛性，再通过解方程求得极限值.

证明　首先，当 $x\neq 0$ 时，由一阶泰勒公式可得

$$\mathrm{e}^x=1+x+\frac{\mathrm{e}^{\xi}}{2!}x^2>1+x \quad (\text{其中 }\xi\text{ 介于 }0\text{ 与 }x\text{ 之间}),$$

由 $x_1>0,x_n\mathrm{e}^{x_{n+1}}=\mathrm{e}^{x_n}-1(n=1,2,\cdots)$ 知，$\mathrm{e}^{x_2}=\dfrac{\mathrm{e}^{x_1}-1}{x_1}>\dfrac{x_1}{x_1}=1$, 因此 $x_2>0$.

设 $x_n>0$，则 $\mathrm{e}^{x_{n+1}}=\dfrac{\mathrm{e}^{x_n}-1}{x_n}>\dfrac{x_n}{x_n}=1$, 因此 $x_{n+1}>0$. 故由归纳法可知，对一切自然数 n，都有 $x_n>0$.

由已知递推公式可得

$$\mathrm{e}^{x_{n+1}-x_n}=\frac{1-\mathrm{e}^{-x_n}}{x_n}<\frac{x_n}{x_n}=1,\quad \text{因此 } x_{n+1}-x_n<0.$$

可见数列 $\{x_n\}$ 单调递减，且有下界 0，因此是收敛的. 设 $\lim\limits_{n\to\infty}x_n=a$，则 $a\geqslant 0$. 对 $x_n\mathrm{e}^{x_{n+1}}=\mathrm{e}^{x_n}-1$ 两边取极限可得

$$a\mathrm{e}^a=\mathrm{e}^a-1.$$

很显然，$a=0$ 是上述方程的一个解. 下面我们证明上述方程没有其他解，因而 $a=0$.

令 $f(x)=x\mathrm{e}^x-\mathrm{e}^x+1$，则 $f(x)$ 是个处处可微函数，且 $f(0)=0,f'(x)=x\mathrm{e}^x$. 故当 $x>0$ 时，函数 $f(x)$ 单调递增；当 $x<0$ 时，函数 $f(x)$ 单调递减. 因此 $x=0$ 是方程 $f(x)=0$ 的唯一根. 故 $\lim\limits_{n\to\infty}x_n=0$. ■

选例 2.6.10　设 $f'(x_0)=f''(x_0)=0$，而 $f'''(x_0)=a\neq 0$，证明：$(x_0,f(x_0))$ 是曲线的拐点，但是 x_0 不是函数 $f(x)$ 的极值点.

思路　利用导数定义、极限的保号性、结合单调性和凹凸性的判别法进行讨论.

证明　由于 $f'''(x_0)$ 存在，故在 x_0 的某邻域 $(x_0-\delta,x_0+\delta)$ 内 $f(x)$ 具有二阶导数. 不妨设 $a>0$，则由

$$a=f'''(x_0)=\lim_{x\to x_0}\frac{f''(x)-f''(x_0)}{x-x_0}=\lim_{x\to x_0}\frac{f''(x)}{x-x_0}>0$$

及极限的保号性质可知，在 x_0 的某邻域 $(x_0-\delta',x_0+\delta')$ 内有

$$\frac{f''(x)}{x-x_0}>0,$$

可见在 $(x_0-\delta',x_0)$ 内有 $f''(x)<0$，曲线 $y=f(x)$ 向上凸；在 $(x_0,x_0+\delta')$ 内有 $f''(x)>0$，曲

线 $y=f(x)$ 向下凸. 因此 $(x_0,f(x_0))$ 是曲线的拐点. 同时 $f'(x)$ 在 $(x_0-\delta',x_0)$ 内单调递减, 在 $(x_0,x_0+\delta')$ 内单调递增, 且 $f'(x_0)=0$, 因此在 $(x_0-\delta',x_0+\delta')$ 内有 $f'(x)\geqslant 0$, 且仅在 x_0 处有 $f'(x_0)=0$, 故函数 $f(x)$ 在 $(x_0-\delta',x_0+\delta')$ 内单调递增, 因此在 x_0 处不取得极值.■

选例 2.6.11　若函数 $f(x)$ 在区间 I 内可导, 则导函数 $f'(x)$ 在 I 内没有第一类间断点.

思路　采用反证法, 利用导数定义和求极限的洛必达法则导出矛盾.

证明　采用反证法. 若 $x_0\in I$ 是 $f'(x)$ 的第一类间断点, 则 $\lim\limits_{x\to x_0^-}f'(x)$ 与 $\lim\limits_{x\to x_0^+}f'(x)$ 均存在, 但并不都等于 $f'(x_0)$. 不妨设 $\lim\limits_{x\to x_0^+}f'(x)\neq f'(x_0)$. 则由洛必达法则可知, 有

$$f'(x_0)=f'_+(x_0)=\lim_{x\to x_0^+}\frac{f(x)-f(x_0)}{x-x_0}=\lim_{x\to x_0^+}\frac{f'(x)}{1}=\lim_{x\to x_0^+}f'(x).$$

矛盾! 故导函数 $f'(x)$ 在 I 内没有第一类间断点.■

选例 2.6.12　设函数 $f(x)$ 在点 $x=a$ 的某邻域内有定义, 且有自然数 n 使得 $\lim\limits_{x\to a}\dfrac{f(x)-f(a)}{(x-a)^n}=A\neq 0$, 试问 $f(x)$ 有些什么样的性质?

思路　通过各种概念的定义来探讨.

解　由极限与无穷小的关系定理可知, 存在一个 $x\to a$ 时的无穷小 $\alpha(x)$ 使得在点 $x=a$ 的某邻域内有

$$\frac{f(x)-f(a)}{(x-a)^n}=A+\alpha(x),\quad \text{即 } f(x)-f(a)=A(x-a)^n+\alpha(x)(x-a)^n,$$

也即有

$$f(x)=f(a)+A(x-a)^n+o[(x-a)^n].$$

由于 n 是自然数, 故由上式可得, $\lim\limits_{x\to a}f(x)=f(a)$. 因此 $f(x)$ 在 $x=a$ 处连续.

若 $n=1$, 则显然 $f'(a)=\lim\limits_{x\to a}\dfrac{f(x)-f(a)}{x-a}=A\neq 0$. 因此此时 $x=a$ 肯定不是函数 $f(x)$ 的极值点.

若 $n=2$, 则

$$f'(a)=\lim_{x\to a}\frac{f(x)-f(a)}{x-a}=\lim_{x\to a}\frac{f(x)-f(a)}{(x-a)^2}\cdot(x-a)=A\cdot 0=0.$$

这表明, $x=a$ 是函数 $f(x)$ 的驻点. 那么此时是否有 $f''(a)=A$ 呢? 未必! 我们看下面这个例子: 设

$$f(x)=\begin{cases}(x-1)^2(x+1), & x\in\mathbb{Q},\\ 2(x-1)^2, & x\notin\mathbb{Q},\end{cases}$$

则 $\lim\limits_{x\to 1}\dfrac{f(x)-f(1)}{(x-1)^2}=2$, 但是该函数在任一点 $x\in(-\infty,1)\cup(1,+\infty)$ 处都不连续, 因此在点 $x=1$ 附近不存在导函数 $f'(x)$, 故 $f''(1)$ 不存在!

那么 $\lim\limits_{x\to a}\dfrac{f(x)-f(a)}{(x-a)^2}=A\neq 0$ 还能够提供什么有意义的信息呢? 事实上, 此时由极限

的保号性质可知, 在 $x=a$ 的充分小的去心邻域内 $\dfrac{f(x)-f(a)}{(x-a)^2}$ 与 A 同号, 即 $f(x)-f(a)$ 与 A 同号, 可见 $x=a$ 是 $f(x)$ 的一个极值点, 且 $A>0$ 时, $x=a$ 是 $f(x)$ 的一个极小值点; $A<0$ 时, $x=a$ 是 $f(x)$ 的一个极大值点.

一般地, 当 $n\geqslant 2$ 时, $\lim\limits_{x\to a}\dfrac{f(x)-f(a)}{(x-a)^n}=A\neq 0$ 蕴含了 $f'(a)=0$, 且当 n 为奇数时, $x=a$ 不是 $f(x)$ 的极值点; n 为偶数时, $x=a$ 是 $f(x)$ 的极值点, 且 $A>0$ 时, $x=a$ 是 $f(x)$ 的一个极小值点; $A<0$ 时, $x=a$ 是 $f(x)$ 的一个极大值点.

然而, 若 $f(x)$ 是个有直到 $n+1$ 阶导数的函数, 则由泰勒公式的唯一性, 可得如下信息

$$f'(a)=f''(a)=\cdots=f^{(n-1)}(a)=0,\quad f^{(n)}(a)=A\cdot n!,$$

因此, 当 $n=1$ 时, 可得 $f'(a)=A$.

当 $n=2$ 时, 可得 $f'(a)=0$, $f''(a)=2A$. 此时函数 $f(x)$ 在点 $x=a$ 处取得极值. 且 $A>0$ 时, $f(a)$ 为极小值; $A<0$ 时, $f(a)$ 为极大值.

当 $n=3$ 时, 可得 $f'(a)=0, f''(a)=0, f'''(a)=6A\neq 0$. 由于

$$f'''(a)=\lim_{x\to a}\frac{f''(x)-f''(a)}{x-a}=\lim_{x\to a}\frac{f''(x)}{x-a}.$$

利用极限的保号性可知, $f''(x)$ 在点 $x=a$ 的两侧符号相反, 因此曲线 $y=f(x)$ 在点 $(a,f(a))$ 的两侧凹凸性有变化, 故 $(a,f(a))$ 是曲线 $y=f(x)$ 的拐点.■

选例 2.6.13　证明函数 $f(x)=\begin{cases}e^{-\frac{1}{x^2}}, & x\neq 0,\\ 0, & x=0\end{cases}$ 有任意阶导数, 且对任意自然数 n, $f^{(n)}(0)=0$.

思路　对于分段函数在分段点处的可微性, 必须用定义来检验; 非分段点处的可微性直接用求导法则讨论. 由于需证明的问题与自然数有关, 因此可以考虑用归纳法.

证明　采用归纳法来证明, 为方便起见, 记 $P_k\left(\dfrac{1}{x}\right)$ 表示 $\dfrac{1}{x}$ 的 k 次多项式.

当 $x\neq 0$ 时, $f'(x)=\left(e^{-\frac{1}{x^2}}\right)'=\dfrac{2}{x^3}e^{-\frac{1}{x^2}}=P_3\left(\dfrac{1}{x}\right)e^{-\frac{1}{x^2}}$. 又

$$f'(0)=\lim_{x\to 0}\frac{e^{-\frac{1}{x^2}}-0}{x-0}\overset{\frac{1}{x}=t}{=\!=\!=}\lim_{x\to\infty}\frac{t}{e^{t^2}}=\lim_{x\to\infty}\frac{1}{2t\,e^{t^2}}=0,$$

因此, $f'(x)=\begin{cases}\dfrac{2}{x^3}e^{-\frac{1}{x^2}}, & x\neq 0,\\ 0, & x=0\end{cases}=\begin{cases}P_3\left(\dfrac{1}{x}\right)e^{-\frac{1}{x^2}}, & x\neq 0,\\ 0, & x=0.\end{cases}$

当 $x\neq 0$ 时, $f''(x)=\left(\dfrac{2}{x^3}e^{-\frac{1}{x^2}}\right)'=-\dfrac{6}{x^4}e^{-\frac{1}{x^2}}+\dfrac{2}{x^3}e^{-\frac{1}{x^2}}\cdot\dfrac{2}{x^3}=\left(\dfrac{4}{x^6}-\dfrac{6}{x^4}\right)e^{-\frac{1}{x^2}}=P_6\left(\dfrac{1}{x}\right)e^{-\frac{1}{x^2}}$. 又

$$f''(0)=\lim_{x\to 0}\frac{\frac{2}{x^3}e^{-\frac{1}{x^2}}-0}{x-0}\xlongequal{\frac{1}{x}=t}\lim_{t\to\infty}\frac{2t^4}{e^{t^2}}=\lim_{t\to\infty}\frac{8t^3}{2te^{t^2}}=\lim_{t\to\infty}\frac{8t}{2te^{t^2}}=0,$$

因此,

$$f''(x)=\begin{cases}\left(\frac{4}{x^6}-\frac{6}{x^4}\right)e^{-\frac{1}{x^2}}, & x\neq 0,\\ 0, & x=0\end{cases}=\begin{cases}P_6\left(\frac{1}{x}\right)e^{-\frac{1}{x^2}}, & x\neq 0,\\ 0, & x=0.\end{cases}$$

设 $f^{(n)}(x)=\begin{cases}P_{3n}\left(\frac{1}{x}\right)e^{-\frac{1}{x^2}}, & x\neq 0,\\ 0, & x=0,\end{cases}$ 则当 $x\neq 0$ 时，有

$$f^{(n+1)}(x)=\left[P_{3n}\left(\frac{1}{x}\right)e^{-\frac{1}{x^2}}\right]'=P_{3n-1}\left(\frac{1}{x}\right)\cdot\frac{-1}{x^2}e^{-\frac{1}{x^2}}+P_{3n}\left(\frac{1}{x}\right)e^{-\frac{1}{x^2}}\cdot\frac{2}{x^3}=P_{3(n+1)}\left(\frac{1}{x}\right)e^{-\frac{1}{x^2}}.$$

此外，连续使用 $3n+1$ 次洛必达法则可得

$$f^{(n+1)}(0)=\lim_{x\to 0}\frac{P_{3n}\left(\frac{1}{x}\right)e^{-\frac{1}{x^2}}-0}{x-0}=\lim_{x\to 0}\frac{P_{3n}\left(\frac{1}{x}\right)\cdot\frac{1}{x}}{e^{\frac{1}{x^2}}}\xlongequal{t=\frac{1}{x}}\lim_{t\to\infty}\frac{P_{3n+1}(t)}{e^{t^2}}=0.$$

因此由归纳法可知，对任意自然数 n，有

$$f^{(n)}(x)=\begin{cases}P_{3n}\left(\frac{1}{x}\right)e^{-\frac{1}{x^2}}, & x\neq 0,\\ 0, & x=0,\end{cases}$$

其中 $P_{3n}\left(\frac{1}{x}\right)$ 是 $\frac{1}{x}$ 的某一 $3n$ 次多项式.■

选例 2.6.14 设 $f(x)=\begin{cases}g(x), & x>x_0,\\ h(x), & x\leqslant x_0\end{cases}$ 在点 $x=x_0$ 处连续，其中 $g(x),h(x)$ 都是可微函数.

(1) 若 $\lim\limits_{x\to x_0^+}g'(x)=\lim\limits_{x\to x_0^-}h'(x)=a$，则必有 $f'(x_0)=a$.

(2) 若 $f'(x_0)=a$，是否必有 $\lim\limits_{x\to x_0^+}g'(x)=\lim\limits_{x\to x_0^-}h'(x)=a$？

思路 从定义出发.

证明 (1)由于 $f(x)$ 在点 $x=x_0$ 处连续，$g(x),h(x)$ 都是可微函数，故

$$g(x_0)=\lim_{x\to x_0^+}g(x)=\lim_{x\to x_0^+}f(x)=f(x_0)=h(x_0).$$

因此由 $\lim\limits_{x\to x_0^+}g'(x)=\lim\limits_{x\to x_0^-}h'(x)=a$ 及洛必达法则可得

$$f'_+(x_0)=\lim_{x\to x_0^+}\frac{f(x)-f(x_0)}{x-x_0}=\lim_{x\to x_0^+}\frac{g(x)-g(x_0)}{x-x_0}=\lim_{x\to x_0^+}g'(x)=a,$$

$$f'_-(x_0)=\lim_{x\to x_0^-}\frac{f(x)-f(x_0)}{x-x_0}=\lim_{x\to x_0^-}\frac{h(x)-h(x_0)}{x-x_0}=\lim_{x\to x_0^-}h'(x)-a,$$

因此，$f'(x_0)=a$.

(2) 若 $f'(x_0)=a$，未必有 $\lim\limits_{x\to x_0^+}g'(x)=\lim\limits_{x\to x_0^-}h'(x)=a$. 见下面这个例子:

设 $f(x)=\begin{cases}x^{\frac{3}{2}}\sin\dfrac{1}{x}, & x>0,\\ 0, & x\leqslant 0.\end{cases}$ 则 $g(x)=x^{\frac{3}{2}}\sin\dfrac{1}{x}$ 在 $x>0$ 时可微，$h(x)=0$ 在 $x\leqslant 0$ 时可微，且 $f(x)$ 在点 $x=0$ 处连续. 又

$$f'_+(0)=\lim_{x\to 0^+}\frac{x^{\frac{3}{2}}\sin\frac{1}{x}-0}{x-0}=\lim_{x\to 0^+}\sqrt{x}\sin\frac{1}{x}=0,\quad f'_-(0)=\lim_{x\to 0^-}\frac{0-0}{x-0}=0.$$

因此 $f'(0)=0$. 但是，极限

$$\lim_{x\to 0^+}g'(x)=\lim_{x\to 0^+}\left(\frac{3}{2}\sqrt{x}\sin\frac{1}{x}-\frac{1}{\sqrt{x}}\cos\frac{1}{x}\right)$$

却不存在！■

选例 2.6.15　设 $f(x)=\ln\left(x+\sqrt{1+x^2}\right)$，求 $f^{(n)}(0)$.

思路　先求出一阶导数所满足的方程，再利用乘积函数求高阶导数的莱布尼茨公式给出导数的归纳公式.

解　容易看出，$f(x)$ 是一个在 $(-\infty,+\infty)$ 上具有任意阶导数的函数. 首先有

$$f'(x)=\frac{1}{x+\sqrt{1+x^2}}\cdot\left(1+\frac{1}{2\sqrt{1+x^2}}\cdot 2x\right)=\frac{1}{\sqrt{1+x^2}},$$

即有

$$[f'(x)]^2(1+x^2)=1.$$

两边关于 x 求导，并约去 $2f'(x)$，可得

$$xf'(x)+(1+x^2)f''(x)=0.$$

利用求高阶导数的莱布尼茨公式，当 $n>2$ 时，对上式求 $(n-2)$ 阶导数，可得

$$xf^{(n-1)}(x)+(n-2)f^{(n-2)}(x)+(1+x^2)f^{(n)}(x)+2x(n-2)f^{(n-1)}(x)+(n-2)(n-3)f^{(n-2)}(x)=0.$$

将 $x=0$ 代入上式，可得

$$f^{(n)}(0)=-(n-2)^2f^{(n-2)}(0),\quad n=3,4,5,\cdots,$$

由于 $f'(0)=1, f''(0)=0$，因此当 $n=2k>2$ 时，$f^{(n)}(n)=0$. 而当 $n=2k+1>2$ 时，

$$f^{(n)}(0)=[-(2k+1-2)^2]\cdot[-(2k-1-2)^2]\cdot\cdots\cdot[-1^2]f'(0)=(-1)^k[(2k-1)!!]^2.$$

【注】① 本题试图求出 $f^{(n)}(x)$ 的一般表达式后再求 $f^{(n)}(0)$，是不可取的.

② 当学过无穷级数之后，也可以先把函数展开成麦克劳林级数，再由系数唯一性求得诸 $f^{(n)}(0)$.■

选例 2.6.16　设 $f(x)=(\arcsin x)^2$，求 $f^{(n)}(0)$.

思路 与上题类似, 利用隐函数求导.

解 记 $y=(\arcsin x)^2$, 两边关于 x 求导得

$$y'=\frac{2\arcsin x}{\sqrt{1-x^2}},\quad \text{即有 } y'\sqrt{1-x^2}=2\arcsin x.$$

两边再同时关于 x 求导得

$$\frac{-x}{\sqrt{1-x^2}}y'+y''\sqrt{1-x^2}=\frac{2}{\sqrt{1-x^2}},\quad \text{即有 } xy'+(x^2-1)y''=-2.$$

利用莱布尼茨公式, 对上式两边关于 x 求 n 阶导数得

$$xy^{(n+1)}+ny^{(n)}+(x^2-1)y^{(n+2)}+2nxy^{(n+1)}+n(n-1)y^{(n)}=0.$$

将 $x=0$ 代入上式, 得到递推公式

$$y^{(n+2)}(0)=n^2y^{(n)}(0).$$

由于 $y(0)=y'(0)=0,\ y''(0)=2$, 故有

$$y^{(n)}(0)=\begin{cases}0, & n=2k-1,\\ 2^{2k-1}((k-1)!)^2, & n=2k.\end{cases}$$ ■

选例 2.6.17 设 $x=x(y)$ 与 $y=y(x)$ 互为反函数, 已知 $y=y(x)$ 可导, 且 $y'(x)\neq 0$. 试将关于函数 $y=y(x)$ 的微分方程

$$\frac{\mathrm{d}^2y}{\mathrm{d}x^2}+2xy\frac{\mathrm{d}y}{\mathrm{d}x}=\mathrm{e}^{xy}$$

改写成关于其反函数 $x=x(y)$ 的微分方程.

思路 利用反函数求导法则互换.

解 由 $y=y(x)$ 可导, 且 $y'(x)\neq 0$ 及反函数求导法则知, 函数 $x=x(y)$ 可导, 且

$$\frac{\mathrm{d}y}{\mathrm{d}x}=\frac{1}{\frac{\mathrm{d}x}{\mathrm{d}y}}.$$

进而有

$$\frac{\mathrm{d}^2y}{\mathrm{d}x^2}=\frac{\mathrm{d}}{\mathrm{d}x}\left(\frac{\mathrm{d}y}{\mathrm{d}x}\right)=\frac{\mathrm{d}}{\mathrm{d}x}\left(\frac{1}{\frac{\mathrm{d}x}{\mathrm{d}y}}\right)=\frac{\mathrm{d}}{\mathrm{d}y}\left(\frac{1}{\frac{\mathrm{d}x}{\mathrm{d}y}}\right)\cdot\frac{\mathrm{d}y}{\mathrm{d}x}=\frac{1}{\left(\frac{\mathrm{d}x}{\mathrm{d}y}\right)^2}\cdot\left(-\frac{\mathrm{d}^2x}{\mathrm{d}y^2}\right)\cdot\frac{1}{\frac{\mathrm{d}x}{\mathrm{d}y}}=-\frac{\frac{\mathrm{d}^2x}{\mathrm{d}y^2}}{\left(\frac{\mathrm{d}x}{\mathrm{d}y}\right)^3}.$$

将以上两个式子一起代入原方程, 得

$$-\frac{\frac{\mathrm{d}^2x}{\mathrm{d}y^2}}{\left(\frac{\mathrm{d}x}{\mathrm{d}y}\right)^3}+2xy\cdot\frac{1}{\frac{\mathrm{d}x}{\mathrm{d}y}}=\mathrm{e}^{xy}.$$

由于 $\frac{\mathrm{d}x}{\mathrm{d}y}\neq 0$，上式两边同时乘以 $\left(\frac{\mathrm{d}x}{\mathrm{d}y}\right)^3$ 并整理可得

$$\frac{\mathrm{d}^2x}{\mathrm{d}y^2}-2xy\left(\frac{\mathrm{d}x}{\mathrm{d}y}\right)^2+\mathrm{e}^{xy}\left(\frac{\mathrm{d}x}{\mathrm{d}y}\right)^3=0.$$

此即所求的微分方程. ■

选例 2.6.18　设函数 $y=y(x)$ 由参数方程 $\begin{cases}x=\arctan t,\\ y=\ln(1+t^2)\end{cases}$ 确定，求函数 $y=y(x)$ 的极值.

思路　令 $\frac{\mathrm{d}y}{\mathrm{d}x}=0$ 得到可能取极值的点，再根据 $\frac{\mathrm{d}^2y}{\mathrm{d}x^2}$ 的符号判断其是否为极值点.

解　由参数方程确定的函数的求导方法，可得

$$\frac{\mathrm{d}y}{\mathrm{d}x}=\frac{\frac{\mathrm{d}y}{\mathrm{d}t}}{\frac{\mathrm{d}x}{\mathrm{d}t}}=\frac{\frac{2t}{1+t^2}}{\frac{1}{1+t^2}}=2t,\quad \frac{\mathrm{d}^2y}{\mathrm{d}x^2}=\frac{\mathrm{d}}{\mathrm{d}x}(2t)=\frac{\mathrm{d}}{\mathrm{d}t}(2t)\cdot\frac{1}{\frac{\mathrm{d}x}{\mathrm{d}t}}=2(1+t^2).$$

由 $\frac{\mathrm{d}y}{\mathrm{d}x}=0$ 得唯一解 $t=0$，此时 $\frac{\mathrm{d}^2y}{\mathrm{d}x^2}=2>0$，由此可知函数取得极小值 $y=\ln 1=0$.

【注】实际上函数 $y=y(x)$ 就是 $y=\ln\sec^2 x$. 因此也可以对函数 $y=\ln\sec^2 x$ 直接求极值. 不过当直接求 $y=\ln\sec^2 x$ 的极值时，要注意此时函数 $y=y(x)$ 的定义域是 $x\in\left(-\frac{\pi}{2},\frac{\pi}{2}\right)$. ■

选例 2.6.19　设函数 $f(x)$ 在区间 $[a,b]$ 上可导(即在 (a,b) 内处处可导，且 $f'_+(a)$ 与 $f'_-(b)$ 均存在)，且 $f'_+(a)<f'_-(b)$，则对任一满足 $f'_+(a)<c<f'_-(b)$ 的常数 c，存在点 $\xi\in(a,b)$ 使得 $f'(\xi)=c$.

思路　要证明 $f'(\xi)=c$，即证明 $[f(x)-cx]'\big|_{x=\xi}=0$. 因此可构造辅助函数 $F(x)=f(x)-cx$，利用费马定理.

证明　作辅助函数 $F(x)=f(x)-cx$，则只需证明存在点 $\xi\in(a,b)$ 使得 $F'(\xi)=0$. 由费马定理，只需证明 $F(x)$ 在 (a,b) 内有最大值点或者最小值点即可.

由已知条件可知，$F(x)$ 在 $[a,b]$ 上连续，因此可以取得最大值和最小值. 由于

$$\begin{aligned}\lim_{x\to a^+}\frac{F(x)-F(a)}{x-a}&=\lim_{x\to a^+}\frac{[f(x)-cx]-[f(a)-ca]}{x-a}\\&=\lim_{x\to a^+}\frac{[f(x)-f(a)]-[cx-ca]}{x-a}=f'_+(a)-c<0,\end{aligned}$$

因此存在正数 δ 使得 $(a,a+\delta)\subset(a,b)$ 且当 $x\in(a,a+\delta)$ 时 $F(x)<F(a)$；又由于

$$\begin{aligned}\lim_{x\to b^-}\frac{F(x)-F(b)}{x-b}&=\lim_{x\to b^-}\frac{[f(x)-cx]-[f(b)-cb]}{x-b}\\&=\lim_{x\to b^-}\frac{[f(x)-f(b)]-[cx-cb]}{x-b}=f'_-(b)-c>0.\end{aligned}$$

因此存在正数 δ' 使得 $(b-\delta',b)\subset(a,b)$ 且当 $x\in(b-\delta',b)$ 时 $F(x)<F(b)$.

由此可见，函数 $F(x)$ 在 $[a,b]$ 上的最小值点 $\xi\in(a,b)$，故由费马定理可知，必有 $F'(\xi)=0$，即 $f'(\xi)=c$.

【注】这个结论称为达布(G. Darboux)定理, 也称为导函数的介值性质. 显然, 如果把题目中的条件 $f'_+(a)<f'_-(b)$ 改成 $f'_+(a)>f'_-(b)$，也有相应的结论成立. 因此只要 $f'_+(a)\neq f'_-(b)$，则对于介于 $f'_+(a)$ 和 $f'_-(b)$ 之间的任何数 c，至少有一个点 $\xi\in(a,b)$ 使得 $f'(\xi)=c$. ■

选例 2.6.20 若函数 $y=f(x)$ 在区间 (a,b) 内满足: $f'(x)<0, f''(x)>0$，又知 $x_0\in(a,b)$，$\Delta x<0$，且 $x_0+\Delta x\in(a,b)$，$\Delta y=f(x_0+\Delta x)-f(x_0)$，$\mathrm{d}y=f'(x_0)\Delta x$. 试比较 $\mathrm{d}y,\Delta y$ 和 0 的大小关系.

思路 这是一个基本题, 借助于图形进行比较会更直观. 注意 $\mathrm{d}y$ 是切线上纵坐标的增量, Δy 是曲线上纵坐标的增量.

解 由于 $f'(x)<0, f''(x)>0$，故函数 $y=f(x)$ 在区间 (a,b) 内单调递减，曲线 $y=f(x)$ 在区间 (a,b) 内向下凸(如图 2.6-1 所示). 由于 $\Delta x<0$，因此此时有 $\mathrm{d}y>0,\Delta y>0$，并且 $\Delta y>\mathrm{d}y$. 即有 $\Delta y>\mathrm{d}y>0$.

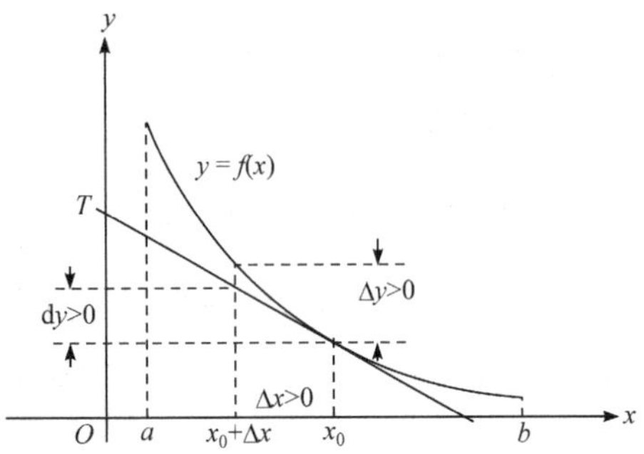

图 2.6-1

【注】知道函数一、二阶导数的符号, 那么增量与微分之间的关系可以像我们这里这样, 画出一个草图, 这样可以作出直观判断. 不过, 本题也可以利用一阶泰勒公式进行判断: 由泰勒中值定理可知, 对 $x_0\in(a,b)$，$\Delta x<0$，且 $x_0+\Delta x\in(a,b)$，存在点 $x_0+\Delta x<\xi<x_0$ 使得

$$f(x_0+\Delta x)=f(x_0)+f'(x_0)\Delta x+\frac{1}{2!}f''(\xi)(\Delta x)^2.$$

从而

$$\Delta y-\mathrm{d}y=f(x_0+\Delta x)-f(x_0)-f'(x_0)\Delta x=\frac{1}{2!}f''(\xi)(\Delta x)^2>0.\ \text{即有 } \Delta y>\mathrm{d}y.$$

又由 $f'(x_0)<0,\Delta x<0$ 知，$\mathrm{d}y=f'(x_0)\Delta x>0$. 因此 $\Delta y>\mathrm{d}y>0$. ■

选例 2.6.21 证明: 设函数 $f(x)$ 在区间 (a,b) 内连续, 则曲线 $y=f(x)$ 在区间 (a,b) 内向下凸(向上凸)的充分必要条件是对任意两个不同的点 $x_1,x_2\in(a,b)$ 及任一正数 $\lambda\in(0,1)$ 都有

$$\lambda f(x_1)+(1-\lambda)f(x_2)>f[\lambda x_1+(1-\lambda)x_2]\quad(\lambda f(x_1)+(1-\lambda)f(x_2)<f[\lambda x_1+(1-\lambda)x_2]).$$

思路 充分性的证明只是一般与特殊之间的一个简单逻辑推导; 必要性比较麻烦, 可借助于归纳法和有理数的稠密性来帮助证明.

证明 由于方法的相似性, 我们只证明向下凸的情形.

(充分性)若对任意两个不同的点 $x_1,x_2\in(a,b)$ 及任一正数 $\lambda\in(0,1)$ 都有

$$\lambda f(x_1)+(1-\lambda)f(x_2)>f[\lambda x_1+(1-\lambda)x_2].$$

令 $\lambda=\dfrac{1}{2}$，即可知有

$$\frac{1}{2}[f(x_1)+f(x_2)]>f\left(\frac{x_1+x_2}{2}\right).$$

因此，曲线 $y=f(x)$ 在区间 (a,b) 内向下凸.

(必要性)设曲线 $y=f(x)$ 在区间 (a,b) 内向下凸. 我们先用反向归纳法证明:

(1) 对任意自然数 $n\geqslant 2$ 及对区间 (a,b) 内任意 n 个不同的点 $x_1<x_2<\cdots<x_n$，有

$$\frac{f(x_1)+f(x_2)+\cdots+f(x_n)}{n}>f\left(\frac{x_1+x_2+\cdots+x_n}{n}\right).$$

① 由假设，曲线 $y=f(x)$ 在区间 (a,b) 内向下凸，因此当 $n=2$ 时，对区间 (a,b) 内任意 2 个不同的点 $x_1<x_2$，有

$$\frac{f(x_1)+f(x_2)}{2}>f\left(\frac{x_1+x_2}{2}\right),\qquad ,$$

对区间 (a,b) 内任意 2^2 个两两不同的点 $x_1<x_2<x_3<x_4$，也有 $y_1=\dfrac{x_1+x_2}{2}$，$y_2=\dfrac{x_3+x_4}{2}$ $\in(a,b)$，并且 $y_1<y_2$.因此有

$$\begin{aligned}\frac{f(x_1)+f(x_2)+f(x_3)+f(x_4)}{4}&=\frac{\dfrac{f(x_1)+f(x_2)}{2}+\dfrac{f(x_3)+f(x_4)}{2}}{2}\\&>\frac{f\left(\dfrac{x_1+x_2}{2}\right)+f\left(\dfrac{x_3+x_4}{2}\right)}{2}\\&>f\left(\frac{\dfrac{x_1+x_2}{2}+\dfrac{x_3+x_4}{2}}{2}\right)=f\left(\frac{x_1+x_2+x_3+x_4}{4}\right).\end{aligned}$$

假设对 $n=2^k$ 及对区间 (a,b) 内任意 n 个两两不同的点 $x_1<x_2<\cdots<x_{2^k}$，都有

$$\frac{f(x_1)+f(x_2)+\cdots+f(x_{2^k})}{2^k}>f\left(\frac{x_1+x_2+\cdots+x_{2^k}}{2^k}\right).$$

则对区间 (a,b) 内任意 2^{k+1} 个两两不同的点 $x_1<x_2<\cdots<x_{2^{k+1}}$，有

$$\begin{aligned}\frac{f(x_1)+f(x_2)+\cdots+f(x_{2^{k+1}})}{2^{k+1}}&=\frac{\dfrac{f(x_1)+f(x_2)+\cdots+f(x_{2^k})}{2^k}+\dfrac{f(x_{2^k+1})+f(x_{2^k+2})+\cdots+f(x_{2^{k+1}})}{2^k}}{2}\\&>\frac{f\left(\dfrac{x_1+x_2+\cdots+x_{2^k}}{2^k}\right)+f\left(\dfrac{x_{2^k+1}+x_{2^k+2}+\cdots+x_{2^{k+1}}}{2^k}\right)}{2}\\&>f\left(\frac{\dfrac{x_1+x_2+\cdots+x_{2^k}}{2^k}+\dfrac{x_{2^k+1}+x_{2^k+2}+\cdots+x_{2^{k+1}}}{2^k}}{2}\right)\\&=f\left(\frac{x_1+x_2+\cdots+x_{2^{k+1}}}{2^{k+1}}\right),\end{aligned}$$

因此由归纳法可知，对任一 $n=2^k$ 及对区间 (a,b) 内任意 n 个两两不同的点 $x_1<x_2<\cdots$

$< x_{2^k}$ 都有

$$\frac{f(x_1)+f(x_2)+\cdots+f(x_{2^k})}{2^k} > f\left(\frac{x_1+x_2+\cdots+x_{2^k}}{2^k}\right).$$

② 其次, 设对自然数 k 及区间 (a,b) 内任意 $k+1$ 个两两不同的点 $x_1<x_2<\cdots<x_k$ $<x_{k+1}$ 都有

$$\frac{f(x_1)+f(x_2)+\cdots+f(x_{k+1})}{k+1} > f\left(\frac{x_1+x_2+\cdots+x_{k+1}}{k+1}\right).$$

令 $c=\dfrac{x_1+x_2+\cdots+x_k}{k}$, 则 $x_1+x_2+\cdots+x_k=ck$. 于是

$$c=\frac{x_1+x_2+\cdots+x_k+c}{k+1},$$

从而

$$f(c)=f\left(\frac{x_1+x_2+\cdots+x_k+c}{k+1}\right)<\frac{f(x_1)+f(x_2)+\cdots+f(x_k)+f(c)}{k+1}.$$

因此

$$f(c)=f\left(\frac{x_1+x_2+\cdots+x_k}{k}\right)<\frac{f(x_1)+f(x_2)+\cdots+f(x_k)}{k}.$$

由①、②及反向归纳法可知, (1)真.

(2) 对任一有理数 $\lambda=\dfrac{m}{n}\in(0,1)$ 及区间 (a,b) 内任意 2 个不同的点 $x_1<x_2$, 由(1)知, 有

$$\begin{aligned}f[\lambda x_1+(1-\lambda)x_2]&=f\left(\frac{mx_1+(n-m)x_2}{n}\right)=f\left[\frac{(x_1+x_1+\cdots+x_1)+(x_2+x_2+\cdots+x_2)}{n}\right]\\&<\frac{f(x_1)+f(x_1)+\cdots+f(x_1)+f(x_2)+f(x_2)+\cdots+f(x_2)}{n}\\&=\frac{mf(x_1)+(n-m)f(x_2)}{n}=\lambda f(x_1)+(1-\lambda)f(x_2).\end{aligned}$$

而对于任一无理数 $\lambda\in(0,1)$, 取一个有理数序列 $\lambda_n\in(0,1)$ 使得 $\lambda=\lim\limits_{n\to\infty}\lambda_n$. 于是由 $f(x)$ 在区间 (a,b) 内连续可得

$$\begin{aligned}f[\lambda x_1+(1-\lambda)x_2]&=f[\lim_{n\to\infty}(\lambda_n x_1+(1-\lambda_n)x_2)]=\lim_{n\to\infty}f[\lambda_n x_1+(1-\lambda_n)x_2]\\&\leqslant\lim_{n\to\infty}(\lambda_n f(x_1)+(1-\lambda_n)f(x_2))=\lambda f(x_1)+(1-\lambda)f(x_2).\end{aligned}$$

【注】正因为有这种等价性, 因此有的教材关于凸性的定义是利用这个等价条件定义的.■

选例 2.6.22　设 $a_n=\sum\limits_{k=1}^{n}\dfrac{1}{2^k}\tan\dfrac{\theta}{2^k}$, 求 $\lim\limits_{n\to\infty}a_n$.

思路　利用公式 $\dfrac{\mathrm{d}}{\mathrm{d}\theta}\left(\ln\cos\dfrac{\theta}{2^k}\right)=-\dfrac{1}{2^k}\tan\dfrac{\theta}{2^k}$, 对数性质及公式

$$\cos x\cos(2x)\cos(2^2x)\cdots\cos(2^nx)=\frac{2^n\sin x\cos x\cos(2x)\cos(2^2x)\cdots\cos(2^nx)}{2^n\sin x}=\frac{\sin(2^{n+1}x)}{2^n\sin x}.$$

解　首先, 若 $\theta=0$, 则 $a_n=0$, 自然有 $\lim\limits_{n\to\infty}a_n=0$. 若 $\theta\neq 0$, 注意到 $\dfrac{\mathrm{d}}{\mathrm{d}\theta}\left(\ln\cos\dfrac{\theta}{2^k}\right)=-\dfrac{1}{2^k}\tan\dfrac{\theta}{2^k}$, 因此对充分大的 n, 有

$$\begin{aligned}a_n&=\sum_{k=1}^{n}\frac{1}{2^k}\tan\frac{\theta}{2^k}=\sum_{k=1}^{n}\left[-\frac{\mathrm{d}}{\mathrm{d}\theta}\left(\ln\cos\frac{\theta}{2^k}\right)\right]=-\frac{\mathrm{d}}{\mathrm{d}\theta}\left[\sum_{k=1}^{n}\ln\cos\frac{\theta}{2^k}\right]\\&=-\frac{\mathrm{d}}{\mathrm{d}\theta}\left[\ln\left(\cos\frac{\theta}{2}\cos\frac{\theta}{2^2}\cdots\cos\frac{\theta}{2^n}\right)\right]=-\frac{\mathrm{d}}{\mathrm{d}\theta}\left[\ln\frac{\cos\frac{\theta}{2}\cos\frac{\theta}{2^2}\cdots\cos\frac{\theta}{2^n}\cdot 2^n\sin\frac{\theta}{2^n}}{2^n\sin\frac{\theta}{2^n}}\right]\\&=-\frac{\mathrm{d}}{\mathrm{d}\theta}\left[\ln\frac{\sin\theta}{2^n\sin\frac{\theta}{2^n}}\right]=\frac{\mathrm{d}}{\mathrm{d}\theta}\left[\ln\frac{2^n\sin\frac{\theta}{2^n}}{\sin\theta}\right].\end{aligned}$$

于是利用函数及其导函数的连续性, 有

$$\begin{aligned}\lim_{n\to\infty}a_n&=\lim_{n\to\infty}\frac{\mathrm{d}}{\mathrm{d}\theta}\left[\ln\frac{2^n\sin\frac{\theta}{2^n}}{\sin\theta}\right]=\frac{\mathrm{d}}{\mathrm{d}\theta}\left[\lim_{n\to\infty}\ln\frac{2^n\sin\frac{\theta}{2^n}}{\sin\theta}\right]=\frac{\mathrm{d}}{\mathrm{d}\theta}\left[\ln\left(\lim_{n\to\infty}\frac{2^n\sin\frac{\theta}{2^n}}{\sin\theta}\right)\right]\\&=\frac{\mathrm{d}}{\mathrm{d}\theta}\left[\ln\left(\lim_{n\to\infty}\frac{2^n\cdot\frac{\theta}{2^n}}{\sin\theta}\right)\right]=\frac{\mathrm{d}}{\mathrm{d}\theta}\left(\ln\frac{\theta}{\sin\theta}\right)=\frac{1}{\theta}-\cot\theta.\end{aligned}$$

【**注**】上述解法“似乎”有两点瑕疵:

1. 因为借用了对数这一工具, 因此真数不能等于零, 因此该解法对 $\theta=2^k\pi$ 的情形是不合适的. 可是仔细观察一下 a_n 的定义可知, 当 $\theta=2^k\pi$ 时, 对充分大的 n, a_n 实际上没意义了, 因为其定义式中会出现 $\tan\dfrac{\pi}{2}$. 因此这种情况可以忽略.

2. 对数函数的真数也不能是负数, 这一点如何克服呢? 只要注意到 $(\ln|x|)'=\dfrac{1}{x}$, 因此把上面解法中的 $\dfrac{\mathrm{d}}{\mathrm{d}\theta}\left(\ln\cos\dfrac{\theta}{2^k}\right)=-\dfrac{1}{2^k}\tan\dfrac{\theta}{2^k}$ 改为 $\dfrac{\mathrm{d}}{\mathrm{d}\theta}\left(\ln\left|\cos\dfrac{\theta}{2^k}\right|\right)=-\dfrac{1}{2^k}\tan\dfrac{\theta}{2^k}$, 然后稍做调整即可. ■

选例 2.6.23　设 $a_1,a_2,\cdots,a_n$ 是 n 个正数, 求极限 $\lim\limits_{x\to\infty}\left(\dfrac{a_1^{\frac{1}{x}}+a_2^{\frac{1}{x}}+\cdots+a_n^{\frac{1}{x}}}{n}\right)^x$.

思路　这是 1^∞ 型的不定式, 用常规方法即可.

解法一

$$\lim_{x\to\infty}\left(\frac{a_1^{\frac{1}{x}}+a_2^{\frac{1}{x}}+\cdots+a_n^{\frac{1}{x}}}{n}\right)^x=\exp\left[\lim_{x\to\infty}x\ln\frac{a_1^{\frac{1}{x}}+a_2^{\frac{1}{x}}+\cdots+a_n^{\frac{1}{x}}}{n}\right]$$

$$\xlongequal{\frac{1}{x}=t}\exp\left[\lim_{t\to0}\frac{\ln(a_1^t+a_2^t+\cdots+a_n^t)-\ln n}{t}\right]$$

$$=\exp\left[\lim_{t\to0}\frac{a_1^t\ln a_1+a_2^t\ln a_2+\cdots+a_n^t\ln a_n}{a_1^t+a_2^t+\cdots+a_n^t}\right]\text{(洛必达法则)}$$

$$=\exp\left[\frac{\ln a_1+\ln a_2+\cdots+\ln a_n}{n}\right]=\sqrt[n]{a_1a_2\cdots a_n}.$$

解法二

$$\lim_{x\to\infty}\left(\frac{a_1^{\frac{1}{x}}+a_2^{\frac{1}{x}}+\cdots+a_n^{\frac{1}{x}}}{n}\right)^x=\lim_{x\to\infty}\left[\left(1+\left(\frac{a_1^{\frac{1}{x}}+a_2^{\frac{1}{x}}+\cdots+a_n^{\frac{1}{x}}}{n}-1\right)\right)^{\frac{1}{\frac{a_1^{\frac{1}{x}}+a_2^{\frac{1}{x}}+\cdots+a_n^{\frac{1}{x}}}{n}-1}}\right]^{x\cdot\left(\frac{a_1^{\frac{1}{x}}+a_2^{\frac{1}{x}}+\cdots+a_n^{\frac{1}{x}}}{n}-1\right)}$$

$$=\exp\left[\lim_{x\to\infty}x\cdot\left(\frac{a_1^{\frac{1}{x}}+a_2^{\frac{1}{x}}+\cdots+a_n^{\frac{1}{x}}}{n}-1\right)\right]$$

$$\xlongequal{\frac{1}{x}=t}\exp\left[\lim_{t\to0}\frac{a_1^t+a_2^t+\cdots+a_n^t-n}{nt}\right]$$

$$=\exp\left[\lim_{t\to0}\frac{a_1^t\ln a_1+a_2^t\ln a_2+\cdots+a_n^t\ln a_n}{n}\right]$$

$$=\exp\left[\frac{\ln a_1+\ln a_2+\cdots+\ln a_n}{n}\right]=\sqrt[n]{a_1a_2\cdots a_n}.\ ■$$

选例 2.6.24　设 $a_1,a_2,\cdots,a_n$ 是 n 个正数，求极限 $\lim\limits_{x\to+\infty}\left(a_1^x+a_2^x+\cdots+a_n^x\right)^{\frac{1}{x}}$.

思路　利用夹逼准则.

解　记 $a=\max\{a_1,a_2,\cdots,a_n\}$，则当 $x>0$ 时，有

$$a^x\leqslant a_1^x+a_2^x+\cdots+a_n^x\leqslant na^x,$$

从而有

$$a=(a^x)^{\frac{1}{x}}\leqslant(a_1^x+a_2^x+\cdots+a_n^x)^{\frac{1}{x}}\leqslant(na^x)^{\frac{1}{x}}=an^{\frac{1}{x}}.$$

由于 $\lim\limits_{x\to\infty}an^{\frac{1}{x}}=an^0=a$，故由夹逼准则可知

$$\lim_{x\to+\infty}(a_1^x+a_2^x+\cdots+a_n^x)^{\frac{1}{x}}=a=\max\{a_1,a_2,\cdots,a_n\}.$$

【注】本题如果改为求 $\lim\limits_{x\to\infty}(a_1^x+a_2^x+\cdots+a_n^x)^{\frac{1}{x}}$，这个极限是否一定存在呢？对于这一问题，显然只需再观察极限 $\lim\limits_{x\to-\infty}(a_1^x+a_2^x+\cdots+a_n^x)^{\frac{1}{x}}$ 是否存在，再看看它与 $\lim\limits_{x\to+\infty}(a_1^x+a_2^x+\cdots+a_n^x)^{\frac{1}{x}}$ 是否相等即可得出结论.

记 $b=\min\{a_1,a_2,\cdots,a_n\}$，则当 $x<0$ 时，$-x>0$，从而有

$$b^x=\left(\frac{1}{b}\right)^{-x}\leqslant a_1^x+a_2^x+\cdots+a_n^x=\left(\frac{1}{a_1}\right)^{-x}+\left(\frac{1}{a_2}\right)^{-x}+\cdots+\left(\frac{1}{a_n}\right)^{-x}\leqslant n\left(\frac{1}{b}\right)^{-x}=nb^x,$$

从而有

$$b\geqslant(a_1^x+a_2^x+\cdots+a_n^x)^{\frac{1}{x}}\geqslant(nb^x)^{\frac{1}{x}}=bn^{\frac{1}{x}},$$

由于 $\lim\limits_{x\to-\infty}bn^{\frac{1}{x}}=bn^0=b$，故由夹逼准则可知

$$\lim_{x\to-\infty}(a_1^x+a_2^x+\cdots+a_n^x)^{\frac{1}{x}}=b=\min\{a_1,a_2,\cdots,a_n\}.$$

由于前面已经得到

$$\lim_{x\to+\infty}(a_1^x+a_2^x+\cdots+a_n^x)^{\frac{1}{x}}=a=\max\{a_1,a_2,\cdots,a_n\}.$$

因此极限 $\lim\limits_{x\to\infty}(a_1^x+a_2^x+\cdots+a_n^x)^{\frac{1}{x}}$ 存在当且仅当 $a=b$，即 $a_1=a_2=\cdots=a_n$.■

选例 2.6.25　设 $a_0>0, a_n=\ln(1+a_{n-1})(n=1,2,3,\cdots)$，求 $\lim\limits_{n\to\infty}na_n$.

思路　由于 a_n 是个递归数列，因此可先用单调有界准则确定 a_n 有极限. 然后再利用递归公式及变量替换等方法求出所求的极限.

解　首先不难看出，对任一 n，都有 $a_n>0$. 由不等式 $\ln(1+x)<x(x>0)$ 可知

$$a_n=\ln(1+a_{n-1})<a_{n-1},\quad n=1,2,3,\cdots,$$

因此，a_n 是个单调递减且有下界的数列，因此 $\lim\limits_{n\to\infty}a_n$ 存在，记为 $a=\lim\limits_{n\to\infty}a_n$. 对等式 $a_n=\ln(1+a_{n-1})$ 两边取极限，得 $a=\ln(1+a)$，解得 $a=0$. 可见 $\lim\limits_{n\to\infty}\dfrac{1}{a_n}=+\infty$.

于是由 Stolz 定理及洛必达法则可得

$$\lim_{n\to\infty}na_n=\lim_{n\to\infty}\frac{n}{\dfrac{1}{a_n}}=\lim_{n\to\infty}\frac{n+1-n}{\dfrac{1}{a_{n+1}}-\dfrac{1}{a_n}}=\lim_{n\to\infty}\frac{a_{n+1}a_n}{a_n-a_{n+1}}=\lim_{n\to\infty}\frac{a_n\ln(1+a_n)}{a_n-\ln(1+a_n)}$$

$$\xlongequal{a_n=x}\lim_{x\to0^+}\frac{x\ln(1+x)}{x-\ln(1+x)}=\lim_{x\to0^+}\frac{x^2}{x-\ln(1+x)}=\lim_{x\to0^+}\frac{2x}{1-\dfrac{1}{1+x}}=\lim_{x\to0^+}2(1+x)=2.■$$

选例 2.6.26　设 $g(x)$ 是 $[a,b]$ 上的可微函数，可微函数 $G(x)$ 满足 $G'(x)=g(x)$. 如果 $g(a)g(b)>0$，且 $G(a)=G(b)$. 试证明

(1) 对任一可微函数 $f(x)$，存在 $\xi\in(a,b)$ 使得 $g'(\xi)+g(\xi)f'(\xi)=0$.

(2) 对任一取正值的可微函数 $f(x)$，存在 $\eta\in(a,b)$ 使得

$$g'(\eta)f(\eta)\ln f(\eta)+g(\eta)f'(\eta)=0.$$

思路　对于第(1)题, 可以利用导数公式

$$\left[g(x)\mathrm{e}^{f(x)}\right]'=g'(x)\mathrm{e}^{f(x)}+g(x)\mathrm{e}^{f(x)}\cdot f'(x)=\mathrm{e}^{f(x)}[g'(x)+g(x)f'(x)].$$

找到一个合适的辅助函数, 再结合罗尔定理即可给出证明. 第(2)题可借助于导数公式

$$[g(x)\ln f(x)]'=g'(x)\ln f(x)+g(x)\cdot\frac{f'(x)}{f(x)}=\frac{g'(x)f(x)\ln f(x)+g(x)f'(x)}{f(x)}.$$

找到合适的辅助函数. 当然为了能够使用罗尔中值定理, 前面需要做些铺垫工作.

证明　不妨设 $g(a)>0,g(b)>0$. 若在 $[a,b]$ 上恒有 $g(x)\geqslant 0$ 上, 则 $G(x)$ 在 $[a,b]$ 上为不减函数, 由 $g(a)>0,g(b)>0$ 可知, 必有 $G(a)<G(b)$. 矛盾. 因此必有点 $c\in(a,b)$, 使得 $g(c)<0$. 于是, 由 $g(x)$ 在 $[a,b]$ 上可微以及零点定理知, 存在 $a_1\in(a,c)$ 与 $b_1\in(c,b)$ 使得 $g(a_1)=g(b_1)=0$. 若 $g(a)<0,g(b)<0$, 同样可以证明存在 $a_1\in(a,c)$ 与 $b_1\in(c,b)$ 使得 $g(a_1)=g(b_1)=0$.

(1) 令 $F(x)=g(x)\mathrm{e}^{f(x)}$, 则 $F(x)$ 是 $[a,b]$ 上的可微函数, 且 $F(a_1)=F(b_1)=0$. 因此根据罗尔中值定理, 存在 $\xi\in(a,b)$ 使得

$$F'(\xi)=g'(\xi)\mathrm{e}^{f(\xi)}+g(\xi)\mathrm{e}^{f(\xi)}\cdot f'(\xi)=\mathrm{e}^{f(\xi)}[g'(\xi)+g(\xi)f'(\xi)]=0,$$

由于 $\mathrm{e}^{f(\xi)}\neq 0$, 故

$$g'(\xi)+g(\xi)f'(\xi)=0.$$

(2) 令 $H(x)=f(x)^{g(x)}$, 则 $H(x)$ 是 $[a,b]$ 上的可微函数, 且 $H(a_1)=H(b_1)=1$. 因此根据罗尔中值定理, 存在 $\eta\in(a,b)$ 使得

$$H'(\eta)=f(\eta)^{g(\eta)}\left[g'(\eta)\ln f(\eta)+g(\eta)\frac{f'(\eta)}{f(\eta)}\right]=f(\eta)^{g(\eta)-1}[f(\eta)g'(\eta)\ln f(\eta)+g(\eta)f'(\eta)]=0,$$

由于 $f(\eta)>0,f(\eta)^{g(\eta)-1}>0$, 故

$$g'(\eta)f(\eta)\ln f(\eta)+g(\eta)f'(\eta)=0.$$

【注】本小题也可以令 $H(x)=g(x)\ln f(x)$ 来帮助证明, 两者实际上是异曲同工. ■

选例 2.6.27　设 $f(x)$ 在闭区间 $[a,b]$ 上有三阶连续导数, 且 $f'\left(\dfrac{a+b}{2}\right)=0$, 证明至少存在一个点 $\xi\in[a,b]$ 使得 $f(b)-f(a)=\dfrac{(b-a)^3}{24}f'''(\xi)$.

思路　利用泰勒公式.

解　由于 $f(x)$ 在闭区间 $[a,b]$ 上有三阶连续导数, 且 $f'\left(\dfrac{a+b}{2}\right)=0$, 故 $f(x)$ 在点 $x_0=\dfrac{a+b}{2}$ 处可以展开成二阶泰勒公式

$$f(x)=f\left(\frac{a+b}{2}\right)+f'\left(\frac{a+b}{2}\right)\left(x-\frac{a+b}{2}\right)+\frac{f''\left(\frac{a+b}{2}\right)}{2!}\left(x-\frac{a+b}{2}\right)^2+\frac{f'''(\eta)}{3!}\left(x-\frac{a+b}{2}\right)^3$$

$$=f\left(\frac{a+b}{2}\right)+\frac{f''\left(\frac{a+b}{2}\right)}{2!}\left(x-\frac{a+b}{2}\right)^2+\frac{f'''(\eta)}{3!}\left(x-\frac{a+b}{2}\right)^3 \text{ (其中}\eta\text{介于}x\text{与}\frac{a+b}{2}\text{之间).}$$

分别将 $x=a$ 与 $x=b$ 代入上式, 可得

$$f(a)=f\left(\frac{a+b}{2}\right)+\frac{f''\left(\frac{a+b}{2}\right)}{2!}\left(\frac{a-b}{2}\right)^2+\frac{f'''(\eta_1)}{3!}\left(\frac{a-b}{2}\right)^3,$$

$$f(b)=f\left(\frac{a+b}{2}\right)+\frac{f''\left(\frac{a+b}{2}\right)}{2!}\left(\frac{b-a}{2}\right)^2+\frac{f'''(\eta_2)}{2!}\left(\frac{b-a}{2}\right)^3,$$

上述两式相减得

$$f(b)-f(a)=\frac{f'''(\eta_2)+f'''(\eta_1)}{3!}\left(\frac{b-a}{2}\right)^3. \tag{2.6.1}$$

由于 $f'''(x)$ 在闭区间 $[a,b]$ 上连续, 故存在点 $\xi\in[\eta_1,\eta_2]\subset(a,b), \xi\in[a,b]$ 使得

$$f'''(\eta_2)+f'''(\eta_1)=2f'''(\xi).$$

代入(2.6.1)式得

$$f(b)-f(a)=\frac{2f'''(\xi)}{3!}\left(\frac{b-a}{2}\right)^3=\frac{(b-a)^3}{24}f'''(\xi).$$

【注】由拉格朗日定理, 存在 $\zeta\in(a,b)$ 使得 $f(b)-f(a)=f'(\zeta)(b-a)$. 因此在本题所给条件下, 也可以证明: 存在 $\xi,\eta\in(a,b)$ 使得 $f'(\xi)=\dfrac{(b-a)^2}{24}f'''(\eta)$. ■

选例 2.6.28　证明　当 $-1<x<1$ 时, 有 $x\ln\dfrac{1+x}{1-x}+\cos x\geqslant 1+\dfrac{1}{2}x^2$.

思路　利用最小值方法证明这个不等式.

证明　令 $f(x)=x\ln\dfrac{1+x}{1-x}+\cos x-1-\dfrac{1}{2}x^2$, 则 $f(x)$ 在 $(-1,1)$ 内连续且可导. 当 $x\in(-1,1)$ 时,

$$f'(x)=\ln\frac{1+x}{1-x}+\frac{2x}{1-x^2}-\sin x-x,$$

$$f''(x)=\frac{1}{1+x}-\frac{-1}{1-x}+\frac{2(1-x^2)+2x\cdot 2x}{(1-x^2)^2}-\cos x-1=\frac{4}{(1-x^2)^2}-\cos x-1\geqslant 3-\cos x>0,$$

因此 $f'(x)$ 单调递增, 且易知 $f'(0)=0$. 因此当 $x\in(-1,0)$ 时, $f'(x)<0, f(x)$ 单调递减; 当 $x\in(0,1)$ 时, $f'(x)>0$, $f(x)$ 单调递增. 可见 $f(0)=0$ 为 $f(x)$ 在 $(-1,1)$ 上的最小值. 故知当 $x\in(-1,1)$ 时, 有

$$f(x)\geqslant 0,\quad 即\ x\ln\frac{1+x}{1-x}+\cos x\geqslant 1+\frac{1}{2}x^2.$$ ■

选例 2.6.29　设函数 $f(x)$ 在区间 $[0,1]$ 上具有二阶导数, 且 $f(1)>0, \lim\limits_{x\to 0^+}\frac{f(x)}{x}<0$. 试证明

(1) 方程 $f(x)=0$ 在区间 $(0,1)$ 内至少存在一个实根.

(2) 方程 $f(x)f''(x)+[f'(x)]^2=0$ 在区间 $(0,1)$ 内至少存在两个实根.

思路　(1)　利用零点定理. 首先由 $\lim\limits_{x\to 0^+}\frac{f(x)}{x}<0$ 和极限的保号性质知, 存在 $a\in(0,1)$ 使得 $f(a)<0$, 从而在 $[a,1]$ 上可用零点定理.

(2) 由于 $f(x)f''(x)+[f'(x)]^2=[f(x)f'(x)]'$, 因此证明可对函数 $F(x)=f(x)f'(x)$ 使用两次罗尔定理来完成, 这样只需在 $[0,1]$ 中找到使得 $F(x)$ 的函数值相等的三个点即可.

证明　(1) 由 $\lim\limits_{x\to 0^+}\frac{f(x)}{x}<0$ 和极限的保号性质可知, 存在正数 δ 使得当 $x\in(0,\delta)$ 时, 有 $\frac{f(x)}{x}<0$. 任取一点 $a\in(0,\delta)$, 则 $f(a)<0$. 由于 $f(1)>0$, 且 $f(x)$ 在区间 $[0,1]$ 上具有二阶导数, 因而连续, 从而在区间 $[a,1]\subset[0,1]$ 上应用零点定理可知, 至少存在一个点 $\xi\in(a,1)\subset(0,1)$ 使得 $f(\xi)=0$. 即方程 $f(x)=0$ 在区间 $(0,1)$ 内至少存在一个实根 ξ.

(2) 令 $F(x)=f(x)f'(x)$, 则函数 $F(x)$ 在区间 $[0,1]$ 上具有一阶导数. 由于 $\lim\limits_{x\to 0^+}\frac{f(x)}{x}<0$, 故知极限 $\lim\limits_{x\to 0^+}\frac{f(x)}{x}<0$ 存在, 设 $\lim\limits_{x\to 0^+}\frac{f(x)}{x}=b$, 则 $b<0$, 且

$$f(0)=\lim_{x\to 0^+}f(x)=\lim_{x\to 0^+}\frac{f(x)}{x}\cdot x=b\times 0=0,$$

于是又有

$$b=\lim_{x\to 0^+}\frac{f(x)}{x}=\lim_{x\to 0^+}\frac{f(x)-f(0)}{x-0}=f'(0).$$

由 $f'(0)=b<0$ 及 $f(0)=0$, $f(1)>0$ 可知, $f(x)$ 在区间 $[0,1]$ 上的最小值在区间 $(0,1)$ 内取得, 且为负值. 设最小值在点 $c\in(0,1)$ 内取得, 且 $m=f(c)<0$. 由费马定理知, 必有 $f'(c)=0$.

再由(1)可知, 有

$$F(0)=f(0)f'(0)=0,\quad F(c)=f(c)f'(c)=0,\quad F(\xi)=f(\xi)f'(\xi)=0.$$

不妨设 $0<\xi<c<1$. 则在区间 $[0,\xi]$ 和 $[\xi,c]$ 上, 对函数 $F(x)$ 使用罗尔中值定理知, 至少存在 $\eta\in(0,\xi)$ 和 $\zeta\in(\xi,c)$ 使得 $F'(\eta)=F'(\zeta)=0$. 而

$$F'(x)=f(x)f''(x)+[f'(x)]^2.$$

因此 η 和 ζ 是方程 $f(x)f''(x)+[f'(x)]^2=0$ 在区间 $(0,1)$ 内的两个不同实根. ■

选例 2.6.30　设函数 $f(x)=x+a\ln(1+x)+bx\sin x, g(x)=cx^3$, 若 $f(x)$ 与 $g(x)$ 在 $x\to 0$

时是等价无穷小, 求常数 a,b,c 的值.

思路　把函数展开成三阶麦克劳林公式, 再利用等价无穷小概念建立方程组求解即可. 也可以使用洛必达法则求解.

解法一　由于 $f(x)$ 与 $g(x)$ 在 $x\to 0$ 时是等价无穷小, 故 $c\neq 0$, 因此 $g(x)$ 是三阶无穷小, 因此可把 $f(x)$ 在点 $x=0$ 处展开成三阶泰勒公式, 然后进行比较. 由于

$$\ln(1+x)=x-\frac{1}{2}x^2+\frac{1}{3}x^3+o(x^3),$$

$$\sin x=x-\frac{1}{6}x^3+o(x^3),$$

因此,

$$\begin{aligned}f(x)&=x+a\ln(1+x)+bx\sin x\\&=x+a\left(x-\frac{1}{2}x^2+\frac{1}{3}x^3\right)+bx\left(x-\frac{1}{6}x^3\right)+o(x^3)\\&=(a+1)x+\left(b-\frac{1}{2}a\right)x^2+\frac{1}{3}ax^3+o(x^3),\end{aligned}$$

于是由 $f(x)$ 与 $g(x)$ 在 $x\to 0$ 时是等价无穷小可知, 有

$$\begin{cases}a+1=0,\\ b-\dfrac{1}{2}a=0,\\ \dfrac{1}{3}a=c,\end{cases}$$

由此解得 $a=-1,b=-\dfrac{1}{2},c=-\dfrac{1}{3}$.

解法二　由于 $f(x)$ 与 $g(x)$ 在 $x\to 0$ 时是等价无穷小, 故 $c\neq 0$, 且 $g(x)$ 是三阶无穷小, 因此 $\lim\limits_{x\to 0}\dfrac{f(x)}{g(x)}=1$. 因为 $f(x)$ 与 $g(x)$ 在 $x=0$ 附近有任意阶导数, 故由洛必达法则得

$$1=\lim_{x\to 0}\frac{x+a\ln(1+x)+bx\sin x}{cx^3}=\lim_{x\to 0}\frac{1+\dfrac{a}{1+x}+b\sin x+bx\cos x}{3cx^2},$$

所以

$$\lim_{x\to 0}\left(1+\frac{a}{1+x}+b\sin x+bx\cos x\right)=1+a=0,$$

故 $a=-1$. 再用洛必达法则, 又得到

$$1=\lim_{x\to 0}\frac{\dfrac{1}{(1+x)^2}+2b\cos x-bx\sin x}{6cx},$$

于是又有

$$\lim_{x\to0}\left[\frac{1}{(1+x)^2}+2b\cos x-bx\sin x\right]=1+2b=0,$$

因此 $b=-\dfrac{1}{2}$. 再用洛必达法则, 又得到

$$1=\lim_{x\to0}\frac{\dfrac{-2}{(1+x)^3}+\dfrac{3}{2}\sin x+\dfrac{1}{2}x\cos x}{6c}=-\frac{1}{3c},$$

因此 $c=-\dfrac{1}{3}$. ■

选例 2.6.31　设 $f(x)$ 是周期为 4 的连续函数, 且在 $x=0$ 的某个邻域内满足

$$f(1-2\sin x)+4f(1+3\arcsin x)=3\arctan 2x+\alpha, \tag{2.6.2}$$

其中 α 为当 $x\to0$ 时较 x 高阶的无穷小, 且 $f(x)$ 在 $x=1$ 处可导, 求曲线 $y=f(x)$ 在点 $(5,f(5))$ 处的法线方程.

思路　首先利用 $f(x)$ 的连续性和可导性, 通过(2.6.2)式求出 $f(1)$ 和 $f'(1)$, 再利用周期性, 换算出 $f(5)$ 和 $f'(5)$, 然后用点斜式方程写出法线方程.

解　首先利用 $f(x)$ 的连续性, 对(2.6.2)式两边取 $x\to0$ 时的极限, 可得 $f(1)=0$. 于是有

$$\lim_{x\to0}\frac{f(1-2\sin x)+4f(1+3\arcsin x)}{x}=\lim_{x\to0}\frac{3\arctan 2x+\alpha}{x}=6,$$

而由 $f(x)$ 在 $x=1$ 处可导, 又有

$$\begin{aligned}\lim_{x\to0}\frac{f(1-2\sin x)+4f(1+3\arcsin x)}{x}&=\lim_{x\to0}\left[\frac{f(1-2\sin x)}{x}+\frac{4f(1+3\arcsin x)}{x}\right]\\&=\lim_{x\to0}\frac{f(1-2\sin x)-f(1)}{x}+4\lim_{x\to0}\frac{f(1+3\arcsin x)-f(1)}{x}\\&=-2\lim_{x\to0}\frac{f(1-2\sin x)-f(1)}{-2\sin x}+12\lim_{x\to0}\frac{f(1+3\arcsin x)-f(1)}{3\arcsin x}\\&=-2f'(1)+12f'(1)=10f'(1),\end{aligned}$$

因此 $f'(1)=\dfrac{3}{5}$. 由于 $f(x)$ 是周期为 4 的连续函数, 故 $f'(x)$ 也是周期为 4 的函数, 因此 $f(5)=f(1)=0$, $f'(5)=f'(1)=\dfrac{3}{5}$. 故所求的法线方程为

$$y-f(5)=-\frac{1}{f'(5)}(x-5)=0,\quad 即\ y=-\frac{5}{3}(x-5).$$ ■

选例 2.6.32　已知函数 $y(x)$ 由方程 $x^3+y^3-3x+3y-2=0$ 确定, 求 $y(x)$ 的极值.

思路　隐函数是可微函数, 因此可先确定驻点, 再用极值的充分条件确定其是否为极值点, 以及是哪种极值点, 求出极值.

解　对方程 $x^3+y^3-3x+3y-2=0$ 两边关于 x 求导, 得

$$3x^2+3y^2y'-3+3y'=0. \tag{2.6.3}$$

在上式中令 $y'=0$，可得 $3x^2-3=0$．解得函数 $y(x)$ 的两个驻点 $x=\pm1$．

当 $x=1$ 时，代入原方程可得 $y^3+3y-4=0$，它有唯一实根 $y=1$；当 $x=-1$ 时，代入原方程可得 $y^3+3y=0$，它有唯一实根 $y=0$．

对(2.6.3)式两边再关于 x 求导，得

$$6x+6y(y')^2+3y^2y''+3y''=0. \tag{2.6.4}$$

将 $x=1,y=1,y'=0$ 代入(2.6.4)式得 $y''=-1<0$；将 $x=-1,y=0,y'=0$ 代入(2.6.4)式得 $y''=2>0$．

因此，函数 $y(x)$ 在点 $x=1$ 处取得极大值 $y=1$；在点 $x=-1$ 处取得极小值 $y=0$．■

选例 2.6.33　若函数 $f(x)$ 在点 $x=0$ 处连续，在 $(0,\delta)(\delta>0)$ 内可导，且 $\lim\limits_{x\to0^+}f'(x)=A$，则 $f'_+(0)$ 存在，且 $f'_+(0)=A$．

思路　只能从定义出发来证明.

证明　函数 $f(x)$ 在点 $x=0$ 处连续，在 $(0,\delta)(\delta>0)$ 内可导，故对任一 $x\in(0,\delta)$，由拉格朗日中值定理，存在 $\xi_x\in(0,x)$ 使得 $f(x)-f(0)=f'(\xi_x)(x-0)$．且显然，当 $x\to0^+$ 时，也有 $\xi_x\to0^+$．因此由 $\lim\limits_{x\to0^+}f'(x)=A$ 可得

$$f'_+(0)=\lim_{x\to0^+}\frac{f(x)-f(0)}{x-0}=\lim_{x\to0^+}f'(\xi_x)=\lim_{\xi_x\to0^+}f'(\xi_x)=A.$$

【注】① 也可以用洛必达法则证明 $f'_+(0)=\lim\limits_{x\to0^+}\dfrac{f(x)-f(0)}{x-0}=\lim\limits_{x\to0^+}f'(x)=A.$

② 该命题的逆命题不成立：即由 $f'_+(0)=A$ 无法导出 $\lim\limits_{x\to0^+}f'(x)=A.$ 比如，下面这个例子就可以说明这一点：函数 $f(x)=\begin{cases}x^{\frac{3}{2}}\sin\dfrac{1}{x}, & x>0,\\ 0, & x\leqslant0\end{cases}$ 在点 $x=0$ 处连续，在 $(0,\delta)(\delta>0)$ 内可导，且 $f'_+(0)=0$，但是极限 $\lim\limits_{x\to0^+}f'(x)=\lim\limits_{x\to0^+}\left[\dfrac{3}{2}\sqrt{x}\sin\dfrac{1}{x}-\dfrac{1}{\sqrt{x}}\cos\dfrac{1}{x}\right]$ 不存在.■

选例 2.6.34　设奇函数 $f(x)$ 在 $[-1,1]$ 上具有二阶导数，且 $f(1)=1$．证明

(1) 存在点 $\xi\in(0,1)$ 使得 $f'(\xi)=1$.

(2) 存在点 $\eta\in(-1,1)$ 使得 $f''(\eta)+f'(\eta)=1$.

思路　(1)首先利用奇函数性质可得 $f(0)=0$，再在 $[0,1]$ 上使用拉格朗日中值定理即可；(2)要证明存在点 $\eta\in(-1,1)$ 使得 $f''(\eta)+f'(\eta)=1$．相当于 $(f'(\eta)-1)'+f'(\eta)-1=0$．因此可以构造辅助函数 $F(x)=\mathrm{e}^x(f'(x)-1)$，之所以这样构造，是因为有求导公式：$[\mathrm{e}^x\cdot(f'(x)-1)]'=\mathrm{e}^x(f''(x)+f'(x)-1)$．一般地说，要证明存在 η 使得 $\varphi(\eta)f(\eta)+f'(\eta)=0$，可构造辅助函数 $F(x)=f(x)\mathrm{e}^{\int\varphi(x)\mathrm{d}x}$．再利用罗尔定理得到所需结论．因为对 $F(x)$ 求导可得 $F'(x)=[f'(x)+f(x)\varphi(x)]\mathrm{e}^{\int\varphi(x)\mathrm{d}x}$.

证明 (1) 由于 $f(x)$ 为奇函数, 故 $f(0)=0$. 再由函数 $f(x)$ 在 $[-1,1]$ 上具有二阶导数, 且 $f(1)=1$. 由拉格朗日中值定理知, 存在点 $\xi\in(0,1)$ 使得 $f(1)-f(0)=f'(\xi)(1-0)$, 即 $f'(\xi)=1$.

(2) 首先, 由于 $f(x)$ 为 $[-1,1]$ 上具有二阶导数的奇函数, 且 $f(1)=1$, 故 $f(-1)=-1$. 与(1)同样的证明可知, 存在 $\xi'\in(-1,0)$ 使得

$$f(0)-f(-1)=f'(\xi')(0-(-1)),$$

即有 $f'(\xi')=1$.

令 $F(x)=\mathrm{e}^x[f'(x)-1]$, 则 $F(x)$ 在 $[-1,1]$ 上可导, 且

$$F(\xi)=\mathrm{e}^{\xi}[f'(\xi)-1]=0,\quad F(\xi')=\mathrm{e}^{\xi'}[f'(\xi')-1]=0.$$

因此, 由罗尔中值定理知, 存在 $\eta\in(\xi',\xi)\subset(-1,1)$ 使得

$$F'(\eta)=\mathrm{e}^{\eta}[f'(\eta)-1]+\mathrm{e}^{\eta}f''(\eta)=\mathrm{e}^{\eta}[f''(\eta)+f'(\eta)-1]=0.$$

由于 $\mathrm{e}^{\eta}\neq0$, 故 $f''(\eta)+f'(\eta)-1=0$, 即 $f''(\eta)+f'(\eta)=1$. ■

选例 2.6.35 设 $\mathrm{e}<a<b<\mathrm{e}^2$, 证明: $\ln^2 b-\ln^2 a>\dfrac{4}{\mathrm{e}^2}(b-a)$.

思路 不等式左边是函数增量形式, 因此可以使用微分中值定理, 然后再评估中值中的界.

证明 考虑函数 $f(x)=\ln^2 x$, 显然它在区间 $[a,b]$ 上满足拉格朗日定理的条件, 因此存在点 $\xi\in(a,b)$ 使得

$$\ln^2 b-\ln^2 a=f(b)-f(a)=f'(\xi)(b-a)=\frac{2\ln\xi}{\xi}(b-a).$$

再考虑函数 $g(x)=\dfrac{2\ln x}{x}$, 它在区间 $[a,b]$ 上可导, 并且由于 $\mathrm{e}<a<b<\mathrm{e}^2$, 故在 $[a,\mathrm{e}^2]$ 上有

$$g'(x)=\frac{2-2\ln x}{x^2}\leqslant\frac{2-2\ln a}{x^2}<\frac{2-2\ln\mathrm{e}}{x^2}=0,$$

因此 $g(x)$ 在 $[a,\mathrm{e}^2]$ 上单调递减, 从而有

$$\frac{2\ln\xi}{\xi}\geqslant\frac{2\ln b}{b}>\frac{2\ln\mathrm{e}^2}{\mathrm{e}^2}=\frac{4}{\mathrm{e}^2},$$

故

$$\ln^2 b-\ln^2 a=\frac{2\ln\xi}{\xi}(b-a)>\frac{4}{\mathrm{e}^2}(b-a).\ ■$$

选例 2.6.36 证明: 对任一自然数 n, 有 $\dfrac{2}{2n+1}<\ln\dfrac{n+1}{n}<\dfrac{1}{\sqrt{n^2+n}}$.

思路 转化为函数不等式, 借助于导数来证明.

证明 所需证明的不等式可以改写成

$$\frac{\frac{2}{n}}{2+\frac{1}{n}}<\ln\left(1+\frac{1}{n}\right)<\frac{\frac{1}{n}}{\sqrt{1+\frac{1}{n}}}.$$

若令 $\frac{1}{n}=x$，则只需证明如下不等式

$$\frac{2x}{2+x}<\ln(1+x)<\frac{x}{\sqrt{1+x}}\quad (0<x\leqslant 1). \tag{2.6.5}$$

为此，作辅助函数

$$f(x)=\frac{2x}{2+x}-\ln(1+x),\quad g(x)=\frac{x}{\sqrt{1+x}}-\ln(1+x),$$

则 $f(x)$ 与 $g(x)$ 都是 $[0,1]$ 上的可微函数，且 $f(0)=g(0)=0$．此外，当 $x\in(0,1)$ 时，

$$f'(x)=\frac{4}{(2+x)^2}-\frac{1}{1+x}=\frac{-x^2}{(2+x)^2(1+x)}<0,$$

$$g'(x)=\frac{\sqrt{1+x}-x\cdot\frac{1}{2\sqrt{1+x}}}{1+x}-\frac{1}{1+x}=\frac{\left(\sqrt{1+x}-1\right)^2}{2(1+x)\sqrt{1+x}}>0,$$

因此 $f(x)$ 在 $[0,1]$ 上单调递减，$g(x)$ 在 $[0,1]$ 上单调递增，从而当 $x\in(0,1]$ 时，$f(x)<0$，而 $g(x)>0$．因此不等式(2.6.5)是成立的．■

选例 2.6.37　比较 $\left(\sqrt{n}\right)^{\sqrt{n+1}}$ 与 $\left(\sqrt{n+1}\right)^{\sqrt{n}}$ 的大小(这里的自然数 $n>8$)．

思路　利用对数函数的单调递增性质，$\left(\sqrt{n}\right)^{\sqrt{n+1}}$ 与 $\left(\sqrt{n+1}\right)^{\sqrt{n}}$ 的大小关系与 $\ln\left(\sqrt{n}\right)^{\sqrt{n+1}}=\frac{\sqrt{n+1}}{2}\ln n$ 与 $\ln\left(\sqrt{n+1}\right)^{\sqrt{n}}=\frac{\sqrt{n}}{2}\ln(n+1)$ 的大小一致，为了避免根号运算，还可以通过比较 $\frac{n+1}{4}\ln^2 n$ 与 $\frac{n}{4}\ln^2(n+1)$ 来实现．这样只需要考虑 $n\geqslant 9$ 时，

$$(n+1)\ln^2 n-n\ln^2(n+1)=n(n+1)\left[\frac{\ln^2 n}{n}-\frac{\ln^2(n+1)}{n+1}\right]$$

的符号即可．又由于 $n(n+1)>0$，因此实际上只需要考虑 $n\geqslant 9$ 时 $\frac{\ln^2 n}{n}-\frac{\ln^2(n+1)}{n+1}$ 的符号即可．可见问题归结为数列 $\frac{\ln^2 n}{n}$ 的单调性，这样导数这个工具得以介入，应该就不难了．

解　设 $f(x)=\frac{\ln^2 x}{x}$，则 $f(x)$ 在 $[9,+\infty)$ 上可微，且当 $x>9$ 时，

$$f'(x)=\frac{2x\ln x\cdot\frac{1}{x}-\ln^2 x}{x^2}=\frac{(2-\ln x)\ln x}{x^2}<0,$$

这表明 $f(x)$ 在 $[9,+\infty)$ 上单调递减，因此当 $n\geqslant 9$ 时，有

$$\frac{\ln^2 n}{n}>\frac{\ln^2(n+1)}{n+1}.$$

从而

$$\left[\ln\left(\sqrt{n}\right)^{\sqrt{n+1}}\right]^2-\left[\ln\left(\sqrt{n+1}\right)^{\sqrt{n}}\right]^2=\frac{n+1}{4}\ln^2 n-\frac{n}{4}\ln^2(n+1)$$
$$=\frac{n(n+1)}{4}\left[\frac{\ln^2 n}{n}-\frac{\ln^2(n+1)}{n+1}\right]>0.$$

由此可知，当 $n>8$ 即 $n\geqslant 9$ 时有

$$\left(\sqrt{n}\right)^{\sqrt{n+1}}>\left(\sqrt{n+1}\right)^{\sqrt{n}}.\ ■$$

选例 2.6.38 证明：当 $0<x<\dfrac{\pi}{4}$ 时，有 $(\sin x)^{\cos x}<(\cos x)^{\sin x}$.

思路 通过取对数，证明等价不等式.

证明 令 $f(x)=\cos x\ln\sin x-\sin x\ln\cos x$，则 $f(x)$ 在 $\left(0,\dfrac{\pi}{4}\right]$ 上连续，在 $\left(0,\dfrac{\pi}{4}\right)$ 内可微，且

$$f'(x)=-\sin x\ln\sin x+\cos x\cdot\cot x-\cos x\ln\cos x-\sin x\cdot(-\tan x)$$
$$=-\sin x\ln\sin x-\cos x\ln\cos x+\cos x\cdot\cot x+\sin x\cdot\tan x.$$

由于在 $\left(0,\dfrac{\pi}{4}\right)$ 内 $\sin x,\cos x,\tan x,\cot x$ 都取正值，且 $\ln\sin x<0,\ln\cos x<0$，由此 $f'(x)>0$. 故 $f(x)$ 在 $\left(0,\dfrac{\pi}{4}\right]$ 内单调递增. 又由于 $f\left(\dfrac{\pi}{4}\right)=\dfrac{\sqrt{2}}{2}\ln\dfrac{\sqrt{2}}{2}-\dfrac{\sqrt{2}}{2}\ln\dfrac{\sqrt{2}}{2}=0$，故在 $\left(0,\dfrac{\pi}{4}\right)$ 内都有 $f(x)<0$. 即

$$\ln(\sin x)^{\cos x}<\ln(\cos x)^{\sin x}.$$

由于函数 $\ln u$ 单调递增，故有

$$(\sin x)^{\cos x}<(\cos x)^{\sin x}.\ ■$$

选例 2.6.39 证明：$e^{\pi}>\pi^{e}$.

思路 由于函数 $\ln x$ 单调递增，因此可以利用这两个数的对数值的大小来比较.

解 由于 $e^{\pi}>\pi^{e}$ 等价于 $\pi>e\ln\pi$，因此可以设 $f(x)=x-e\ln x$，则 $f(x)$ 在 $x\geqslant e$ 时可微，且当 $x>e$ 时，有

$$f'(x)=1-\frac{e}{x}>0,$$

故 $f(x)$ 在 $[e,+\infty)$ 上单调递增. 由于 $f(e)=e-e\ln e=0$，因此当 $x>e$ 时，$f(x)>0$. 由于 $\pi>e$，因此有 $f(\pi)>0$，即 $\pi>e\ln\pi$，从而 $e^{\pi}>\pi^{e}$. ■

选例 2.6.40 已知函数 $f(x)$ 在 $[0,1]$ 上连续，在 $(0,1)$ 上内可导，且 $f(0)=0$，$f(1)=1$. 证明

(1) 存在 $\xi\in(0,1)$ 使得 $f(\xi)=1-\xi$.

(2) 存在两个不同的 $\eta,\varsigma\in(0,1)$ 使得 $f'(\eta)f'(\varsigma)=1$.

思路 (1)的证明用零点定理很容易得到；(2)的证明可以分别在区间 $[0,\xi]$ 和 $[\xi,1]$ 上使用拉格朗日中值定理得到.

证明　(1) 令 $F(x)=f(x)+x-1$，则由已知条件可知，$F(x)$ 在 $[0,1]$ 上连续，且

$$F(0)=f(0)+0-1=-1<0,\quad F(1)=f(1)+1-1=1>0.$$

因此由零点定理知，存在 $\xi\in(0,1)$ 使得 $f(\xi)+\xi-1=0$，即 $f(\xi)=1-\xi$.

(2) 由题设条件知，$f(x)$ 在 $[0,\xi]$ 和 $[\xi,1]$ 上都满足拉格朗日中值定理的条件，因此存在 $\eta\in(0,\xi)$ 和 $\varsigma\in(\xi,1)$ 使得

$$f(\xi)-f(0)=f'(\eta)(\xi-0)\text{，且 } f(1)-f(\xi)=f'(\varsigma)(1-\xi),$$

故

$$f'(\eta)f'(\varsigma)=\frac{f(\xi)-f(0)}{\xi}\cdot\frac{f(1)-f(\xi)}{1-\xi}=\frac{1-\xi}{\xi}\cdot\frac{1-(1-\xi)}{1-\xi}=1.\ ■$$

选例 2.6.41　设函数 $f(x)$ 满足条件：对任意实数 x,y，都有 $f(x+y)=f(x)+f(y)$.

(1) 若 $f(x)$ 在点 $x=0$ 处连续，则 $f(x)$ 在 $(-\infty,+\infty)$ 上处处连续；

(2) 若 $f(x)$ 在点 $x=0$ 处可导，则 $f(x)$ 在 $(-\infty,+\infty)$ 上处处可导，且 $f(x)=f'(0)x$.

思路　首先由条件得出 $f(0)=0$，然后利用已知条件，结合连续和可导的定义来证明.

证明　(1) 在 $f(x+y)=f(x)+f(y)$ 中令 $x=y=0$ 得，$f(0)=2f(0)$，因此 $f(0)=0$. 对任一 x，由 $f(x)$ 在点 $x=0$ 处连续，可得

$$\lim_{\Delta x\to0}[f(x+\Delta x)-f(x)]=\lim_{\Delta x\to0}f(\Delta x)=f(0)=0.$$

因此 $f(x)$ 在点 x 处连续.

(2) 若 $f(x)$ 在点 $x=0$ 处可导，则对任一 x，有

$$\lim_{\Delta x\to0}\frac{f(x+\Delta x)-f(x)}{\Delta x}=\lim_{\Delta x\to0}\frac{f(\Delta x)}{\Delta x}=\lim_{\Delta x\to0}\frac{f(\Delta x)-f(0)}{\Delta x}=f'(0),$$

因此 $f'(x)=f'(0)$. 这说明

$$f'(x)\equiv f'(0),\quad x\in(-\infty,+\infty).$$

于是对任一 $x\neq0$，由拉格朗日中值定理，存在介于 0 与 x 之间的 ξ 使得

$$f(x)=f(x)-f(0)=f'(\xi)(x-0)=f'(0)x.\ ■$$

选例 2.6.42　(1) 设 $\lim\limits_{x\to0}\dfrac{\sin6x+xf(x)}{x^3}=0$，求 $\lim\limits_{x\to0}\dfrac{6+f(x)}{x^2}$.

(2) 设 $\lim\limits_{x\to0}\dfrac{\ln\left(1+\dfrac{f(x)}{\sin x}\right)}{\arctan^2x}=a$ (常数)，求 $\lim\limits_{x\to0}\dfrac{f(x)}{x^3}$.

思路　通过适当的变换，把所求极限转化为另一个极限的计算.

解　(1) 由于

$$\begin{aligned}0=\lim_{x\to0}\frac{\sin6x+xf(x)}{x^3}&=\lim_{x\to0}\frac{\sin6x-6x+6x+xf(x)}{x^3}\\&=\lim_{x\to0}\left[\frac{\sin6x-6x}{x^3}+\frac{6+f(x)}{x^2}\right],\end{aligned}$$

因此,

$$\lim_{x\to 0}\frac{6+f(x)}{x^2}=-\lim_{x\to 0}\frac{\sin 6x-6x}{x^3}=-\lim_{x\to 0}\frac{6\cos 6x-6}{3x^2}=2\lim_{x\to 0}\frac{\frac{1}{2}(6x)^2}{x^2}=36.$$

【注】这里要避免如下的错误:

由于 $\lim\limits_{x\to 0}\dfrac{\sin 6x+xf(x)}{x^3}=\lim\limits_{x\to 0}\dfrac{6x+xf(x)}{x^3}=\lim\limits_{x\to 0}\dfrac{6+f(x)}{x^2}$，故 $\lim\limits_{x\to 0}\dfrac{6+f(x)}{x^2}=0$.

(2) 由于 $\lim\limits_{x\to 0}\dfrac{\ln\left(1+\dfrac{f(x)}{\sin x}\right)}{\arctan^2 x}=a$，故

$$\lim_{x\to 0}\ln\left(1+\frac{f(x)}{\sin x}\right)=\lim_{x\to 0}\left[\frac{\ln(1+\frac{f(x)}{\sin x})}{\arctan^2 x}\cdot\arctan^2 x\right]=a\cdot 0=0,$$

由此可知，$\lim\limits_{x\to 0}\dfrac{f(x)}{\sin x}=0$. 因此

$$a=\lim_{x\to 0}\frac{\ln\left(1+\frac{f(x)}{\sin x}\right)}{\arctan^2 x}=\lim_{x\to 0}\frac{\frac{f(x)}{\sin x}}{x^2}=\lim_{x\to 0}\frac{f(x)}{x^3},$$

即有 $\lim\limits_{x\to 0}\dfrac{f(x)}{x^3}=a$. ■

选例 2.6.43 求极限 $\lim\limits_{x\to e}\dfrac{(\arctan x^x-\arctan e^x)^2}{(x-e)\ln\dfrac{x}{e}}$.

思路 这是 $\dfrac{0}{0}$ 型不定式的极限，通常的方法当然都可以帮助处理该极限的计算问题. 我们这里介绍一种把比较复杂的部分先利用微分中值定理简化处理的方法. 注意到整个函数当中比较复杂的部分是分子 $(\arctan x^x-\arctan e^x)^2$，由于 $\arctan t$ 是个处处可微函数，因此由 Lagrange 中值定理可知，存在 $0<\theta<1$ 使得

$$\arctan x^x-\arctan e^x=\frac{1}{1+[x^x+\theta(x^x-e^x)]^2}\cdot(x^x-e^x),$$

而当 $x\to e$ 时，$x^x+\theta(x^x-e^x)\to e^e$. 利用这一点，我们可以比较方便地求出所求极限.

解 $\arctan t$ 是个处处可微函数，因此由拉格朗日中值定理可知，存在 $0<\theta<1$ 使得

$$\arctan x^x-\arctan e^x=\frac{1}{1+[x^x+\theta(e^x-x^x)]^2}\cdot(x^x-e^x),$$

而当 $x\to e$ 时，$x^x+\theta(e^x-x^x)\to e^e$. 因此

$$\lim_{x\to e}\frac{(\arctan x^x-\arctan e^x)^2}{(x-e)\ln\frac{x}{e}}=\lim_{x\to e}\left(\frac{\arctan x^x-\arctan e^x}{x^x-e^x}\right)^2\cdot\frac{(x^x-e^x)^2}{(x-e)\ln\frac{x}{e}}$$

$$=\lim_{x\to e}\left(\frac{1}{1+[x^x+\theta(e^x-x^x)]^2}\right)^2\cdot\frac{(e^{x\ln x}-e^x)^2}{(x-e)\ln\left[1+\frac{x-e}{e}\right]}$$

$$=\lim_{x\to e}\left(\frac{1}{1+e^{2e}}\right)^2\cdot\frac{e^{2x}\cdot(e^{x\ln x-x}-1)^2}{(x-e)\cdot\frac{x-e}{e}}$$

$$=\lim_{x\to e}\left(\frac{1}{1+e^{2e}}\right)^2\cdot\frac{e^{2e+1}\cdot(x\ln x-x)^2}{(x-e)^2}$$

$$=\frac{e^{2e+1}}{[1+e^{2e}]^2}\left[\lim_{x\to e}\frac{x\ln x-x}{x-e}\right]^2$$

$$=\frac{e^{2e+1}}{[1+e^{2e}]^2}\left[\lim_{x\to e}\frac{\ln x+1-1}{1}\right]^2=\frac{e^{2e+1}}{[1+e^{2e}]^2}.\blacksquare$$

选例 2.6.44　求极限 $\lim\limits_{x\to0}\frac{\sin(\tan x)-\tan(\sin x)}{x-\tan x}$.

思路　首先应该注意到，分母 $x-\tan x$ 是三阶无穷小. 一种方法是通过插入 $\sin(\sin x)$ 把分子改写成 $[\sin(\tan x)-\sin(\sin x)]+[\sin(\sin x)-\tan(\sin x)]$，从而把极限写成两个极限的和的形式，再利用微分中值定理和换元法分别求出两个极限；另一种方法是，注意到分母恰好是三阶无穷小，把分子中的两个函数分别展开成三阶泰勒公式，进而求出极限值.

解法一　注意到当 $x\to0$ 时，

$$\lim_{x\to0}\frac{x-\tan x}{x^3}=\lim_{x\to0}\frac{1-\sec^2x}{3x^2}=\lim_{x\to0}\frac{-\tan^2x}{3x^2}=\lim_{x\to0}\frac{-x^2}{3x^2}=-\frac{1}{3},$$

因此当 $x\to0$ 时，$x-\tan x\sim-\frac{1}{3}x^3$，因此 $x-\tan x$ 是 3 阶无穷小. 于是由拉格朗日中值定理，存在介于 $\sin x$ 与 $\tan x$ 之间的 ξ_x 使得

$$\lim_{x\to0}\frac{\sin(\tan x)-\tan(\sin x)}{x-\tan x}=\lim_{x\to0}\frac{\sin(\tan x)-\sin(\sin x)}{-\frac{1}{3}x^3}+\lim_{x\to0}\frac{\sin(\sin x)-\tan(\sin x)}{-\frac{1}{3}x^3}$$

$$=-3\lim_{x\to0}\frac{\cos\xi_x\cdot(\tan x-\sin x)}{x^3}-3\lim_{x\to0}\frac{\sin(\sin x)-\tan(\sin x)}{\sin^3x}$$

$$=-3\lim_{x\to0}\frac{\cos\xi_x\cdot\tan x(1-\cos x)}{x^3}-3\lim_{t\to0}\frac{\sin t-\tan t}{t^3}$$

$$=-3\lim_{x\to0}\frac{\cos\xi_x\cdot x\cdot\frac{1}{2}x^2}{x^3}+3\lim_{t\to0}\frac{\tan t(1-\cos t)}{t^3}$$

$$=-3\lim_{x\to0}\cos\xi_x\cdot\lim_{x\to0}\frac{x\cdot\frac{1}{2}x^2}{x^3}+3\lim_{t\to0}\frac{t\cdot\frac{1}{2}t^2}{t^3}=-\frac{3}{2}+\frac{3}{2}=0.$$

注意，由于当 $x\to0$ 时，$x\sim\tan x\sim\sin x$，因此 $\lim\limits_{x\to0}\cos\xi_x=\cos0=1$.

解法二 由解法一知，当 $x\to 0$ 时，$x-\tan x\sim -\dfrac{1}{3}x^3$，因此 $x-\tan x$ 是3阶无穷小. 把 $\sin x$ 与 $\tan x$ 展开成 3 阶泰勒公式得

$$\sin x = x-\frac{1}{6}x^3+o(x^3),\quad \tan x = x+\frac{1}{3}x^3+o(x^3).$$

由于当 $x\to 0$ 时，$x\sim\tan x\sim\sin x$，因此

$$\sin(\tan x)=\tan x-\frac{1}{6}\tan^3 x+o(x^3),\quad \tan(\sin x)=\sin x+\frac{1}{3}\sin^3 x+o(x^3).$$

因此

$$\begin{aligned}\lim_{x\to 0}\frac{\sin(\tan x)-\tan(\sin x)}{x-\tan x}&=\lim_{x\to 0}\frac{\sin(\tan x)-\tan(\sin x)}{-\frac{1}{3}x^3}\\&=-3\lim_{x\to 0}\frac{\tan x-\frac{1}{6}\tan^3 x-\sin x-\frac{1}{3}\sin^3 x+o(x^3)}{x^3}\\&=-3\left[\lim_{x\to 0}\frac{\tan x-\sin x}{x^3}-\frac{1}{2}\right]=-3\left[\lim_{x\to 0}\frac{\tan x(1-\cos x)}{x^3}-\frac{1}{2}\right]\\&=-3\left[\lim_{x\to 0}\frac{x\cdot\frac{1}{2}x^2}{x^3}-\frac{1}{2}\right]=0.\ \blacksquare\end{aligned}$$

2.7 配套教材小节习题参考解答

习题 2.1

习题2.1参考解答

1. 假设物体的运动方程为 $s(t)=5t-\dfrac{1}{2}t^2(\text{m})$，求 1s 时的瞬时速度.

2. 假定下列各题中 $f'(x_0)$ 存在，按照导数的定义求各极限值.

(1) $\displaystyle\lim_{\Delta t\to 0}\frac{f(x_0-\Delta x)-f(x_0)}{\Delta x}$；

(2) $\displaystyle\lim_{h\to 0}\frac{f(x_0+\alpha h)-f(x_0-\beta h)}{h}$(其中 α,β 为非零常数)；

(3) $\displaystyle\lim_{x\to x_0}\frac{xf(x_0)-x_0f(x)}{x-x_0}$.

3. 已知 $f'(x_0)=-2$，求 $\displaystyle\lim_{x\to 0}\frac{x}{f(x_0-2x)-f(x_0)}$.

4. 求曲线 $y=3^x$ 在点 $(0,1)$ 处的切线方程和法线方程.

5. 在抛物线 $y=x^2$ 上求一点，使得过该点的切线平行于直线 $y=6x+1$. 该抛物线上哪一点的切线垂直于直线 $3x-6y+7=0$？

6. 已知函数 $f(x)$ 在 $x-2$ 处连续，且 $\displaystyle\lim_{x\to 2}\frac{f(x)}{x-2}=4$，求 $f'(2)$.

7. 讨论下列函数在 $x=0$ 处的连续性与可导性.

(1) $y=|\tan x|$;　(2) $y=\begin{cases} x^a\sin\dfrac{1}{x}, & x>0, \\ 0, & x\leqslant 0. \end{cases}$

8. 已知 $y=x^2-x$, 计算在 $x=2$ 处 $\Delta x=0.1$ 和 $\Delta x=0.01$ 时的 Δy 和 $\mathrm{d}y$.

9. 计算下列函数的微分.

(1) $y=\sqrt[5]{x}$;　(2) $y=\dfrac{1}{\sqrt[3]{x^2}}$;　(3) $y=\lg x$.

10. 当 $|x|$ 很小时, 证明下列一次近似式.

(1) $\mathrm{e}^x\approx 1+x$;　(2) $\sin x\approx x$;　(3) $\ln(1+x)\approx x$.

11. 利用微分计算近似值.

(1) $\sqrt[4]{16.16}$;　(2) $\ln 1.002$;　(3) $\mathrm{e}^{1.03}$.

12. 确定常数 a,b, 使 $y=\begin{cases} a\mathrm{e}^x+b, & x\leqslant 0, \\ \dfrac{\ln(1+x^2)}{x}, & x>0 \end{cases}$ 在 $x=0$ 处可导.

13. 证明双曲线 $xy=a^2$ 上任意一点处的切线与两坐标轴围成的三角形的面积为定值.

习题 2.2

习题2.2参考解答

1. 推导下列函数的导数公式.

(1) $(\cot x)'=-\csc^2 x$;　(2) $(\csc x)'=-\cot x\csc x$;

(3) $(\operatorname{arccot} x)'=-\dfrac{1}{1+x^2}$;　(4) $(\cosh x)'=\sinh x$.

2. 求下列函数的导数.

(1) $y=\mathrm{e}^{x-\cos x}$;　(2) $y=\dfrac{2x}{1-x^2}$;　(3) $y=\dfrac{\sin x}{x+\cos x}$;

(4) $y=x\cot x-\sec x$;　(5) $y=\arctan\sqrt{1-x^2}$;　(6) $y=x\arcsin\dfrac{1}{x}$;

(7) $y=\mathrm{e}^{-\arctan\sqrt{x}}$;　(8) $y=\ln^2\left(1+\sqrt[3]{x}\right)$;　(9) $y=\ln\left(x+\sqrt{a^2+x^2}\right)$;

(10) $y=\ln(\tan x)$;　(11) $y=\ln\dfrac{x+\sqrt{1-x^2}}{x}$;　(12) $y=\sec^3(\ln x)$.

3. 求下列函数的微分 $\mathrm{d}y$.

(1) $y=\tan^3(1+x^2)$;　(2) $y=(x^2+2)^3$;　(3) $y=\ln(\sec x+\cot x)$;

(4) $y=\ln\sqrt{\dfrac{(x+1)(x^2+3)}{x+2}}$;　(5) $y=\arctan\dfrac{1-x}{2+x}$;

(6) $y=\sin^n x\cos nx$ (其中 n 为正整数);　(7) $y=\log_a(x^3+3x)$;

(8) $y=\arcsin\dfrac{x}{1+x^2}$;　(9) $y=\mathrm{e}^{\tan\frac{1}{x}}\cdot\sin\dfrac{1}{x}$;　(10) $y=\tanh(\ln x)$.

4. 求下列函数在给定点处的导数.

(1) $y = x\tan x + \cos x$，求 $\left.\dfrac{dy}{dx}\right|_{x=\frac{\pi}{3}}$；　　(2) $y = \arctan e^x + \dfrac{1}{x}$，求 $\left.\dfrac{dy}{dx}\right|_{x=1}$.

5. 将适当的函数填入下列括号内，使等式成立.

(1) $d(\quad) = e^{-5x}\,dx$；　(2) $d(\quad) = \dfrac{1}{\sqrt[3]{x}}dx$；　(3) $d(\quad) = \dfrac{1}{a^2+x^2}dx$；

(4) $d(\quad) = \dfrac{e^x}{1+e^x}dx$；(5) $d(\quad) = \dfrac{1}{\cos^2(2x-1)}dx$；　(6) $d(\quad) = e^{x^2}\,dx^2$.

6. 假设 $f(x)$ 的导函数在 $x=1$ 处连续，且 $f'(1)=2$，求 $\lim\limits_{x\to 0^+}\dfrac{d}{dx}f\left(\cos\sqrt{x}\right)$.

7. 设 $f(x)$ 可导，求下列函数的导数 $\dfrac{dy}{dx}$.

(1) $y = \arctan f(x)$；　　(2) $y = f(\sin^2 x) + f(\cos^2 x)$；

(3) $y = \ln[1+f(x)]$；　　(4) $y = f(e^{\tan x})$.

8. 问底数 a 为何值时，直线 $y = x$ 才能与曲线 $y = \log_a x$ 相切？在何处相切？

9. 设 $f(x)$ 在 $(-l,l)$ 内可导，证明：如果 $f(x)$ 是偶函数，那么 $f'(x)$ 是奇函数；如果 $f(x)$ 是奇函数，那么 $f'(x)$ 是偶函数.

习题 2.3

习题2.3参考解答

1. 求下列方程所确定的隐函数 $y = y(x)$ 的导数 $\dfrac{dy}{dx}$.

(1) $y^2 + 2xy + 5 = 0$；　　(2) $y = \tan(x+y)$；

(3) $x^{\frac{2}{3}} + y^{\frac{2}{3}} = a^{\frac{2}{3}}$ (其中 a 为正常数)；　　(4) $y + \sin(x+y) = 0$.

2. 求下列由参数方程确定的函数的导数 $\dfrac{dy}{dx}$.

(1) $\begin{cases} x = 1+t^2, \\ y = t + \sin t; \end{cases}$　　(2) $\begin{cases} x = e^{3t}\cos^2 t, \\ y = e^{3t}\sin^2 t. \end{cases}$

3. 求出下列曲线在所给参数值的相应的点处的切线方程和法线方程.

(1) $\begin{cases} x = 3e^t, \\ y = 2e^{-t} \end{cases}$ 在 $t=0$ 处；　　(2) $\begin{cases} x - e^x\sin t + 1 = 0, \\ y - t^3 - 2t = 0 \end{cases}$ 在 $t=0$ 处.

4. 用对数求导法求下列函数的导数.

(1) $y = (1+\sin x)^{\frac{1}{x}}$；　　(2) $y = (x^2+1)^{\tan x}$；

(3) $y = \dfrac{(x+1)^2\sqrt[3]{x^2+1}}{(x^2+2)\sqrt{x}}$；　　(4) $y = \sqrt{x\sin x\sqrt[3]{1+\cos x}}$.

5. 落在平静水面上的石头，产生同心波纹. 若最外一圈波半径的增大速率总是 6m/s，问在 3s 末扰动水面面积增大的速率为多少？

6. 以体流量为 $4\text{m}^3/\text{min}$ 往一深 8m、上顶直径 8m 的正圆锥形容器中注水. 当水深为 5m 时, 其水面上升的速率是多少?

7. 一架巡逻直升机在距地面 3km 的高度以 120km/h 的常速沿着一条水平笔直的高速公路向前飞行. 飞行员观察到迎面驶来一辆汽车, 通过雷达测出直升机与汽车间的距离为 5km, 并且此距离以 160km/h 的速率减少. 试求出汽车行进的速度.

习题 2.4

习题2.4参考解答

【补注】下面几个常用的高阶导数公式应该要记住: 其中 a,b,λ 为常数, 且 $a\neq 0$.

(1) $[\mathrm{e}^{ax+b}]^{(n)}=a^n\mathrm{e}^{ax+b}$.

(2) $[\sin(ax+b)]^{(n)}=a^n\sin\left(ax+b+\dfrac{n\pi}{2}\right)$.

(3) $[\cos(ax+b)]^{(n)}=a^n\cos\left(ax+b+\dfrac{n\pi}{2}\right)$.

(4) $[(ax+b)^{\lambda}]^{(n)}=a^n\lambda(\lambda-1)\cdots(\lambda-n+1)(ax+b)^{\lambda-n}$.

(5) $[\ln(ax+b)]^{(n)}=\dfrac{a^n(-1)^{n-1}(n-1)!}{(ax+b)^n}$.

(6) 若 $u(x),v(x)$ 都有 n 阶导数, a,b 为常数, 则

$$[au(x)\pm bv(x)]^{(n)}=au^{(n)}(x)\pm bv^{(n)}(x);\quad [u(x)v(x)]^{(n)}=\sum_{k=0}^{n}\mathrm{C}_n^k u^{(k)}(x)v^{(n-k)}(x).$$

1. 求下列函数的二阶导数.

(1) $y=\ln\sqrt{1+x^2}$;　(2) $y=x\sin^2 x$;

(3) $y=\sin(\ln x)+\cos(\ln x)$;　(4) $y=3x^3\arcsin x+(x^2+2)\sqrt{1-x^2}$;

(5) $y=\dfrac{x^2}{\mathrm{e}^x}$;　(6) $y=\dfrac{x^2+1}{2}(\arctan x)^2-x\arctan x+\dfrac{1}{2}\ln(1+x^2)$.

2. 求下列函数的导数值.

(1) $f(x)=(2+x^2)\ln(2+x^2)$, 求 $f''(0)$;　(2) $f(x)=\ln\left(x+\sqrt{1+x^2}\right)$, 求 $f''(0)$.

3. 求下列方程所确定的隐函数 $y=y(x)$ 的二阶导数 $\dfrac{\mathrm{d}^2y}{\mathrm{d}x^2}$.

(1) $y=2+x\cos y$;　(2) $xy+\mathrm{e}^y+1=0$;

(3) $y^2+2\ln y-x^4=0$;　(4) $\sqrt{x^2+y^2}=8\mathrm{e}^{\arctan\frac{y}{x}}$.

4. 设 $f''(x)$ 存在, 求下列函数 y 的二阶导数.

(1) $y=f(\mathrm{e}^x)$;　(2) $y=f\left(\dfrac{1}{x}\right)$;　(3) $y=f(\arctan x)$;　(4) $y=\ln[f(x)]$.

5. 求下列参数方程所确定的函数的二阶导数 $\dfrac{\mathrm{d}^2y}{\mathrm{d}x^2}$.

(1) $\begin{cases} x = e^{-t}\cos t, \\ y = e^{t}\sin t; \end{cases}$　　(2) $\begin{cases} x = \sqrt{1+t^2}, \\ y = t - \arctan t. \end{cases}$

6. 求下列函数的 n 阶导数的一般表达式.

(1) $y = xe^{x}$;　　(2) $y = \dfrac{1}{x^2+2x-8}$;

(3) $y = \sin^2 x$;　　(4) $y = \ln(x^2 - x - 2)$.

7. 求下列函数所指定阶的导数:

(1) $y = e^{x}\sin x$, 求 $y^{(4)}$.　　(2) $y = x\ln x$, 求 $y^{(100)}$.

习题 2.5

习题2.5参考解答

1. 证明: 方程 $4x^3 - 3x^2 + 2x - 1 = 0$ 在 $(0,1)$ 内至少有一根.

2. 不用求出函数 $f(x) = (x-1)(x-2)(x-3)(x-4)$ 的导数, 说明方程 $f'(x) = 0$ 有几个实根, 并指出它们所在的区间.

3. 设函数 $f(x)$ 在 $[0,1]$ 上连续, 在 $(0,1)$ 内可导, 并且 $f(1) = 0$. 证明: 至少存在一点 $\xi \in (0,1)$ 使得 $f'(\xi) = -\dfrac{2f(\xi)}{\xi}$.

4. 设函数 $f(x)$ 在 $[a,b]$ 上连续, 在 (a,b) 内可导, 并且 $f(a) = f(b) = 0$. 证明: 至少存在一点 $\xi \in (a,b)$ 使得 $f'(\xi) + f(\xi) = 0$.

5. 验证函数 $f(x) = \begin{cases} 1 - x^2, & -1 \leqslant x < 0, \\ 1 + x^2, & 0 \leqslant x \leqslant 1 \end{cases}$ 在 $[-1,1]$ 上是否满足拉格朗日中值定理条件? 若满足, 求出满足定理的中值 ξ.

6. 证明下列恒等式.

(1) $\arcsin x + \arccos x = \dfrac{\pi}{2} (x \in [-1,1])$; (2) $\arcsin\sqrt{1-x^2} + \arctan\dfrac{x}{\sqrt{1-x^2}} = \dfrac{\pi}{2} (x \in (0,1))$.

7. 证明下列不等式.

(1) $|\sin x - \sin y| \leqslant |x - y|$;

(2) 当 $a > b > 0$ 时, $\dfrac{a-b}{a} < \ln\dfrac{a}{b} < \dfrac{a-b}{b}$;

(3) 当 $x > 0$ 时, $e^{x} > 1 + x$.

8. 将多项式 $P(x) = x^3 + 3x^2 - 2x + 4$ 按 $(x+1)$ 的乘幂展开.

9. 写出下列函数在指定点处的带有佩亚诺型余项的三阶泰勒公式:

(1) $f(x) = \sin x$, 在 $x = \dfrac{\pi}{4}$ 处;　　(2) $f(x) = \sqrt{x}$, 在 $x = 1$ 处.

10. 写出下列函数的带有拉格朗日型余项的 n 阶麦克劳林公式:

(1) $f(x) = \cos x$;　　(2) $f(x) = xe^{x}$;

(3) $f(x) = \dfrac{1}{1+x}$;　　(4) $f(x) = \dfrac{1-x}{1+x}$.

11. 利用麦克劳林公式求下列极限.

(1) $\lim\limits_{x\to 0}\dfrac{\ln(1+x)-x+\dfrac{5}{2}\sin x^2}{x^2}$;　　(2) $\lim\limits_{x\to 0}\dfrac{e^x\sin x-x(1+x)}{x^2\tan x}$.

12. 应用三阶泰勒公式计算 $\sqrt[3]{30}$ 的近似值, 并估计误差.

习题 2.6

习题2.6参考解答

1. 用洛必达法则求下列极限.

(1) $\lim\limits_{x\to 0}\dfrac{e^x-e^{-x}}{\tan x}$;　　(2) $\lim\limits_{x\to \frac{\pi}{6}}\dfrac{1-2\sin x}{\cos 3x}$;　　(3) $\lim\limits_{x\to \frac{\pi}{2}}\dfrac{\tan 5x}{\tan x}$;

(4) $\lim\limits_{x\to 0}\dfrac{\sin x-x\cos x}{x(1-\cos x)}$;　　(5) $\lim\limits_{x\to 0}\dfrac{\arctan x-x}{\ln(1+x^3)}$;　　(6) $\lim\limits_{x\to 0}\left(\dfrac{1}{x}-\dfrac{1}{e^x-1}\right)$;

(7) $\lim\limits_{x\to 1}\left(\dfrac{x}{x-1}-\dfrac{1}{\ln x}\right)$;　　(8) $\lim\limits_{x\to 0}\left(\dfrac{1+x}{1-e^{-x}}-\dfrac{1}{x}\right)$;　　(9) $\lim\limits_{x\to 0^+}\left(\dfrac{1}{x}\right)^{\sin x}$;

(10) $\lim\limits_{x\to 0^+}x^{\sin x}$;　　(11) $\lim\limits_{x\to 0}\left(\dfrac{\arcsin x}{x}\right)^{\frac{1}{x^2}}$;　　(12) $\lim\limits_{x\to +\infty}\left(\dfrac{2}{\pi}\arctan x\right)^x$;

(13) $\lim\limits_{x\to 0}\dfrac{(1+x)^{\frac{1}{x}}-e}{x}$;　　(14) $\lim\limits_{x\to 0}\left(\dfrac{\ln(1+x)}{x}\right)^{\frac{1}{\sin x}}$.

2. 验证下列极限存在, 但不能用洛必达法则求极限.

(1) $\lim\limits_{x\to 0}\dfrac{x^2\sin\dfrac{1}{x}}{\sin x}$;　　(2) $\lim\limits_{x\to \infty}\dfrac{x+\sin x}{x+\cos x}$.

3. 设 $x\to 0$ 时, $e^x-(ax^2+bx+c)$ 是比 x^2 高阶的无穷小, 求 a,b 的值.

4. 讨论函数

$$f(x)=\begin{cases}\left[\dfrac{(1+x)^{\frac{1}{x}}}{e}\right]^{\frac{1}{x}}, & x>0,\\ e^{-\frac{1}{2}}, & x\leqslant 0\end{cases}$$

在点 $x=0$ 处的连续性.

习题 2.7

习题2.7参考解答

1. 确定下列函数的单调区间.

(1) $y=2x^3+3x^2-12x+1$;　　(2) $y=\dfrac{2x}{1+x^2}$;

(3) $y=x+\sqrt{1-x}$;　　(4) $y=x^n e^{-x}\,(n>0,x\geqslant 0)$.

2. 求下列函数的极值.

(1) $y=x^2\ln(1+x^2)+1$;　　(2) $y=\sqrt[x]{x}$;

(3) $y=\sqrt{x}\ln x$;　　(4) $y=\mathrm{e}^x\sin x$.

3. 讨论下列曲线的凹凸性和拐点.

(1) $y=x^3-3x^2+5x$;　　(2) $y=x^4(12\ln x-7)$;

(3) $y=x\mathrm{e}^{-x}$;　　(4) $y=x-\arctan x$.

4. 证明下列不等式.

(1) $x>\ln(1+x)(x>0)$;　　(2) $\tan x>x+\dfrac{1}{3}x^3\left(0<x<\dfrac{\pi}{2}\right)$;

(3) $\dfrac{2}{\pi}x<\sin x<x\left(0<x<\dfrac{\pi}{2}\right)$;　　(4) $\ln\sqrt{\dfrac{1+x}{1-x}}>\sin x(0<x<1)$.

5. 利用曲线的凹凸性, 证明下列不等式.

(1) $\dfrac{\mathrm{e}^x+\mathrm{e}^y}{2}>\mathrm{e}^{\frac{x+y}{2}}\ (x\neq y)$;　　(2) $\dfrac{1}{2}(\ln x+\ln y)<\ln\dfrac{x+y}{2}(x>0,y>0,x\neq y)$.

6. 求下列函数在指定区间上的最大值和最小值.

(1) $y=x^4-8x^2+2,\quad x\in[-1,3]$;　　(2) $y=\mathrm{e}^{|x-3|},\quad x\in[-5,5]$.

7. 证明曲线 $y=\dfrac{x-1}{x^2+1}$ 有三个拐点位于同一直线上.

8. 试确定曲线 $y=ax^3+bx^2+cx+d$ 中的 a,b,c,d, 使得 $x=-2$ 处曲线的切线为水平, 点 $(1,-10)$ 为拐点, 且点 $(-2,44)$ 在曲线上.

9. 求曲线 $y=x\mathrm{e}^{\frac{1}{x^2}}$ 的渐近线.

10. 描绘下列函数的图像.

(1) $y=\dfrac{2x-1}{(x-1)^2}$;　　(2) $y=x^2\mathrm{e}^{-x}$.

11. 在曲线 $y=9-x^2$ 的第一象限部分上求一点 $M(x_0,y_0)$, 使得过此点所作切线与两条坐标轴所围成的三角形的面积最小.

12. 作半径为 r 的球的外切正圆锥, 问此圆锥的高 h 为何值时, 其体积 V 最小? 并求出该最小值.

13. 从一块半径为 R 的圆铁片上挖去一个扇形, 留下的部分做成一个漏斗, 问留下的扇形中心角 φ 取多大时, 做成的漏斗容积最大?

14. 求下列曲线在指定点的曲率:

(1) $y=\ln x$ 在点 $(1,0)$ 处;　　(2) $2x^2+y^2=1$ 在点 $(0,1)$ 处.

15. 问曲线 $y=2x^2-4x+3$ 上哪一点处曲率最大? 并对其做几何解释.

习题 2.8

习题2.8参考解答

1. 某商品的总收益 R 关于销售量 x 的函数为 $R(x)=100x-0.2x^2$, 当销售量为 50 个单位时的边际收益为多少?

2. 某产品的成本函数为 $C(x)=2x^2+3x+10$，收益函数为 $R(x)=3x^2+50x,x$ 表示产品的销售量. 求

(1) 边际成本函数、边际收益函数和边际利润函数;

(2) 销售 25 个单位产品时的边际利润.

3. 假设某商品的需求函数为 $y=50-x^2$，求当价格 $x=5$ 时的需求弹性, 并说明其经济意义.

总习题二参考解答

1. 单项选择题.

(1) 已知 $f'(1)=-1$，则 $\lim\limits_{x\to1}\dfrac{f(3-2x)-f(1)}{x-1}=(\quad)$.

(A) 1　　(B) 2　　(C) -2　　(D) -1

(2) 已知 $f(x)=ax^2+bx+1$ 在 $x=1$ 处取得极大值 2, 则(　　).

(A) $a=1,\quad b=2$　(B) $a=-1,\quad b=2$　(C) $a=-1,\quad b=-2$　(D) $a=1,\quad b=-2$

(3) 设函数 $f(x)=\begin{cases}\dfrac{x}{1+e^{\frac{1}{x}}}, & x\neq0,\\ 0, & x=0,\end{cases}$ 则 $f(x)$ 在 $x=0$ 点(　　).

(A) 极限不存在　　(B) 极限存在但不连续

(C) 连续但不可导　　(D) 可导

(4) 对可导函数 $f(x)$ 而言，$f'(x_0)=0$ 是 $f(x)$ 在点 $x=x_0$ 处取极值的(　　)条件.

(A) 必要而非充分　　(B) 充分而非必要

(C) 充分且必要　　(D) 既非充分也非必要

(5) 已知函数 $y=f(x)$ 对一切 x 满足 $xf''(x)+3x[f'(x)]^2=1-e^{-x}$，若 $f'(x_0)=0(x_0\neq0)$，则(　　).

(A) $f(x_0)$ 是 $f(x)$ 的极大值　　(B) $f(x_0)$ 是 $f(x)$ 的极小值

(C) $(x_0,f(x_0))$ 是 $y=f(x)$ 的拐点　　(D) 以上都不对

解 (1) 正确答案应该是(B): 因为计算可得

$$\lim_{x\to1}\frac{f(3-2x)-f(1)}{x-1}=\lim_{x\to1}\frac{f(1+(2-2x))-f(1)}{2-2x}\cdot\frac{2-2x}{x-1}=f'(1)\cdot(-2)=2.$$

(2) 正确答案应该是(B): 因为由已知条件可知，应该有 $f'(1)=0$，$f(1)=2$．而 $f'(x)=2ax+b$，因此有

$$2a+b=0,\quad a+b+1=2,$$

由此可解得: $a=-1,\ b=2$.

(3) 正确答案应该是(C): 由于$0<\dfrac{1}{1+e^{\frac{1}{x}}}<1$, 计算可知

$$\lim_{x\to 0}f(x)=\lim_{x\to 0}\frac{x}{1+e^{\frac{1}{x}}}=0=f(0),$$

这表明, $f(x)$在$x=0$处连续. 然而, 由于

$$f'_+(0)=\lim_{x\to 0^+}\frac{f(x)-f(0)}{x-0}=\lim_{x\to 0^+}\frac{\dfrac{x}{1+e^{\frac{1}{x}}}-0}{x-0}=\lim_{x\to 0^+}\frac{1}{1+e^{\frac{1}{x}}}=0,$$

$$f'_-(0)=\lim_{x\to 0^-}\frac{f(x)-f(0)}{x-0}=\lim_{x\to 0^-}\frac{\dfrac{x}{1+e^{\frac{1}{x}}}-0}{x-0}=\lim_{x\to 0^-}\frac{1}{1+e^{\frac{1}{x}}}=1,$$

可见, $f(x)$在$x=0$处的左右导数虽然存在, 但是不相等, 因此$f(x)$在$x=0$处不可导. 因此选择(C).

(4) 正确答案应该是(A): 必要性由教材上定理 2.7.2 可知, 而下面这个例子则表明$f'(x_0)=0$不是$f(x)$在点$x=x_0$处取极值的充分条件. 令$f(x)=x^3$, $x_0=0$. 则显然$x<0$时$f(x)<0$; $x>0$时$f(x)>0$. 而$f(0)=0$在点$x=0$的任何邻域内都既不是最大值, 也不是最小值, 因此$f(0)=0$不是极值. 但是, 却有$f'(0)=0$. 因此应该选择(A).

(5) 正确答案应该是(B): 由于函数$y=f(x)$对一切x满足$xf''(x)+3x[f'(x)]^2=1-e^{-x}$, 将条件$f'(x_0)=0(x_0\neq 0)$代入, 得到

$$x_0f''(x_0)=1-e^{-x_0}, \quad 即\ f''(x_0)=\frac{1-e^{-x_0}}{x_0}.$$

若$x_0<0$, 则$1-e^{-x_0}<0$, 从而$f''(x_0)=\dfrac{1-e^{-x_0}}{x_0}>0$. 若$x_0>0$, 则$1-e^{-x_0}>0$, 也有$f''(x_0)=\dfrac{1-e^{-x_0}}{x_0}>0$. 因此只要$x_0\neq 0$, 总有$f''(x_0)>0$. 这样, 由$f'(x_0)=0$和$f''(x_0)>0$可知, x_0是$f(x)$的极小值点. 因此, 应该选择(B). ■

2. 填空题.

(1) 用"$\rightarrow$"或"$\rightleftarrows$"表示在一点处函数极限存在、连续、可导、可微之间的关系: 可微________可导________连续________极限存在.

(2) 设$f(x)=x(x-1)(x-2)\cdots(x-2018)$, 则$f'(0)=$________.

(3) 设函数$y=y(x)$由方程$y+xe^y=2$所确定, 则$y'(0)=$________.

(4) 设$f(x)$在$x=0$点连续, 且$\lim\limits_{x\to 0}\dfrac{f(x)-e^x+1}{\sin x}=2$, 则$f'(0)=$________.

(5) 函数$f(x)=\dfrac{x^2}{x-1}$的麦克劳林公式中x^{20}项的系数为________.

解　(1) 可微 $\underline{\quad\rightleftarrows\quad}$ 可导 $\underline{\quad\rightarrow\quad}$ 连续 $\underline{\quad\rightarrow\quad}$ 极限存在.

(2) 2018！由于 $f'(x)=[(x-1)(x-2)\cdots(x-2018)]+x\cdot[(x-1)(x-2)\cdots(x-2018)]'$，故

$$f'(0)=[(0-1)(0-2)\cdots(0-2018)]+0\cdot[(x-1)(x-2)\cdots(x-2018)]'\big|_{x=0}$$
$$=(-1)(-2)(-3)\cdots(-2018)=(-1)^{2018}2018!=2018!.$$

因此有 $f'(0)=2018!$.

(3) $-\mathrm{e}^2$. 对方程 $y+x\mathrm{e}^y=2$ 两边关于 x 求导，可得

$$y'+\mathrm{e}^y+x\mathrm{e}^y\cdot y'=0.$$

又将 $x=0$ 代入方程 $y+x\mathrm{e}^y=2$ 可得 $y=2$. 将 $x=0$ 和 $y=2$ 一起代入上式，可得 $y'=-\mathrm{e}^2$. 因此有 $y'(0)=-\mathrm{e}^2$.

(4) 3. 由于 $f(x)$ 在 $x=0$ 点连续，故 $f(0)=\lim\limits_{x\to0}f(x)$. 因此由 $\lim\limits_{x\to0}\dfrac{f(x)-\mathrm{e}^x+1}{\sin x}=2$ 可得

$$f(0)=\lim_{x\to0}f(x)=\lim_{x\to0}(f(x)-\mathrm{e}^x+1)=\lim_{x\to0}\sin x\cdot\frac{f(x)-\mathrm{e}^x+1}{\sin x}=0\cdot2=0.$$

于是

$$f'(0)=\lim_{x\to0}\frac{f(x)}{x}=\lim_{x\to0}\frac{f(x)}{\sin x}=\lim_{x\to0}\left[\frac{f(x)-\mathrm{e}^x+1}{\sin x}+\frac{\mathrm{e}^x-1}{\sin x}\right]=2+1=3.$$

故应该填3.

(5) -1. 由于

$$f(x)=\frac{x^2}{x-1}=\frac{x^2-1+1}{x-1}=x+1+\frac{1}{x-1},$$

故

$$f^{(20)}(x)=\left[x+1+\frac{1}{x-1}\right]^{(20)}=[x+1]^{(20)}+\left[\frac{1}{x-1}\right]^{(20)}=[(x-1)^{-1}]^{(20)}$$
$$=(-1)(-1-1)(-1-2)\cdots(-1-20+1)(x-1)^{-1-20}=\frac{20!}{(x-1)^{21}}.$$

由此可得 $f^{(20)}(0)=-20$！因此，函数 $f(x)=\dfrac{x^2}{x-1}$ 的麦克劳林公式中 x^{20} 项的系数为 $\dfrac{f^{(20)}(0)}{20!}=-1$. 故应该填 -1. ■

3. 设 $f'(x_0)$ 存在, a 为常数，且 $a\neq0$. 求 $\lim\limits_{h\to0}\dfrac{f\left(x_0+\dfrac{h}{a}\right)-f\left(x_0-\dfrac{h}{a}\right)}{h}$.

解　由于 $f'(x_0)$ 存在，且 $a\neq0$. 故

$$\lim_{h\to 0}\frac{f\left(x_0+\frac{h}{a}\right)-f\left(x_0-\frac{h}{a}\right)}{h}=\frac{1}{a}\left[\lim_{h\to 0}\frac{f\left(x_0+\frac{h}{a}\right)-f(x_0)}{\frac{h}{a}}+\lim_{h\to 0}\frac{f\left(x_0-\frac{h}{a}\right)-f(x_0)}{-\frac{h}{a}}\right]$$

$$=\frac{1}{a}[f'(x_0)+f'(x_0)]=\frac{2}{a}f'(x_0).\ ■$$

4. 求下列函数的微分 dy.

(1) $y=\left(\frac{a}{b}\right)^x\cdot\left(\frac{b}{x}\right)^a\cdot\left(\frac{x}{a}\right)^b$ (其中 a,b 都是正常数);　(2) $y^2=x^2\cdot\frac{a+x}{a-x}$ (其中 a 为常数).

解　(1)　首先, 取对数得

$$\ln y=x\ln\left(\frac{a}{b}\right)+a\ln\left(\frac{b}{x}\right)+b\ln\left(\frac{x}{a}\right)=x\ln\left(\frac{a}{b}\right)+(b-a)\ln x+a\ln b-b\ln a.$$

对上式两边取微分, 可得

$$\frac{1}{y}dy=\ln\left(\frac{a}{b}\right)dx+\frac{b-a}{x}dx,$$

因此

$$dy=y\left[\ln\left(\frac{a}{b}\right)+\frac{b-a}{x}\right]dx,$$

或者

$$dy=\left(\frac{a}{b}\right)^x\cdot\left(\frac{b}{x}\right)^a\cdot\left(\frac{x}{a}\right)^b\left[\ln\left(\frac{a}{b}\right)+\frac{b-a}{x}\right]dx.$$

(2)　对 $y^2=x^2\cdot\frac{a+x}{a-x}$ 两边取微分, 可得

$$2ydy=2xdx\cdot\frac{a+x}{a-x}+x^2\cdot d\left(\frac{a+x}{a-x}\right)=2xdx\cdot\frac{a+x}{a-x}+x^2\cdot\frac{(a-x)dx-(a+x)(-dx)}{(a-x)^2},$$

由此整理可得,

$$dy=\frac{ax^2+a^2x-x^3}{(a-x)^2y}dx=\left(\frac{1}{x}+\frac{a}{a^2-x^2}\right)ydx.\ ■$$

5.　求下列函数的导数.

(1)　$y=\arctan\frac{1+x}{1-x}$;　(2)　$y=x^{e^x}$;

(3) 设 $f(x)$ 可导, $y=f(e^{-x}+\sin x)$;　(4)　$y=x^{\cos x}$.

解　(1) 直接求导可得

$$y'=\frac{1}{1+\left(\frac{1+x}{1-x}\right)^2}\cdot\left(\frac{1+x}{1-x}\right)'=\frac{(1-x)^2}{(1+x)^2+(1-x)^2}\cdot\frac{1\cdot(1-x)-(-1)(1+x)}{(1-x)^2}=\frac{1}{1+x^2}.$$

(2) 由于 $y=x^{e^x}=e^{\ln x^{e^x}}=e^{e^x\ln x}$，由此有

$$y'=e^{e^x\ln x}\cdot(e^x\ln x)'=e^{e^x\ln x}\cdot\left(e^x\ln x+e^x\cdot\frac{1}{x}\right)=e^{x+e^x\ln x}\cdot\left(\ln x+\frac{1}{x}\right).$$

(3) 由于 $f(x)$ 可导，故由复合函数求导法则，有

$$y'=f'(e^{-x}+\sin x)\cdot(e^{-x}+\sin x)'=(-e^{-x}+\cos x)f'(e^{-x}+\sin x).$$

(4) 由于 $y=x^{\cos x}=e^{\ln x^{\cos x}}=e^{\cos x\cdot\ln x}$，因此有

$$y'=e^{\cos x\cdot\ln x}\cdot(\cos x\cdot\ln x)'=e^{\cos x\cdot\ln x}\cdot\left(-\sin x\cdot\ln x+\cos x\cdot\frac{1}{x}\right)=x^{\cos x}\left(-\sin x\cdot\ln x+\frac{\cos x}{x}\right). ■$$

6. 设 $f(x)=\dfrac{x}{x^2+4x+3}$，求 $f^{(n)}(x)$.

解 由于

$$f(x)=\frac{x}{x^2+4x+3}=\frac{x}{(x+1)(x+3)}=\frac{1}{2}\cdot\frac{3(x+1)-(x+3)}{(x+1)(x+3)}=\frac{3}{2}(x+3)^{-1}-\frac{1}{2}(x+1)^{-1},$$

因此

$$\begin{aligned}f^{(n)}(x)&=\frac{3}{2}[(x+3)^{-1}]^{(n)}-\frac{1}{2}[(x+1)^{-1}]^{(n)}\\&=\frac{3}{2}(-1)(-1-1)(-1-2)(-1-n+1)(x+3)^{-1-n}-\frac{1}{2}(-1)(-1-1)(-1-2)(-1-n+1)(x+1)^{-1-n}\\&=\frac{(-1)^n n!}{2}\left[\frac{3}{(x+3)^{n+1}}-\frac{1}{(x+1)^{n+1}}\right]. ■\end{aligned}$$

7. 设 $\begin{cases}x=(t^2+1)e^t,\\ y=t^2e^{2t},\end{cases}$ 求 $\dfrac{dy}{dx}$, $\dfrac{d^2y}{dx^2}$.

解 由于

$$\frac{dx}{dt}=2te^t+(t^2+1)e^t=(t+1)^2e^t,\quad \frac{dy}{dt}=2te^{2t}+t^2e^{2t}\cdot 2=2t(t+1)e^{2t}.$$

故由参数方程确定的函数的求导法则可得

$$\frac{dy}{dx}=\frac{\frac{dy}{dt}}{\frac{dx}{dt}}=\frac{2t(t+1)e^{2t}}{(t+1)^2e^t}=\frac{2te^t}{t+1}.$$

$$\begin{aligned}\frac{d^2y}{dx^2}&=\frac{d}{dx}\left(\frac{2te^t}{t+1}\right)=\frac{d}{dt}\left(\frac{2te^t}{t+1}\right)\cdot\frac{dt}{dx}=\frac{d}{dt}\left(\frac{2te^t}{t+1}\right)\cdot\frac{1}{\frac{dx}{dt}}=\frac{(2+2t)e^t\cdot(t+1)-1\cdot 2te^t}{(t+1)^2}\cdot\frac{1}{(t+1)^2e^t}\\&=\frac{2(t^2+t+1)}{(t+1)^4}. ■\end{aligned}$$

8. 求下列极限:

(1) $\lim\limits_{x\to1}\dfrac{x-x^x}{1-x+\ln x}$；　　(2) $\lim\limits_{x\to0^+}x^{\frac{1}{\ln(e^x-1)}}$；

(3) $\lim\limits_{x\to0}\left(\dfrac{1}{\sin^2 x}-\dfrac{1}{x^2}\right)$;　　(4) $\lim\limits_{x\to\infty}\left(\sin\dfrac{1}{x}+\cos\dfrac{1}{x}\right)^x$.

解 (1) 这是$\dfrac{0}{0}$型不定式，利用洛必达法则，可得

$$\lim_{x\to1}\frac{x-x^x}{1-x+\ln x}=\lim_{x\to1}\frac{x-e^{x\ln x}}{1-x+\ln x}=\lim_{x\to1}\frac{1-e^{x\ln x}(\ln x+1)}{-1+\dfrac{1}{x}}\left(\text{仍然为}\frac{0}{0}\text{型不定式}\right)$$

$$=\lim_{x\to1}\frac{-e^{x\ln x}(\ln x+1)^2-e^{x\ln x}\cdot\dfrac{1}{x}}{-\dfrac{1}{x^2}}=2.$$

(2) 这是0^0型不定式，指数换底公式、指数函数的连续性和洛必达法则，可得

$$\lim_{x\to0^+}x^{\frac{1}{\ln(e^x-1)}}=\lim_{x\to0^+}e^{\frac{1}{\ln(e^x-1)}\ln x}=\exp\left[\lim_{x\to0^+}\frac{\ln x}{\ln(e^x-1)}\right]=\exp\left[\lim_{x\to0^+}\frac{\dfrac{1}{x}}{\dfrac{1}{e^x-1}\cdot e^x}\right]$$

$$=\exp\left[\lim_{x\to0^+}\frac{e^x-1}{x}\cdot\frac{1}{e^x}\right]=\exp\left[\lim_{x\to0^+}\frac{x}{x}\cdot\frac{1}{e^x}\right]=\exp(1\times1)=e.$$

(3) 这是$\infty-\infty$型不定式，先通分再利用等价无穷小替换和洛必达法则，可得

$$\lim_{x\to0}\left(\frac{1}{\sin^2 x}-\frac{1}{x^2}\right)=\lim_{x\to0}\frac{x^2-\sin^2 x}{x^2\sin^2 x}=\lim_{x\to0}\frac{x^2-\sin^2 x}{x^4}=\lim_{x\to0}\frac{x-\sin x}{x^3}\cdot\frac{x+\sin x}{x}$$

$$=2\lim_{x\to0}\frac{x-\sin x}{x^3}=2\lim_{x\to0}\frac{1-\cos x}{3x^2}=\frac{2}{3}\lim_{x\to0}\frac{\dfrac{1}{2}x^2}{x^2}=\frac{1}{3}.$$

(4) 这是1^∞型不定式，先换元再利用指数函数的连续性和等价无穷小替换或洛必达法则，可得

解法一

$$\lim_{x\to\infty}\left(\sin\frac{1}{x}+\cos\frac{1}{x}\right)^x\overset{x=\frac{1}{t}}{=\!=\!=}\lim_{t\to0}(\sin t+\cos t)^{\frac{1}{t}}=\exp\left[\lim_{t\to0}\frac{1}{t}\ln(\sin t+\cos t)\right]$$

$$=\exp\left[\lim_{t\to0}\frac{1}{t}(\sin t+\cos t-1)\right]=\exp(1+0)=e.$$

解法二

$$\lim_{x\to\infty}\left(\sin\frac{1}{x}+\cos\frac{1}{x}\right)^x\overset{x=\frac{1}{t}}{=\!=\!=}\lim_{t\to0}(\sin t+\cos t)^{\frac{1}{t}}=\exp\left[\lim_{t\to0}\frac{1}{t}\ln(\sin t+\cos t)\right]$$

$$=\exp\left[\lim_{t\to0}\frac{\ln(\sin t+\cos t)}{t}\right]=\exp\left[\lim_{t\to0}\frac{\dfrac{\cos t-\sin t}{\sin t+\cos t}}{1}\right]=e.\ ■$$

9. 证明下列不等式:

(1) 当$0<a<b$时，$\dfrac{\ln b-\ln a}{b-a}>\dfrac{2}{a+b}$;

(2) 当 $x>0$ 时，$\ln\left(1+\frac{1}{x}\right)<\frac{1}{\sqrt{x^2+x}}$.

证明　(1) 令 $f(x)=(a+x)\ln\frac{x}{a}-2(x-a)$，则当 $a>0$ 时，$f(x)$ 在 $[a,+\infty)$ 上有任意阶的连续导数，且当 $x>a$ 时，

$$f'(x)=\ln\frac{x}{a}+\frac{a+x}{x}-2=\ln\frac{x}{a}+\frac{a}{x}-1,$$

$$f''(x)=\frac{1}{x}-\frac{a}{x^2}=\frac{x-a}{x^2}>0,$$

因此 $f'(x)$ 在 $[a,+\infty)$ 上单调递增. 又由于 $f'(a)=0$，因此当 $x>a$ 时，$f'(x)>0$，从而 $f(x)$ 在 $[a,+\infty)$ 上单调递增. 因为 $f(a)=0$，故当 $x>a$ 时，$f(x)>0$. 于是，当 $0<a<b$ 时，

$$f(b)=(a+b)\ln\frac{b}{a}-2(b-a)>0,\quad 即有\ \frac{\ln b-\ln a}{b-a}>\frac{2}{a+b}.$$

(2) 令 $f(x)=\ln\left(1+\frac{1}{x}\right)-\frac{1}{\sqrt{x^2+x}}$，则 $f(x)$ 是 $(0,+\infty)$ 上的可微函数，并且当 $x\in(0,+\infty)$ 时，有

$$f'(x)=\frac{1}{1+\frac{1}{x}}\cdot\left(-\frac{1}{x^2}\right)+\frac{\frac{2x+1}{2\sqrt{x^2+x}}}{x^2+x}=\frac{2x+1-2\sqrt{x^2+x}}{2(x^2+x)\sqrt{x^2+x}}=\frac{\left(\sqrt{x+1}-\sqrt{x}\right)^2}{2(x^2+x)\sqrt{x^2+x}}>0.$$

因此 $f(x)$ 是 $(0,+\infty)$ 上的单调递增函数. 又由于

$$\lim_{x\to+\infty}f(x)=\lim_{x\to+\infty}\left[\ln\left(1+\frac{1}{x}\right)-\frac{1}{\sqrt{x^2+x}}\right]=0,$$

故当 $x\in(0,+\infty)$ 时，有 $f(x)<0$. 因此当 $x>0$ 时，

$$\ln\left(1+\frac{1}{x}\right)<\frac{1}{\sqrt{x^2+x}}.\ \blacksquare$$

10. 设 $f(x)$ 在 $[0,1]$ 上连续，在 $(0,1)$ 内可导，且 $f(0)=0$，$f(1)=1$. 常数 $a>0$，$b>0$. 证明:

(1) 存在 $\xi\in(0,1)$ 使得 $f(\xi)=\frac{a}{a+b}$;

(2) 存在 $\eta,\zeta\in(0,1),\zeta\neq\eta$，使得 $\frac{a}{f'(\eta)}+\frac{b}{f'(\zeta)}=a+b$.

证明　(1) 令 $g(x)=f(x)-\frac{a}{a+b}$，则 $g(x)$ 在 $[0,1]$ 上连续，且由 $f(0)=0$，$f(1)=1$ 可得

$$g(0)=f(0)-\frac{a}{a+b}=-\frac{a}{a+b}<0,\quad g(1)=f(1)-\frac{a}{a+b}=\frac{b}{a+b}>0,$$

因此由零点定理知，存在 $\xi\in(0,1)$ 使得 $g(\xi)=0$，即 $f(\xi)=\frac{a}{a+b}$.

(2) 由于 $f(x)$ 在 $[0,1]$ 上连续，在 $(0,1)$ 内可导，且(1)中的 $\xi\in(0,1)$，故 $f(x)$ 在 $[0,\xi]$ 上

连续, 在 $(0,\xi)$ 内可导, 因此由拉格朗日中值定理知, 存在 $\eta\in(0,\xi)$ 使得

$$f'(\eta)=\frac{f(\xi)-f(0)}{\xi-0}=\frac{\frac{a}{a+b}-0}{\xi}=\frac{a}{(a+b)\xi}.$$

同理, $f(x)$ 在 $[\xi,1]$ 上连续, 在 $(\xi,1)$ 内可导, 因此由拉格朗日中值定理知, 存在 $\zeta\in(\xi,1)$ 使得

$$f'(\zeta)=\frac{f(1)-f(\xi)}{1-\xi}=\frac{1-\frac{a}{a+b}}{1-\xi}=\frac{b}{(a+b)(1-\xi)}.$$

于是,

$$\frac{a}{f'(\eta)}+\frac{b}{f'(\zeta)}=(a+b)\xi+(a+b)(1-\xi)=a+b. \blacksquare$$

11. 设 $f(x)$ 在 $[0,1]$ 上连续, 在 $(0,1)$ 内可导, 且 $\lim\limits_{x\to0^+}\dfrac{f(x)}{\sin x}=2$. 证明: 至少存在一个 $\xi\in(0,1)$ 使得

$$f(\xi)=(1-\xi)f'(\xi).$$

证明 由于 $f(x)$ 在 $[0,1]$ 上连续, 在 $(0,1)$ 内可导, 且 $\lim\limits_{x\to0^+}\dfrac{f(x)}{\sin x}=2$. 故

$$f(0)=\lim_{x\to0^+}f(x)=\lim_{x\to0^+}\frac{f(x)}{\sin x}\cdot\sin x=2\cdot0=0.$$

令 $F(x)=(x-1)f(x)$, 则 $F(x)$ 在 $[0,1]$ 上连续, 在 $(0,1)$ 内可导, 且 $F(0)=-f(0)=0$, $F(1)=0\cdot f(1)=0$. 因此由罗尔中值定理知, 至少存在一个 $\xi\in(0,1)$ 使得

$$F'(\xi)=0,\quad 即\ f(\xi)=(1-\xi)f'(\xi). \blacksquare$$

12. 曲线 $y=\dfrac{k}{2}(x^2-3)^2$ 在拐点处的法线过原点, 问 k 取何值?

解 由于

$$y'=k(x^2-3)\cdot2x=2kx(x^2-3),\quad y''=2k(x^2-3)+4kx^2=6k(x^2-1).$$

令 $y''=0$, 解得 $x=\pm1$. 由题设不难看出, $k\neq0$. 由 y'' 的表达式可知, y'' 在 $x=-1$ 和 $x=1$ 的左右两侧都有变号, 因此它们所对应的点 $(-1,2k)$ 和 $(1,2k)$ 都是曲线 $y=\dfrac{k}{2}(x^2-3)^2$ 的拐点. 由于 $y'(-1)=4k$, $y'(1)=-4k$, 故曲线在点 $(-1,2k)$ 处的法线方程为

$$y-2k=-\frac{1}{4k}(x+1),$$

由假设该法线过原点, 因此 $0-2k=-\dfrac{1}{4k}(0+1)$, 由此解得 $k=\pm\dfrac{\sqrt{2}}{4}$.

曲线在点 $(1,2k)$ 处的法线方程为

$$y-2k=\frac{1}{4k}(x-1),$$

由假设该法线过原点，因此 $0-2k=\frac{1}{4k}(0-1)$，由此也解得 $k=\pm\frac{\sqrt{2}}{4}$.

因此，若曲线 $y=\frac{k}{2}(x^2-3)^2$ 在拐点处的法线过原点，则必有 $k=\pm\frac{\sqrt{2}}{4}$.■

13. 设 $y=f(x)$ 在 $x=x_0$ 的某个邻域内具有三阶连续导数，如果 $f'(x_0)=0$，$f''(x_0)=0$ 而 $f'''(x_0)\neq 0$，试问 $x=x_0$ 是否为极值点？为什么？又 $(x_0,f(x_0))$ 是否为拐点？为什么？

解　不妨设 $f'''(x_0)>0$. 则由于 $f''(x_0)=0$，故

$$f'''(x_0)=\lim_{x\to x_0}\frac{f''(x)-f''(x_0)}{x-x_0}=\lim_{x\to x_0}\frac{f''(x)}{x-x_0}>0.$$

由极限的保号性质，存在一个 $\delta>0$ 使得当 $x\in\mathring{U}(x_0,\delta)$ 时，都有 $\frac{f''(x)}{x-x_0}>0$. 因此，当 $x_0-\delta<x<x_0$ 时，$f''(x)<0$；当 $x_0<x<x_0+\delta$ 时，$f''(x)>0$. 因此 $(x_0,f(x_0))$ 是曲线 $y=f(x)$ 的拐点.

由上面的讨论知，$f'(x)$ 在 $(x_0-\delta,x_0)$ 内单调递减，在 $(x_0,x_0+\delta)$ 内单调递增. 由于 $f'(x)$ 连续，且 $f'(x_0)=0$，故在 $U(x_0,\delta)$ 内恒有 $f'(x)\geqslant 0$. 从而 $f(x)$ 在 $U(x_0,\delta)$ 内单调递增，故 $x=x_0$ 不是极值点.■

14. 设常数 $a>0$，函数 $f(x)=\frac{1}{3}ax^3-x$，讨论并求出函数 $f(x)$ 在闭区间 $\left[0,\frac{1}{a}\right]$ 上的最大值和最小值.

解　由于 $f(x)=\frac{1}{3}ax^3-x$ 是闭区间 $\left[0,\frac{1}{a}\right]$ 上的可微函数，因此其最大值和最小值必定存在. 令

$$f'(x)=ax^2-1=0,$$

解得函数的驻点为 $x=\frac{1}{\sqrt{a}}$.

若 $a>1$，则 $\frac{1}{\sqrt{a}}>\frac{1}{a}$，此时在 $\left[0,\frac{1}{a}\right]$ 上恒有 $f'(x)<0$，函数 $f(x)$ 单调递减，因此 $f(x)$ 在闭区间 $\left[0,\frac{1}{a}\right]$ 上的最大值和最小值分别为 $f(0)=0$ 和 $f\left(\frac{1}{a}\right)=\frac{1-3a}{3a^2}$.

若 $0<a\leqslant 1$，则 $\frac{1}{\sqrt{a}}\in\left[0,\frac{1}{a}\right]$，直接计算可得

$$f(0)=0,\quad f\left(\frac{1}{\sqrt{a}}\right)=\frac{1}{3}a\left(\frac{1}{\sqrt{a}}\right)^3-\frac{1}{\sqrt{a}}=-\frac{2}{3\sqrt{a}},\quad f\left(\frac{1}{a}\right)=\frac{1}{3}a\left(\frac{1}{a}\right)^3-\frac{1}{a}=\frac{1-3a}{3a^2}.$$

由于

$$f\left(\frac{1}{a}\right)-f\left(\frac{1}{\sqrt{a}}\right)=\frac{1-3a}{3a^2}-\left(-\frac{2}{3\sqrt{a}}\right)=\frac{1-3a+2a\sqrt{a}}{3a^2}=\frac{(\sqrt{a}-1)^2(2\sqrt{a}+1)}{3a^2}\geqslant 0,$$

且 $f\left(\dfrac{1}{\sqrt{a}}\right)=-\dfrac{2}{3\sqrt{a}}<0$，由此不难得出:

若 $0<a<\dfrac{1}{3}$，则 $f\left(\dfrac{1}{\sqrt{a}}\right)=-\dfrac{2}{3\sqrt{a}}$ 为最小值，而 $f\left(\dfrac{1}{a}\right)=\dfrac{1-3a}{3a^2}$ 为最大值;

若 $1\geqslant a\geqslant\dfrac{1}{3}$，则 $f(0)=0$ 为最大值，而 $f\left(\dfrac{1}{\sqrt{a}}\right)=-\dfrac{2}{3\sqrt{a}}$ 为最小值.■

15. 求点 (p,p) 到抛物线 $y^2=2px$ 的最短距离.

解　设 (x,y) 是抛物线 $y^2=2px$ 上任意一点，则该点到点 (p,p) 的距离的平方为

$$f(y)=(x-p)^2+(y-p)^2=\left(\frac{y^2}{2p}-p\right)^2+(y-p)^2=\frac{y^4}{4p^2}-2py+2p^2.$$

容易看出，使 $f(y)$ 取最小值的点 (x,y) 就是我们所求的点. 这样，问题转化为求 $f(y)$ 在 $(-\infty,+\infty)$ 上的最小值问题. 显然，$f(y)$ 在 $(-\infty,+\infty)$ 上是可微的，令

$$f'(y)=\frac{4y^3}{4p^2}-2p=\frac{y^3}{p^2}-2p=0,$$

解得驻点 $y=\sqrt[3]{2}p$. 当 $y<\sqrt[3]{2}p$ 时，$f'(y)=\dfrac{y^3-2p^3}{p^2}<0$；当 $y>\sqrt[3]{2}p$ 时，$f'(y)=\dfrac{y^3-2p^3}{p^2}>0$. 由此，当 $y=\sqrt[3]{2}p$ 时，$f(y)$ 取最小值. 此时，$x=\dfrac{(\sqrt[3]{2}p)^2}{2p}=\dfrac{p}{\sqrt[3]{2}}$. 所求的最短距离为

$$d_m=\sqrt{f\left(\sqrt[3]{2}p\right)}=\sqrt{\frac{(\sqrt[3]{2}p)^4}{4p^2}-2p\cdot\sqrt[3]{2}p+2p^2}=p\sqrt{2-\frac{3\sqrt[3]{2}}{2}}.■$$

16. 求内接于椭圆 $\dfrac{x^2}{a^2}+\dfrac{y^2}{b^2}=1$ 且边平行于坐标轴的面积最大的矩形.

解　设 (x,y) 为内接矩形位于第一象限的顶点，则 (x,y) 在椭圆上，因此满足椭圆方程. 内接矩形的边长分别为 $2x$ 和 $2y$，从而其面积为

$$A(x)=2x\cdot 2y=2x\cdot 2b\sqrt{1-\frac{x^2}{a^2}}=\frac{4bx}{a}\sqrt{a^2-x^2}.$$

令

$$A'(x)=\frac{4b}{a}\left[\sqrt{a^2-x^2}+x\cdot\frac{-x}{\sqrt{a^2-x^2}}\right]=\frac{4b(a^2-2x^2)}{a\sqrt{a^2-x^2}}=0,$$

解得 $x=\dfrac{a}{\sqrt{2}}$. 进而可得 $y=\dfrac{b}{\sqrt{2}}$. 当 $0<x<\dfrac{a}{\sqrt{2}}$ 时，$A'(x)>0$；当 $\dfrac{a}{\sqrt{2}}<x<a$ 时，$A'(x)<0$. 因此 $x=\dfrac{a}{\sqrt{2}}$ 时 $A(x)$ 取得最大值. 故所求的矩形是一个位于第一象限的、顶点为 $\left(\dfrac{a}{\sqrt{2}},\dfrac{b}{\sqrt{2}}\right)$，且边平行于两条坐标轴的矩形，其面积为 $A_M=\dfrac{2a}{\sqrt{2}}\cdot\dfrac{2b}{\sqrt{2}}=2ab$.■

第 3 章　一元函数积分学

3.1　教学基本要求

1. 理解定积分、原函数和不定积分的概念;

2. 掌握不定积分的基本公式, 不定积分和定积分的性质及积分中值定理, 掌握换元法与分部积分法等基本积分法;

3. 会求简单有理函数、三角函数的有理式和简单无理函数的积分;

4. 理解积分上限的函数, 会求变限积分的导数, 掌握牛顿-莱布尼茨公式;

5. 了解广义积分的概念, 会计算简单的广义积分;

6. 能够用定积分表达和计算一些几何量与物理量(平面图形的面积、平面曲线的弧长、旋转体的体积、平行截面面积为已知的立体体积、功、引力、液压力、质心、形心等)及函数的平均值.

3.2　内容复习与整理

3.2.1　基本概念

1. **定积分**　设 $f(x)$ 是闭区间 $[a,b]$ 上有定义的一个函数. 首先, 在区间 $[a,b]$ 上任意地插入 $n-1$ 个分点

$$a=x_0<x_1<x_2<\cdots<x_{i-1}<x_i<\cdots<x_{n-1}<x_n=b,$$

把闭区间 $[a,b]$ 分成 n 个小区间 $[x_0,x_1],[x_1,x_2],\cdots,[x_{i-1},x_i],\cdots,[x_{n-1},x_n]$, 其中各个小区间的长度依次记为

$$\Delta x_1=x_1-x_0,\quad \Delta x_2=x_2-x_1,\quad \cdots,\quad \Delta x_i=x_i-x_{i-1},\quad \cdots,\quad \Delta x_n=x_n-x_{n-1},$$

分点集合 $P=\{x_0,x_1,x_2,\cdots,x_n\}$ 称为闭区间 $[a,b]$ 的一个**分割**, 其长度 λ_P 指各个小区间的最大长度, 即

$$\lambda_P=\max\{\Delta x_i : i=1,2,\cdots,n\}.$$

其次, 在每个小区间 $[x_{i-1},x_i]$ 上任取一点 ξ_i, 作乘积 $f(\xi_i)\cdot\Delta x_i\ (i=1,2,\cdots,n)$, 并进一步作和

$$S_P=\sum_{i=1}^{n}f(\xi_i)\Delta x_i.$$

称为 $f(x)$ 对应于该分割 P 的一个**积分和**. 如果不论对区间 $[a,b]$ 作怎样的分割 P, 也不论小区间 $[x_{i-1},x_i]$ 上的点 ξ_i 怎么取, 当 $\lambda_P\to0^+$ 时, 积分和 S_P 总是趋向于同一个常数 I, 则称 I 为函数 $f(x)$ 在闭区间 $[a,b]$ 上的**定积分**(简称积分), 记为 $\int_a^b f(x)\mathrm{d}x$. 也就是说, 定积

分$\int_a^b f(x)\mathrm{d}x$是指一个极限

$$\int_a^b f(x)\mathrm{d}x=\lim_{\lambda_P\to 0^+}\sum_{i=1}^n f(\xi_i)\Delta x_i.$$

其中$f(x)$称为**被积函数**，x称为**积分变量**，$f(x)\mathrm{d}x$称为**被积表达式**，a和b分别称为**积分下限和积分上限**，$[a,b]$称为**积分区间**. 此时，称函数$f(x)$**在闭区间**$[a,b]$**上可积**.

补充规定: 若函数$f(x)$在闭区间$[a,b]$上可积，则规定$\int_b^a f(x)\mathrm{d}x=-\int_a^b f(x)\mathrm{d}x$；特别地，对任一实数$a$，规定$\int_a^a f(x)\mathrm{d}x=0$.

2. **原函数**　设$f(x)$是闭区间$[a,b]$上有定义的一个函数. 若存在$[a,b]$上的可微函数$F(x)$使得其导函数恰好为$f(x)$，即$F'(x)=f(x)$，则称$F(x)$为$f(x)$在$[a,b]$上的一个**原函数**.

3. **变上限函数**　若$f(x)$在闭区间$[a,b]$上可积，则函数$G(x)=\int_a^x f(t)\mathrm{d}t$称为$f(x)$在闭区间$[a,b]$上的**变上限函数**. 当$f(x)$在闭区间$[a,b]$上连续时，$G(x)$是$f(x)$在$[a,b]$上的一个原函数.

4. **不定积分**　设$f(x)$是在区间I上有原函数的函数，则称$f(x)$在区间I上全体原函数的集合为$f(x)$**在区间**I**上的不定积分**，记为$\int_{(I)} f(x)\mathrm{d}x$，简记为$\int f(x)\mathrm{d}x$. 若$F(x)$为$f(x)$在区间$I$上的一个原函数，则

$\int f(x)\mathrm{d}x=\{F(x)+C \mid C\in\mathbb{R}\}$，简记为$\int f(x)\mathrm{d}x=F(x)+C$ (其中C表示任意常数).

5. **积分曲线**　若$F(x)$为$f(x)$在区间I上的一个原函数，则曲线$y=F(x)$称为函数$f(x)$的一条积分曲线，而$y=F(x)+C$ (其中C表示任意常数)则称为函数$f(x)$的积分曲线族.

6. **反常积分**

(1) **瑕点**　设函数$f(x)$在点x_0的右侧有定义. 如果对任一$\varepsilon>0$，$f(x)$在$(x_0,x_0+\varepsilon)$内均无界，则称x_0为函数$f(x)$的**右瑕点**. 又设函数$f(x)$在点x_0的左侧有定义，如果对任一$\varepsilon>0$，$f(x)$在$(x_0-\varepsilon,x_0)$内均无界，则称x_0为函数$f(x)$的**左瑕点**. 如果x_0为函数$f(x)$的左瑕点，同时也是右瑕点，则称x_0为函数$f(x)$的**瑕点**.

(2) **无穷区间上的反常积分**

① 设$f(x)$是一个在区间$[a,+\infty)$有定义，且在其任一有限子区间上都黎曼可积的函数，因此$\forall x\in[a,+\infty)$，积分$\int_a^x f(t)\mathrm{d}t$有意义. 称形式化的极限$\lim\limits_{x\to+\infty}\int_a^x f(t)\mathrm{d}t$为函数$f(x)$**在无穷区间**$[a,+\infty)$**上的反常积分**，并记为$\int_a^{+\infty} f(x)\mathrm{d}x$. 也即有

$$\int_a^{+\infty} f(x)\mathrm{d}x=\lim_{x\to+\infty}\int_a^x f(t)\mathrm{d}t.$$

当极限 $\lim\limits_{x\to+\infty}\int_a^x f(t)\mathrm{d}t$ 存在时，称反常积分 $\int_a^{+\infty} f(x)\mathrm{d}x$ **收敛**；否则称反常积分 $\int_a^{+\infty} f(x)\mathrm{d}x$ **发散**.

如果 $\lim\limits_{x\to+\infty}\int_a^x f(t)\mathrm{d}t = A$，则称反常积分 $\int_a^{+\infty} f(x)\mathrm{d}x$ 收敛于 A，并直接写成 $\int_a^{+\infty} f(x)\mathrm{d}x = A$.

② 设 $f(x)$ 是一个在区间 $(-\infty,b]$ 有定义，且在 $(-\infty,b]$ 的任一有限子区间上都黎曼可积的函数，因此 $\forall x\in(-\infty,b]$，积分 $\int_x^b f(t)\mathrm{d}t$ 有意义. 称形式化的极限 $\lim\limits_{x\to-\infty}\int_x^b f(t)\mathrm{d}t$ 为函数 $f(x)$ **在无穷区间** $(-\infty,b]$ **上的反常积分**，并记为 $\int_{-\infty}^b f(x)\mathrm{d}x$. 也即有

$$\int_{-\infty}^b f(x)\mathrm{d}x = \lim_{x\to-\infty}\int_x^b f(t)\mathrm{d}t.$$

当极限 $\lim\limits_{x\to-\infty}\int_x^b f(t)\mathrm{d}t$ 存在时，称反常积分 $\int_{-\infty}^b f(x)\mathrm{d}x$ **收敛**；否则称反常积分 $\int_{-\infty}^b f(x)\mathrm{d}x$ **发散**.

如果 $\lim\limits_{x\to-\infty}\int_x^b f(t)\mathrm{d}t = B$，则称反常积分 $\int_{-\infty}^b f(x)\mathrm{d}x$ 收敛于 B，并直接记为 $\int_{-\infty}^b f(x)\mathrm{d}x = B$.

③ 设 $f(x)$ 是一个在区间 $(-\infty,+\infty)$ 有定义，且在 $(-\infty,+\infty)$ 的任一有限子区间上都黎曼可积的函数，则定义反常积分

$$\int_{-\infty}^{+\infty} f(x)\mathrm{d}x = \int_{-\infty}^{0} f(x)\mathrm{d}x + \int_{0}^{+\infty} f(x)\mathrm{d}x,$$

并且规定，仅当 $\int_{-\infty}^0 f(x)\mathrm{d}x$ 与 $\int_0^{+\infty} f(x)\mathrm{d}x$ 都收敛时，才称反常积分 $\int_{-\infty}^{+\infty} f(x)\mathrm{d}x$ **收敛**；否则称反常积分 $\int_{-\infty}^{+\infty} f(x)\mathrm{d}x$ **发散**.

(3) 瑕积分

① 设函数 $f(x)$ 在区间 $[a,b)$ 有定义，且 b 是 $f(x)$ 的一个左瑕点. 如果 $f(x)$ 在 $[a,b)$ 的任一子区间 $[a,x]\subset[a,b)$ 上可积，则称极限形式 $\lim\limits_{x\to b^-}\int_a^x f(t)\mathrm{d}t$ 为 $f(x)$ **在** $[a,b)$ **上的瑕积分**，仍然记为 $\int_a^b f(x)\mathrm{d}x$. 即有

$$\int_a^b f(x)\mathrm{d}x = \lim_{x\to b^-}\int_a^x f(t)\mathrm{d}t.$$

当极限 $\lim\limits_{x\to b^-}\int_a^x f(t)\mathrm{d}t$ 存在时，称瑕积分 $\int_a^b f(x)\mathrm{d}x$ **收敛**，极限值即为瑕积分的值；当极限 $\lim\limits_{x\to b^-}\int_a^x f(t)\mathrm{d}t$ 不存在时，称瑕积分 $\int_a^b f(x)\mathrm{d}x$ **发散**.

② 设函数 $f(x)$ 在区间 $(a,b]$ 有定义，且 a 是 $f(x)$ 的一个右瑕点. 如果 $f(x)$ 在 $(a,b]$ 的任一子区间 $[x,b]\subset(a,b]$ 上可积，则称极限形式 $\lim\limits_{x\to a^+}\int_x^b f(t)\mathrm{d}t$ 为 $f(x)$ **在** $(a,b]$ **上的瑕积**

分, 仍然记为$\int_a^b f(x)\mathrm{d}x$. 即有

$$\int_a^b f(x)\mathrm{d}x=\lim_{x\to a^+}\int_x^b f(t)\mathrm{d}t,$$

当极限$\lim\limits_{x\to a^+}\int_x^b f(t)\mathrm{d}t$存在时, 称瑕积分$\int_a^b f(x)\mathrm{d}x$**收敛**, 极限值即为瑕积分的值; 当极限$\lim\limits_{x\to a^+}\int_x^b f(t)\mathrm{d}t$不存在时, 称瑕积分$\int_a^b f(x)\mathrm{d}x$**发散**.

③ 设函数$f(x)$在$[a,c)\cup(c,b]$上有定义, 且c是$f(x)$的一个瑕点. 如果$f(x)$在$(c,b]$的任一子区间$[x,b]\subset(c,b]$上可积, 在$[a,c)$的任一子区间$[a,x]\subset[a,c)$上也可积, 则定义瑕积分

$$\int_a^b f(x)\mathrm{d}x=\int_a^c f(x)\mathrm{d}x+\int_c^b f(x)\mathrm{d}x$$

且规定仅当瑕积分$\int_a^c f(x)\mathrm{d}x$与$\int_c^b f(x)\mathrm{d}x$都收敛时, 才称瑕积分$\int_a^b f(x)\mathrm{d}x$收敛; 否则称瑕积分$\int_a^b f(x)\mathrm{d}x$发散.

(4) **绝对收敛与条件收敛**

① 若反常积分$\int_a^{+\infty}|f(x)|\mathrm{d}x\left(\int_{-\infty}^b|f(x)|\mathrm{d}x,\int_{-\infty}^{+\infty}|f(x)|\mathrm{d}x\right)$收敛, 则称反常积分$\int_a^{+\infty}f(x)\mathrm{d}x$ $\left(\int_{-\infty}^b f(x)\mathrm{d}x,\int_{-\infty}^{+\infty}f(x)\mathrm{d}x\right)$**绝对收敛**. 非绝对收敛的收敛称为**条件收敛**.

② 若瑕积分$\int_a^b|f(x)|\mathrm{d}x$收敛, 则称瑕积分$\int_a^b f(x)\mathrm{d}x$**绝对收敛**. 非绝对收敛的收敛称为**条件收敛**.

7. **Γ-函数**

函数$\Gamma(s)=\int_0^{+\infty}x^{s-1}\mathrm{e}^{-x}\,\mathrm{d}x\,(s\in(0,+\infty))$称为Γ-函数.

3.2.2 基本理论与方法

1. **可积的条件**

(1) **充分条件**　① 若$f(x)$在闭区间$[a,b]$上连续, 则$f(x)$在闭区间$[a,b]$上可积.

② 若$f(x)$在闭区间$[a,b]$上有界, 且间断点的集合是可数集, 则$f(x)$在闭区间$[a,b]$上可积.

(2) **必要条件**　若$f(x)$在闭区间$[a,b]$上可积, 则$f(x)$在闭区间$[a,b]$上必有界.

2. **定积分的性质**

(1) **定积分**$\int_a^b f(x)\mathrm{d}x$的值取决于两个要素: 积分区间$[a,b]$和被积函数$f(x)$的对应法则f. 因此定积分$\int_a^b f(x)\mathrm{d}x$的值与积分变量用什么字母无关, 即有$\int_a^b f(x)\mathrm{d}x=$

$\int_a^b f(t)\mathrm{d}t$.

(2) **定积分与线性运算的可交换性**　若 $f_1(x), f_2(x), \cdots, f_n(x)$ 是闭区间 $[a,b]$ 上任意 n 个可积函数, $\lambda_1, \lambda_2, \cdots, \lambda_n$ 是任意 n 个常数, 则线性组合 $\lambda_1 f_1(x)+\lambda_2 f_2(x)+\cdots+\lambda_n f_n(x)$ 也在闭区间 $[a,b]$ 上可积, 并且有

$$\int_a^b [\lambda_1 f_1(x)+\lambda_2 f_2(x)+\cdots+\lambda_n f_n(x)]\mathrm{d}x=\int_a^b\left(\sum_{i=1}^n \lambda_i f_i(x)\right)\mathrm{d}x=\sum_{i=1}^n \lambda_i\int_a^b f_i(x)\mathrm{d}x.$$

(3) **积分对区间的可加性**　若定积分 $\int_a^b f(x)\mathrm{d}x, \int_a^c f(x)\mathrm{d}x, \int_c^b f(x)\mathrm{d}x$ 均有意义, 则

$$\int_a^b f(x)\mathrm{d}x=\int_a^c f(x)\mathrm{d}x+\int_c^b f(x)\mathrm{d}x.$$

(4) **定积分的单调性**　若可积函数 $f(x), g(x)$ 在闭区间 $[a,b]$ 上满足 $f(x)\leqslant g(x)$, 则有

$$\int_a^b f(x)\mathrm{d}x\leqslant\int_a^b g(x)\mathrm{d}x.$$

该性质有下面几个重要推论:

① 若 $f(x)$ 在闭区间 $[a,b]$ 上非负且可积, 则 $\int_a^b f(x)\mathrm{d}x\geqslant 0$.

② 若 $f(x)$ 在闭区间 $[a,b]$ 上可积, 则 $|f(x)|$ 在闭区间 $[a,b]$ 上也可积, 且有

$$\left|\int_a^b f(x)\mathrm{d}x\right|\leqslant\int_a^b |f(x)|\mathrm{d}x.$$

③ **定积分的估值定理**　若 $f(x)$ 在闭区间 $[a,b]$ 上可积, 且 $m\leqslant f(x)\leqslant M$, 则有

$$m(b-a)\leqslant\int_a^b f(x)\mathrm{d}x\leqslant M(b-a).$$

④ **定积分的中值定理**　若 $f(x)$ 在闭区间 $[a,b]$ 上连续, 则至少存在一点 $\xi\in(a,b)$ 使得

$$\int_a^b f(x)\mathrm{d}x=(b-a)f(\xi).$$

其几何意义是, 对一个有连续曲边 $y=f(x)$ 的曲边梯形

$$D=\{(x,y)\,|\,a\leqslant x\leqslant b, 0\leqslant y\leqslant f(x)\},$$

总可以把曲边削补平使其成为矩形 $D'=\{(x,y)\,|\,a\leqslant x\leqslant b, 0\leqslant y\leqslant f(\xi)\}$, 且保持面积不变 (如图 3.2-1 所示).

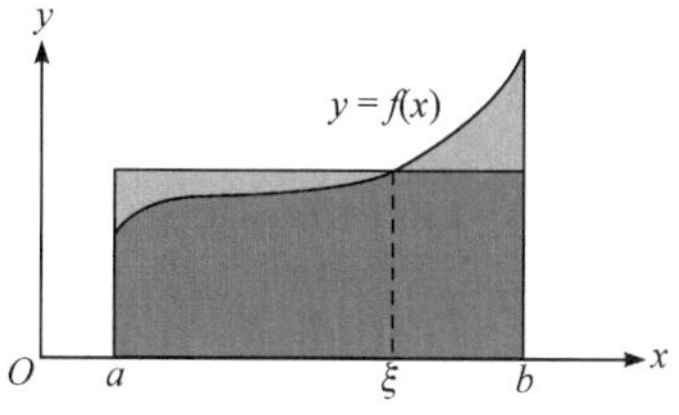

图 3.2-1

这里的 $f(\xi)$ 也称为 $f(x)$ 在闭区间 $[a,b]$ 上的**算术平均值**.

3. **定积分中的对称性问题**　若 $f(x)$ 在闭区间 $[a,b]$ 上可积, 则有

$$\int_a^{\frac{a+b}{2}} f(x)\mathrm{d}x=\int_{\frac{a+b}{2}}^b f(a+b-x)\mathrm{d}x,\quad \int_{\frac{a+b}{2}}^b f(x)\mathrm{d}x=\int_a^{\frac{a+b}{2}} f(a+b-x)\mathrm{d}x.$$

从而有

$$\int_a^b f(x)\mathrm{d}x=\int_a^b f(a+b-x)\mathrm{d}x=\frac{1}{2}\int_a^b[f(x)+f(a+b-x)]\mathrm{d}x=\int_a^{\frac{a+b}{2}}[f(x)+f(a+b-x)]\mathrm{d}x.$$

特别地, 有如下几个推论:

① 若 $f(x)$ 在闭区间 $[-a,a]$ 上可积, 则有 $\int_{-a}^a f(x)\mathrm{d}x=\int_0^a[f(x)+f(-x)]\mathrm{d}x$.

② 若 $f(x)$ 是在闭区间 $[-a,a]$ 上可积的奇函数, 则有 $\int_{-a}^a f(x)\mathrm{d}x=0$.

③ 若 $f(x)$ 是在闭区间 $[-a,a]$ 上可积的偶函数, 则有 $\int_{-a}^a f(x)\mathrm{d}x=2\int_0^a f(x)\mathrm{d}x$.

4. 不定积分的性质

(1) 与微分(导数)的互逆性

$$\left[\int f(x)\mathrm{d}x\right]'=f(x),\quad \mathrm{d}\int f(x)\mathrm{d}x=f(x)\mathrm{d}x,\quad \int \mathrm{d}F(x)=F(x)+C,\quad \int F'(x)\mathrm{d}x=F(x)+C.$$

(2) 与线性运算的可交换性 若 $f_1(x),f_2(x),\cdots,f_n(x)$ 都是有原函数的函数, $\lambda_1,\lambda_2,\cdots,\lambda_n$ 是任意 n 个常数, 则线性组合 $\lambda_1 f_1(x)+\lambda_2 f_2(x)+\cdots+\lambda_n f_n(x)$ 有不定积分, 并且若 $\lambda_1,\lambda_2,\cdots,\lambda_n$ 不全为零, 则有

$$\int\left(\sum_{i=1}^n\lambda_i f_i(x)\right)\mathrm{d}x=\sum_{i=1}^n\lambda_i\int f_i(x)\mathrm{d}x.$$

5. 原函数存在的条件

(1) 若 $f(x)$ 在闭区间 I 上连续, 则 $f(x)$ 在闭区间 I 上有原函数.

(2) 若 $f(x)$ 在闭区间 I 上有第一类间断点, 则 $f(x)$ 在闭区间 I 上没有原函数.

6. 不定积分的基本积分公式

(1) $\int 0\mathrm{d}x=C$.

(2) $\int x^\mu\mathrm{d}x=\frac{1}{\mu+1}x^{\mu+1}+C(\mu\neq-1)$, $\int\frac{1}{x}\mathrm{d}x=\ln|x|+C$.

(3) $\int a^x\mathrm{d}x=\frac{1}{\ln a}a^x+C(a>0,a\neq1)$, $\int \mathrm{e}^x\mathrm{d}x=\mathrm{e}^x+C$.

(4) $\int\sin x\mathrm{d}x=-\cos x+C$.

(5) $\int\cos x\mathrm{d}x=\sin x+C$.

(6) $\int\tan x\mathrm{d}x=\ln|\sec x|+C=-\ln|\cos x|+C$.

(7) $\int\cot x\mathrm{d}x=-\ln|\csc x|+C=\ln|\sin x|+C$.

(8) $\int\sec x\mathrm{d}x=\ln|\sec x+\tan x|+C$.

(9) $\int\csc x\mathrm{d}x=-\ln|\csc x+\cot x|+C=\ln|\csc x-\cot x|+C$.

(10) $\int \sec^2 x \mathrm{d}x = \tan x + C$.

(11) $\int \csc^2 x \mathrm{d}x = -\cot x + C$.

(12) $\int \sec x \tan x \mathrm{d}x = \sec x + C$.

(13) $\int \csc x \cot x \mathrm{d}x = -\csc x + C$.

(14) $\int \frac{1}{a^2+x^2}\mathrm{d}x = \frac{1}{a}\arctan\frac{x}{a} + C(a>0)$.

(15) $\int \frac{1}{a^2-x^2}\mathrm{d}x = \frac{1}{2a}\ln\left|\frac{x+a}{x-a}\right| + C(a>0)$.

(16) $\int \frac{1}{\sqrt{a^2-x^2}}\mathrm{d}x = \arcsin\frac{x}{a} + C(a>0)$.

(17) $\int \frac{1}{\sqrt{x^2 \pm a^2}}\mathrm{d}x = \ln\left|x+\sqrt{x^2 \pm a^2}\right| + C(a>0)$.

(18*) $\int \sqrt{a^2-x^2}\mathrm{d}x = \frac{x}{2}\sqrt{a^2-x^2} + \frac{a^2}{2}\arcsin\frac{x}{a} + C(a>0)$.

(19*) $\int \sqrt{x^2 \pm a^2}\mathrm{d}x = \frac{x}{2}\sqrt{x^2 \pm a^2} \pm \frac{a^2}{2}\ln\left|x+\sqrt{x^2 \pm a^2}\right| + C(a>0)$.

7. **变限函数的求导公式**

(1) 若 $f(x)$ 是闭区间 $[a,b]$ 上的连续函数, 则有 $\frac{\mathrm{d}}{\mathrm{d}x}\int_a^x f(t)\mathrm{d}t = f(x)$.

(2) 若 $f(x)$ 是闭区间 $[a,b]$ 上的连续函数, 而 $a(x),b(x)$ 是两个值域包含于 $[a,b]$ 的可微函数, 则

$$\frac{\mathrm{d}}{\mathrm{d}x}\int_{a(x)}^{b(x)} f(t)\mathrm{d}t = f(b(x))\cdot b'(x) - f(a(x))\cdot a'(x).$$

8. **牛顿-莱布尼茨公式**

若 $F(x)$ 是闭区间 $[a,b]$ 上的连续函数 $f(x)$ 的一个原函数, 则

$$\int_a^b f(x)\mathrm{d}x = F(b) - F(a).$$

9. **换元积分法**

(1) **不定积分的换元积分法**

① **第一换元法**　设 $f(u)$ 在区间 I 上连续, 且有原函数 $F(u)$, 而 $u=\varphi(x)$ 是一个值域包含于 I 中的有连续导数的可微函数, 则有

$$\int f(\varphi(x))\varphi'(x)\mathrm{d}x \xlongequal[(\text{换元})]{\varphi(x)=u} \int f(u)\mathrm{d}u = F(u)+C \xlongequal[(\text{还原})]{u=\varphi(x)} F(\varphi(x))+C.$$

② **第二换元法**　设 $f(x)$ 在区间 I_x 上连续, $x=\varphi(t)$ 在 I_x 对应的区间 I_t 上单调且有连续导数, $\varphi'(t)\neq 0$. 又 $K(t)$ 是 $f(\varphi(t))\varphi'(t)$ 在区间 I_t 的一个原函数, 则有

$$\int f(x)\mathrm{d}x \xlongequal{x=\varphi(t)} \int f(\varphi(t))\varphi'(t)\mathrm{d}t = K(t)+C \xlongequal{t=\varphi^{-1}(x)} K(\varphi^{-1}(x))+C.$$

(换元)　　　　　　　　　　(还原)

③ **二次根式有理化的基本换元法**

$$\sqrt{a^2-x^2} \xlongequal{x=a\sin t} a\cos t,\quad \sqrt{x^2-a^2} \xlongequal{x=a\sec t} a\tan t,\quad \sqrt{a^2+x^2} \xlongequal{x=a\tan t} a\sec t.$$

④**线性换元公式**　若 $f(x)$ 有原函数 $F(x)$，则当 $a\neq 0$ 时，有

$$\int f(ax+b)\mathrm{d}x = \frac{1}{a}F(ax+b)+C.$$

⑤ **常用凑微分公式**

$$\int \frac{f(\ln x)}{x}\mathrm{d}x = \int f(\ln x)\mathrm{d}(\ln x),\qquad \int \frac{f\left(\arcsin\frac{x}{a}\right)}{\sqrt{a^2-x^2}}\mathrm{d}x = \int f\left(\arcsin\frac{x}{a}\right)\mathrm{d}\left(\arcsin\frac{x}{a}\right),$$

$$\int x^n f(x^{n+1})\mathrm{d}x = \frac{1}{n+1}\int f(x^{n+1})\mathrm{d}(x^{n+1}),\qquad \int \frac{f\left(\arctan\frac{x}{a}\right)}{a^2+x^2}\mathrm{d}x = \frac{1}{a}\int f\left(\arctan\frac{x}{a}\right)\mathrm{d}\left(\arctan\frac{x}{a}\right),$$

$$\int \cos x f(\sin x)\mathrm{d}x = \int f(\sin x)\mathrm{d}(\sin x),\qquad \int \sin x f(\cos x)\mathrm{d}x = -\int f(\cos x)\mathrm{d}(\cos x),$$

$$\int a^x f(a^x)\mathrm{d}x = \frac{1}{\ln a}\int f(a^x)\mathrm{d}(a^x),\qquad \int \sec^2 x f(\tan x)\mathrm{d}x = \int f(\tan x)\mathrm{d}(\tan x),$$

$$\int \sec x\tan x f(\sec x)\mathrm{d}x = \int f(\sec x)\mathrm{d}(\sec x),$$

$$\int \frac{x}{\sqrt{x^2\pm a^2}} f\left(\sqrt{x^2\pm a^2}\right)\mathrm{d}x = \pm\int f\left(\sqrt{x^2\pm a^2}\right)\mathrm{d}\left(\sqrt{x^2\pm a^2}\right).$$

(2) **定积分的换元积分法**　设函数 $f(x)$ 在闭区间 $[a,b]$ 上连续，$x=\varphi(t)$ 满足如下条件:

① $\varphi(\alpha)=a, \varphi(\beta)=b$.

② $\varphi(t)$ 在以 α,β 为端点的闭区间 $[\alpha,\beta]$(或 $[\beta,\alpha]$) 上有连续导数.

③ 当 t 在 α 与 β 之间变化时，$\varphi(t)\in[a,b]$.

则有换元积分公式

$$\int_a^b f(x)\mathrm{d}x \underset{\varphi(t)=x}{\overset{x=\varphi(t)}{\rightleftarrows}} \int_\alpha^\beta f(\varphi(t))\varphi'(t)\mathrm{d}t.$$

10. **分部积分法**

(1) **分部积分法**　若 $u(x), v(x)$ 是区间 $[a,b]$ 上的两个有连续导数的可微函数，则有

$$\int u(x)\mathrm{d}v(x) = u(x)v(x) - \int v(x)\mathrm{d}u(x),\qquad \int_a^b u(x)\mathrm{d}v(x) = u(x)v(x)\Big|_a^b - \int_a^b v(x)\mathrm{d}u(x).$$

(2) **常见的分部积分类型**　以下设 $P_n(x)(n\geqslant 0)$ 表示 n 次多项式，而 $Q_{n+1}(x)$ 则表示 $P_n(x)$ 的一个原函数，$a\neq 0$.

① $\int P_n(x)\mathrm{e}^{ax+b}\mathrm{d}x=\frac{1}{a}\int P_n(x)\mathrm{d}\mathrm{e}^{ax+b}$.

② $\int P_n(x)\cos(ax+b)\mathrm{d}x=\frac{1}{a}\int P_n(x)\mathrm{d}[\sin(ax+b)]$.

③ $\int P_n(x)\sin(ax+b)\mathrm{d}x=-\frac{1}{a}\int P_n(x)\mathrm{d}[\cos(ax+b)]$.

④ $\int P_n(x)\ln^m(ax+b)\mathrm{d}x=\int \ln^m(ax+b)\mathrm{d}[Q_{n+1}(x)]$.

⑤ $\int P_n(x)\arctan x\mathrm{d}x=\int \arctan x\mathrm{d}[Q_{n+1}(x)]$.

⑥ $$\begin{aligned}\int \mathrm{e}^{ax}\sin bx\mathrm{d}x&=\frac{1}{a}\int \sin bx\mathrm{d}\mathrm{e}^{ax}=\frac{1}{a}\left[\mathrm{e}^{ax}\sin bx-b\int \mathrm{e}^{ax}\cos bx\mathrm{d}x\right]\\&=\frac{1}{a}\left[\mathrm{e}^{ax}\sin bx-\frac{b}{a}\int \cos bx\mathrm{d}\mathrm{e}^{ax}\right]\\&=\frac{1}{a}\left[\mathrm{e}^{ax}\sin bx-\frac{b}{a}\left(\mathrm{e}^{ax}\cos bx+b\int \mathrm{e}^{ax}\sin bx\mathrm{d}x\right)\right].\ (\text{循环法})\end{aligned}$$

在使用分部积分进行积分计算时，一般原则是：函数 $u'(x)$ 要尽可能与 $v(x)$ 同类型；或者 $v(x)\mathrm{d}u(x)$ 与 $u(x)\mathrm{d}v(x)$ 同类型，但形式上更简单.

11. **有理函数的待定系数积分法**

(1) 自变量 x 与常数经过有限次的四则运算所得到的函数称为有理函数，经过整理，有理函数都能够表示成两个多项式 $P_m(x)$ 与 $Q_n(x)$ 的商 $\frac{P_m(x)}{Q_n(x)}$ 的形式. 再利用多项式除法，又可以表示为一个多项式和一个真分式之和 $\frac{P_m(x)}{Q_n(x)}=H(x)+\frac{P_k(x)}{Q_n(x)}(k<n)$. 因此有理函数的积分关键在于真分式 $\frac{P_k(x)}{Q_n(x)}$ 的积分. 利用代数基本定理，$Q_n(x)$ 能够分解成一些一次因式和二次因式的乘积，从而用待定系数法可以将有理真分式 $\frac{P_k(x)}{Q_n(x)}$ 分解为如下两类分式函数的代数和

$$\frac{A}{(x-a)^s},\quad \frac{Bx+C}{(x^2+px+q)^t},$$

其中 $s,t\in\mathbb{N},p^2-4q<0$.

(2) 具体而言，如果 $Q_n(x)$ 有因式 $(x-a)^u$，则分解式中有如下项

$$\frac{A_1}{x-a}+\frac{A_2}{(x-a)^2}+\cdots+\frac{A_u}{(x-a)^u}\quad(\text{其中 }A_1,A_2,\cdots,A_u\text{ 是待定系数});$$

如果 $Q_n(x)$ 有因式 $(x^2+px+q)^v$，则分解式中有如下项

$$\frac{B_1x+C_1}{x+px+q}+\frac{B_2x+C_2}{(x+px+q)^2}+\cdots+\frac{B_vx+C_v}{(x+px+q)^v}\quad(\text{其中 }B_1,B_2,\cdots,B_v;C_1,C_2,\cdots,C_v\text{ 是待定系数}).$$

(3) 这里$\dfrac{A}{(x-a)^s}$类的积分是容易的, 而由

$$\frac{Bx+C}{(x^2+px+q)^t}=\frac{B}{2}\frac{(x^2+px+q)'}{(x^2+px+q)^t}+\frac{C-\dfrac{Bp}{2}}{(x^2+px+q)^t}$$

知, $\dfrac{Bx+C}{(x^2+px+q)^t}$类的积分关键在于$\dfrac{1}{(x^2+px+q)^t}$的积分. 而这种积分, 经过配方和换元, 又可以归结为$\dfrac{1}{(x^2+a^2)^t}$类的积分, 最后这一步可由如下递推公式加以解决.

记$I_k=\int\dfrac{1}{(x^2+a^2)^k}\mathrm{d}x$, 则有

$$\begin{cases} I_1=\dfrac{1}{a}\arctan\dfrac{x}{a}+C, \\ I_{n+1}=\dfrac{1}{a^2}\left[\dfrac{1}{2n}\cdot\dfrac{x}{(x^2+a^2)^n}+\dfrac{2n-1}{2n}I_n\right], \quad n=1,2,\cdots. \end{cases}$$

12. 三角函数有理式的积分方法

由$\sin x,\cos x$及常数经过有限次的四则运算所得的函数, 统称为三角函数有理式, 记为$R(\sin x,\cos x)$. 对于此类函数, 可以考虑如下换元积分法.

(1) 若$R(-\sin x,\cos x)=-R(\sin x,\cos x)$, 则作换元$\cos x=t$, 可将积分转换为有理函数的积分.

(2) 若$R(\sin x,-\cos x)=-R(\sin x,\cos x)$, 则可作换元$\sin x=t$, 可将积分转换为有理函数的积分.

(3) 若$R(-\sin x,-\cos x)=R(\sin x,\cos x)$, 则可作换元$\tan x=t$, 可将积分转换为有理函数的积分.

(4) 更一般地, 有万能代换: 令$\tan\dfrac{x}{2}=t$, 则

$$\int R(\sin x,\cos x)\mathrm{d}x=\int R\left(\frac{2t}{1+t^2},\frac{1-t^2}{1+t^2}\right)\cdot\frac{2\mathrm{d}t}{1+t^2}. \quad \text{(右侧是有理函数的积分)}$$

13. 简单无理函数的积分方法

由自变量x, 根式$\sqrt[n]{\dfrac{ax+b}{cx+d}}$及常数经过有限次的四则运算所得的函数, 记为$R\left(x,\sqrt[n]{\dfrac{ax+b}{cx+d}}\right)$. 对于此类函数的积分, 可以通过换元$\sqrt[n]{\dfrac{ax+b}{cx+d}}=t$而转化成关于$t$的有理函数的积分.

14. 定积分的应用

(1) **元素法**　若所求的某个量U满足如下条件:

① U依赖于一个在区间$[a,b]$上有定义的连续函数$f(x)$;

② 当把区间$[a,b]$分成若干个小区间的并集时，U 可相应地分解为各个小区间对应量的和(即U 具有可加性)；

③ 在典型的一个小区间$[x,x+\mathrm{d}x]\subset[a,b]$上，$U$ 的对应量可近似地表示为 $f(x)\mathrm{d}x$. 则所求量U 可以表示为定积分$U=\int_a^b f(x)\mathrm{d}x$. 这里的 $\mathrm{d}U=f(x)\mathrm{d}x$ 就称为所求量U 的**元素**.

(2) **平面图形的面积**

① 直角坐标平面上的平面图形 $D=\{(x,y)|a\leqslant x\leqslant b, f(x)\leqslant y\leqslant g(x)\}$ 的面积为

$$A=\int_a^b[g(x)-f(x)]\mathrm{d}x.$$

② 直角坐标平面上的平面图形 $D=\{(x,y)|c\leqslant y\leqslant d, \varphi(y)\leqslant x\leqslant \psi(y)\}$ 的面积为

$$A=\int_c^d[\psi(y)-\varphi(y)]\mathrm{d}y.$$

③ 极坐标平面上的平面图形 $D=\{(\rho,\varphi)|\alpha\leqslant\varphi\leqslant\beta, \rho_1(\varphi)\leqslant\rho\leqslant\rho_2(\varphi)\}$ 的面积为

$$A=\frac{1}{2}\int_\alpha^\beta[\rho_2^2(\varphi)-\rho_1^2(\varphi)]\mathrm{d}\varphi.$$

(3) **空间立体图形的体积**

① 截面积可求的立体图形的体积：给定一个立体图形Ω，如果有一条数轴x轴使得Ω位于垂直于该轴的两个平面$x=a$ 和 $x=b(a<b)$ 之间，且对于任一点$x\in[a,b]$，过该点且垂直于该轴的截面的面积$A(x)$是可积函数，则Ω的体积为$V=\int_a^b A(x)\mathrm{d}x$.

② 旋转体的体积：直角坐标平面上的曲边梯形 $D=\{(x,y)|a\leqslant x\leqslant b, 0\leqslant y\leqslant f(x)\}$ 绕x轴旋转一周所得的旋转体的体积为

$$V=\pi\int_a^b f^2(x)\mathrm{d}x.$$

直角坐标平面上的曲边梯形 $D=\{(x,y)|a\leqslant x\leqslant b, 0\leqslant y\leqslant f(x)\}$ (这里 a,b 同号)绕 y 轴旋转一周所得的旋转体的体积为

$$V=2\pi\int_a^b xf(x)\mathrm{d}x.$$

(4) **平面曲线的弧长**

① 弧微分公式：光滑曲线各坐标微分的平方和的算术平方根即为弧长的微分. 因此

平面光滑曲线的弧微分公式 $\mathrm{d}s=\sqrt{(\mathrm{d}x)^2+(\mathrm{d}y)^2}$；

空间光滑曲线的弧微分公式 $\mathrm{d}s=\sqrt{(\mathrm{d}x)^2+(\mathrm{d}y)^2+(\mathrm{d}z)^2}$.

② 弧微分的积分就是弧长，因此

平面直角坐标曲线 $y=y(x)(a\leqslant x\leqslant b)$ 的弧长为 $s=\int_a^b\mathrm{d}s=\int_a^b\sqrt{1+y'^2(x)}\mathrm{d}x$.

平面直角坐标曲线 $x=x(y)(a\leqslant y\leqslant b)$ 的弧长为 $s=\int_a^b \mathrm{d}s=\int_a^b\sqrt{1+x'^2(y)}\mathrm{d}y$.

参数曲线 $x=x(t),y=y(t)(\alpha\leqslant t\leqslant\beta)$ 的弧长为 $s=\int_\alpha^\beta \mathrm{d}s=\int_\alpha^\beta\sqrt{x'^2(t)+y'^2(t)}\mathrm{d}t$.

平面极坐标曲线 $\rho=\rho(\varphi)(\alpha\leqslant\varphi\leqslant\beta)$ 的弧长为 $s=\int_\alpha^\beta \mathrm{d}s=\int_\alpha^\beta\sqrt{\rho^2(\varphi)+\rho'^2(\varphi)}\mathrm{d}\varphi$.

(5*) 旋转曲面的面积

直角坐标平面上的光滑曲线段 $y=y(x)(a\leqslant x\leqslant b)$ 绕 x 轴旋转一周所得旋转曲面的面积为

$$A=2\pi\int_a^b|y(x)|\sqrt{1+y'^2(x)}\mathrm{d}x=2\pi\int_a^b|y|\mathrm{d}s.$$

后面那个公式也适合于参数曲线的情形.

(6) 定积分的物理应用

① 平行于 x 轴的变力 $f(x)$ 使物体沿 x 轴从 $x=a$ 处移动到 $x=b$ 处所做的功为 $W=\int_a^b f(x)\mathrm{d}x$.

② 分布在区间 $[a,b]$ 上, 线密度为 $\rho(x)$ 的线性构件的质量为 $m=\int_a^b\rho(x)\mathrm{d}x$.

③在密度为 ρ 的液体中, 置于深度区间 $[a,b]$ 内的平板, 如果位于深度区间 $[x,x+\mathrm{d}x]$ 上的面积为 $A(x)\mathrm{d}x$, 则平面所受到的正压力为 $F=\int_a^b\rho gA(x)\mathrm{d}x$.

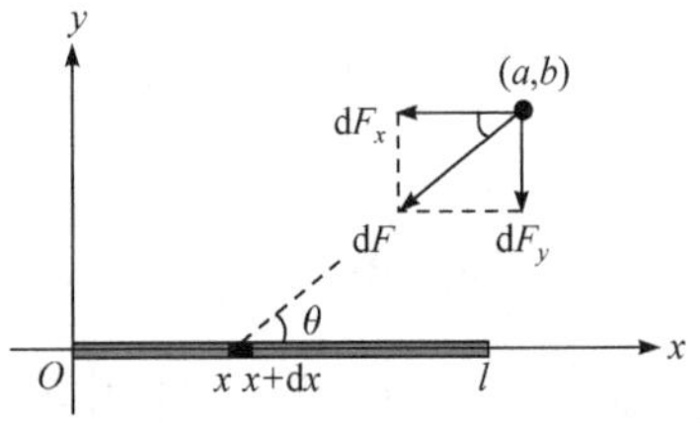

图 3.2-2

④细棒对质点的引力: 位于 x 轴上区间 $[0,l]$ 上的细棒(密度函数为 $\rho(x)$)对位于点 (a,b) 处、质量为 m 的质点的引力为 $\boldsymbol{F}=(F_x,F_y)$, 如图 3.2-2, 其中

$$F_x=\int_0^l\mathrm{d}F_x=km\int_0^l\frac{(x-a)\rho(x)}{[(x-a)^2+b^2]^{\frac{3}{2}}}\mathrm{d}x,$$

$$F_y=\int_0^l\mathrm{d}F_y=-kbm\int_0^l\frac{\rho(x)}{[(x-a)^2+b^2]^{\frac{3}{2}}}\mathrm{d}x.$$

(7) 平均值

① 可积函数 $y=f(x)$ 在区间 $[a,b]$ 上的算术平均值为 $\overline{y}=\dfrac{\int_a^b f(x)\mathrm{d}x}{b-a}$.

② 连续函数 $y=f(x)$ 关于权函数 $\omega(x)$ 的加权平均值为 $\overline{y}=\dfrac{\int_a^b f(x)\omega(x)\mathrm{d}x}{\int_a^b\omega(x)\mathrm{d}x}$.

③ 可积函数 $y=f(x)$ 在区间 $[a,b]$ 上的均方根平均值为 $\overline{y}=\sqrt{\dfrac{1}{b-a}\int_a^b f^2(x)\mathrm{d}x}$.

15. 反常积分的广义牛顿-莱布尼茨公式

(1) 无穷区间上的反常积分的广义牛顿-莱布尼茨公式

① 若 $F(x)$ 是 $f(x)$ 在 $[a,+\infty)$ 上的一个原函数, 则

$$\int_a^{+\infty} f(x)\mathrm{d}x = \lim_{b\to+\infty} F(b) - F(a) = F(x)\Big|_a^{+\infty}.$$

② 若 $F(x)$ 是 $f(x)$ 在 $(-\infty,b]$ 上的一个原函数, 则

$$\int_{-\infty}^{b} f(x)\mathrm{d}x = F(b) - \lim_{a\to-\infty} F(a) = F(x)\Big|_{-\infty}^{b}.$$

③ 若 $F(x)$ 是 $f(x)$ 在 $(-\infty,+\infty)$ 上的一个原函数, 则

$$\int_{-\infty}^{+\infty} f(x)\mathrm{d}x = \lim_{b\to+\infty} F(b) - \lim_{a\to-\infty} F(a) = F(x)\Big|_{-\infty}^{+\infty}.$$

(2) 瑕积分的广义牛顿-莱布尼茨公式

① 若 $F(x)$ 是 $f(x)$ 在 $[a,b)$ 上的一个原函数, b 是 $f(x)$ 的左瑕点, 则

$$\int_a^{b} f(x)\mathrm{d}x = \lim_{x\to b^-} F(x) - F(a) = F(x)\Big|_a^{b^-}.$$

② 若 $F(x)$ 是 $f(x)$ 在 $(a,b]$ 上的一个原函数, a 是 $f(x)$ 的右瑕点, 则

$$\int_a^{b} f(x)\mathrm{d}x = F(b) - \lim_{x\to a^+} F(x) = F(x)\Big|_{a^+}^{b}.$$

③ 若 $F(x)$ 是 $f(x)$ 在 $[a,c)\cup(c,b]$ 上的一个原函数, c 是 $f(x)$ 的瑕点, 则

$$\int_a^{b} f(x)\mathrm{d}x = [\lim_{x\to c^-} F(x) - F(a)] + [F(b) - \lim_{x\to c^+} F(x)] = F(x)\Big|_a^{c^-} + F(x)\Big|_{c^+}^{b}.$$

16*. 反常积分的审敛法

(1) 比较审敛法

① 设函数 $f(x),g(x)\in C[a,+\infty)$, 且在 $[a,+\infty)$ 上恒有 $0\leqslant f(x)\leqslant g(x)$. 若反常积分 $\int_a^{+\infty} g(x)\mathrm{d}x$ 收敛, 则反常积分 $\int_a^{+\infty} f(x)\mathrm{d}x$ 也收敛; 若 $\int_a^{+\infty} f(x)\mathrm{d}x$ 发散, 则 $\int_a^{+\infty} g(x)\mathrm{d}x$ 也发散.

② 设函数 $f(x),g(x)\in C[a,b)$, 其中 b 同时为函数 $f(x)$ 与 $g(x)$ 的左瑕点, 且在 $[a,b)$ 上恒有 $0\leqslant f(x)\leqslant g(x)$. 若瑕积分 $\int_a^{b} g(x)\mathrm{d}x$ 收敛, 则瑕积分 $\int_a^{b} f(x)\mathrm{d}x$ 也收敛; 若 $\int_a^{b} f(x)\mathrm{d}x$ 发散, 则 $\int_a^{b} g(x)\mathrm{d}x$ 也发散.

(2) 比较审敛法的极限形式

① 设函数 $f(x)\in C[a,+\infty)$, 且 $f(x)\geqslant 0$. 如果存在常数 $p>1$ 使得 $\lim\limits_{x\to+\infty} x^p f(x)$ 存在, 则反常积分 $\int_a^{+\infty} f(x)\mathrm{d}x$ 收敛; 如果 $\lim\limits_{x\to+\infty} xf(x) = A > 0$ (或者 $\lim\limits_{x\to+\infty} xf(x) = +\infty$), 则反常积分 $\int_a^{+\infty} f(x)\mathrm{d}x$ 发散.

② 设函数 $f(x)\in C(a,b]$ (其中 a 为 $f(x)$ 的右瑕点)，且 $f(x)\geqslant 0$. 如果存在正常数 $q<1$ 使得

$$\lim_{x\to a^+}(x-a)^q f(x)$$

存在，则瑕积分 $\int_a^b f(x)\mathrm{d}x$ 收敛；如果

$$\lim_{x\to a^+}(x-a)f(x)=A>0 \quad \left(\text{或者} \lim_{x\to a^+}(x-a)f(x)=+\infty\right),$$

则瑕积分 $\int_a^b f(x)\mathrm{d}x$ 发散.

(3) 绝对收敛蕴含收敛

① 若反常积分 $\int_a^{+\infty} f(x)\mathrm{d}x\left(\int_{-\infty}^b f(x)\mathrm{d}x,\int_{-\infty}^{+\infty} f(x)\mathrm{d}x\right)$ 绝对收敛，则反常积分 $\int_a^{+\infty} f(x)\mathrm{d}x$ $\left(\int_{-\infty}^b f(x)\mathrm{d}x,\int_{-\infty}^{+\infty} f(x)\mathrm{d}x\right)$ 收敛.

② 若瑕积分 $\int_a^b f(x)\mathrm{d}x$ 绝对收敛，则瑕积分 $\int_a^b f(x)\mathrm{d}x$ 收敛.

17*. Γ-函数的简单性质

① **递推性质** 当 $s>0$ 时，有 $\Gamma(s+1)=s\Gamma(s)$. 特别地，有 $\Gamma(n+1)=n!$，$\lim\limits_{s\to 0^+}\Gamma(s)=+\infty$.

② **余元公式** 若 $0<s<1$，则有 $\Gamma(s)\Gamma(1-s)=\dfrac{\pi}{\sin(\pi s)}$. 特别地，有 $\Gamma\left(\dfrac{1}{2}\right)=\sqrt{\pi}$.

③ **倍元公式** $\Gamma(2s)=\dfrac{2^{2s-1}}{\sqrt{\pi}}\Gamma(s)\Gamma\left(s+\dfrac{1}{2}\right)$.

18. 常用的重要公式

(1) 与三角函数积分相关的几个公式 若 $f(x)\in C[0,1]$，则有

$$\int_0^{\frac{\pi}{2}} f(\sin x)\mathrm{d}x=\int_0^{\frac{\pi}{2}} f(\cos x)\mathrm{d}x,\quad \int_0^{\pi} f(\sin x)\mathrm{d}x=2\int_0^{\frac{\pi}{2}} f(\sin x)\mathrm{d}x,$$

$$\int_0^{\pi} xf(\sin x)\mathrm{d}x=\frac{\pi}{2}\int_0^{\pi} f(\sin x)\mathrm{d}x=\pi\int_0^{\frac{\pi}{2}} f(\sin x)\mathrm{d}x,$$

$$\int_0^{\frac{\pi}{2}}\sin^n x\mathrm{d}x=\int_0^{\frac{\pi}{2}}\cos^n x\mathrm{d}x=\begin{cases}\dfrac{n-1}{n}\cdot\dfrac{n-3}{n-2}\cdot\cdots\cdot\dfrac{1}{2}\cdot\dfrac{\pi}{2}, & n=2k,k\in\mathbb{N},\\ \dfrac{n-1}{n}\cdot\dfrac{n-3}{n-2}\cdot\cdots\cdot\dfrac{2}{3}\cdot 1, & n=2k-1,k\in\mathbb{N}\end{cases}$$

$$=\begin{cases}\dfrac{(n-1)!!}{n!!}\cdot\dfrac{\pi}{2}, & n=2k,k\in\mathbb{N},\\ \dfrac{(n-1)!!}{n!!}, & n=2k-1,k\in\mathbb{N}.\end{cases}$$

(2) **可积的周期函数的积分性质**　若 $f(x)$ 是以 T 为周期的可积的周期函数，则对任一常数 a 及自然数 n，有

$$\int_a^{a+nT} f(x)\mathrm{d}x = n\int_0^T f(x)\mathrm{d}x.$$

3.3　扩展与提高

3.3.1* 函数 $f(x)$ 在闭区间 $[a,b]$ 上黎曼可积的条件

设 $f(x)$ 是区间 $[a,b]$ 上的一个有界函数. 对 $[a,b]$ 的任一分割 $P=\{x_0,x_1,x_2,\cdots,x_n\}$，记 $f(x)$ 在区间 $[x_{i-1},x_i](1\leqslant i\leqslant n)$ 上的上确界和下确界分别为 M_i 和 m_i，记 $\omega_i = M_i - m_i$，称为 $f(x)$ 在区间 $[x_{i-1},x_i]$ 上的振幅. 又记

$$\overline{S_P} = \sum_{i=1}^{n} M_i \Delta x_i, \quad \underline{S_P} = \sum_{i=1}^{n} m_i \Delta x_i.$$

分别称为 $f(x)$ 在区间 $[a,b]$ 上关于分割 P 的上和与下和. 于是，对任一取点方式 $\xi_i\in[x_{i-1},x_i](1\leqslant i\leqslant n)$，都有

$$\underline{S_P} \leqslant \sum_{i=1}^{n} f(\xi_i)\Delta x_i \leqslant \overline{S_P}.$$

若区间 I 是区间 J 的子区间，则容易看出，$f(x)$ 在区间 I 上的最大值不大于 $f(x)$ 在区间 J 上的最大值，$f(x)$ 在区间 I 上的最小值不小于 $f(x)$ 在区间 J 上的最小值. 如果分割

$$P=\{x_0,x_1,x_2,\cdots,x_n\}\subset\{x_0',x_1',x_2',\cdots,x_m'\}=P',$$

则称分割 P' 为分割 P 的**细化**. 不难看出，如果分割 P' 为分割 P 的细化，则有 $\underline{S_P}\leqslant\underline{S_{P'}}\leqslant\overline{S_{P'}}\leqslant\overline{S_P}$. 对 $[a,b]$ 的任意两个分割 $P=\{x_0,x_1,x_2,\cdots,x_n\}, P'=\{x_0',x_1',x_2',\cdots,x_m'\}$，任取一个它们公共的细化 P'' (比如，取 $P''=P\cup P'$)，则有 $\underline{S_{P'}}\leqslant\overline{S_{P''}}\leqslant\overline{S_P}$. 这说明，任一上和都不小于任一下和，并且随着分割的细化，上和不增，下和不减.

有了这些准备，我们可以给出如下的充分必要条件.

定理 3.3.1.1　函数 $f(x)$ 在闭区间 $[a,b]$ 上黎曼可积的充分必要条件是

$$\lim_{\lambda_P\to 0^+}\left(\overline{S_P}-\underline{S_P}\right)=\lim_{\lambda_P\to 0^+}\sum_{i=1}^{n}\omega_i\Delta x_i = 0.$$

证明　首先设函数 $f(x)$ 在闭区间 $[a,b]$ 上黎曼可积，则 $f(x)$ 在闭区间 $[a,b]$ 上有界，且对任一正数 ε，存在正数 δ 使得对 $[a,b]$ 的任一分割 $P=\{x_0,x_1,x_2,\cdots,x_n\}$ 及任一取点法 $\xi_i\in[x_{i-1},x_i](1\leqslant i\leqslant n)$，只要 $\lambda_P<\delta$，就有

$$\left|\sum_{i=1}^{n} f(\xi_i)\Delta x_i - \int_a^b f(x)\mathrm{d}x\right| < \frac{1}{2}\varepsilon,$$

即有

$$\int_a^b f(x)\mathrm{d}x-\frac{1}{2}\varepsilon<\sum_{i=1}^{n} f(\xi_i)\Delta x_i<\int_a^b f(x)\mathrm{d}x+\frac{1}{2}\varepsilon,$$

从而也有

$$\int_a^b f(x)\mathrm{d}x-\frac{1}{2}\varepsilon\leqslant \underline{S_P}\leqslant \overline{S_P}\leqslant\int_a^b f(x)\mathrm{d}x+\frac{1}{2}\varepsilon,$$

可见 $0\leqslant\overline{S_P}-\underline{S_P}\leqslant\varepsilon$. 因此 $\lim\limits_{\lambda_P\to0^+}(\overline{S_P}-\underline{S_P})=0$.

反过来，设 $\lim\limits_{\lambda_P\to0^+}\left(\overline{S_P}-\underline{S_P}\right)=0$. 则函数 $f(x)$ 在闭区间 $[a,b]$ 上必是有界的，不妨设 $|f(x)|\leqslant M$，其中 M 是正数. 从而上和 $\overline{S_P}$ 有上界 $M(b-a)$，下和 $\underline{S_P}$ 有下界 $-M(b-a)$. 记 I 表示上和 $\overline{S_P}$ 的下确界.

对任意正数 ε，由于 $\lim\limits_{\lambda_P\to0^+}\left(\overline{S_P}-\underline{S_P}\right)=0$，存在正数 δ_1 使得对任一分割 $P=\{x_0,x_1,x_2,\cdots,x_n\}$，只要 $\lambda_P<\delta_1$，就有

$$0\leqslant\overline{S_P}-\underline{S_P}<\frac{1}{2}\varepsilon.$$

取定一个满足条件 $\lambda_{P_0}<\delta_1$ 的分割 $P_0=\left\{x_0',x_1',x_2',\cdots,x_{n_0}'\right\}$ 则由前期推导可知，有 $I\geqslant\underline{S_{P_0}}$.

令 $\delta_2=\dfrac{\varepsilon}{4Mn_0}$，则对任一满足条件 $\lambda_P<\delta_2$ 的分割 $P=\{x_0,x_1,x_2,\cdots,x_n\}$，由细化导致上和不增，下和不减的道理可得

$$\overline{S_P}\leqslant\overline{S_{P\cup P_0}}+2M\lambda_P n_0\leqslant\overline{S_{P_0}}+\frac{1}{2}\varepsilon\leqslant\underline{S_{P_0}}+\varepsilon\leqslant I+\varepsilon,$$

$$\underline{S_P}\geqslant\underline{S_{P\cup P_0}}-2M\lambda_P n_0\geqslant\underline{S_{P_0}}-\frac{1}{2}\varepsilon\geqslant\overline{S_{P_0}}-\varepsilon\geqslant I-\varepsilon.$$

最后令 $\delta=\min\{\delta_1,\delta_2\}$，则对任一满足条件 $\lambda_P<\delta$ 的分割 $P=\{x_0,x_1,x_2,\cdots,x_n\}$，以及任一取点法 $\xi_i\in[x_{i-1},x_i](1\leqslant i\leqslant n)$，都有

$$I-\varepsilon\leqslant\underline{S_P}\leqslant\sum_{i=1}^{n} f(\xi_i)\Delta x_i\leqslant\overline{S_P}\leqslant I+\varepsilon,\quad \text{即}\left|\sum_{i=1}^{n} f(\xi_i)\Delta x_i-I\right|<\varepsilon.$$

这表明，函数 $f(x)$ 在闭区间 $[a,b]$ 上黎曼可积.■

引理 3.3.1.1　若 $f(x)$ 在区间 $[a,b]$ 上连续，则对任意正数 ε，存在正数 δ 使得只要 $x_1,x_2\in[a,b]$，且 $|x_1-x_2|<\delta$，就有 $|f(x_1)-(x_2)|<\varepsilon$.(此时称 $f(x)$ 在区间 $[a,b]$ 上一致连续)

证明　若不然，则存在正数 ε_0，对任一自然数 n 都存在 $x_n,x_n'\in[a,b]$ 使得 $|x_n-x_n'|<\dfrac{1}{n}$，但是 $|f(x_n)-f(x_n')|\geqslant\varepsilon_0$. 这样得到一个数列 $\{x_n\}\subset[a,b]$，由于该数列是有界的，因此有一个收敛子列 $\left\{x_{n_k}\right\}$. 不妨设 $\left\{x_{n_k}\right\}$ 收敛于点 $c\in[a,b]$，则显然也有 $\lim\limits_{k\to\infty}x_{n_k}=\lim\limits_{k\to\infty}x_{n_k}'=c$. 因此由 $f(x)$ 的连续性，对 $|f(x_n)-f(x_n')|\geqslant\varepsilon_0$ 取极限可得

$$\left|f(c)-f(c)\right| \geqslant \varepsilon_0.$$

矛盾. ■

定理 3.3.1.2 闭区间 $[a,b]$ 上的连续函数 $f(x)$ 都是黎曼可积的.

证明 设 $f(x)$ 是闭区间 $[a,b]$ 上的连续函数, 则 $f(x)$ 在 $[a,b]$ 上一致连续, 因此对任一正数 ε, 存在正数 δ 使得对任意 $x,y\in[a,b]$, 只要 $|x-y|<\delta$, 就有

$$\left|f(x)-f(y)\right|<\frac{\varepsilon}{b-a}.$$

对任一满足条件 $\lambda_P<\delta$ 的分割 $P=\{x_0,x_1,x_2,\cdots,x_n\}$, 对任一 $1\leqslant i\leqslant n$, 由于 $f(x)$ 在 $[x_{i-1},x_i]$ 上的连续性, 存在 $x_i',x_i''\in[x_{i-1},x_i]$ 使得 $M_i=f(x_i')$ 和 $m_i=f(x_i'')$ 分别为 $f(x)$ 在 $[x_{i-1},x_i]$ 上的最大值和最小值, 于是

$$\omega_i=M_i-m_i=f(x_i')-f(x_i'')<\frac{\varepsilon}{b-a}.$$

从而

$$\sum_{i=1}^{n}\omega_i\Delta x_i<\sum_{i=1}^{n}\frac{\varepsilon}{b-a}\Delta x_i=\frac{\varepsilon}{b-a}\sum_{i=1}^{n}\Delta x_i=\varepsilon.$$

因此

$$\lim_{\lambda_P\to0^+}\sum_{i=1}^{n}\omega_i\Delta x_i=0.$$

因此由定理 3.3.1.1 可知, $f(x)$ 在闭区间 $[a,b]$ 上是黎曼可积的. ■

定理 3.3.1.3 若 $f(x)$ 在闭区间 $[a,b]$ 上有界, 且间断点的集合是可数集, 则 $f(x)$ 在闭区间 $[a,b]$ 上是黎曼可积的

证明 由于 $f(x)$ 在闭区间 $[a,b]$ 上有界, 故存在正数 M 使得在 $[a,b]$ 上恒有 $|f(x)|\leqslant M$. 对任意正数 ε, 由于间断点的集合可数, 不妨设间断点集为 $\{x_n:n\in N_0\subset\mathbb{N}\}$. 对每个 $n\in N_0$, 取一个充分小的开区间 U_n 使得 $x_n\in U_n$, 且 $\sum\limits_{n\in N_0}|U_n|<\varepsilon$ (其中 $|U_n|$ 表示 U_n 的长度). 同时, 对于 $f(x)$ 在闭区间 $[a,b]$ 上的每个连续点 x, 存在开邻域 V_x 使得 $f(x)$ 在 V_x 上的振幅 $\omega_x<\varepsilon$.

显然, $\{V_x:x是f(x)的连续点\}\cup\{U_n:n\in N_0\}$ 构成闭区间 $[a,b]$ 的一个开覆盖, 因此由 Heine-Borel 有限覆盖定理, 存在总数有限个的 U_n 和 V_x, 它们构成 $[a,b]$ 的有限覆盖. 假定通过精简(即去掉重复的多余的区间), 剩下的区间按照从左到右顺序重新记为 $I_1,I_2,\cdots,I_m$. 然后作一个分割 $P=\{x_0,x_1,x_2,\cdots,x_n\}$, 使得对任一 $1\leqslant i\leqslant n$, 区间 $[x_{i-1},x_i]$ 完全包含于某个 U_k 中或者某个 V_x 中. 把会包含于某个 U_k 中的那些 $[x_{i-1},x_i]$ 的全体构成的集合记为 A, 会包含于某个 V_x 中的那些不含在 A 中的 $[x_{i-1},x_i]$ 的全体构成的集合记为 B, 则对该分割 P, 有

$$\sum_{i=1}^{n}\omega_i\Delta x_i=\sum_{[x_{i-1},x_i]\in A}\omega_i\Delta x_i+\sum_{[x_{i-1},x_i]\in B}\omega_i\Delta x_i\leqslant 2M\sum_{n\in N_0}|U_n|+\varepsilon\sum_{[x_{i-1},x_i]\in B}\Delta x_i<2M\varepsilon+(b-a)\varepsilon.$$

由 ε 的任意性可知, $f(x)$ 在闭区间 $[a,b]$ 上是黎曼可积的.■

3.3.2* 含参变量积分简介

定义 3.3.2.1 设 $f(\alpha,x)$ 是一个自变量为 x，且含有参变量 α 的函数，而 $a(\alpha)$ 与 $b(\alpha)$ 均为参变量 α 的函数，若积分

$$I(\alpha)=\int_{a(\alpha)}^{b(\alpha)} f(\alpha,x)\mathrm{d}x$$

有意义，则称之为含参变量 α 的积分.

关于含参变量 α 的积分，我们这里不加证明地介绍两个有用的结论，它们对某些问题的解决非常有帮助.

定理 3.3.2.1 设 $f(\alpha,x)$ 在 $[a,b]\times[c,d]$ 上连续，又 $a(\alpha),b(\alpha)\in C[a,b]$，且它们的值域包含于 $[c,d]$，则 $I(\alpha)$ 在 $[a,b]$ 上也连续.

定理 3.3.2.2 设 $f(\alpha,x)$ 在 $[a,b]\times[c,d]$ 上连续，又 $a(\alpha),b(\alpha)\in C[a,b]$，且它们的值域包含于 $[c,d]$. 若 $a'(\alpha),b'(\alpha),\dfrac{\partial}{\partial\alpha}f(\alpha,x)$ 存在且连续，则 $I'(\alpha)$ 存在，且有公式

$$I'(\alpha)=\int_{a(\alpha)}^{b(\alpha)}\frac{\partial}{\partial\alpha}f(\alpha,x)\mathrm{d}x+f(\alpha,b(\alpha))b'(\alpha)-f(\alpha,a(\alpha))a'(\alpha).$$

其中 $\dfrac{\partial}{\partial\alpha}f(\alpha,x)$ 是 $f(\alpha,x)$ 关于 α 的偏导数，即把 x 看成常数时，$f(\alpha,x)$ 关于 α 的导数.

上述求导公式是变限函数求导公式的进一步推广形式，当 $f(\alpha,x)$ 与 α 无关时，就是我们教材中已经介绍过的变限函数求导公式.

例 3.3.2.1 求定积分 $\int_0^{\pi}\ln(1-2a\cos x+a^2)\mathrm{d}x$ 的值，其中 $|a|<1$.

这个积分，按照常规的积分法，无论是换元法还是分部积分法，或者是两种方法结合着来计算，都不容易计算. 但是用含参变量积分的性质来计算，却不是太难.

解 记 $I(a)=\int_0^{\pi}\ln(1-2a\cos x+a^2)\mathrm{d}x$，则由于 $f(a)=\ln(1-2a\cos x+a^2)$ 在 $(-1,1)$ 内有连续导数，故由定理 3.3.2.2 知 $I(a)$ 在 $(-1,1)$ 中可微，又 $I(0)=\int_0^{\pi}\ln 1\mathrm{d}x=0$，因此 $a\neq 0$ 时，由定理 3.3.2.2 中的求导公式可得

$$\begin{aligned}I'(a)&=\int_0^{\pi}\frac{2a-2\cos x}{1-2a\cos x+a^2}\mathrm{d}x\\&=\int_0^{\pi}\frac{2a}{1-2a\cos x+a^2}\mathrm{d}x+\int_0^{\pi}\frac{-2\cos x}{1-2a\cos x+a^2}\mathrm{d}x.\end{aligned}$$

而

$$\begin{aligned}\int_0^{\pi}\frac{2a}{1-2a\cos x+a^2}\mathrm{d}x&\xlongequal{\tan\frac{x}{2}=t}\int_0^{+\infty}\frac{2a}{1-2a\cdot\dfrac{1-t^2}{1+t^2}+a^2}\cdot\frac{2\mathrm{d}t}{1+t^2}\\&=\frac{4a}{(1+a)^2}\int_0^{+\infty}\frac{\mathrm{d}t}{\left(\dfrac{1-a}{1+a}\right)^2+t^2}=\frac{4a}{1-a^2}\arctan\frac{(1+a)t}{1-a}\Big|_0^{+\infty}=\frac{2\pi a}{1-a^2},\end{aligned}$$

$$\int_0^{\pi}\frac{-2\cos x}{1-2a\cos x+a^2}\mathrm{d}x\xlongequal{\tan\frac{x}{2}=t}\int_0^{+\infty}\frac{-2\cdot\dfrac{1-t^2}{1+t^2}}{1-2a\cdot\dfrac{1-t^2}{1+t^2}+a^2}\cdot\frac{2\mathrm{d}t}{1+t^2}$$

$$=2\int_0^{+\infty}\left[-\frac{1+a^2}{a}\cdot\frac{1}{(1-a)^2+(1+a)^2t^2}+\frac{1}{a}\frac{1}{1+t^2}\right]\mathrm{d}t$$

$$=\left[\frac{2}{a}\arctan t-\frac{2(1+a^2)}{a(1-a^2)}\arctan\frac{(1+a)t}{1-a}\right]\Bigg|_0^{+\infty}=\frac{-2\pi a}{1-a^2}.$$

故 $I'(a)=0$. 从而 $I(a)\equiv I(0)=0$. ■

例 3.3.2.2　计算积分 $\int_0^1\frac{\ln(1+x)}{1+x^2}\mathrm{d}x$.

解　由于对数函数求导得到的是有理函数, 因此令 $I(\alpha)=\int_0^1\frac{\ln(1+\alpha x)}{1+x^2}\mathrm{d}x$. 则由于 $f(\alpha)=\frac{\ln(1+\alpha x)}{1+x^2}$ 在 $[0,1]$ 上有连续导数, 故由定理 3.3.2.2 知 $I(\alpha)$ 在 $[0,1]$ 上可微, 且 $I(0)=0$, $I(1)=\int_0^1\frac{\ln(1+x)}{1+x^2}\mathrm{d}x$.

由定理 3.3.2.2 中的求导公式可得

$$I'(\alpha)=\int_0^1\frac{1}{1+x^2}\cdot\frac{x}{1+\alpha x}\mathrm{d}x=\frac{1}{1+\alpha^2}\int_0^1\left[\frac{x+\alpha}{1+x^2}-\frac{\alpha}{1+\alpha x}\right]\mathrm{d}x$$

$$=\frac{1}{1+\alpha^2}\left[\frac{1}{2}\ln(1+x^2)+\alpha\arctan x-\ln(1+\alpha x)\right]\Bigg|_0^1$$

$$=\frac{1}{1+\alpha^2}\left[\frac{1}{2}\ln 2+\frac{\pi\alpha}{4}-\ln(1+\alpha)\right].$$

因此,

$$\int_0^1\frac{\ln(1+x)}{1+x^2}\mathrm{d}x=I(1)=I(0)+\int_0^1\frac{1}{1+\alpha^2}\left[\frac{1}{2}\ln 2+\frac{\pi\alpha}{4}-\ln(1+\alpha)\right]\mathrm{d}\alpha$$

$$=\left[\frac{\ln 2}{2}\arctan\alpha+\frac{\pi}{8}\ln(1+\alpha^2)\right]\Bigg|_0^1-I(1)=\frac{\pi}{4}\ln 2-\int_0^1\frac{\ln(1+x)}{1+x^2}\mathrm{d}x,$$

故得 $\int_0^1\frac{\ln(1+x)}{1+x^2}\mathrm{d}x=\frac{\pi}{8}\ln 2$. ■

3.4　释 疑 解 惑

1. 如何用通常极限的 ε-δ 语言来描述定积分的概念?

答　用通常的 ε-δ 语言来描述定积分概念, 可以这样给出:

设 $f(x)$ 是一个在闭区间 $[a,b]$ 上有定义的有界函数. 如果存在一个常数 I 使得对任一正数 ε, 都存在一个正数 δ, 对区间 $[a,b]$ 的任一分割 $P=\{x_0,x_1,x_2,\cdots,x_n\}$ 及任一取点方式

$\xi_i \in [x_{i-1}, x_i](1 \leqslant i \leqslant n)$，只要其最大小区间长度 $\lambda_P < \delta$，就都有

$$\left|\sum_{i=1}^{n} f(\xi_i)\Delta x_i - I\right| < \varepsilon.$$

则称函数 $f(x)$ 在闭区间 $[a,b]$ 上黎曼可积，并称常数 I 为 $f(x)$ 在闭区间 $[a,b]$ 上的定积分，记为 $I = \int_a^b f(x)\mathrm{d}x$.

函数 $f(x)$ 在闭区间 $[a,b]$ 上非黎曼可积则可以描述为:

对任一常数 I，都存在一个正数 ε，使得对任一正数 δ，都存在 $[a,b]$ 的一个分割 $P = \{x_0, x_1, x_2, \cdots, x_n\}$ 及一个取点方式 $\xi_i \in [x_{i-1}, x_i](1 \leqslant i \leqslant n)$ 使得 $\lambda_P < \delta$，但是 $\left|\sum_{i=1}^{n} f(\xi_i)\Delta x_i - I\right| \geqslant \varepsilon$. 则函数 $f(x)$ 在闭区间 $[a,b]$ 上非黎曼可积.■

2. 为什么在定积分定义中取的是 $\lambda_P \to 0^+$ 这一变化过程的极限，而不是取 $n \to \infty$ 这一变化过程的极限?

答 定积分定义中的极限过程是分割无限加细的过程，也就是每个小区间的长度都要趋于 0 的过程，$n \to \infty$ 不足以描述它. 比如，当把一个区间的左半区间不断细分，而右半区间不做分割时，也可以让 $n \to \infty$，但显然这样并没有达成无限加细的目的. 可是当 $\lambda_P \to 0^+$ 时，每个小区间都能够收缩成一个点，恰恰达成了无限加细这一目的. 因此在定积分定义中取的是 $\lambda_P \to 0^+$ 这一变化过程的极限，而不是取 $n \to \infty$ 这一变化过程的极限. 不过，在确定函数可积的情况下，我们可以运用等分区间等特定的分割法来计算积分，此时只要 $n \to \infty$ 就可以保证分割无限加细.■

3. 函数 $f(x)$ 在区间 $[a,b]$ 上有不定积分与它在区间 $[a,b]$ 上黎曼可积是等价的吗?

答 我们在《高等数学》(上册)教材中的例 3.2.1 里证明过，若函数 $f(x)$ 在区间 I 上有原函数(从而有不定积分)，则 $f(x)$ 在区间 I 上没有第一类间断点. 又从教材中的定理 3.1.2 知，当函数 $f(x)$ 在区间 $[a,b]$ 上只有有限个第一类间断点时，$f(x)$ 在区间 $[a,b]$ 上是黎曼可积的. 因此，函数 $f(x)$ 在区间 $[a,b]$ 上有不定积分与它在区间 $[a,b]$ 上黎曼可积是不等价的，甚至也不存在某个方向的蕴含关系.■

在区间 $[a,b]$ 上有原函数的函数未必在 $[a,b]$ 上可积，在 $[a,b]$ 上可积的函数未必在 $[a,b]$ 上有原函数. 我们看下面这两个例子就很清楚了.

例 3.4.4.1 令 $F(x) = \begin{cases} x^2 \sin \dfrac{1}{x^2}, & x \neq 0, \\ 0, & x = 0, \end{cases}$ 则 $F(x)$ 在区间 $[-1,1]$ 上处处可导，且有

$$F'(x) = f(x) = \begin{cases} 2x \sin \dfrac{1}{x^2} - \dfrac{2}{x} \cos \dfrac{1}{x^2}, & x \neq 0, \\ 0, & x = 0. \end{cases}$$

因此函数 $f(x)$ 在区间 $[-1,1]$ 上有原函数 $F(x)$. 但是由于

$$\lim_{n\to\infty} f\left(\frac{1}{\sqrt{2n\pi}}\right) = \lim_{n\to\infty}\left[\frac{2}{\sqrt{2n\pi}}\sin(2n\pi) - 2\sqrt{2n\pi}\cos(2n\pi)\right] = -\infty,$$

因此，$f(x)$ 在区间 $[-1,1]$ 上是无界的，因此 $f(x)$ 在区间 $[-1,1]$ 上不黎曼可积. 这个例子表明，有原函数(因而有不定积分)的函数未必是黎曼可积的.

例 3.4.4.2　函数 $f(x)=\begin{cases}1, & x>0,\\ 0, & x\leqslant 0\end{cases}$ 只有一个跳跃间断点，因此它在闭区间 $[-1,1]$ 上黎曼可积，但是没有原函数，从而也没有不定积分.

这个例子表明，黎曼可积的函数未必有原函数，因而未必有不定积分.■

4. 如果把定积分定义中的“任意分割”改成“n 等分”，“任意取点 $\xi_i\in[x_{i-1},x_i]$”改为“取端点 x_i 作为 ξ_i”，并把“$\lambda_P\to 0^+$”改为“$n\to\infty$”，这样定义的定积分与原来定义的定积分有怎样的关系？

答　为方便起见，我们把原来的定义称为定义 A，现在题目中所描述的定义称为定义 B，则有如下两个判断.

(1) 若在定义 A 意义下 $f(x)$ 在 $[a,b]$ 上可积，则在定义 B 意义下 $f(x)$ 在 $[a,b]$ 上也可积；

(2) 若在定义 B 意义下 $f(x)$ 在 $[a,b]$ 上可积，则在定义 A 意义下 $f(x)$ 在 $[a,b]$ 上未必可积.

证明如下：(1) 是显然的，因为定义 B 涉及的是特殊的分割和特殊的取点. 当 $f(x)$ 在定义 A 意义下在 $[a,b]$ 上可积时，则对任意分割和任意取点法，在分割无限加细时积分和都有同一个确定的极限. 而对等分而言，分割无限加细相当于 $n\to\infty$. 因此 $f(x)$ 在定义 B 意义下在 $[a,b]$ 上也可积.

(2) 我们只需要举一个反例即可. 考虑狄利克雷函数

$$f(x)=\begin{cases}1, & x\in\mathbb{Q},\\ 0, & x\notin\mathbb{Q}.\end{cases}$$

下面我们证明，在定义 B 意义下 $f(x)$ 在 $[0,1]$ 上可积，但在定义 A 意义下 $f(x)$ 在 $[0,1]$ 上不可积.

事实上，若把区间 $[0,1]$ 作 n 等分得到一个分割 $P=\{x_0,x_1,x_2,\cdots,x_n\}$，则 $x_0,x_1,x_2,\cdots,x_n$ 都是有理数，因此对应于定义 B 的积分和为

$$\sum_{i=1}^{n}f(x_i)\Delta x_i=\sum_{i=1}^{n}1\cdot\Delta x_i=\sum_{i=1}^{n}\Delta x_i\equiv 1.$$

因此在定义 B 的意义下，$\lim\limits_{n\to\infty}\sum\limits_{i=1}^{n}f(x_i)\Delta x_i=1$. 即 $f(x)$ 在 $[0,1]$ 上可积.

但是，在定义 A 意义下，对于区间 $[0,1]$ 的任一分割 $P=\{x_0,x_1,x_2,\cdots,x_n\}$，由于每个区间 $[x_{i-1},x_i]$ 中都既有有理数，又有无理数，因此总有 $\omega_i=1-0=1$. 从而

$$\sum_{i=1}^{n}\omega_i\Delta x_i=\sum_{i=1}^{n}1\cdot\Delta x_i=\sum_{i=1}^{n}\Delta x_i\equiv 1.$$

故在定义 A 的意义下，$f(x)$ 在 $[0,1]$ 上不可积.

下面我们再就上面举的这个例子来说说定义 B 的不合理性：在定义 B 的意义下，有 $\int_0^1 f(x)\mathrm{d}x=1$. 但是如果我们取一个非常非常小的正无理数 ε，则把区间 $[\varepsilon,1+\varepsilon]$ 作 n 等

分，将得到一个分割 $P=\{x_0,x_1,x_2,\cdots,x_n\}$，其中 $x_0,x_1,x_2,\cdots,x_n$ 都是无理数，因此对应于定义 B 的积分和为

$$\sum_{i=1}^{n}f(x_i)\Delta x_i=\sum_{i=1}^{n}0\cdot\Delta x_i\equiv 0.$$

从而在定义 B 的意义下，有

$$\int_{\varepsilon}^{1+\varepsilon}f(x)\mathrm{d}x=\lim_{n\to\infty}\sum_{i=1}^{n}f(x_i)\cdot\Delta x_i=\lim_{n\to\infty}0=0.$$

同样地还可以得到，在定义 B 的意义下，有 $\int_0^{\varepsilon}f(x)\mathrm{d}x=\int_1^{1+\varepsilon}f(x)\mathrm{d}x=0.$

这导致一个结论：在定义 B 的意义下，积分对区间的可加性已经不再成立.

然而，定积分的概念本身就是从处理一些具有可加性的问题时抽象出来的，而定义 B 给出的积分概念甚至不能保证最基本的可加性！因此定义 B 是一个不合理的积分概念，没有真正的价值.■

5. 为什么不定积分的计算结果会看起来很不一样？怎么知道自己计算得正确与否？

答　不定积分的计算结果看起来不一样是很正常的，特别是三角函数或者无理函数的不定积分，更是如此. 积分方法不同，得到的原函数常常会有不同的形式，但是它们一定只是相差一个常数，只是有时候不容易观察到这一点. 那么怎么知道自己计算的结果是否正确呢？这也很简单，只需把求出来的原函数求导，如果求导的结果恰好是被积函数，那说明你的计算是正确的；否则就是错误的，有必要检查一下错误出在什么地方.■

6. 有理函数的积分必须用待定系数法吗？

答　应该说，有理函数积分时使用待定系数法是一种普适性的方法，只要是有理函数，这种方法总是有效的. 但是对一个具体的题目而言，这个解法未必是好方法，实际上常常不是好方法. 事实上，很多时候普适性的方法往往都是末选的方法，也就是说，没有其他办法了，只好用这个方法. 待定系数法往往涉及很繁琐的计算，因此相对而言，既花时间，又比较容易出错. 很多时候，不用这种方法，改用换元法进行积分，可能会容易得多. 比如，计算积分 $\int\frac{x^3+2x}{(1+x^2)^5}\mathrm{d}x$ 时，如果用待定系数法，将被积函数分解成

$$\frac{x^3+2x}{(1+x^2)^5}=\frac{a_1x+b_1}{1+x^2}+\frac{a_2x+b_2}{(1+x^2)^2}+\frac{a_3x+b_3}{(1+x^2)^3}+\frac{a_4x+b_4}{(1+x^2)^4}+\frac{a_5x+b_5}{(1+x^2)^5}.$$

为求出这十个待定常数 $a_i,b_i(1\leqslant i\leqslant 5)$，就要花大量的时间. 分解成功后，后续的积分仍然需要很多时间才能完成，因此此时用待定系数法是很糟糕的方法. 但是，如果作换元 $1+x^2=t$，这个积分很快就可以求出来：

$$\int\frac{x^3+2x}{(1+x^2)^5}\mathrm{d}x\xlongequal{1+x^2=t}\int\frac{1+t}{2t^5}\mathrm{d}t=-\frac{1}{8t^4}-\frac{1}{6t^3}+C=-\frac{1}{8(1+x^2)^4}-\frac{1}{6(1+x^2)^3}+C.$$

因此，在求有理函数的积分时，一般首选换元法，最末选的方法才是待定系数法. 当然，待定系数法的理论意义非常大，因为它至少表明，有理函数的原函数都是初等函数，而且可以由有理函数、反正切函数、对数函数等几种函数的复合函数表示出来.■

3.5 典型错误辨析

3.5.1 逻辑错误

例 3.5.1.1 若 $f(x)$ 的导数为 $\sin x$，则 $-\sin x$ 为 $f(x)$ 的原函数.

解析 这里的错误之处在于对“则”字理解上的不当. 当 $f(x)$ 的导数为 $\sin x$ 时，我们可以断定，必有 $f(x)=-\cos x+C_1$，其中 C_1 是某个常数. 因此 $f(x)$ 的原函数必有形式 $-\sin x+C_1x+C_2$. 可见，$-\sin x$ 未必是 $f(x)$ 的一个原函数，因为若 $f(x)=-\cos x+1$，则 $f(x)$ 的导数为 $\sin x$，但是却没有原函数 $-\sin x$.

这里主要是逻辑问题. 如果结论改成 $-\sin x$ 可能为 $f(x)$ 的原函数，则在逻辑上是说得通的.■

3.5.2 概念理解不准确

例 3.5.2.1 由于 $\int\cos x\mathrm{d}x=1+\int\cos x\mathrm{d}x$，两边消去 $\int\cos x\mathrm{d}x$ 得 $0=1$.

解析 这是个概念理解问题. 首先，由于不定积分 $\int\cos x\mathrm{d}x$ 本质上是一个原函数的集合

$$\int\cos x\mathrm{d}x=\{\sin x+C\mid C\in\mathbb{R}\},$$

因此由

$$1+\int\cos x\mathrm{d}x=1+\{\sin x+C\mid C\in\mathbb{R}\}=\{\sin x+1+C\mid C\in\mathbb{R}\}=\{\sin x+C'\mid C'\in\mathbb{R}\}=\int\cos x\mathrm{d}x$$

可知，等式 $\int\cos x\mathrm{d}x=1+\int\cos x\mathrm{d}x$ 是没错的. 但是由于集合加法不满足消去律，故不能把两边的 $\int\cos x\mathrm{d}x$ 消去，因此得不到 $0=1$.■

3.5.3 混淆了原函数的概念

例 3.5.3.1 设函数 $\dfrac{\sin x}{x}$ 是 $f(x)$ 的一个原函数，求不定积分 $\int x^3f'(x)\mathrm{d}x$.

错误解法 由于 $f'(x)=\dfrac{\sin x}{x}$，故

$$\begin{aligned}\int x^3f'(x)\mathrm{d}x&=\int x^3\cdot\frac{\sin x}{x}\mathrm{d}x=\int x^2\sin x\mathrm{d}x=-\int x^2\mathrm{d}\cos x\\&=-x^2\cos x+2\int x\cos x\mathrm{d}x=-x^2\cos x+2(x\sin x+\cos x)+C.\end{aligned}$$

解析 应该说这里犯了一个“粗心”的错误，混淆了导函数和原函数. 题目中告诉我们的条件是 $f(x)=\left(\dfrac{\sin x}{x}\right)'$，而不是 $f'(x)=\dfrac{\sin x}{x}$.

正确解法

$$\int x^3 f'(x)\mathrm{d}x=\int x^3\mathrm{d}f(x)=x^3 f(x)-3\int x^2 f(x)\mathrm{d}x=x^3\left(\frac{\sin x}{x}\right)'-3\int x^2\left(\frac{\sin x}{x}\right)'\mathrm{d}x$$

$$=x^3\cdot\frac{x\cos x-\sin x}{x^2}-3\int x^2\cdot\frac{x\cos x-\sin x}{x^2}\mathrm{d}x$$

$$=x(x\cos x-\sin x)-3\int(x\cos x-\sin x)\mathrm{d}x$$

$$=x^2\cos x-x\sin x-3\left[\cos x+\int x\mathrm{d}\sin x\right]$$

$$=x^2\cos x-x\sin x-3[2\cos x+x\sin x]+C$$

$$=(x^2-6)\cos x-4x\sin x+C. ■$$

3.5.4　不注意运算条件

例 3.5.4.1　$\int_0^{\pi}\sqrt{1+\sin 2x}\mathrm{d}x=\int_0^{\pi}\sqrt{\sin^2 x+2\sin x\cos x+\cos^2 x}\mathrm{d}x=\int_0^{\pi}\sqrt{(\sin x+\cos x)^2}\mathrm{d}x$

$$=\int_0^{\pi}(\sin x+\cos x)\mathrm{d}x=(-\cos x+\sin x)\Big|_0^{\pi}=2.$$

解析　这里的第三个等号不成立，因为 $\sin x+\cos x$ 在区间 $[0,\pi]$ 上并不总是非负，而 $\sqrt{1+\sin 2x}\geqslant 0$ 却处处成立！

正确解法

$$\int_0^{\pi}\sqrt{1+\sin 2x}\mathrm{d}x=\int_0^{\pi}|\sin x+\cos x|\mathrm{d}x=\int_0^{\frac{3\pi}{4}}(\sin x+\cos x)\mathrm{d}x-\int_{\frac{3\pi}{4}}^{\pi}(\sin x+\cos x)\mathrm{d}x$$

$$=(\sin x-\cos x)\Big|_0^{\frac{3\pi}{4}}-(\sin x-\cos x)\Big|_{\frac{3\pi}{4}}^{\pi}=2\sqrt{2}.$$

【注】计算定积分时，由于函数限制在一个特定的区间上，因此遇到一些需要考虑符号的运算，必须注意符号的一致性. 这里的开方是二次算术平方根，是非负的，因此首先应该是 $\sqrt{1+\sin 2x}=|\sin x+\cos x|$，然后再考虑如何去除绝对值符号. 去除绝对值符号的分界点是满足 $\sin x+\cos x=0$ 的点，在区间 $[0,\pi]$ 上只有一个 $x=\dfrac{3\pi}{4}$. 从而有

$$\int_0^{\pi}|\sin x+\cos x|\mathrm{d}x=\int_0^{\frac{3\pi}{4}}(\sin x+\cos x)\mathrm{d}x-\int_{\frac{3\pi}{4}}^{\pi}(\sin x+\cos x)\mathrm{d}x. ■$$

例 3.5.4.2　求定积分 $\displaystyle\int_{-2}^{-1}\frac{\mathrm{d}x}{x\sqrt{2x^2-1}}$.

错误解法　$\displaystyle\int_{-2}^{-1}\frac{\mathrm{d}x}{x\sqrt{2x^2-1}}=\int_{-2}^{-1}\frac{\mathrm{d}x}{x^2\sqrt{2-\frac{1}{x^2}}}=-\int_{-2}^{-1}\frac{\mathrm{d}\left(\frac{1}{x}\right)}{\sqrt{2-\left(\frac{1}{x}\right)^2}}=-\arcsin\frac{1}{\sqrt{2}x}\Bigg|_{-2}^{-1}$

$$=\frac{\pi}{4}-\arcsin\frac{1}{2\sqrt{2}}.$$

解析　这里的第一个等号并不成立! 因为在积分区间 $[-2,-1]$ 上, x 是负数, 因此

$$\frac{1}{x\sqrt{2x^2-1}}=-\frac{1}{x^2\sqrt{2-\frac{1}{x^2}}}.$$

在定积分计算中, 涉及符号运算的部分(比如去根号、去绝对值号等)一定要细心.

正确解法　$$\int_{-2}^{-1}\frac{\mathrm{d}x}{x\sqrt{2x^2-1}}=-\int_{-2}^{-1}\frac{\mathrm{d}x}{x^2\sqrt{2-\frac{1}{x^2}}}=\int_{-2}^{-1}\frac{\mathrm{d}\left(\frac{1}{x}\right)}{\sqrt{2-\left(\frac{1}{x}\right)^2}}=\arcsin\frac{1}{\sqrt{2}x}\Bigg|_{-2}^{-1}$$

$$=-\frac{\pi}{4}+\arcsin\frac{1}{2\sqrt{2}}.\blacksquare$$

3.5.5　未注意到有第一类间断点的函数没有原函数

例 3.5.5.1　设 $f(x)=\begin{cases}\dfrac{1}{1+\mathrm{e}^x}, & x<0,\\ \sin x, & x\geqslant 0.\end{cases}$ 求不定积分 $\int f(x)\mathrm{d}x$.

错误解法　当 $x<0$ 时,

$$\int f(x)\mathrm{d}x=\int\frac{1}{1+\mathrm{e}^x}\mathrm{d}x\int\frac{\mathrm{e}^x}{\mathrm{e}^x(1+\mathrm{e}^x)}\mathrm{d}x=\int\left(\frac{1}{\mathrm{e}^x}-\frac{1}{1+\mathrm{e}^x}\right)\mathrm{d}\mathrm{e}^x=\ln\frac{\mathrm{e}^x}{1+\mathrm{e}^x}+C.$$

当 $x>0$ 时,

$$\int f(x)\mathrm{d}x=\int\sin x\mathrm{d}x=-\cos x+C.$$

由于 $f(x)$ 的原函数在点 $x=0$ 处是连续的, 因此

$$\int f(x)\mathrm{d}x=\begin{cases}\ln\dfrac{\mathrm{e}^x}{1+\mathrm{e}^x}+C, & x<0,\\ -\cos x+1-\ln 2+C, & x\geqslant 0.\end{cases}$$

解析　这里错误的地方是最后合并部分. 本题中的函数 $f(x)$ 在点 $x=0$ 处出现跳跃间断, 因此尽管函数 $f(x)$ 在 $(-\infty,+\infty)$ 上有定义, 但是在 $(-\infty,+\infty)$ 上并没有原函数, 因此也没有不定积分. 要求不定积分 $\int f(x)\mathrm{d}x$, 只能分别在区间 $(-\infty,0)$ 和 $[0,+\infty)$ 上求.

正确解法　当 $x<0$ 时,

$$\int f(x)\mathrm{d}x=\int\frac{1}{1+\mathrm{e}^x}\mathrm{d}x\int\frac{\mathrm{e}^x}{\mathrm{e}^x(1+\mathrm{e}^x)}\mathrm{d}x=\int\left(\frac{1}{\mathrm{e}^x}-\frac{1}{1+\mathrm{e}^x}\right)\mathrm{d}\mathrm{e}^x=\ln\frac{\mathrm{e}^x}{1+\mathrm{e}^x}+C.$$

当 $x\geqslant 0$ 时,

$$\int f(x)\mathrm{d}x=\int\sin x\mathrm{d}x=-\cos x+C.\blacksquare$$

3.5.6　追加条件解题

例 3.5.6.1　设 $f(x)\in C[a,b]$, 证明: 对任意 $x_1,x_2\in(a,b)$, 有

$$\lim_{h\to 0}\frac{1}{h}\int_{x_1}^{x_2}[f(t+h)-f(t)]\mathrm{d}t=f(x_2)-f(x_1).$$

错误证法　由于定积分的值与积分变量用什么字母表示无关, 因此

$$\begin{aligned}\lim_{h\to 0}\frac{1}{h}\int_{x_1}^{x_2}[f(t+h)-f(t)]\mathrm{d}t&=\int_{x_1}^{x_2}\left[\lim_{h\to 0}\frac{f(t+h)-f(t)}{h}\right]\mathrm{d}t\\&=\int_{x_1}^{x_2}f'(t)\mathrm{d}t=f(t)\Big|_{x_1}^{x_2}=f(x_2)-f(x_1).\end{aligned}$$

解析　以上解法出现两个问题. 第一个是积分号与极限号的交换, 是有条件的, 并不是可以随便交换的. 在我们的教材范围内, 我们还没有介绍两者可交换的条件. 第二个是这里用了 $f(x)$ 的导数, 但是题目中并没有 $f(x)$ 可导的条件. 下面我们给出两种正确的证明方法.

正确证法一　由于 $f(x)\in C[a,b]$, 故 $f(x)$ 在 $[a,b]$ 上有原函数 $F(x)$, 因此对任意 $x_1,x_2\in(a,b)$, 当 $|h|$ 充分小时, $x_1+h,x_2+h\in[a,b]$, 从而

$$\begin{aligned}\lim_{h\to 0}\frac{1}{h}\int_{x_1}^{x_2}[f(t+h)-f(t)]\mathrm{d}t&=\lim_{h\to 0}\frac{1}{h}[F(t+h)-F(t)]_{x_1}^{x_2}\\&=\lim_{h\to 0}\left(\frac{F(x_2+h)-F(x_2)}{h}-\frac{F(x_1+h)-F(x_1)}{h}\right)\\&=F'(x_2)-F'(x_1)=f(x_2)-f(x_1).\end{aligned}$$

正确证法二　对任意 $x_1,x_2\in(a,b)$, 当 $|h|$ 充分小时, $x_1+h,x_2+h\in[a,b]$, 从而

$$\int_{x_1}^{x_2}f(t+h)\mathrm{d}t\xlongequal{t+h=u}\int_{x_1+h}^{x_2+h}f(u)\mathrm{d}u=\int_{x_1+h}^{x_2+h}f(t)\mathrm{d}t.$$

故用洛必达法则可得

$$\begin{aligned}\lim_{h\to 0}\frac{1}{h}\int_{x_1}^{x_2}[f(t+h)-f(t)]\mathrm{d}t&=\lim_{h\to 0}\frac{\displaystyle\int_{x_1+h}^{x_2+h}f(t)\mathrm{d}t-\int_{x_1}^{x_2}f(t)\mathrm{d}t}{h}\\&=\lim_{h\to 0}\frac{f(x_2+h)-f(x_1+h)}{1}=f(x_2)-f(x_1).\ \blacksquare\end{aligned}$$

3.5.7　把瑕积分当定积分处理

例 3.5.7.1　求积分 $\displaystyle\int_{-1}^{1}\frac{\mathrm{d}x}{2x+\sqrt{1-x^2}}$.

解　令 $x=\sin t$, 当 $x=-1$ 时, 取 $t=-\dfrac{\pi}{2}$; 当 $x=1$ 时, 取 $t=\dfrac{\pi}{2}$. 于是

$$\begin{aligned}\int_{-1}^{1}\frac{\mathrm{d}x}{2x+\sqrt{1-x^2}}&=\int_{-\frac{\pi}{2}}^{\frac{\pi}{2}}\frac{\cos t\mathrm{d}t}{2\sin t+\cos t}=\frac{2}{5}\int_{-\frac{\pi}{2}}^{\frac{\pi}{2}}\frac{2\cos t-\sin t}{2\sin t+\cos t}\mathrm{d}t+\frac{1}{5}\int_{-\frac{\pi}{2}}^{\frac{\pi}{2}}\frac{2\sin t+\cos t}{2\sin t+\cos t}\mathrm{d}t\\&=\left[\frac{2}{5}\ln|2\sin t+\cos t|+\frac{1}{5}t\right]_{-\frac{\pi}{2}}^{\frac{\pi}{2}}=\frac{\pi}{5}.\end{aligned}$$

解析　本解答的错误之处在于没注意到这是一个反常积分！在区间$[-1,1]$上，分母$2x+\sqrt{1-x^2}$有可能取 0 值，因此解题前应该检验函数是否有瑕点. 事实上，由$2x+\sqrt{1-x^2}=0$可解得$x=-\frac{1}{\sqrt{5}}$，正好落在积分区间$[-1,1]$内. 可见，本题的积分是个瑕积分.

正确解法　由于被积函数有瑕点$x=-\frac{1}{\sqrt{5}}$，故

$$\int_{-1}^{1}\frac{\mathrm{d}x}{2x+\sqrt{1-x^2}}=\int_{-1}^{-\frac{1}{\sqrt{5}}}\frac{\mathrm{d}x}{2x+\sqrt{1-x^2}}+\int_{-\frac{1}{\sqrt{5}}}^{1}\frac{\mathrm{d}x}{2x+\sqrt{1-x^2}}.$$

而由前面的计算可知，函数$\frac{1}{2x+\sqrt{1-x^2}}$有原函数$\frac{2}{5}\ln\left|2x+\sqrt{1-x^2}\right|+\frac{1}{5}\arcsin x$，因此

$$\int_{-1}^{-\frac{1}{\sqrt{5}}}\frac{\mathrm{d}x}{2x+\sqrt{1-x^2}}=\left[\frac{2}{5}\ln\left|2x+\sqrt{1-x^2}\right|+\frac{1}{5}\arcsin x\right]_{-1}^{-\frac{1}{\sqrt{5}}}=-\infty.$$

可见瑕积分$\int_{-1}^{-\frac{1}{\sqrt{5}}}\frac{\mathrm{d}x}{2x+\sqrt{1-x^2}}$发散，因此瑕积分$\int_{-1}^{1}\frac{\mathrm{d}x}{2x+\sqrt{1-x^2}}$也发散. ■

3.5.8　滥用换元法

例 3.5.8.1　若$f(x)$是个以$T>0$为周期的函数，且在任一有限闭区间上可积. 试证明: 对任一常数 a，都有

$$\int_{a}^{a+T}f(x)\mathrm{d}x=\int_{0}^{T}f(x)\mathrm{d}x.$$

错误解法　由于

$$\int_{a}^{a+T}f(x)\mathrm{d}x=\int_{a}^{0}f(x)\mathrm{d}x+\int_{0}^{T}f(x)\mathrm{d}x+\int_{T}^{a+T}f(x)\mathrm{d}x.$$

故只需证明

$$\int_{0}^{a}f(x)\mathrm{d}x=\int_{T}^{a+T}f(x)\mathrm{d}x.$$

为此，令$x=T+t$，则当$x=T$时，$t=0$；当$x=a+T$时，$t=a$. 从而

$$\int_{T}^{a+T}f(x)\mathrm{d}x=\int_{0}^{a}f(T+t)\mathrm{d}t=\int_{0}^{a}f(t)\mathrm{d}t=\int_{0}^{a}f(x)\mathrm{d}x.$$

故对任一常数 a，都有

$$\int_{a}^{a+T}f(x)\mathrm{d}x=\int_{0}^{T}f(x)\mathrm{d}x.$$

解析　该证明错误之处在于在证明$\int_{T}^{a+T}f(x)\mathrm{d}x=\int_{0}^{a}f(x)\mathrm{d}x$时使用了换元法. 定积分在使用换元法时，一般都要求被积函数具有连续性，而本题的被积函数只具备可积性，它远弱于连续性，因此利用换元法证明具有逻辑上的瑕疵. 本题的证明只能利用$f(x)$的可

积性和周期性, 不能添加其他条件.

正确解法 不妨设 $a>0$, 由已知条件知, $f(x)$ 在区间 $[0,a]$ 和 $[T,a+T]$ 上都可积, 下面我们证明

$$\int_0^a f(x)\mathrm{d}x=\int_T^{a+T} f(x)\mathrm{d}x.$$

对闭区间 $[0,a]$ 的任一分割 $P=\{x_0=0,x_1,x_2,\cdots,x_{n-1},x_n=a\}$, 记 $\lambda_P=\max\{x_i-x_{i-1}:1\leqslant i\leqslant n\}$. 对每个 $0\leqslant i\leqslant n$, 令 $x_i'=x_i+T$, 则 $P'=\{x_0'=T,x_1',x_2',\cdots,x_{n-1}',x_n'=a+T\}$ 构成闭区间 $[T,a+T]$ 的一个分割, 且 $\lambda_{P'}=\max\{x_i'-x_{i-1}':1\leqslant i\leqslant n\}=\lambda_P$. 对于任一取点方法 $\xi_i\in[x_{i-1},x_i](1\leqslant i\leqslant n)$, 对每个 $0\leqslant i\leqslant n$, 令 $\xi_i'=\xi_i+T$, 则 $\xi_i'\in[x_{i-1}',x_i'](1\leqslant i\leqslant n)$ 构成 $[T,a+T]$ 关于分割 P' 的一个取点方法. 由于 $f(x)$ 是个以 T 为周期的函数, 故对每个 $0\leqslant i\leqslant n$, 都有 $f(\xi_i')=f(\xi_i+T)=f(\xi_i)$. 注意到对每个 $0\leqslant i\leqslant n$, 也有

$$\Delta x_i'=x_{i+1}'-x_i'=(x_{i+1}+T)-(x_i+T)=x_{i+1}-x_i=\Delta x_i.$$

于是由定积分的定义可知, 有

$$\int_T^{a+T} f(x)\mathrm{d}x=\lim_{\lambda_{P'}\to 0}\sum_{i=1}^n f(\xi_i')\Delta x_i'=\lim_{\lambda_P\to 0}\sum_{i=1}^n f(\xi_i)\Delta x_i=\int_0^a f(x)\mathrm{d}x. \blacksquare$$

3.6 例题选讲

选例 3.6.1 求极限 $\lim\limits_{n\to\infty}\left[\left(1+\frac{1}{n}\right)\left(1+\frac{2}{n}\right)\cdots\left(1+\frac{n}{n}\right)\right]^{\frac{1}{n}}$.

思路 这是 n 项乘积在 $n\to\infty$ 时的极限, 可通过取对数转化为 n 项和在 $n\to\infty$ 时的极限, 从而与积分和及定积分联系起来.

解 令

$$\begin{aligned}x_n&=\ln\left[\left(1+\frac{1}{n}\right)\left(1+\frac{2}{n}\right)\cdots\left(1+\frac{n}{n}\right)\right]^{\frac{1}{n}}=\frac{1}{n}\left[\ln\left(1+\frac{1}{n}\right)+\ln\left(1+\frac{2}{n}\right)+\cdots+\ln\left(1+\frac{n}{n}\right)\right]\\&=\sum_{k=1}^n\ln\left(1+\frac{k}{n}\right)\cdot\frac{1}{n}.\end{aligned}$$

则 x_n 是函数 $\ln(1+x)$ 在对区间 $[0,1]$ 作 n 等分, 并且取点 $\xi_k=\frac{k}{n}\in\left[\frac{k-1}{n},\frac{k}{n}\right](k=1,2,\cdots,n)$ 所得到的积分和. 由于函数 $\ln(1+x)$ 在区间 $[0,1]$ 上连续, 因此可积, 故

$$\lim_{n\to\infty}x_n=\int_0^1\ln(1+x)\mathrm{d}x=x\ln(1+x)\Big|_0^1-\int_0^1\frac{x}{1+x}\mathrm{d}x=\ln 2-[x-\ln(1+x)]\Big|_0^1=2\ln 2-1.$$

从而

$$\lim_{n\to\infty}\left[\left(1+\frac{1}{n}\right)\left(1+\frac{2}{n}\right)\cdots\left(1+\frac{n}{n}\right)\right]^{\frac{1}{n}}=\lim_{n\to\infty}\mathrm{e}^{x_n}=\mathrm{e}^{\lim\limits_{n\to\infty}x_n}=\mathrm{e}^{2\ln 2-1}=\frac{4}{\mathrm{e}}. \blacksquare$$

选例 3.6.2 求极限 $\lim\limits_{n\to\infty}\left[\dfrac{\ln\left(1+\frac{1}{n}\right)}{n+\mathrm{e}^{-1}}+\dfrac{\ln\left(1+\frac{2}{n}\right)}{n+\mathrm{e}^{-2}}+\cdots+\dfrac{\ln\left(1+\frac{n}{n}\right)}{n+\mathrm{e}^{-n}}\right]$.

思路 这也是n项和的极限, 但它不是积分和的极限, 不过可以利用夹逼准则和定积分概念来求极限.

解 记 $x_n=\dfrac{\ln\left(1+\frac{1}{n}\right)}{n+\mathrm{e}^{-1}}+\dfrac{\ln\left(1+\frac{2}{n}\right)}{n+\mathrm{e}^{-2}}+\cdots+\dfrac{\ln\left(1+\frac{n}{n}\right)}{n+\mathrm{e}^{-n}}$, 则由 $0\leqslant \mathrm{e}^{-k}\leqslant 1(k=0,1,\cdots,n)$ 知有

$$\frac{n}{n+1}\sum_{k=1}^{n}\ln\left(1+\frac{k}{n}\right)\cdot\frac{1}{n}\leqslant x_n\leqslant\sum_{k=1}^{n}\ln\left(1+\frac{k}{n}\right)\cdot\frac{1}{n}.$$

由于 $\sum\limits_{k=1}^{n}\ln\left(1+\frac{k}{n}\right)\cdot\frac{1}{n}$ 是函数 $\ln(1+x)$ 在对区间 $[0,1]$ 作 n 等分的情况下所得的一个积分和, 故

$$\begin{aligned}\lim_{n\to\infty}\frac{n}{n+1}\sum_{k=1}^{n}\ln\left(1+\frac{k}{n}\right)\cdot\frac{1}{n}&=\lim_{n\to\infty}\sum_{k=1}^{n}\ln\left(1+\frac{k}{n}\right)\cdot\frac{1}{n}\\&=\int_0^1\ln(1+x)\mathrm{d}x=[(1+x)\ln(1+x)-x]\Big|_0^1=2\ln 2-1.\end{aligned}$$

于是由夹逼准则可知

$$\lim_{n\to\infty}\left[\frac{\ln\left(1+\frac{1}{n}\right)}{n+\mathrm{e}^{-1}}+\frac{\ln\left(1+\frac{2}{n}\right)}{n+\mathrm{e}^{-2}}+\cdots+\frac{\ln\left(1+\frac{n}{n}\right)}{n+\mathrm{e}^{-n}}\right]=2\ln 2-1.\ ■$$

选例 3.6.3 证明: 对每个正整数 n, 有 $\dfrac{2}{3}n\sqrt{n}<\sqrt{1}+\sqrt{2}+\sqrt{3}+\cdots+\sqrt{n}<\dfrac{4n+3}{6}n\sqrt{n}$.

思路 利用定积分的单调性.

证明 首先, 对自然数 n, 有

$$\sqrt{n}=\int_n^{n+1}\sqrt{n}\mathrm{d}x<\int_n^{n+1}\sqrt{x}\mathrm{d}x<\int_n^{n+1}\sqrt{n+1}\mathrm{d}x=\sqrt{n+1}.$$

因此

$$\sqrt{1}+\sqrt{2}+\sqrt{3}+\cdots+\sqrt{n}>\int_0^1\sqrt{x}\mathrm{d}x+\int_1^2\sqrt{x}\mathrm{d}x+\int_2^3\sqrt{x}\mathrm{d}x+\cdots+\int_{n-1}^{n}\sqrt{x}\mathrm{d}x=\int_0^n\sqrt{x}\mathrm{d}x=\frac{2}{3}n\sqrt{n}.$$

另一方面, 由于函数 $y=\sqrt{x}$ 在 $x>0$ 时的二阶导数 $y''=-\dfrac{1}{4}x^{-\frac{3}{2}}<0$, 因此曲线 $y=\sqrt{x}$ 是向上凸的, 故对每个自然数 n, 通过比较面积可得

$$\int_n^{n+1}\sqrt{x}\mathrm{d}x>\frac{1}{2}\left(\sqrt{n}+\sqrt{n+1}\right).$$

于是又有

$$\sqrt{1}+\sqrt{2}+\sqrt{3}+\cdots+\sqrt{n}=\frac{1}{2}(\sqrt{0}+\sqrt{1})+\frac{1}{2}(\sqrt{1}+\sqrt{2})+\frac{1}{2}(\sqrt{2}+\sqrt{3})+\cdots+\frac{1}{2}(\sqrt{n-1}+\sqrt{n})+\frac{1}{2}\sqrt{n}$$

$$<\int_0^1\sqrt{x}dx+\int_1^2\sqrt{x}dx+\int_2^3\sqrt{x}dx+\cdots+\int_{n-1}^n\sqrt{x}dx+\frac{1}{2}\sqrt{n}$$

$$=\int_0^n\sqrt{x}dx+\frac{1}{2}\sqrt{n}=\frac{2}{3}n\sqrt{n}+\frac{1}{2}\sqrt{n}=\frac{4n+3}{6}\sqrt{n}.\blacksquare$$

选例 3.6.4　求极限 $\lim\limits_{x\to\infty}x^3\int_x^{2x}\frac{tdt}{1+t^5}$.

思路　把 x^3 放到分母里去, 变成两个无穷小的商的形式的不定式, 再利用洛必达法则.

解　$$\lim_{x\to\infty}x^3\int_x^{2x}\frac{tdt}{1+t^5}=\lim_{x\to\infty}\frac{\int_x^{2x}\frac{tdt}{1+t^5}}{\frac{1}{x^3}}=\lim_{x\to\infty}\frac{\frac{2x}{1+(2x)^5}\cdot 2-\frac{x}{1+x^5}}{-\frac{3}{x^4}}$$

$$=-\frac{1}{3}\lim_{x\to\infty}\left(\frac{4x^5}{1+32x^5}-\frac{x^5}{1+x^5}\right)=-\frac{1}{3}\left(\frac{4}{32}-1\right)=\frac{7}{24}.\blacksquare$$

选例 3.6.5　设 $\int xf(x)dx=\arcsin x+C$, 则 $\int_0^1\frac{x}{f(x)}dx=$ __________.

思路　先从已知等式通过求导得出函数 $f(x)$ 的表达式, 然后代入求定积分.

解　对等式 $\int xf(x)dx=\arcsin x+C$ 两边关于 x 求导, 得

$$xf(x)=(\arcsin x)'=\frac{1}{\sqrt{1-x^2}}.$$

由此可得 $f(x)=\frac{1}{x\sqrt{1-x^2}}$. 于是

$$\int_0^1\frac{x}{f(x)}dx=\int_0^1x^2\sqrt{1-x^2}dx\xlongequal{x=\sin t}\int_0^{\frac{\pi}{2}}\sin^2t\cos t\cdot\cos tdt$$

$$=\frac{1}{4}\int_0^{\frac{\pi}{2}}\sin^2 2tdt=\frac{1}{8}\int_0^{\frac{\pi}{2}}(1-\cos 4t)dt=\frac{1}{8}\left[t-\frac{1}{4}\sin 4t\right]_0^{\frac{\pi}{2}}=\frac{\pi}{16}.$$

【注】后面的积分也可以如下计算

$$\int_0^{\frac{\pi}{2}}\sin^2t\cos t\cdot\cos tdt=\int_0^{\frac{\pi}{2}}(\sin^2t-\sin^4t)dt=\frac{1}{2}\cdot\frac{\pi}{2}-\frac{3}{4}\cdot\frac{1}{2}\cdot\frac{\pi}{2}=\frac{\pi}{16}.\blacksquare$$

选例 3.6.6　求不定积分 $\int e^{2x}\arctan\sqrt{e^x-1}dx$.

思路　本题中被积函数里有根式, 因此根式有理化是一种方法; 又被积函数中有反正切函数, 故把反正切函数换元也是一种方法; 此外, 被积函数是两种不同函数的乘积, 因此分部积分是自然的选择.

解法一　令 $\sqrt{e^x-1}=t$, 则 $e^x=1+t^2,x=\ln(1+t^2)$. 从而 $dx=\frac{2tdt}{1+t^2}$, 于是

$$\int e^{2x}\arctan\sqrt{e^x-1}dx=\int(1+t^2)^2\arctan t\cdot\frac{2tdt}{1+t^2}=\frac{1}{2}\int\arctan t d[(1+t^2)^2]$$

$$=\frac{1}{2}(1+t^2)^2\arctan t-\frac{1}{2}\int(1+t^2)^2\frac{1}{1+t^2}dt=\frac{1}{2}(1+t^2)^2\arctan t-\frac{1}{2}\int(1+t^2)dt$$

$$=\frac{1}{2}(1+t^2)^2\arctan t-\frac{1}{2}t-\frac{1}{6}t^3+C$$

$$=\frac{1}{6}\left[3e^{2x}\arctan\sqrt{e^x-1}-3\sqrt{e^x-1}-\left(\sqrt{e^x-1}\right)^3\right]+C.$$

解法二 直接利用分部积分法，有

$$\int e^{2x}\arctan\sqrt{e^x-1}dx=\frac{1}{2}\int\arctan\sqrt{e^x-1}de^{2x}$$

$$=\frac{1}{2}e^{2x}\arctan\sqrt{e^x-1}-\frac{1}{2}\int e^{2x}\cdot\frac{1}{1+\left(\sqrt{e^x-1}\right)^2}\cdot\frac{1}{2\sqrt{e^x-1}}\cdot e^x dx$$

$$=\frac{1}{2}e^{2x}\arctan\sqrt{e^x-1}-\frac{1}{4}\int\frac{e^{2x}dx}{\sqrt{e^x-1}}$$

$$=\frac{1}{2}e^{2x}\arctan\sqrt{e^x-1}-\frac{1}{4}\int\frac{(e^x-1)+1}{\sqrt{e^x-1}}d(e^x-1)$$

$$=\frac{1}{2}e^{2x}\arctan\sqrt{e^x-1}-\frac{1}{4}\int\left[\sqrt{e^x-1}+\frac{1}{\sqrt{e^x-1}}\right]d(e^x-1)$$

$$=\frac{1}{2}e^{2x}\arctan\sqrt{e^x-1}-\frac{1}{6}(e^x-1)^{\frac{3}{2}}-\frac{1}{2}\sqrt{e^x-1}+C.$$

解法三 令 $\arctan\sqrt{e^x-1}=t$，则 $e^x=1+\tan^2 t=\sec^2 t, x=\ln\sec^2 t$，从而 $dx=2\tan t dt$，于是

$$\int e^{2x}\arctan\sqrt{e^x-1}dx=\int\sec^4 t\cdot t\cdot 2\tan t dt=2\int t(\tan t+\tan^3 t)d\tan t$$

$$=\int t d\left(\tan^2 t+\frac{1}{2}\tan^4 t\right)$$

$$=t\left(\tan^2 t+\frac{1}{2}\tan^4 t\right)-\int\left(\tan^2 t+\frac{1}{2}\tan^4 t\right)dt$$

$$=t\left(\tan^2 t+\frac{1}{2}\tan^4 t\right)-\frac{1}{2}\int\left(\tan^2 t\sec^2 t+\sec^2 t-1\right)dt$$

$$=t\left(\tan^2 t+\frac{1}{2}\tan^4 t\right)-\frac{1}{6}\tan^3 t-\frac{1}{2}\tan t+\frac{1}{2}t+C.$$

$$=\frac{1}{2}t\sec^4 t-\frac{1}{6}\tan^3 t-\frac{1}{2}\tan t+C$$

$$=\frac{1}{2}e^{2x}\arctan\sqrt{e^x-1}-\frac{1}{6}(e^x-1)^{\frac{3}{2}}-\frac{1}{2}(e^x-1)^{\frac{1}{2}}+C. ■$$

选例 3.6.7 计算不定积分 $\int\left(\arcsin\sqrt{x}\right)^2dx$.

思路 遇到反三角函数和根式运算，肯定需要同时使用换元法和分部积分法，至于哪个先哪个后，则不必强求. 只是一般来说，换元法先来，积分运算会显得自然些，因为换元法有一个重要功能，就是简化计算过程.

解 作换元$t=\arcsin\sqrt{x}\left(0\leqslant t\leqslant\dfrac{\pi}{2}\right)$，则$x=\sin^2 t$. 从而

$$\begin{aligned}\int\left(\arcsin\sqrt{x}\right)^2\mathrm{d}x&=\int t^2\mathrm{d}(\sin^2 t)=t^2\sin^2 t-2\int t\sin^2 t\mathrm{d}t=t^2\sin^2 t-\int t(1-\cos 2t)\mathrm{d}t\\&=t^2\sin^2 t-\frac{1}{2}t^2+\frac{1}{2}\int t\mathrm{d}(\sin 2t)\\&=t^2\sin^2 t-\frac{1}{2}t^2+\frac{1}{2}\left[t\sin 2t-\int(\sin 2t)\mathrm{d}t\right]\\&=t^2\sin^2 t-\frac{1}{2}t^2+\frac{1}{2}t\sin 2t+\frac{1}{4}\cos 2t+C.\end{aligned}$$

由于$\sin 2t=2\sin t\cos t=2\sqrt{x}\cdot\sqrt{1-x}$，$\cos 2t=1-2\sin^2 t=1-2x$. 代入上式得

$$\int(\arcsin\sqrt{x})^2\mathrm{d}x=\left(x-\frac{1}{2}\right)(\arcsin\sqrt{x})^2+\sqrt{x-x^2}\arcsin\sqrt{x}-\frac{1}{2}x+C. ■$$

选例 3.6.8 设$I_n=\int\sec^n x\mathrm{d}x(n\geqslant 1)$，试给出关于$I_n$的递推公式.

思路 利用分部积分法和公式$\sec^2 x=1+\tan^2 x$.

解 $I_1=\int\sec x\mathrm{d}x=\int\dfrac{\sec x(\sec x+\tan x)\mathrm{d}x}{\sec x+\tan x}=\int\dfrac{(\sec x+\tan x)'\mathrm{d}x}{\sec x+\tan x}=\ln|\sec x+\tan x|+C.$

$$I_2=\int\sec^2 x\mathrm{d}x=\tan x+C.$$

当$n>2$时，则有

$$\begin{aligned}I_n&=\int\sec^n x\mathrm{d}x=\int\sec^{n-2}x\cdot\sec^2 x\mathrm{d}x=\int\sec^{n-2}x\mathrm{d}(\tan x)\\&=\sec^{n-2}x\tan x-(n-2)\int\tan x\cdot\sec^{n-3}x\cdot\sec x\tan x\mathrm{d}x\\&=\sec^{n-2}x\tan x-(n-2)\int\sec^{n-2}x\cdot\tan^2 x\mathrm{d}x\\&=\sec^{n-2}x\tan x-(n-2)\int(\sec^n x-\sec^{n-2}x)\mathrm{d}x\\&=\sec^{n-2}x\tan x-(n-2)(I_n-I_{n-2}),\end{aligned}$$

故有

$$I_n=\frac{1}{n-1}\sec^{n-2}x\tan x+\frac{n-2}{n-1}I_{n-2}.$$

因此，关于I_n有如下递推公式:

$$I_n=\begin{cases}\ln|\sec x+\tan x|+C, & n=1,\\ \tan x+C, & n=2,\\ \dfrac{1}{n-1}\sec^{n-2}x\tan x+\dfrac{n-2}{n-1}I_{n-2}, & n\geqslant 3.\end{cases} ■$$

选例 3.6.9　计算不定积分 $\int xe^{-x}\sin 2x\mathrm{d}x$.

思路　因为被积函数是三种类型函数的乘积, 因此可以利用分部积分法消去其中的整数幂函数, 剩下的就是常规的积分计算.

解　记 $f(x)$ 表示函数 $e^{-x}\sin 2x$ 的原函数, 则

$$\int xe^{-x}\sin 2x\mathrm{d}x = \int x\mathrm{d}f(x) = xf(x) - \int f(x)\mathrm{d}x. \tag{3.6.1}$$

而

$$\begin{aligned}
f(x) &= \int e^{-x}\sin 2x\mathrm{d}x = -\int \sin 2x\mathrm{d}e^{-x} = -e^{-x}\sin 2x + 2\int e^{-x}\cos 2x\mathrm{d}x \\
&= -e^{-x}\sin 2x - 2\int \cos 2x\mathrm{d}e^{-x} = -e^{-x}\sin 2x - 2\left[e^{-x}\cos 2x + 2\int e^{-x}\sin 2x\mathrm{d}x\right] \\
&= -e^{-x}\sin 2x - 2e^{-x}\cos 2x - 4\int e^{-x}\sin 2x\mathrm{d}x = -e^{-x}\sin 2x - 2e^{-x}\cos 2x - 4f(x),
\end{aligned}$$

因此可取

$$f(x) = -\frac{1}{5}e^{-x}(\sin 2x + 2\cos 2x).$$

从而

$$\begin{aligned}
\int f(x)\mathrm{d}x &= -\frac{1}{5}\int e^{-x}(\sin 2x + 2\cos 2x)\mathrm{d}x = -\frac{1}{5}f(x) - \frac{2}{5}\int e^{-x}\cos 2x\mathrm{d}x \\
&= -\frac{1}{5}f(x) + \frac{2}{5}\int \cos 2x\mathrm{d}e^{-x} = -\frac{1}{5}f(x) + \frac{2}{5}\left[e^{-x}\cos 2x + 2\int e^{-x}\sin 2x\mathrm{d}x\right] \\
&= -\frac{1}{5}f(x) + \frac{2}{5}e^{-x}\cos 2x + \frac{4}{5}f(x) + C. \\
&= \frac{1}{25}e^{-x}(4\cos 2x - 3\sin 2x) + C.
\end{aligned}$$

上述两个式子一起代入(3.6.1)式, 即得

$$\int xe^{-x}\sin 2x\mathrm{d}x = -\frac{x}{5}e^{-x}(\sin 2x + 2\cos 2x) - \frac{1}{25}e^{-x}(4\cos 2x - 3\sin 2x) + C. \blacksquare$$

选例 3.6.10　计算不定积分 $\int \frac{\ln x}{\sqrt{(1-x^2)^3}}\mathrm{d}x$.

思路　这里被积函数中出现了 $\sqrt{1-x^2}$, 因此根式有理化肯定是一种可行的方法; 另外被积函数出现了两种不同类型的函数的乘积, 因此必然需要分部积分方法.

解法一　令 $x = \sin t, t \in \left(0, \frac{\pi}{2}\right)$, 则 $\sqrt{1-x^2} = \cos t, \mathrm{d}x = \cos t\mathrm{d}t$. 因此

$$\begin{aligned}
\int \frac{\ln x}{\sqrt{(1-x^2)^3}}\mathrm{d}x &= \int \frac{\ln\sin t}{\cos^3 t}\cos t\mathrm{d}t = \int \ln\sin t\mathrm{d}(\tan t) \\
&= \tan t \cdot \ln\sin t - \int \tan t \cdot \frac{1}{\sin t} \cdot \mathrm{cost}\mathrm{d}t = \tan t \cdot \ln\sin t - t + C \\
&= \frac{x}{\sqrt{1-x^2}}\ln x - \arcsin x + C.
\end{aligned}$$

解法二　注意到 $\left(\dfrac{x}{\sqrt{1-x^2}}\right)'=\dfrac{\sqrt{1-x^2}-x\cdot\dfrac{-x}{\sqrt{1-x^2}}}{1-x^2}=\dfrac{1}{\sqrt{(1-x^2)^3}}$，因此

$$\int\frac{\ln x}{\sqrt{(1-x^2)^3}}\mathrm{d}x=\int\ln x\mathrm{d}\left(\frac{x}{\sqrt{1-x^2}}\right)=\frac{x}{\sqrt{1-x^2}}\ln x-\int\frac{x}{\sqrt{1-x^2}}\cdot\frac{1}{x}\mathrm{d}x$$

$$=\frac{x}{\sqrt{1-x^2}}\ln x-\arcsin x+C.\blacksquare$$

选例 3.6.11　求不定积分 $\displaystyle\int\frac{\mathrm{e}^{-\sin x}\sin 2x}{(1-\sin x)^2}\mathrm{d}x$.

思路　由于

$$\frac{\mathrm{e}^{-\sin x}\sin 2x}{(1-\sin x)^2}\mathrm{d}x=\frac{\mathrm{e}^{-\sin x}\cdot 2\sin x\cos x}{(1-\sin x)^2}\mathrm{d}x=\frac{\mathrm{e}^{-\sin x}\cdot 2\sin x}{(1-\sin x)^2}\mathrm{d}\sin x,$$

因此可作换元 $\sin x=t$，则积分化为容易处理的 $\dfrac{2t\mathrm{e}^{-t}}{(1-t)^2}\mathrm{d}t$. 当然，也可以作换元 $-\sin x=t$ 或者 $1-\sin x=t$.

解　令 $-\sin x=t$，则有

$$\int\frac{\mathrm{e}^{-\sin x}\sin 2x}{(1-\sin x)^2}\mathrm{d}x=\int\frac{\mathrm{e}^{-\sin x}\cdot 2(-\sin x)}{(1-\sin x)^2}\mathrm{d}(-\sin x)=\int\frac{2t\mathrm{e}^{t}}{(1+t)^2}\mathrm{d}t=2\int\left[\frac{1}{1+t}-\frac{1}{(1+t)^2}\right]\mathrm{e}^t\mathrm{d}t$$

$$=2\int\left[\frac{1}{1+t}\mathrm{d}\mathrm{e}^t+\mathrm{e}^t\mathrm{d}\left(\frac{1}{1+t}\right)\right]=2\int\mathrm{d}\left(\frac{\mathrm{e}^t}{1+t}\right)$$

$$=\frac{2\mathrm{e}^t}{1+t}+C=\frac{2\mathrm{e}^{-\sin x}}{1-\sin x}+C.\blacksquare$$

选例 3.6.12　求不定积分 $\displaystyle\int\frac{x^{3n-1}}{(1+x^{2n})^2}\mathrm{d}x(n\geqslant 1)$.

思路　考虑到 $1+\tan^2 t=\sec^2 t$，为简化分母，可作换元 $x^n=\tan t$.

解　令 $x^n=\tan t$，则 $nx^{n-1}\mathrm{d}x=\sec^2 t\mathrm{d}t$. 于是

$$\int\frac{x^{3n-1}}{(1+x^{2n})^2}\mathrm{d}x=\int\frac{\tan^2 t}{\sec^4 t}\cdot\frac{\sec^2 t}{n}\mathrm{d}t=\frac{1}{n}\int\sin^2 t\mathrm{d}t=\frac{1}{2n}\int(1-\cos 2t)\mathrm{d}t$$

$$=\frac{1}{2n}\left(t-\frac{1}{2}\sin 2t\right)+C=\frac{t}{2n}-\frac{1}{2n}\sin t\cos t=\frac{1}{2n}\left(\arctan x^n-\frac{x^n}{1+x^{2n}}\right)+C.$$

【注】最后一步用了公式 $\sin t\cos t=\dfrac{\sin t\cos t}{\sin^2 t+\cos^2 t}=\dfrac{\tan t}{1+\tan^2 t}$. ■

选例 3.6.13　计算下列不定积分:

(1) $\displaystyle\int\left(\frac{\ln x}{x}\right)^2\mathrm{d}x$；　　(2) $\displaystyle\int\frac{\mathrm{d}x}{(x+1)\sqrt{x^2+1}}$；

(3) $\int \frac{dx}{x+\sqrt{x^2+x+1}}$；　　(4) $\int \frac{\sin^2 x}{1+2\sin^2 x}dx$.

解　(1) $\int\left(\frac{\ln x}{x}\right)^2 dx=\int \ln^2 x d\left(-\frac{1}{x}\right)=-\frac{1}{x}\ln^2 x+2\int\frac{1}{x^2}\ln x dx$

$$=-\frac{1}{x}\ln^2 x-2\int \ln x d\left(\frac{1}{x}\right)=-\frac{1}{x}\ln^2 x-2\left[\frac{1}{x}\ln x-\int\frac{1}{x^2}dx\right]$$

$$=-\frac{1}{x}\ln^2 x-2\frac{1}{x}\ln x-\frac{2}{x}+C.$$

(2) **解法一**　$\int\frac{dx}{(x+1)\sqrt{x^2+1}}\overset{x=\tan t}{=\!=}\int\frac{\sec^2 t}{(\tan t+1)\sec t}dt=\int\frac{dt}{\sin t+\cos t}$

$$=\frac{1}{\sqrt{2}}\int\frac{dt}{\sin\left(t+\frac{\pi}{4}\right)}=-\frac{1}{\sqrt{2}}\ln\left|\cot\left(t+\frac{\pi}{4}\right)+\csc\left(t+\frac{\pi}{4}\right)\right|+C$$

$$=-\frac{1}{\sqrt{2}}\ln\left|\cot\left(\arctan x+\frac{\pi}{4}\right)+\csc\left(\arctan x+\frac{\pi}{4}\right)\right|+C.$$

由于

$$\cot\left(\arctan x+\frac{\pi}{4}\right)=\frac{1-\tan(\arctan x)\tan\frac{\pi}{4}}{\tan(\arctan x)+\tan\frac{\pi}{4}}=\frac{1-x}{1+x},$$

$$\csc\left(\arctan x+\frac{\pi}{4}\right)=\frac{1}{\sin\left(\arctan x+\frac{\pi}{4}\right)}=\frac{1}{\frac{\sqrt{2}}{2}(\sin(\arctan x)+\cos(\arctan x))}$$

$$=\frac{1}{\frac{\sqrt{2}}{2}\left(\frac{x}{\sqrt{1+x^2}}+\frac{1}{\sqrt{1+x^2}}\right)}=\frac{\sqrt{2(1+x^2)}}{1+x}.$$

因此

$$\int\frac{dx}{(x+1)\sqrt{x^2+1}}=-\frac{1}{\sqrt{2}}\ln\left|\frac{1-x+\sqrt{2x^2+2}}{1+x}\right|+C.$$

【注】这里严格地说，分母中的 $\sqrt{\tan^2 t+1}=\pm\sec t$ 要分情形讨论，我们略去了.

解法二　$\int\frac{dx}{(x+1)\sqrt{x^2+1}}\overset{x+1=t}{=\!=}\int\frac{dt}{t\sqrt{t^2-2t+2}}=-\frac{1}{\sqrt{2}}\frac{t}{|t|}\int\frac{d\left(\frac{1}{t}\right)}{\sqrt{\left(\frac{1}{t}-\frac{1}{2}\right)^2+\frac{1}{4}}}$

$$=-\frac{1}{\sqrt{2}}\frac{t}{|t|}\ln\left|\frac{1}{t}-\frac{1}{2}+\sqrt{\left(\frac{1}{t}-\frac{1}{2}\right)^2+\frac{1}{4}}\right|+C$$

$$= -\frac{1}{\sqrt{2}}\frac{x+1}{|x+1|}\ln\left|\frac{1-x+\sqrt{2x^2+2}}{x+1}\right| + C.$$

(3) 令 $x+\sqrt{x^2+x+1}=t$，则

$$x^2+x+1=(t-x)^2=x^2-2tx+t^2,$$

因此

$$x=\frac{t^2-1}{1+2t},\quad \mathrm{d}x=\frac{2t(1+2t)-2(t^2-1)}{(1+2t)^2}\mathrm{d}t=\frac{2(t^2+t+1)}{(1+2t)^2}\mathrm{d}t,$$

因此有

$$\int\frac{\mathrm{d}x}{x+\sqrt{x^2+x+1}} \xlongequal{x+\sqrt{x^2+x+1}=t} \int\frac{2t^2+2t+2}{t(1+2t)^2}\mathrm{d}t=\int\left[\frac{2}{t}-\frac{3}{1+2t}-\frac{3}{(1+2t)^2}\right]\mathrm{d}t$$

$$=2\ln|t|-\frac{3}{2}\ln|2t+1|+\frac{3}{4t+2}+C$$

$$=2\ln\left|x+\sqrt{x^2+x+1}\right|-\frac{3}{2}\ln\left|2x+2\sqrt{x^2+x+1}+1\right|+\frac{3}{4x+4\sqrt{x^2+x+1}+2}+C.$$

(4) 这是一个三角有理函数的积分，当然可以利用万能代换转化为有理函数进行积分. 不过这里由于满足条件 $R(-\sin x,-\cos x)=R(\sin x,\cos x)$，因此设 $t=\tan x$ 进行换元会更方便计算.

$$\int\frac{\sin^2 x}{1+2\sin^2 x}\mathrm{d}t=\int\frac{t^2}{3t^2+1}\cdot\frac{1}{1+t^2}\mathrm{d}t=\int\left(-\frac{1}{2}\frac{1}{3t^2+1}+\frac{1}{2}\frac{1}{1+t^2}\right)\mathrm{d}t$$

$$=-\frac{1}{2\sqrt{3}}\arctan\sqrt{3}t+\frac{1}{2}\arctan t+C=\frac{1}{2}x-\frac{1}{2\sqrt{3}}\arctan(\sqrt{3}\tan x)+C.$$

【注】本题如果用万能代换则要复杂得多，此处略去.■

选例 3.6.14 (1) 证明：若函数 $f(x)$ 在任一有限闭区间上可积，则变上限函数 $F(x)=\int_0^x f(t)\mathrm{d}t$ 是处处连续的.

(2) 设 $f(x)=\begin{cases}2x, & x<0,\\ \dfrac{1}{2+x^2}, & 0\leqslant x\leqslant 1,\\ \sin x, & x>1.\end{cases}$ 求变上限函数 $F(x)=\int_0^x f(t)\mathrm{d}t$.

思路 对第一小题，可用定义直接证明；第二小题中的函数 $f(x)$ 有两个跳跃间断点 $x_1=0, x_2=1$，其他地方处处连续，因此 $f(x)$ 在 $(-\infty,+\infty)$ 上虽然没有原函数，但是变上限函数却是存在的，不过需分段求解.

证明 (1) 对任意点 $x_0\in(-\infty,+\infty)$，由假设，$f(x)$ 在 $[x_0-1,x_0+1]$ 上可积，从而是有界的，即存在正数 M 使得 $|f(x)|\leqslant M\,(x\in[x_0-1,x_0+1])$. 对自变量 x 的任一增量 Δx，不妨设 $|\Delta x|<1$，则

$$\left|F(x_0+\Delta x)-F(x_0)\right|=\left|\int_{x_0}^{x_0+\Delta x} f(t)\mathrm{d}t\right|\leqslant\left|\int_{x_0}^{x_0+\Delta x}\left|f(t)\right|\mathrm{d}t\right|\leqslant\left|\int_{x_0}^{x_0+\Delta x} M\mathrm{d}t\right|=M\left|\Delta x\right|.$$

可见，$\lim\limits_{\Delta x\to 0} F(x_0+\Delta x)=F(x_0)$，即 $F(x)$ 在点 x_0 处连续. 由 x_0 的任意性知，$F(x)$ 处处连续.

(2) 当 $x<0$ 时，$F(x)=\int_0^x 2t\mathrm{d}t=x^2$.

当 $0\leqslant x\leqslant 1$ 时，$F(x)=\int_0^x \frac{1}{2+t^2}\mathrm{d}t=\frac{1}{\sqrt{2}}\arctan\frac{t}{\sqrt{2}}\Big|_0^x=\frac{1}{\sqrt{2}}\arctan\frac{x}{\sqrt{2}}$.

当 $x>1$ 时，$F(x)=\int_0^1\frac{\mathrm{d}t}{2+t^2}+\int_1^x \sin t\mathrm{d}t=\frac{1}{\sqrt{2}}\arctan\frac{1}{\sqrt{2}}+\cos 1-\cos x$.

因此，有

$$F(x)=\begin{cases} x^2, & x<0, \\ \dfrac{1}{\sqrt{2}}\arctan\dfrac{x}{\sqrt{2}}, & 0\leqslant x\leqslant 1, \\ \dfrac{1}{\sqrt{2}}\arctan\dfrac{1}{\sqrt{2}}+\cos 1-\cos x, & x>1. \end{cases}$$

【注】这里的函数 $F(x)$ 在点 $x_1=0, x_2=1$ 处均连续但不可导. ■

选例 3.6.15　计算 $\int_0^1\frac{f(x)}{\sqrt{x}}\mathrm{d}x$，其中 $f(x)=\int_1^x\frac{\ln(1+t)}{t}\mathrm{d}t$.

思路　本题如果想先通过积分方法求出 $f(x)$ 的具体表达式，将陷入一种死循环. 但是由于 $f(x)$ 的导数通过变上限函数求导公式可以很容易求出来，因此可以通过分部积分法把求 $f(x)$ 的表达式转化为求 $f(x)$ 的导数，从而得以求解.

解　由于 $f(x)=\int_1^x\frac{\ln(1+t)}{t}\mathrm{d}t$，故 $f'(x)=\frac{\ln(1+x)}{x}$，$f(1)=\int_1^1\frac{\ln(1+t)}{t}\mathrm{d}t=0$. 于是利用分部积分公式，得

$$\begin{aligned}\int_0^1\frac{f(x)}{\sqrt{x}}\mathrm{d}x&=\int_0^1 f(x)\mathrm{d}(2\sqrt{x})=2\sqrt{x}f(x)\Big|_0^1-2\int_0^1\sqrt{x}f'(x)\mathrm{d}x\\&=2f(1)-2\int_0^1\sqrt{x}\cdot\frac{\ln(1+x)}{x}\mathrm{d}x=0-2\int_0^1\frac{\ln(1+x)}{\sqrt{x}}\mathrm{d}x\\&=-2\int_0^1\ln(1+x)\mathrm{d}\left(2\sqrt{x}\right)=-4\sqrt{x}\ln(1+x)\Big|_0^1+4\int_0^1\frac{\sqrt{x}}{1+x}\mathrm{d}x\\&=-4\ln 2+4\int_0^1\frac{\sqrt{x}}{1+x}\mathrm{d}x=-4\ln 2+4\int_0^1\frac{t}{1+t^2}\cdot 2t\mathrm{d}t\quad(\text{换元}\sqrt{x}=t)\\&=-4\ln 2+8\int_0^1\left(1-\frac{1}{1+t^2}\right)\mathrm{d}t=-4\ln 2+8(t-\arctan t)\Big|_0^1=8-2\pi-4\ln 2.\end{aligned}$$ ■

选例 3.6.16　设 $f(x)$ 是以 2 为周期的连续函数，证明：函数 $F(x)=2\int_0^x f(t)\mathrm{d}t-x\int_0^2 f(t)\mathrm{d}t$ 也是以 2 为周期的函数.

思路　要证明函数$F(x)$是以 2 为周期的函数，就是要验证$F(x+2)=F(x)$成立. 这只需用定积分的换元法和$f(x)$的周期性就可以达成.

证明　由于$f(x)$是以 2 为周期的连续函数，故对$f(x)$定义域中的任意实数 x，有$f(x+2)=f(x)$. 于是

$$\int_2^{x+2} f(t)\mathrm{d}t \xlongequal{t=u+2} \int_0^x f(u+2)\mathrm{d}u = \int_0^x f(u)\mathrm{d}u = \int_0^x f(t)\mathrm{d}t,$$

从而

$$\begin{aligned} F(x+2) &= 2\int_0^{x+2} f(t)\mathrm{d}t - (x+2)\int_0^2 f(t)\mathrm{d}t = 2\int_2^{x+2} f(t)\mathrm{d}t - x\int_0^2 f(t)\mathrm{d}t. \\ &= 2\int_0^x f(t)\mathrm{d}t - x\int_0^2 f(t)\mathrm{d}t = F(x), \end{aligned}$$

可见，$F(x)$是以 2 为周期的函数. ■

选例 3.6.17　设常数$a>0$，求定积分$\int_0^a x\sqrt{ax-x^2}\mathrm{d}x$.

思路　可用多种有理化方法进行计算，也可利用定积分的几何意义与对称性来计算.

解法一　由于$\sqrt{ax-x^2}=\sqrt{\left(\frac{a}{2}\right)^2-\left(x-\frac{a}{2}\right)^2}$，令$x-\frac{a}{2}=\frac{a}{2}\sin t\left(-\frac{\pi}{2}\leqslant t\leqslant\frac{\pi}{2}\right)$，则当$x=0$时取$t=-\frac{\pi}{2}$；当$x=a$时取$t=\frac{\pi}{2}$. 于是

$$\begin{aligned} \int_0^a x\sqrt{ax-x^2}\mathrm{d}x &= \int_{-\frac{\pi}{2}}^{\frac{\pi}{2}}\left(\frac{a}{2}+\frac{a}{2}\sin t\right)\cdot\frac{a}{2}\cos t\cdot\frac{a}{2}\cos t\mathrm{d}t \\ &= \frac{a^3}{8}\int_{-\frac{\pi}{2}}^{\frac{\pi}{2}}\cos^2 t\mathrm{d}t = \frac{a^3}{4}\int_0^{\frac{\pi}{2}}\cos^2 t\mathrm{d}t = \frac{a^3}{4}\cdot\frac{1}{2}\cdot\frac{\pi}{2} = \frac{\pi a^3}{16}. \end{aligned}$$

解法二　令$x=a\sin^2 t$，当$x=0$时取$t=0$；当$x=a$时取$t=\frac{\pi}{2}$. 于是

$$\begin{aligned} \int_0^a x\sqrt{ax-x^2}\mathrm{d}x &= \int_0^{\frac{\pi}{2}} a\sin^2 t\cdot a\sin t\cos t\cdot 2a\sin t\cos t\mathrm{d}t \\ &= 2a^3\int_0^{\frac{\pi}{2}}(\sin^4 t-\sin^6 t)\mathrm{d}t = 2a^3\left(\frac{3}{4}\cdot\frac{1}{2}\cdot\frac{\pi}{2}-\frac{5}{6}\cdot\frac{3}{4}\cdot\frac{1}{2}\cdot\frac{\pi}{2}\right)=\frac{\pi a^3}{16}. \end{aligned}$$

解法三　令$x-\frac{a}{2}=t$，则利用奇函数的积分性质和定积分的几何意义，可得:

$$\int_0^a x\sqrt{ax-x^2}\mathrm{d}x = \int_{-\frac{a}{2}}^{\frac{a}{2}}\left(t+\frac{a}{2}\right)\sqrt{\left(\frac{a}{2}\right)^2-t^2}\mathrm{d}t = \frac{a}{2}\int_{-\frac{a}{2}}^{\frac{a}{2}}\sqrt{\left(\frac{a}{2}\right)^2-t^2}\mathrm{d}t = \frac{a}{2}\cdot\frac{1}{2}\pi\left(\frac{a}{2}\right)^2 = \frac{\pi a^3}{16}. ■$$

选例 3.6.18　计算定积分$\int_{-\pi}^{\pi}\frac{x\sin x\operatorname{arccot}(2022^x)}{1+\cos^4 x}\mathrm{d}x$.

思路　本题的被积函数不是奇函数也不是偶函数，也很难求出其原函数，同时想通

过分部积分法或者换元法来积分都非常困难. 但是由于积分区间是关于原点对称的区间 $[-\pi,\pi]$, 并且有

$$\operatorname{arccot}(2022^x)+\operatorname{arccot}(2022^{-x})=\operatorname{arccot}(2022^x)+\arctan(2022^x)=\frac{\pi}{2}.$$

因此利用定积分的对称性公式

$$\int_{-a}^{a} f(x)\mathrm{d}x=\int_0^a [f(x)+f(-x)]\mathrm{d}x$$

将给求解带来极大的便利. 再利用三角函数积分公式

$$\int_0^{\pi} xf(\sin x)\mathrm{d}x=\frac{\pi}{2}\int_0^{\pi} f(\sin x)\mathrm{d}x=\pi\int_0^{\frac{\pi}{2}} f(\sin x)\mathrm{d}x$$

就可以把本题的积分转化为一个普通的定积分计算问题了.

解　由定积分的对称性公式(教材中的公式(3.1.4))可得

$$\begin{aligned}
\int_{-\pi}^{\pi}\frac{x\sin x\operatorname{arccot}(2022^x)}{1+\cos^4 x}\mathrm{d}x&=\int_0^{\pi}\left[\frac{x\sin x\operatorname{arccot}(2022^x)}{1+\cos^4 x}+\frac{(-x)\sin(-x)\operatorname{arccot}(2022^{-x})}{1+\cos^4(-x)}\right]\mathrm{d}x\\
&=\int_0^{\pi}\left[\frac{x\sin x\operatorname{arccot}(2022^x)}{1+\cos^4 x}+\frac{x\sin x\arctan(2022^x)}{1+\cos^4 x}\right]\mathrm{d}x\\
&=\frac{\pi}{2}\int_0^{\pi}\frac{x\sin x}{1+\cos^4 x}\mathrm{d}x=\frac{\pi^2}{2}\int_0^{\frac{\pi}{2}}\frac{\sin x}{1+\cos^4 x}\mathrm{d}x\\
&\xlongequal{\cos x=t}\frac{\pi^2}{2}\int_0^1\frac{\mathrm{d}t}{1+t^4}=\frac{\pi^2}{4}\int_0^1\frac{(t^2+1)-(t^2-1)}{1+t^4}\mathrm{d}t\\
&=\frac{\pi^2}{4}\left[\int_0^1\frac{t^2+1}{1+t^4}\mathrm{d}t-\int_0^1\frac{t^2-1}{1+t^4}\mathrm{d}t\right]=\frac{\pi^2}{4}\left[\int_0^1\frac{1+t^{-2}}{t^{-2}+t^2}\mathrm{d}t-\int_0^1\frac{1-t^{-2}}{t^{-2}+t^2}\mathrm{d}t\right]\\
&=\frac{\pi^2}{4}\left[\int_0^1\frac{\mathrm{d}(t-t^{-1})}{(t-t^{-1})^2+2}-\int_0^1\frac{\mathrm{d}(t+t^{-1})}{(t+t^{-1})^2-2}\right]\\
&=\frac{\pi^2}{4}\left[\frac{1}{\sqrt{2}}\arctan\frac{t-t^{-1}}{\sqrt{2}}-\frac{1}{2\sqrt{2}}\ln\left|\frac{t+t^{-1}-\sqrt{2}}{t+t^{-1}+\sqrt{2}}\right|\right]\Bigg|_{0^+}^{1}\\
&=\frac{\pi^2}{4}\left[\frac{1}{\sqrt{2}}\left(0-\left(-\frac{\pi}{2}\right)\right)-\frac{1}{2\sqrt{2}}\left(\ln\frac{2-\sqrt{2}}{2+\sqrt{2}}-0\right)\right]\\
&=\frac{\pi^2}{8\sqrt{2}}\left(\pi-2\ln\left(\sqrt{2}-1\right)\right).\blacksquare
\end{aligned}$$

选例 3.6.19　计算 $\int_0^{\pi}\frac{x|\sin x\cos x|}{1+\sin^4 x}\mathrm{d}x$.

思路　由于 $\frac{x|\sin x\cos x|}{1+\sin^4 x}=\frac{x\left|\sin x\sqrt{1-\sin^2 x}\right|}{1+\sin^4 x}$, 且函数 $\frac{\left|x\sqrt{1-x^2}\right|}{1+x^4}$ 在区间 $[0,1]$ 上连续, 因此根据 3.2.2 节中的公式 18(1), 可把被积函数中的幂函数 x 消去, 从而不难求出积分值.

解　根据 3.2.2 节中的公式 18(1), 可得

$$\int_0^{\pi}\frac{x|\sin x\cos x|}{1+\sin^4 x}\mathrm{d}x=\frac{\pi}{2}\int_0^{\pi}\frac{|\sin x\cos x|}{1+\sin^4 x}\mathrm{d}x=\frac{\pi}{2}\left[\int_0^{\frac{\pi}{2}}\frac{\sin x\cos x}{1+\sin^4 x}\mathrm{d}x-\int_{\frac{\pi}{2}}^{\pi}\frac{\sin x\cos x}{1+\sin^4 x}\mathrm{d}x\right]$$
$$=\frac{\pi}{4}\left[\int_0^{\frac{\pi}{2}}\frac{\mathrm{d}\sin^2 x}{1+\sin^4 x}-\int_{\frac{\pi}{2}}^{\pi}\frac{\mathrm{d}\sin^2 x}{1+\sin^4 x}\right]$$
$$=\frac{\pi}{4}\left[\arctan(\sin^2 x)\Big|_0^{\frac{\pi}{2}}-\arctan(\sin^2 x)\Big|_{\frac{\pi}{2}}^{\pi}\right]=\frac{\pi^2}{8}.\ ■$$

选例 3.6.20　计算 $\int_0^{\frac{\pi}{2}}\frac{1}{1+\sqrt{\tan x}}\mathrm{d}x$.

思路　本题如果利用牛顿-莱布尼茨公式来解, 是比较繁琐的, 但是利用教材中关于积分对称性的结论 $\int_a^b f(x)\mathrm{d}x=\int_a^b f(a+b-x)\mathrm{d}x$ 来处理, 并注意到 $\tan\left(\frac{\pi}{2}-x\right)=\cot x=\frac{1}{\tan x}$, 就显得非常简单.

解　根据教材中例 3.1.3 的结论, 有

$$\int_0^{\frac{\pi}{2}}\frac{1}{1+\sqrt{\tan x}}\mathrm{d}x=\int_0^{\frac{\pi}{2}}\frac{1}{1+\sqrt{\tan\left(\frac{\pi}{2}-x\right)}}\mathrm{d}x=\int_0^{\frac{\pi}{2}}\frac{1}{1+\sqrt{\cot x}}\mathrm{d}x.$$

因此,

$$\int_0^{\frac{\pi}{2}}\frac{1}{1+\sqrt{\tan x}}\mathrm{d}x=\frac{1}{2}\int_0^{\frac{\pi}{2}}\left(\frac{1}{1+\sqrt{\tan x}}+\frac{1}{1+\sqrt{\cot x}}\right)\mathrm{d}x=\frac{1}{2}\int_0^{\frac{\pi}{2}}\mathrm{d}x=\frac{\pi}{4}.\ ■$$

选例 3.6.21[*]　计算积分 $\int_0^{\frac{\pi}{2}}\frac{\arctan(2\tan x)}{\tan x}\mathrm{d}x$.

思路　由于 $x\in\left(0,\frac{\pi}{2}\right)$ 时, $\tan x\in(0,+\infty)$, 故所求的积分本质上是个反常积分. 我们用含参量积分这一工具来进行计算(当然这是超出教学大纲要求的).

解　对参数 $a\geqslant 0$, 令 $I(a)=\int_0^{\frac{\pi}{2}}\frac{\arctan(a\tan x)}{\tan x}\mathrm{d}x$.

作变量替换 $u=\tan x$, 对 $a>0$, 有

$$I(a)=\int_0^{\frac{\pi}{2}}\frac{\arctan(a\tan x)}{\tan x}\mathrm{d}x=\int_0^{+\infty}\frac{\arctan(au)}{u}\cdot\frac{\mathrm{d}u}{1+u^2}=\int_0^{+\infty}\frac{\arctan(au)}{u(1+u^2)}\mathrm{d}u.$$

两边关于 a 求导, 得

$$I'(a)=\int_0^{+\infty}\frac{\frac{1}{1+(au)^2}\cdot u}{u(1+u^2)}\mathrm{d}u=\int_0^{+\infty}\frac{\mathrm{d}u}{(1+u^2)(1+a^2u^2)}\overset{au=t}{=\!=}\int_0^{+\infty}\frac{a\mathrm{d}t}{(1+t^2)(a^2+t^2)}$$

$$=\frac{a}{a^2-1}\int_0^{+\infty}\left(\frac{1}{1+t^2}-\frac{1}{a^2+t^2}\right)\mathrm{d}t=\frac{a}{a^2-1}\left(\arctan t-\frac{1}{a}\arctan\frac{t}{a}\right)\Bigg|_0^{+\infty}=\frac{\pi}{2(a+1)}.$$

又由于 $I(0)=0$，因此,

$$\int_0^{\frac{\pi}{2}}\frac{\arctan(2\tan x)}{\tan x}\mathrm{d}x=I(2)=I(0)+\int_0^2\frac{\pi}{2(a+1)}\mathrm{d}a=\frac{\pi}{2}\ln 3.\blacksquare$$

选例 3.6.22　试证明下列两个函数均为常值函数:

(1) $f(x)=\int_0^{\frac{\pi}{2}}\frac{\mathrm{d}\theta}{1+\tan^x\theta},\quad x\in(-\infty,+\infty).$

(2) $I(\alpha)=\int_0^{+\infty}\frac{\mathrm{d}x}{(1+x^2)(1+x^\alpha)},\quad \alpha\in(-\infty,+\infty).$

思路　(1) 利用互余代换. (2) 利用倒代换.

证明　(1) 令 $\theta=\frac{\pi}{2}-\varphi$，则对任一 $x\in(-\infty,+\infty)$，有

$$f(x)=\int_{\frac{\pi}{2}}^0\frac{\mathrm{d}\left(\frac{\pi}{2}-\varphi\right)}{1+\tan^x\left(\frac{\pi}{2}-\varphi\right)}=\int_0^{\frac{\pi}{2}}\frac{1}{1+\cot^x\varphi}\mathrm{d}\varphi=\int_0^{\frac{\pi}{2}}\frac{1}{1+\cot^x\theta}\mathrm{d}\theta=\int_0^{\frac{\pi}{2}}\frac{\tan^x\theta}{1+\tan^x\theta}\mathrm{d}\theta.$$

因此

$$2f(x)=\int_0^{\frac{\pi}{2}}\frac{1}{1+\tan^x\theta}\mathrm{d}\theta+\int_0^{\frac{\pi}{2}}\frac{\tan^x\theta}{1+\tan^x\theta}\mathrm{d}\theta=\int_0^{\frac{\pi}{2}}\frac{1+\tan^x\theta}{1+\tan^x\theta}\mathrm{d}\theta=\frac{\pi}{2}.$$

从而 $f(x)\equiv\frac{\pi}{4}(x\in(-\infty,+\infty))$，可见函数 $f(x)$ 是常值函数. (前面的选例 3.6.20 是其一个特例.)

(2) 作倒代换 $x=\frac{1}{t}$，则有

$$I(\alpha)=\int_{+\infty}^0\frac{1}{\left(1+\frac{1}{t^2}\right)\left(1+\frac{1}{t^\alpha}\right)}\cdot\left(-\frac{1}{t^2}\right)\mathrm{d}t=\int_0^{+\infty}\frac{t^\alpha}{(1+t^2)(1+t^\alpha)}\mathrm{d}t=\int_0^{+\infty}\frac{x^\alpha}{(1+x^2)(1+x^\alpha)}\mathrm{d}x.$$

因此,

$$I(\alpha)=\frac{1}{2}\left[\int_0^{+\infty}\frac{1}{(1+x^2)(1+x^\alpha)}\mathrm{d}x+\int_0^{+\infty}\frac{x^\alpha}{(1+x^2)(1+x^\alpha)}\mathrm{d}x\right]=\frac{1}{2}\int_0^{+\infty}\frac{1+x^\alpha}{(1+x^2)(1+x^\alpha)}\mathrm{d}x$$

$$=\frac{1}{2}\int_0^{+\infty}\frac{1}{1+x^2}\mathrm{d}x=\frac{1}{2}\arctan x\Big|_0^{+\infty}=\frac{\pi}{4}.$$

可见函数 $I(\alpha)$ 也是常值函数.$\blacksquare$

选例 3.6.23　设函数 $f(x)$ 在 $[0,1]$ 上连续，在 $(0,1)$ 内可导，并且 $f(0)=f(1)=\int_0^1 f(x)\mathrm{d}x=0$. 试证明: 方程 $f'(x)=2f(x)$ 在 $(0,1)$ 内至少有两个根.

思路　由于方程涉及导数，因此应该考虑使用罗尔中值定理. 方程 $f'(x)=2f(x)$ 即 $f'(x)-2f(x)=0$ 两边乘 e^{-2x}，可改写成 $f'(x)e^{-2x}+f(x)(e^{-2x})'=0$，即 $(e^{-2x}f(x))'=0$，因此可作辅助函数 $F(x)=e^{-2x}f(x)$. 此外，为了利用罗尔中值定理，需要找 $F(x)$ 在 $[0,1]$ 上的三个等值点，这可由条件 $f(0)=f(1)=\int_0^1 f(x)dx=0$ 得到.

解　由于 $f(x)$ 在 $[0,1]$ 上连续，由积分中值定理可知，存在 $a\in(0,1)$ 使得 $\int_0^1 f(x)dx=f(a)\cdot(1-0)$. 从而由已知条件得 $f(0)=f(1)=f(a)=0$.

作辅助函数 $F(x)=e^{-2x}f(x)$. 则 $F(x)$ 在 $[0,1]$ 上连续，在 $(0,1)$ 内可导，且

$$F'(x)=e^{-2x}[f'(x)-2f(x)].$$

由 $f(0)=f(1)=f(a)=0$ 知，$F(0)=F(1)=F(a)=0$. 因此由罗尔中值定理可知，存在 $x_1\in(0,a)$ 和 $x_2\in(a,1)$ 使得 $F'(x_1)=F'(x_2)=0$. 因此 $f'(x_1)-2f(x_1)=f'(x_2)-2f(x_2)=0$. 可见方程 $f'(x)=2f(x)$ 在 $(0,1)$ 内至少有两个根 x_1,x_2. ■

选例 3.6.24　证明: (1) 对任一自然数 n, 有 $I_n=\int_0^{2\pi}\sin^n x dx=\int_0^{2\pi}\cos^n x dx$.

(2) 特别地, 对任一自然数 n, 有 $I_{2n}=4\int_0^{\frac{\pi}{2}}\sin^{2n}x dx=4\int_0^{\frac{\pi}{2}}\cos^{2n}x dx$, $I_{2n+1}=0$.

思路　利用换元法和三角函数的性质.

证明　(1) 令 $x=\dfrac{\pi}{2}-t$，则由 $\cos x$ 的周期性(以 2π 为周期)和周期函数的积分性质可得

$$I_n=\int_0^{2\pi}\sin^n x dx=\int_{\frac{\pi}{2}}^{-\frac{3\pi}{2}}\cos^n t(-dt)=\int_{-\frac{3\pi}{2}}^{\frac{\pi}{2}}\cos^n t dt=\int_{-\frac{3\pi}{2}}^{\frac{\pi}{2}}\cos^n x dx=\int_0^{2\pi}\cos^n x dx.$$

(2) 首先, 由于函数 $\sin^{2n}x,\cos^{2n}x$ 都是以 π 为周期的函数, 故

$$I_{2n}=2\int_0^{\pi}\sin^{2n}x dx=2\int_0^{\pi}\cos^{2n}x dx.$$

再由 3.2.2 节中的 18(1)中的公式即可知, 有

$$I_{2n}=4\int_0^{\frac{\pi}{2}}\sin^{2n}x dx=4\int_0^{\frac{\pi}{2}}\cos^{2n}x dx.$$

另一方面, 由于 $\sin(\pi+t)=-\sin t$，且 $\sin t$ 为奇函数, 故

$$I_{2n+1}=\int_0^{2\pi}\sin^{2n+1}x dx\overset{x=\pi+t}{=\!=\!=}\int_{-\pi}^{\pi}\sin^{2n+1}(\pi+t)dt=-\int_{-\pi}^{\pi}\sin^{2n+1}t dt=0.$$ ■

选例 3.6.25　设 n 为正整数, 试证明: $\int_0^1\dfrac{\sin^n x}{\sqrt{1-x^2}}dx<\int_0^1\dfrac{\cos^n x}{\sqrt{1-x^2}}dx$.

思路　设法转化为同一个函数的形式, 再借函数单调性与积分单调性进行比较.

解　令 $x=\sin t$，则

$$\int_0^1 \frac{\sin^n x}{\sqrt{1-x^2}}\mathrm{d}x = \int_0^{\frac{\pi}{2}} \frac{\sin^n(\sin t)}{\cos t}\cdot\cos t\mathrm{d}t = \int_0^{\frac{\pi}{2}} \sin^n(\sin t)\mathrm{d}t = \int_0^{\frac{\pi}{2}} \cos^n\left(\frac{\pi}{2}-\sin t\right)\mathrm{d}t.$$

又令 $x=\cos t$，则

$$\int_0^1 \frac{\cos^n x}{\sqrt{1-x^2}}\mathrm{d}x = \int_{\frac{\pi}{2}}^0 \frac{\cos^n(\cos t)}{\sin t}\cdot(-\sin t)\mathrm{d}t = \int_0^{\frac{\pi}{2}} \cos^n(\cos t)\mathrm{d}t.$$

从而

$$\int_0^1 \frac{\sin^n x}{\sqrt{1-x^2}}\mathrm{d}x - \int_0^1 \frac{\cos^n x}{\sqrt{1-x^2}}\mathrm{d}x = \int_0^{\frac{\pi}{2}}\left[\cos^n\left(\frac{\pi}{2}-\sin t\right)-\cos^n(\cos t)\right]\mathrm{d}t.$$

由于函数 $\cos x$ 在 $\left[0,\frac{\pi}{2}\right]$ 上是取正值的单调递减函数，故 $\cos^n x$ 在 $\left[0,\frac{\pi}{2}\right]$ 上也是取正值的单调递减函数，而当 $t\in\left[0,\frac{\pi}{2}\right]$ 时，$\cos t\in\left[0,\frac{\pi}{2}\right]$，$\frac{\pi}{2}-\sin t\in\left[0,\frac{\pi}{2}\right]$，并且

$$\frac{\pi}{2}-\sin t-\cos t = \frac{\pi}{2}-\sqrt{2}\sin\left(t+\frac{\pi}{4}\right) \geqslant \frac{\pi}{2}-\sqrt{2} > 0.$$

因此 $\frac{\pi}{2}-\sin t>\cos t$．故 $\cos^n\left(\frac{\pi}{2}-\sin t\right)-\cos^n(\cos t)<0$．从而

$$\int_0^1 \frac{\sin^n x}{\sqrt{1-x^2}}\mathrm{d}x - \int_0^1 \frac{\cos^n x}{\sqrt{1-x^2}}\mathrm{d}x = \int_0^{\frac{\pi}{2}}\left[\cos^n\left(\frac{\pi}{2}-\sin t\right)-\cos^n(\cos t)\right]\mathrm{d}t<0.$$

即有

$$\int_0^1 \frac{\sin^n x}{\sqrt{1-x^2}}\mathrm{d}x < \int_0^1 \frac{\cos^n x}{\sqrt{1-x^2}}\mathrm{d}x. \blacksquare$$

选例 3.6.26　设函数 $f(x)$ 二阶可导，且 $\lim\limits_{x\to 1}\frac{f(x)}{x-1}=0, g(x)=\int_0^1 f'[1+(x-1)t]\mathrm{d}t$．求 $g'(x)$ 并讨论 $g'(x)$ 的连续性.

思路　首先由极限 $\lim\limits_{x\to 1}\frac{f(x)}{x-1}=0$ 可得到 $f(x)$ 在点 $x=1$ 处的两个重要信息：$f(1)=f'(1)=0$．而对 $g(x)$ 的表达式，通过换元 $1+(x-1)t=u$ 可将表达式化为没有积分号的形式(也可以直接凑微分)，不过需要特别注意的是，换元需在条件 $x-1\neq 0$ 下进行，这样 $x=1$ 就是一个需要特别讨论的点. 这是一个概念性比较强的题目，需要耐心细致的讨论.

解　由于 $\lim\limits_{x\to 1}\frac{f(x)}{x-1}=0$，且函数 $f(x)$ 二阶可导，故

$$f(1)=\lim_{x\to 1}f(x)=\lim_{x\to 1}\frac{f(x)}{x-1}\cdot(x-1)=0,\quad f'(1)=\lim_{x\to 1}\frac{f(x)-f(1)}{x-1}=\lim_{x\to 1}\frac{f(x)}{x-1}=0.$$

于是，当 $x\neq 1$ 时，

$$g(x)=\int_0^1 f'[1+(x-1)t]\mathrm{d}t=\frac{1}{x-1}\int_0^1 \mathrm{d}f[1+(x-1)t]=\frac{1}{x-1}f[1+(x-1)t]\Big|_0^1=\frac{f(x)-f(1)}{x-1}=\frac{f(x)}{x-1}.$$

又 $g(1)=\int_0^1 f'(1)\mathrm{d}t=f'(1)=0$. 因此

$$g(x)=\begin{cases}\dfrac{f(x)}{x-1}, & x\neq 1,\\ 0, & x=1.\end{cases}$$

当 $x\neq 1$ 时,

$$g'(x)=\left(\frac{f(x)}{x-1}\right)'=\frac{f'(x)(x-1)-f(x)}{(x-1)^2}$$

且

$$g'(1)=\lim_{x\to 1}\frac{g(x)-g(1)}{x-1}=\lim_{x\to 1}\frac{f(x)}{(x-1)^2}=\lim_{x\to 1}\frac{f'(x)}{2(x-1)}=\frac{1}{2}\lim_{x\to 1}\frac{f'(x)-f'(1)}{x-1}=\frac{1}{2}f''(1).$$

因此

$$g'(x)=\begin{cases}\dfrac{f'(x)(x-1)-f(x)}{(x-1)^2}, & x\neq 1,\\ \dfrac{1}{2}f''(1), & x=1.\end{cases}$$

由 $f(x)$ 二阶可导可知, $f(x),f'(x)$ 都连续, 因此当 $x\neq 1$ 时, $g'(x)$ 是处处连续的. 又由于

$$\begin{aligned}\lim_{x\to 1}g'(x)&=\lim_{x\to 1}\frac{f'(x)(x-1)-f(x)}{(x-1)^2}=\lim_{x\to 1}\left[\frac{f'(x)}{x-1}-\frac{f(x)}{(x-1)^2}\right]\\&=\lim_{x\to 1}\frac{f'(x)}{x-1}-\lim_{x\to 1}\frac{f(x)}{(x-1)^2}=\lim_{x\to 1}\frac{f'(x)-f'(1)}{x-1}-\lim_{x\to 1}\frac{f(x)}{(x-1)^2}\\&=f''(1)-g'(1)=f''(1)-\frac{1}{2}f''(1)=\frac{1}{2}f''(1)=g'(1).\end{aligned}$$

可见 $g'(x)$ 在 $x=1$ 处也连续, 因此 $g'(x)$ 是处处连续的函数.■

选例 3.6.27　设 n 是正整数, 计算定积分 $I=\int_{\mathrm{e}^{-2n\pi}}^1\left|\frac{\mathrm{d}}{\mathrm{d}x}\cos\left(\ln\frac{1}{x}\right)\right|\ln\frac{1}{x}\mathrm{d}x$.

思路　首先应该注意到, 当 $x\in[\mathrm{e}^{-2n\pi},1]$ 时, $\ln x\in[-2n\pi,0]$ 且正弦函数是以 2π 为周期的函数, 因此可以把区间 $[-2n\pi,0]$, 分成 n 个周期区间 $[-2k\pi,-2(k-1)\pi](k=1,2,\cdots,n)$ 分别进行归纳计算. 具体在一个周期区间 $[-2k\pi,-2(k-1)\pi]$ 上的积分, 通过换元法不难计算. 由于正弦函数还是奇函数, 故计算时可尽可能利用奇函数的积分性质简化计算过程.

解　我们把积分区间 $[\mathrm{e}^{-2n\pi},1]$ 分成 n 个小区间: $[\mathrm{e}^{-2n\pi},\mathrm{e}^{-2(n-1)\pi}],[\mathrm{e}^{-2(n-1)\pi},\mathrm{e}^{-2(n-2)\pi}],\cdots,[\mathrm{e}^{-2\pi},1]$.对区间 $[\mathrm{e}^{-2k\pi},\mathrm{e}^{-2(k-1)\pi}]$ 上的积分, 有

$$I_k=\int_{\mathrm{e}^{-2k\pi}}^{\mathrm{e}^{-2(k-1)\pi}}\left|\frac{\mathrm{d}}{\mathrm{d}x}\cos\left(\ln\frac{1}{x}\right)\right|\ln\frac{1}{x}\mathrm{d}x=\int_{\mathrm{e}^{-2k\pi}}^{\mathrm{e}^{-2(k-1)\pi}}\left|\frac{\mathrm{d}}{\mathrm{d}x}\cos(-\ln x)\right|(-\ln x)\mathrm{d}x$$

$$=-\int_{e^{-2k\pi}}^{e^{-2(k-1)\pi}}\left|\frac{d}{dx}\cos(\ln x)\right|\ln x dx=-\int_{e^{-2k\pi}}^{e^{-2(k-1)\pi}}\left|-\frac{1}{x}\sin(\ln x)\right|\ln x dx$$

$$=-\int_{e^{-2k\pi}}^{e^{-2(k-1)\pi}}|\sin(\ln x)|\ln x\cdot\frac{1}{x}dx=-\int_{e^{-2k\pi}}^{e^{-2(k-1)\pi}}|\sin(\ln x)|\ln x d(\ln x)$$

$$\xlongequal{\ln x=t}-\int_{-2k\pi}^{-2(k-1)\pi}|\sin t|t dt\xlongequal{t=-2k\pi+\pi+x}-\int_{-\pi}^{\pi}|\sin x|(-2k\pi+\pi+x)dx$$

$$=(2k-1)\pi\int_{-\pi}^{\pi}|\sin x|dx=4(2k-1)\pi.\quad(\text{利用奇函数积分性质})$$

因此由积分对区间的可加性，得

$$I=\sum_{k=1}^{n}I_k=\sum_{k=1}^{n}4(2k-1)\pi=4n^2\pi. \blacksquare$$

选例 3.6.28　设 $f(x)$ 在 $[a,b]$ 上有连续导数，且 $f(a)=0$．证明:

$$\int_a^b f^2(x)dx\leqslant\frac{(b-a)^2}{2}\int_a^b[f'(x)]^2dx.$$

思路　利用牛顿-莱布尼茨公式和柯西不等式.

解　由已知条件可得

$$f(x)=f(a)+\int_a^x f'(t)dt=\int_a^x f'(t)dt.$$

因此，由柯西不等式(见后面总习题三第 4 题)可得，对任一 $x\in[a,b]$，有

$$f^2(x)=\left[\int_a^x f'(t)dt\right]^2\leqslant\int_a^x 1^2dt\cdot\int_a^x[f'(t)]^2dt=(x-a)\int_a^x[f'(t)]^2dt\leqslant(x-a)\int_a^b[f'(x)]^2dx.$$

从而

$$\int_a^b f^2(x)dx\leqslant\int_a^b\left[(x-a)\int_a^b[f'(x)]^2dx\right]dx=\int_a^b[f'(x)]^2dx\cdot\int_a^b(x-a)dx=\frac{(b-a)^2}{2}\int_a^b[f'(x)]^2dx. \blacksquare$$

选例 3.6.29　设 $f'(x)$ 在 $[0,2\pi]$ 上连续，且 $f'(x)\geqslant0$．则对任意正整数 n，有

$$\left|\int_0^{2\pi}f(x)\sin nx dx\right|\leqslant\frac{2[f(2\pi)-f(0)]}{n}.$$

思路　由于不等式右边有个 $\frac{1}{n}$，故可先分部积分一下，既会出现 $\frac{1}{n}$，也会出现 $f'(x)$．然后再利用 $f'(x)$ 的性质和定积分的单调性对积分进行估计.

证明　由于 $f'(x)$ 在 $[0,2\pi]$ 上连续，且 $f'(x)\geqslant0$，故 $f(x)$ 在区间 $[0,2\pi]$ 上单调递增．于是

$$\left|\int_0^{2\pi}f(x)\sin nx dx\right|=\left|-\frac{1}{n}\int_0^{2\pi}f(x)d\cos nx\right|=\frac{1}{n}\left|-f(x)\cos nx\Big|_0^{2\pi}+\int_0^{2\pi}f'(x)\cos nx dx\right|$$

$$=\frac{1}{n}\left|[f(2\pi)-f(0)]-\int_0^{2\pi}f'(x)\cos nx dx\right|$$

$$\leqslant \frac{1}{n}[f(2\pi)-f(0)]+\frac{1}{n}\left|\int_0^{2\pi} f'(x)\cos nx\mathrm{d}x\right|$$

$$\leqslant \frac{1}{n}[f(2\pi)-f(0)]+\frac{1}{n}\int_0^{2\pi} |f'(x)\cos nx|\mathrm{d}x$$

$$\leqslant \frac{1}{n}[f(2\pi)-f(0)]+\frac{1}{n}\int_0^{2\pi} |f'(x)|\mathrm{d}x=\frac{1}{n}[f(2\pi)-f(0)]+\frac{1}{n}\int_0^{2\pi} f'(x)\mathrm{d}x$$

$$=\frac{2}{n}[f(2\pi)-f(0)].\ \blacksquare$$

选例 3.6.30 设函数 $f(x)$ 在区间 $[a,b]$ 上有 $2n$ 阶连续导数，且 $\left|f^{(2n)}(x)\right|\leqslant M$，$f^{(k)}(a)=f^{(k)}(b)=0$，其中 $k=0,1,2,\cdots,2n-1$. 证明

$$\left|\int_a^b f(x)\mathrm{d}x\right|\leqslant \frac{(b-a)^{2n+1}(n!)^2}{(2n)!(2n+1)!}M.$$

思路 由于函数 $f(x)$ 在区间 $[a,b]$ 上有 $2n$ 阶连续导数，因此自然想到用泰勒公式来帮助证明. 由于不等式右边的分母里有 $(2n)!(2n+1)!$，且有条件 $f^{(k)}(a)=f^{(k)}(b)=0$ $(k=0,1,2,\cdots,2n-1)$. 因此可以利用 $f(x)$ 的原函数同时在点 $x=a$ 和点 $x=b$ 分别展开成 $2n$ 阶泰勒公式，再取 $x=\dfrac{a+b}{2}$ 代入展开式，并利用牛顿-莱布尼茨公式过渡到定积分.

证明 设 $F(x)$ 为 $f(x)$ 在区间 $[a,b]$ 上的一个原函数，则 $F(x)$ 在区间 $[a,b]$ 上有 $2n+1$ 阶连续导数，且有

$$\left|F^{(2n+1)}(x)\right|\leqslant M,\quad F^{(k)}(a)=F^{(k)}(b)=0\quad (k=1,2,\cdots,2n).$$

把 $F(x)$ 分别在点 $x=a$ 和点 $x=b$ 处展开成 $2n$ 阶泰勒公式，可得

$$F(x)=\sum_{k=0}^{2n}\frac{F^{(k)}(a)}{k!}(x-a)^k+\frac{F^{(2n+1)}(\xi)}{(2n+1)!}(x-a)^{2n+1}=F(a)+\frac{f^{(2n)}(\xi)}{(2n+1)!}(x-a)^{2n+1},$$

$$F(x)=\sum_{k=0}^{2n}\frac{F^{(k)}(b)}{k!}(x-b)^k+\frac{F^{(2n+1)}(\eta)}{(2n+1)!}(x-b)^{2n+1}=F(b)+\frac{f^{(2n)}(\eta)}{(2n+1)!}(x-b)^{2n+1},$$

其中 $a\leqslant\xi\leqslant x, x\leqslant\eta\leqslant b$. 把 $x=\dfrac{a+b}{2}$ 代入以上两个式子，可得

$$F\left(\frac{a+b}{2}\right)=F(a)+\frac{f^{(2n)}(\xi)}{(2n+1)!}\left(\frac{a+b}{2}-a\right)^{2n+1}=F(a)+\frac{f^{(2n)}(\xi)}{2^{2n+1}(2n+1)!}(b-a)^{2n+1},$$

$$F\left(\frac{a+b}{2}\right)=F(b)+\frac{f^{(2n)}(\eta)}{(2n+1)!}\left(\frac{a+b}{2}-b\right)^{2n+1}=F(b)-\frac{f^{(2n)}(\eta)}{2^{2n+1}(2n+1)!}(b-a)^{2n+1},$$

其中 $a\leqslant\xi\leqslant\dfrac{a+b}{2},\dfrac{a+b}{2}\leqslant\eta\leqslant b$. 把以上两个式子相减，可得

$$F(b)-F(a)=\frac{f^{(2n)}(\eta)}{2^{2n+1}(2n+1)!}(b-a)^{2n+1}+\frac{f^{(2n)}(\xi)}{2^{2n+1}(2n+1)!}(b-a)^{2n+1}.$$

于是有

$$\left|\int_a^b f(x)\mathrm{d}x\right| = |F(b)-F(a)| = \left|\frac{f^{(2n)}(\eta)}{2^{2n+1}(2n+1)!}(b-a)^{2n+1} + \frac{f^{(2n)}(\xi)}{2^{2n+1}(2n+1)!}(b-a)^{2n+1}\right|$$

$$= \frac{(b-a)^{2n+1}}{2^{2n+1}(2n+1)!}\left|f^{(2n)}(\eta)+f^{(2n)}(\xi)\right| \leqslant \frac{(b-a)^{2n+1}}{2^{2n+1}(2n+1)!}\left[\left|f^{(2n)}(\eta)\right| + \left|f^{(2n)}(\xi)\right|\right]$$

$$\leqslant \frac{(b-a)^{2n+1}\cdot 2M}{2^{2n+1}(2n+1)!} = \frac{M(b-a)^{2n+1}}{2^{2n}(2n+1)!}.$$

为完成证明, 只需再证明: $\dfrac{1}{2^{2n}} \leqslant \dfrac{(n!)^2}{(2n)!}$, 即 $(2n)! \leqslant 2^{2n}(n!)^2$. 我们用数学归纳法证明如下:

当 $n=1$ 时, 有 $(2)! = 2 \leqslant 4 = 2^2(1!)^2$, 命题真;

假设 $n=k$ 时, 有 $(2k)! \leqslant 2^{2k}(k!)^2$, 则当 $n=k+1$ 时, 有

$$(2n)! = [2(k+1)]! = (2k+2)(2k+1)(2k)! = (4k^2+6k+2)(2k)!$$
$$\leqslant (4k^2+6k+2)\cdot 2^{2k}(k!)^2 \leqslant 2^{2(k+1)}[(k+1)!]^2 = 2^{2n}(n!)^2.$$

命题仍然真. 因此由数学归纳法知, 对每个自然数 n, 都有 $(2n)! \leqslant 2^{2n}(n!)^2$. ■

选例 3.6.31　设函数 $f(x)$ 具有二阶导数, 且 $f''(x) \geqslant 0$, $x \in (-\infty, +\infty)$; 函数 $g(x)$ 在区间 $[0,a]$ 上连续 $(a>0)$. 证明:

$$\frac{1}{a}\int_0^a f(g(t))\mathrm{d}t \geqslant f\left[\frac{1}{a}\int_0^a g(t)\mathrm{d}t\right].$$

思路　可以从 $f(x)$ 在点 x_0 处的一阶泰勒公式着手, 其中 $x_0 = \dfrac{1}{a}\int_0^a g(t)\mathrm{d}t.$

证明　由于函数 $f(x)$ 具有二阶导数, 故 $f(x)$ 可在任何一点 x_0 处展开成一阶泰勒公式

$$f(x) = f(x_0) + f'(x_0)(x-x_0) + \frac{f''(\xi)}{2!}(x-x_0)^2 \quad (\text{其中 } \xi \text{ 介于 } x \text{ 与 } x_0 \text{ 之间}).$$

由于 $f''(x) \geqslant 0$, $x \in (-\infty, +\infty)$, 因此

$$f(x) \geqslant f(x_0) + f'(x_0)(x-x_0).$$

在上式中令 $x = g(t), x_0 = \dfrac{1}{a}\int_0^a g(t)\mathrm{d}t$. 则有

$$f(g(t)) \geqslant f\left(\frac{1}{a}\int_0^a g(t)\mathrm{d}t\right) + f'\left(\frac{1}{a}\int_0^a g(t)\mathrm{d}t\right)\left(g(t) - \frac{1}{a}\int_0^a g(t)\mathrm{d}t\right),$$

再由定积分的单调性可得

$$\int_0^a f(g(t))\mathrm{d}t \geqslant \int_0^a\left[f\left(\frac{1}{a}\int_0^a g(t)\mathrm{d}t\right) + f'\left(\frac{1}{a}\int_0^a g(t)\mathrm{d}t\right)\left(g(t) - \frac{1}{a}\int_0^a g(t)\mathrm{d}t\right)\right]\mathrm{d}t$$

$$= \int_0^a f\left(\frac{1}{a}\int_0^a g(t)\mathrm{d}t\right)\mathrm{d}t + \int_0^a f'\left(\frac{1}{a}\int_0^a g(t)\mathrm{d}t\right)\left(g(t) - \frac{1}{a}\int_0^a g(t)\mathrm{d}t\right)\mathrm{d}t$$

$$= af\left(\frac{1}{a}\int_0^a g(t)\mathrm{d}t\right) + f'\left(\frac{1}{a}\int_0^a g(t)\mathrm{d}t\right)\left(\int_0^a g(t)\mathrm{d}t - \int_0^a g(t)\mathrm{d}t\right)$$

$$=af\left(\frac{1}{a}\int_0^a g(t)\mathrm{d}t\right),$$

由于$a>0$，故

$$\frac{1}{a}\int_0^a f(g(t))\mathrm{d}t \geqslant f\left[\frac{1}{a}\int_0^a g(t)\mathrm{d}t\right].\ \blacksquare$$

选例 3.6.32 设$f(x),g(x)\in C[a,b]$，且满足条件

(1) $\forall x\in[a,b],\int_a^x f(t)\mathrm{d}t\geqslant\int_a^x g(t)\mathrm{d}t;$

(2) $\int_a^b f(t)\mathrm{d}t=\int_a^b g(t)\mathrm{d}t.$

试证明: $\int_a^b xf(x)\mathrm{d}x\leqslant\int_a^b xg(x)\mathrm{d}x.$

思路 由于都是连续函数, 因此它们都有原函数, 从而可借助于原函数和分部积分法来完成证明.

证明 设$F(x)=\int_a^x f(t)\mathrm{d}t-\int_a^x g(t)\mathrm{d}t,x\in[a,b]$. 则由已知条件可知，$F(x)$是一个可微函数, 且由(1)知，$F(x)$非负；由(2)可知，$F(a)=F(b)=0$. 于是

$$\int_a^b xf(x)\mathrm{d}x-\int_a^b xg(x)\mathrm{d}x=\int_a^b x[f(x)-g(x)]\mathrm{d}x=\int_a^b x\mathrm{d}F(x)$$
$$=xF(x)\Big|_a^b-\int_a^b F(x)\mathrm{d}x=0-\int_a^b F(x)\mathrm{d}x\leqslant 0,$$

因此，$\int_a^b xf(x)\mathrm{d}x\leqslant\int_a^b xg(x)\mathrm{d}x.\ \blacksquare$

选例 3.6.33 设函数$f(x)$在$[a,b]$上连续且非负，M是$f(x)$在$[a,b]$上的最大值，试证明:

$$\lim_{n\to\infty}\sqrt[n]{\int_a^b f^n(x)\mathrm{d}x}=M.$$

思路 利用最大值点处的连续性和定积分的性质, 结合夹逼准则.

证明 由于函数$f(x)$在$[a,b]$上连续且非负，故存在点$c\in[a,b]$使得$f(c)=M$. 下面分情形使用夹逼准则来证明等式成立.

(1) 若$c\in(a,b)$，则存在充分大的自然数n_0使得$\left[c-\frac{1}{n_0},c+\frac{1}{n_0}\right]\subset[a,b]$. 从而当$n>n_0$时, 由定积分的中值定理知, 存在$c_n\in\left[c-\frac{1}{n},c+\frac{1}{n}\right]$使得

$$\int_{c-\frac{1}{n}}^{c+\frac{1}{n}} f^n(x)\mathrm{d}x=\frac{2}{n}f^n(c_n).$$

从而由定积分的单调性质可得

$$f(c_n)\sqrt[n]{\frac{2}{n}}=\sqrt[n]{\int_{c-\frac{1}{n}}^{c+\frac{1}{n}} f^n(x)\mathrm{d}x}\leqslant\sqrt[n]{\int_a^b f^n(x)\mathrm{d}x}\leqslant\sqrt[n]{\int_a^b M^n\mathrm{d}x}=M(b-a)^{\frac{1}{n}}. \tag{3.6.2}$$

由 $f(x)$ 的连续性可知，$\lim\limits_{n\to\infty} f(c_n)=f(c)=M$．同时，又有

$$\lim_{n\to\infty}\sqrt[n]{\frac{2}{n}}=1,\quad \lim_{n\to\infty}(b-a)^{\frac{1}{n}}=1.$$

因此由(3.6.2)式利用夹逼准则即得 $\lim\limits_{n\to\infty}\sqrt[n]{\int_a^b f^n(x)\mathrm{d}x}=M$.

(2) 若 $c=a$，用 $\left[a,a+\dfrac{1}{n_0}\right]$ 取代(1)中的 $\left[c-\dfrac{1}{n_0},c+\dfrac{1}{n_0}\right]$；若 $c=b$，用 $\left[b-\dfrac{1}{n_0},b\right]$ 取代(1)中的 $\left[c-\dfrac{1}{n_0},c+\dfrac{1}{n_0}\right]$．完全模仿(1)可以证明等式同样成立.■

选例 3.6.34　求反常积分 $I=\int_0^{+\infty}\dfrac{\mathrm{d}x}{(1+x^n)\sqrt[n]{1+x^n}}(n\in\mathbb{N})$.

思路　利用倒代换.

解　由于 n 是自然数，因此反常积分 I 是收敛的．令 $x=\dfrac{1}{t}$，则有

$$I=\int_{+\infty}^0\frac{-\dfrac{1}{t^2}\mathrm{d}t}{\left(1+\dfrac{1}{t^n}\right)\sqrt[n]{1+\dfrac{1}{t^n}}}=\int_0^{+\infty}\frac{t^{n-1}\mathrm{d}t}{(1+t^n)\sqrt[n]{1+t^n}}\overset{1+t^n=u}{=\!=\!=}\frac{1}{n}\int_1^{+\infty}\frac{\mathrm{d}u}{u^{1+\frac{1}{n}}}=-u^{-\frac{1}{n}}\Big|_1^{+\infty}=1.\ ■$$

选例 3.6.35　计算反常积分 $\int_0^{\frac{\pi}{2}}\ln(\tan x)\mathrm{d}x$.

思路　这是有两个瑕点 $x=0$ 和 $x=\dfrac{\pi}{2}$ 的反常积分，需先检验其收敛性，再计算其值.

解　由于

$$\lim_{x\to0^+}\sqrt{x}\ln(\tan x)=\lim_{x\to0^+}\frac{\ln(\tan x)}{x^{-\frac{1}{2}}}=\lim_{x\to0^+}\frac{\cot x\cdot\sec^2 x}{-\frac{1}{2}x^{-\frac{3}{2}}}=-2\lim_{x\to0^+}\frac{\sqrt{x^3}}{\sin x\cos x}=-2\lim_{x\to0^+}\frac{\sqrt{x}}{\cos x}=0,$$

$$\lim_{x\to\frac{\pi}{2}^-}\sqrt{\frac{\pi}{2}-x}\ln(\tan x)=\lim_{x\to\frac{\pi}{2}^-}\frac{\ln(\tan x)}{\left(\frac{\pi}{2}-x\right)^{-\frac{1}{2}}}=\lim_{x\to\frac{\pi}{2}^-}\frac{\cot x\cdot\sec^2 x}{\frac{1}{2}\left(\frac{\pi}{2}-x\right)^{-\frac{3}{2}}}=2\lim_{x\to\frac{\pi}{2}^-}\frac{\sqrt{\left(\frac{\pi}{2}-x\right)^3}}{\sin x\cos x}$$

$$=2\lim_{x\to\frac{\pi}{2}^-}\frac{\sqrt{\frac{\pi}{2}-x}}{\sin x}=0,$$

故反常积分 $\int_0^{\frac{\pi}{4}}\ln(\tan x)\mathrm{d}x$ 与 $\int_{\frac{\pi}{4}}^{\frac{\pi}{2}}\ln(\tan x)\mathrm{d}x$ 均收敛，因此反常积分 $\int_0^{\frac{\pi}{2}}\ln(\tan x)\mathrm{d}x$ 收敛.

又由于

$$\int_{\frac{\pi}{4}}^{\frac{\pi}{2}}\ln(\tan x)\mathrm{d}x \xlongequal{x=\frac{\pi}{2}-t} \int_{\frac{\pi}{4}}^{0}\ln(\cot t)(-\mathrm{d}t)=\int_{\frac{\pi}{4}}^{0}(-\ln(\tan t))(-\mathrm{d}t)=-\int_{0}^{\frac{\pi}{4}}\ln(\tan t)\mathrm{d}t=-\int_{0}^{\frac{\pi}{4}}\ln(\tan x)\mathrm{d}x,$$

因此,

$$\int_{0}^{\frac{\pi}{2}}\ln(\tan x)\mathrm{d}x=\int_{0}^{\frac{\pi}{4}}\ln(\tan x)\mathrm{d}x+\int_{\frac{\pi}{4}}^{\frac{\pi}{2}}\ln(\tan x)\mathrm{d}x=\int_{0}^{\frac{\pi}{4}}\ln(\tan x)\mathrm{d}x-\int_{0}^{\frac{\pi}{4}}\ln(\tan x)\mathrm{d}x=0. \blacksquare$$

选例 3.6.36 设 $f(x)$ 是 $[0,+\infty)$ 上的取非负值的单调递减连续函数, 记 $S_n=\sum_{k=1}^{n}f(k)$, $n=1,2,3,\cdots$. 试证明: 反常积分 $\int_0^{+\infty}f(x)\mathrm{d}x$ 收敛的充分必要条件是极限 $\lim_{n\to\infty}S_n$ 存在.

思路 S_n 是求和, 积分本质上也是求和, 因此两者间自然形成一种可比性. 可以借助于 $f(x)$ 在 $[0,+\infty)$ 上的单调性用单调有界准则来帮助证明.

证明 (必要性)设反常积分 $\int_0^{+\infty}f(x)\mathrm{d}x$ 收敛于 A, 即有

$$\lim_{x\to+\infty}\int_0^x f(t)\mathrm{d}t=A. \tag{3.6.3}$$

由于 $f(x)$ 是 $[0,+\infty)$ 上的取非负值的单调递减连续函数, 数列 S_n 是单调递增的正项数列, 且对任一自然数 n, 有

$$S_n=\sum_{k=1}^{n}f(k)=\sum_{k=1}^{n}\int_{k-1}^{k}f(k)\mathrm{d}x\leqslant\sum_{k=1}^{n}\int_{k-1}^{k}f(x)\mathrm{d}x=\int_0^n f(x)\mathrm{d}x.$$

而由(3.6.3)式可知, $\int_0^n f(x)\mathrm{d}x\leqslant A$. 因此 S_n 是单调递增且有上界的数列, 因此极限 $\lim_{n\to\infty}S_n$ 存在.

(充分性)对任一 $x\in(0,+\infty)$, 令 $F(x)=\int_0^x f(t)\mathrm{d}t$, 则由于 $f(x)$ 是 $[0,+\infty)$ 上的取非负值的单调递减连续函数, 故知 $F(x)$ 是 $[0,+\infty)$ 上的单调递增函数. 因此为了证明反常积分 $\int_0^{+\infty}f(x)\mathrm{d}x$ 收敛, 即极限 $\lim_{x\to+\infty}F(x)$ 存在, 只需证明 $F(x)$ 在 $[0,+\infty)$ 上有上界即可.

对任一 $x\in(0,+\infty)$, 存在自然数 n_x 使得 $n_x\leqslant x<n_x+1$. 从而

$$0\leqslant F(x)=\int_0^x f(t)\mathrm{d}t\leqslant\int_0^{n_x+1}f(t)\mathrm{d}t=\sum_{k=0}^{n_x}\int_k^{k+1}f(t)\mathrm{d}t\leqslant\sum_{k=0}^{n_x}f(k)=f(0)+S_{n_x}\leqslant f(0)+\lim_{n\to\infty}S_n.$$

可见, $F(x)$ 在 $[0,+\infty)$ 上确实有上界. 因此反常积分 $\int_0^{+\infty}f(x)\mathrm{d}x$ 收敛. $\blacksquare$

选例 3.6.37[*] 设 $f(x),g(x)$ 都是 $[0,1]$ 上的连续函数, 且有相同的单调性, 证明:

$$\int_0^1 f(x)g(x)\mathrm{d}x\geqslant\int_0^1 f(x)\mathrm{d}x\cdot\int_0^1 g(x)\mathrm{d}x.$$

证法一 由于 $f(x),g(x)$ 都是 $[0,1]$ 上的连续函数, 且有相同的单调性, 因此对任意 $x,y\in[0,1]$, 总有

$$(f(x)-f(y))(g(x)-g(y))\geqslant 0.$$

对上式两边在区间 $[0,1]$ 上关于 x 积分，得

$$\int_0^1 (f(x)-f(y))(g(x)-g(y))\mathrm{d}x\geqslant 0,$$

即有

$$\int_0^1 f(x)g(x)\mathrm{d}x-f(y)\int_0^1 g(x)\mathrm{d}x-g(y)\int_0^1 f(x)\mathrm{d}x+f(y)g(y)\geqslant 0,$$

上式两边在区间 $[0,1]$ 上再关于 y 积分，得

$$\int_0^1\left[\int_0^1 f(x)g(x)\mathrm{d}x-f(y)\int_0^1 g(x)\mathrm{d}x-g(y)\int_0^1 f(x)\mathrm{d}x+f(y)g(y)\right]\mathrm{d}y\geqslant 0,$$

即有

$$\int_0^1 f(x)g(x)\mathrm{d}x-\int_0^1 f(y)\mathrm{d}y\cdot\int_0^1 g(x)\mathrm{d}x-\int_0^1 g(y)\mathrm{d}y\cdot\int_0^1 f(x)\mathrm{d}x+\int_0^1 f(y)g(y)\mathrm{d}y\geqslant 0,$$

由于 $\int_0^1 f(x)\mathrm{d}x=\int_0^1 f(y)\mathrm{d}y,\int_0^1 g(x)\mathrm{d}x=\int_0^1 g(y)\mathrm{d}y,\int_0^1 f(x)g(x)\mathrm{d}x=\int_0^1 f(y)g(y)\mathrm{d}y$，故由上式可得

$$\int_0^1 f(x)g(x)\mathrm{d}x\geqslant\int_0^1 f(x)\mathrm{d}x\cdot\int_0^1 g(x)\mathrm{d}x.$$

证法二[*]　由于 $f(x),g(x)$ 都是 $[0,1]$ 上的连续函数，且有相同的单调性，故对任意两个 $x,y\in[0,1]$，总有

$$(f(x)-f(y))(g(x)-g(y))\geqslant 0.$$

记 $D=\{(x,y)\,|\,0\leqslant x\leqslant 1,0\leqslant y\leqslant 1\}$，则有

$$\iint_D (f(x)-f(y))(g(x)-g(y))\mathrm{d}x\mathrm{d}y\geqslant 0.$$

将上式展开，即有

$$\iint_D [f(x)g(x)-f(x)g(y)-f(y)g(x)+f(y)g(y)]\mathrm{d}x\mathrm{d}y\geqslant 0. \tag{3.6.4}$$

化为累次积分，有

$$\iint_D f(x)g(x)\mathrm{d}x\mathrm{d}y=\int_0^1\mathrm{d}x\int_0^1 f(x)g(x)\mathrm{d}y=\int_0^1 f(x)g(x)\mathrm{d}x;$$

$$\iint_D f(y)g(y)\mathrm{d}x\mathrm{d}y=\int_0^1\mathrm{d}y\int_0^1 f(y)g(y)\mathrm{d}x=\int_0^1 f(y)g(y)\mathrm{d}y=\int_0^1 f(x)g(x)\mathrm{d}x;$$

$$\iint_D f(x)g(y)\mathrm{d}x\mathrm{d}y=\int_0^1\mathrm{d}y\int_0^1 f(x)g(y)\mathrm{d}x=\int_0^1 f(x)\mathrm{d}x\cdot\int_0^1 g(y)\mathrm{d}y=\int_0^1 f(x)\mathrm{d}x\cdot\int_0^1 g(x)\mathrm{d}x;$$

$$\iint_D f(y)g(x)\mathrm{d}x\mathrm{d}y=\int_0^1\mathrm{d}y\int_0^1 f(y)g(x)\mathrm{d}x=\int_0^1 f(y)\mathrm{d}y\cdot\int_0^1 g(x)\mathrm{d}x=\int_0^1 f(x)\mathrm{d}x\cdot\int_0^1 g(x)\mathrm{d}x.$$

上述四个式子一起代入(3.6.4)式，整理即得

$$\int_0^1 f(x)g(x)\mathrm{d}x \geqslant \int_0^1 f(x)\mathrm{d}x \cdot \int_0^1 g(x)\mathrm{d}x.$$

【注】这里用的是下册会学习到的二重积分的方法.■

选例 3.6.38 计算极坐标系下平面图形 $D=\left\{(\rho,\varphi)\middle|0\leqslant\rho\leqslant\rho(\varphi),0\leqslant\alpha\leqslant\varphi\leqslant\beta<\dfrac{\pi}{2}\right\}$ 绕极轴旋转一周所得的立体图形的体积，其中 $\rho(\varphi)$ 是 $[\alpha,\beta]$ 上的单调递减的可微函数.

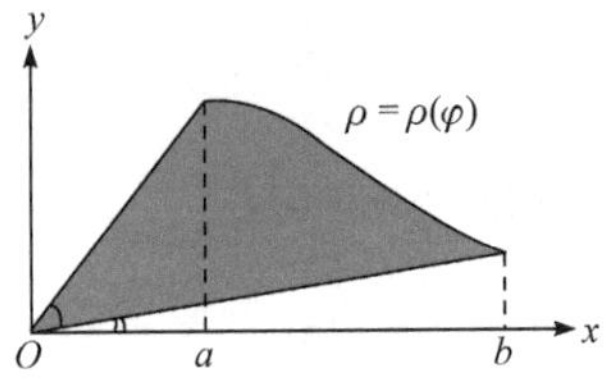

图 3.6-1

思路 利用已知直角坐标系下旋转体体积公式和定积分的换元法.

解 如图 3.6-1 所示，旋转体的体积可以看成三个旋转体体积的代数和：底在 $[0,a]$ 上、顶为线段 $\varphi=\beta$ 的三角形旋转所得的体积记为 V_1，底在 $[0,b]$ 上、顶为线段 $\varphi=\alpha$ 的三角形旋转所得的体积记为 V_2，底在 $[a,b]$ 上、顶为曲线段 $\rho=\rho(\varphi)$ 的曲边梯形旋转所得的体积记为 V_3，则所求体积为 $V=V_1-V_2+V_3$. 这里的 $a=\rho(\beta)\cos\beta, b=\rho(\alpha)\cos\alpha$.

设曲线 $\rho=\rho(\varphi)$ 的直角坐标方程为 $y=y(x)$，则

$$V_1=\frac{1}{3}\pi[\rho(\beta)\sin\beta]^2\cdot\rho(\beta)\cos\beta=\frac{1}{3}\pi\rho^3(\beta)\sin^2\beta\cos\beta,$$

$$V_2=\frac{1}{3}\pi[\rho(\alpha)\sin\alpha]^2\cdot\rho(\alpha)\cos\alpha=\frac{1}{3}\pi\rho^3(\alpha)\sin^2\alpha\cos\alpha,$$

$$\begin{aligned}V_3=\pi\int_a^b y^2(x)\mathrm{d}x &\xlongequal{x=\rho(\varphi)\cos\varphi}\pi\int_\beta^\alpha[\rho(\varphi)\sin\varphi]^2\mathrm{d}[\rho(\varphi)\cos\varphi]\\&=\pi\int_\beta^\alpha\rho^2(\varphi)\sin^2\varphi(\rho'(\varphi)\cos\varphi-\rho(\varphi)\sin\varphi)\mathrm{d}\varphi\\&=\pi\int_\alpha^\beta\rho^2(\varphi)\sin^2\varphi(\rho(\varphi)\sin\varphi-\rho'(\varphi)\cos\varphi)\mathrm{d}\varphi.\end{aligned}$$

故所求的体积为

$$V=V_1-V_2+V_3=\frac{\pi}{3}\rho^3(\varphi)\sin^2\varphi\cos\varphi\bigg|_\alpha^\beta+\pi\int_\alpha^\beta\rho^2(\varphi)\sin^2\varphi(\rho(\varphi)\sin\varphi-\rho'(\varphi)\cos\varphi)\mathrm{d}\varphi.$$

【注】本题我们取极坐标平面上一块相对简单的图形求其绕极轴旋转所得的体积. 由于 $\rho(\varphi)$ 是 $[\alpha,\beta]$ 上的单调递减的可微函数，因此平面图形大体上如图 3.6-1 所示，故可以采用上述体积代数和的方法来处理. 如果 $\rho(\varphi)$ 在 $[\alpha,\beta]$ 上不是单调的，则这样处理是有问题的，读者可以想想为什么？

在极坐标系里，要得到一个关于极轴旋转的旋转体体积的一般性公式并不容易，有兴趣的读者可以加以一般性研究，我们这里不作详细的讨论.■

选例 3.6.39 证明椭圆 $\dfrac{x^2}{a^2}+\dfrac{y^2}{b^2}=1(a>b>0)$ 的周长等于正弦曲线 $y=\sqrt{a^2-b^2}\sin\dfrac{x}{b}$ 在一个周期内的长度.

思路　椭圆周长只能用积分表示，因此只需把正弦曲线的长度也用积分表示出来，然后证明它们相等即可.

证明　椭圆 $\dfrac{x^2}{a^2}+\dfrac{y^2}{b^2}=1$ 关于坐标轴是对称的，因此其周长等于第一象限部分弧长的四倍. 而在第一象限，椭圆方程可改写成 $y=\dfrac{b}{b}\sqrt{a^2-x^2}$，因此椭圆周长为

$$s=4\int_0^a\sqrt{1+y'^2}\mathrm{d}x=4\int_0^a\sqrt{1+\left(\frac{-bx}{a\sqrt{a^2-x^2}}\right)^2}\mathrm{d}x\overset{x=a\sin\theta}{=\!=\!=}4\int_0^{\frac{\pi}{2}}\sqrt{a^2\cos^2\theta+b^2\sin^2\theta}\mathrm{d}\theta.$$

另外，正弦函数 $y=\sqrt{a^2-b^2}\sin\dfrac{x}{b}$ 有周期 $T=2b\pi$，故正弦曲线在一个周期上的长度 l 等于 $\left[0,\dfrac{b\pi}{2}\right]$ 上对应弧段长度的四倍，因此

$$l=4\int_0^{\frac{b\pi}{2}}\sqrt{1+y'^2}\mathrm{d}x=4\int_0^{\frac{b\pi}{2}}\sqrt{1+\left(\frac{1}{b}\sqrt{a^2-b^2}\cos\frac{x}{b}\right)^2}\mathrm{d}x$$

$$\overset{\frac{x}{b}=\theta}{=\!=\!=}4\int_0^{\frac{\pi}{2}}\sqrt{b^2+(a^2-b^2)\cos^2\theta}\mathrm{d}\theta=4\int_0^{\frac{\pi}{2}}\sqrt{a^2\cos^2\theta+b^2\sin^2\theta}\mathrm{d}\theta.$$

可见 $s=l$. ■

选例 3.6.40　设平面闭曲线 L 的方程为 $x^{\frac{2}{3}}+y^{\frac{2}{5}}=1$，试求

(1) L 所围成的平面图形 D 的面积;

(2) 平面图形 D 分别绕 x 轴旋转一周和绕 y 轴旋转一周所得空间图形的体积.

思路　利用对称性，只需考虑第一象限部分所产生的结果，再乘以适当的倍数即可. 对于第一象限部分的计算，可利用参数方程来帮助完成. 由于方程 $x^{\frac{2}{3}}+y^{\frac{2}{5}}=1$ 可改写成 $\left(x^{\frac{1}{3}}\right)^2+\left(y^{\frac{1}{5}}\right)^2=1$，故利用正余弦函数特性，令 $x^{\frac{1}{3}}=\cos t, y^{\frac{1}{5}}=\sin t$，可以给出曲线的参数方程 $x=\cos^3 t, y=\sin^5 t(0\leqslant t\leqslant 2\pi)$.

解　(1) 曲线 L 有参数方程: $x=\cos^3 t, y=\sin^5 t(0\leqslant t\leqslant 2\pi)$. 容易看出，平面图形 D 关于两条坐标轴和坐标原点都是对称的，因此所求面积为 D 在第一象限部分面积的四倍，即

$$A=4\int_0^1 y\mathrm{d}x=4\int_{\frac{\pi}{2}}^0\sin^5 t\cdot 3\cos^2 t(-\sin t)\mathrm{d}t=12\int_0^{\frac{\pi}{2}}(\sin^6 t-\sin^8 t)\mathrm{d}t$$

$$=12\left(\frac{5}{6}\cdot\frac{3}{4}\cdot\frac{1}{2}\cdot\frac{\pi}{2}-\frac{7}{8}\cdot\frac{5}{6}\cdot\frac{3}{4}\cdot\frac{1}{2}\cdot\frac{\pi}{2}\right)=\frac{15}{64}\pi.$$

(2) 同样利用对称性，所求体积为 D 在第一象限部分旋转所得体积的两倍(注意: 不是四倍). 故 D 绕 x 轴旋转的体积为

$$V_x = 2\pi\int_0^1 y^2 \mathrm{d}x = 2\pi\int_{\frac{\pi}{2}}^{0} \sin^{10} t \cdot 3\cos^2 t \cdot (-\sin t)\mathrm{d}t = 6\pi\int_0^{\frac{\pi}{2}} (\sin^{11} t - \sin^{13} t)\mathrm{d}t$$

$$= 6\pi\left(\frac{10}{11}\cdot\frac{8}{9}\cdot\frac{6}{7}\cdot\frac{4}{5}\cdot\frac{2}{3}\cdot 1 - \frac{12}{13}\cdot\frac{10}{11}\cdot\frac{8}{9}\cdot\frac{6}{7}\cdot\frac{4}{5}\cdot\frac{2}{3}\cdot 1\right) = \frac{512\pi}{3003}.$$

D 绕 y 轴旋转的体积为

$$V_y = 2\cdot 2\pi\int_0^1 xy\mathrm{d}x = 4\pi\int_{\frac{\pi}{2}}^{0} \cos^3 t\cdot\sin^5 t\cdot 3\cos^2 t\cdot(-\sin t)\mathrm{d}t = 12\pi\int_0^{\frac{\pi}{2}} \sin^6 t\cos^5 t\mathrm{d}t$$

$$\xlongequal{u=\sin t} 12\pi\int_0^1 u^6(1-u^2)^2 \mathrm{d}u = 12\pi\int_0^1 (u^6 - 2u^8 + u^{10})\mathrm{d}u = 12\pi\left(\frac{1}{7} - \frac{2}{9} + \frac{1}{11}\right) = \frac{32\pi}{231}. \blacksquare$$

选例 3.6.41 求函数 $f(x) = \int_0^{x^2} (2-t)\mathrm{e}^{-t}\mathrm{d}t$ 的极值.

解 由于 $(2-t)\mathrm{e}^{-t}$ 是处处连续的，故函数 $f(x) = \int_0^{x^2} (2-t)\mathrm{e}^{-t}\mathrm{d}t$ 在 $(-\infty,+\infty)$ 是处处可微的. 令

$$f'(x) = 2x\cdot(2-x^2)\mathrm{e}^{-x^2} = 0,$$

求得该函数有三个驻点 $x=0$ 和 $x=\pm\sqrt{2}$. 且不难看出，当 $x<-\sqrt{2}$ 时，$f'(x)>0$；当 $-\sqrt{2}<x<0$ 时，$f'(x)<0$；当 $0<x<\sqrt{2}$ 时，$f'(x)>0$；当 $x>\sqrt{2}$ 时，$f'(x)<0$. 因此函数 $f(x)$ 在点 $x_1=-\sqrt{2}, x_2=\sqrt{2}$ 处取得极大值，在 $x_3=0$ 处取得极小值. 且

$$f(x_1) = f(x_2) = \int_0^2 (2-t)\mathrm{e}^{-t}\mathrm{d}t = \int_0^2 (t-2)\mathrm{d}\mathrm{e}^{-t} = [(t-2)\mathrm{e}^{-t} + \mathrm{e}^{-t}]\Big|_0^2 = 1+\mathrm{e}^{-2}.$$

$$f(x_3) = \int_0^0 (2-t)\mathrm{e}^{-t}\mathrm{d}t = 0.$$

即函数 $f(x)$ 在点 $x_1=-\sqrt{2}, x_2=\sqrt{2}$ 处取得极大值 $1+\mathrm{e}^{-2}$，在 $x_3=0$ 处取得极小值 0. ■

3.7 配套教材小节习题参考解答

习题 3.1

习题3.1参考解答

1. 比较下列几个定积分的大小.

(1) $I_1 = \int_0^{\frac{\pi}{4}} \sin x\mathrm{d}x$, $I_2 = \int_0^{\frac{\pi}{4}} x\mathrm{d}x$, $I_3 = \int_0^{\frac{\pi}{4}} \tan x\mathrm{d}x$;

(2) $I_1 = \int_1^2 \mathrm{e}^x\mathrm{d}x$, $I_2 = \int_1^2 \ln x\mathrm{d}x$, $I_3 = \int_1^2 x\mathrm{d}x$;

(3) $I_1 = \int_0^{\frac{\pi}{4}} \frac{x}{\tan x}\mathrm{d}x$, $I_2 = \int_0^{\frac{\pi}{4}} \frac{\tan x}{x}\mathrm{d}x$;

(4) $I_1 = \int_{-\frac{\pi}{2}}^{\frac{\pi}{2}} \frac{\sin x}{1+x^2}\cos^4 x\mathrm{d}x$, $I_2 = \int_{-\frac{\pi}{2}}^{\frac{\pi}{2}} (\sin^3 x + \cos^4 x)\mathrm{d}x$, $I_3 = \int_{-\frac{\pi}{2}}^{\frac{\pi}{2}} (x^2\sin^3 x - \cos^4 x)\mathrm{d}x$.

2. 利用定积分的性质和几何意义, 求下列定积分的值.

(1) $\int_{-a}^{a}\sqrt{a^2-x^2}\mathrm{d}x(a>0)$;　(2) $\int_{-2}^{3}|x+1|\mathrm{d}x$;　(3) $\int_{-1}^{1}\left(x+\sqrt{1-x^2}\right)^2\mathrm{d}x$;

(4) $\int_{-2}^{2}f(x)\mathrm{d}x$, 其中 $f(x)=\begin{cases}2x-1, & 0\leqslant x\leqslant 2,\\ \sqrt{4-x^2}, & -2\leqslant x<0;\end{cases}$　(5) $\int_{-2}^{2}\sqrt{4-x^2}\ln\frac{x+\sqrt{1+x^2}}{2}\mathrm{d}x$.

3. 试估计下列定积分的取值范围.

(1) $\int_{\frac{\pi}{4}}^{\frac{5\pi}{4}}(1+\sin^2 x)\mathrm{d}x$;　(2) $\int_{\frac{1}{\sqrt{3}}}^{\sqrt{3}}x\arctan x\mathrm{d}x$;　(3) $\int_{0}^{2\pi}\frac{\mathrm{d}x}{2-\sin x\cos x}$;　(4) $\int_{0}^{2}\mathrm{e}^{x^2-x}\mathrm{d}x$.

4. 试用定积分的性质证明.

(1) $\lim\limits_{n\to\infty}\int_{n}^{n+1}x^2\mathrm{e}^{-x}\mathrm{d}x=0$;　(2) $\lim\limits_{n\to\infty}\int_{0}^{1}\mathrm{e}^{-nx^2}\mathrm{d}x=0$;

(3) $\lim\limits_{n\to\infty}\int_{0}^{\frac{1}{2}}\frac{x^n}{1+x}\mathrm{d}x=0$;　(4) 若 $f(x)\in C\{a,b\}$, 则 $\lim\limits_{x\to a^+}\frac{1}{x-a}\int_{a}^{x}f(t)\mathrm{d}t=f(a)$.

5. 试用定积分表示下列各极限.

(1) $\lim\limits_{n\to\infty}\frac{1}{n}\left(\sin\frac{\pi}{n}+\sin\frac{2\pi}{n}+\cdots+\sin\frac{(n-1)\pi}{n}\right)$;

(2) $\lim\limits_{n\to\infty}\sum\limits_{i=1}^{n}\frac{1}{\sqrt{n^2+i^2}}$;

(3) $\lim\limits_{n\to\infty}\sum\limits_{i=1}^{n}\frac{i}{n^2}\ln\left(1+\frac{i}{n}\right)$;

(4) $\lim\limits_{n\to\infty}\ln\sqrt[n]{\left(1+\frac{1}{n}\right)^2\left(1+\frac{2}{n}\right)^2\cdots\left(1+\frac{n}{n}\right)^2}$.

6. 试用定积分定义证明: 若 $f(x)$ 是定义在 $(-\infty,+\infty)$ 上、以 T 为周期的周期函数, 且在 $[0,T]$ 上可积, 则对任一实数 a, $f(x)$ 在 $[a,a+T]$ 上也可积, 且有

$$\int_{a}^{a+T}f(x)\mathrm{d}x=\int_{0}^{T}f(x)\mathrm{d}x.$$

7. 证明: 若 $f(x),g(x)\in C[a,b]$, 且在 $[a,b]$ 上 $f(x)\leqslant g(x),f(x)\not\equiv g(x)$, 则

$$\int_{a}^{b}f(x)\mathrm{d}x<\int_{a}^{b}g(x)\mathrm{d}x.$$

8. 设 $f(x)$ 在 $[0,1]$ 上可微, 且满足条件 $2\int_{0}^{\frac{1}{2}}xf(x)\mathrm{d}x=f(1)$. 试证明: 至少存在一个 $\xi\in(0,1)$ 使得 $f'(\xi)=-\frac{1}{\xi}f(\xi)$.

9*. 试给出 $[a,b]$ 上有定义的有界函数 $f(x)$ 不可积的描述. 也就是说, 如果把定积分的定义看成原命题, 试写出其否命题.

10*. 设 $f(x)=\begin{cases}1, & x\in\mathbb{Q},\\ 0, & x\notin\mathbb{Q}\end{cases}$(该函数称为狄利克雷函数), 证明: $f(x)\notin R[0,1]$.

11. 考察如下两个问题:

(1) $|f(x)| \in R[a,b]$ 能否推出 $f(x) \in R[a,b]$？

(2) 可积函数的复合函数是否一定可积?

习题 3.2

习题3.2参考解答

1. 验证: $\sin^2 x, -\cos^2 x, -\dfrac{1}{2}\cos 2x$ 都是 $\sin 2x$ 的原函数.

2. 求下列不定积分.

(1) $\int x^2 \sqrt[3]{x}\,\mathrm{d}x$;

(2) $\int (\sqrt{x}-1)(\sqrt{x}+1)^2\,\mathrm{d}x$;

(3) $\int \left(\dfrac{1}{\sqrt{1-x^2}} - \dfrac{2}{1+x^2}\right)\mathrm{d}x$;

(4) $\int \dfrac{(2+x)^2}{x^3}\,\mathrm{d}x$;

(5) $\int \left(3\mathrm{e}^x - \dfrac{1}{2\sqrt{x}}\right)\mathrm{d}x$;

(6) $\int \dfrac{\mathrm{e}^x + 3^x}{2^x}\,\mathrm{d}x$;

(7) $\int \mathrm{e}^x\left(2 - \dfrac{\mathrm{e}^{-x}}{x^2}\right)\mathrm{d}x$;

(8) $\int (\mathrm{e}^x + \mathrm{e}^{-x})^2\,\mathrm{d}x$;

(9) $\int \dfrac{x^4+2x^2+3}{x^2+1}\,\mathrm{d}x$;

(10) $\int \dfrac{(x-1)^2}{x(1+x^2)}\,\mathrm{d}x$;

(11) $\int \left(\sin x + \sin^2\dfrac{x}{2}\right)\mathrm{d}x$;

(12) $\int \dfrac{\mathrm{d}x}{1-\cos^2 2x}$;

(13) $\int \dfrac{\cos 2x}{\cos x + \sin x}\,\mathrm{d}x$;

(14) $\int \dfrac{1+\cos 2x}{1-\cos 2x}\,\mathrm{d}x$;

(15) $\int \dfrac{\cos 2x}{\cos^2 x \sin^2 x}\,\mathrm{d}x$;

(16) $\int \sec x(\sec x - \tan x)\,\mathrm{d}x$.

3. 求下列函数的导数 $\dfrac{\mathrm{d}y}{\mathrm{d}x}$.

(1) $y = \int_0^{\mathrm{e}^x} \ln(1+t^2)\,\mathrm{d}t$;

(2) $y = \int_{-\sin x}^{x} \sqrt{1+t^2}\,\mathrm{d}t$;

(3) 由 $\begin{cases} y = \int_0^t \cos u^2\,\mathrm{d}u, \\ x = \int_0^{t^2} \sin u\,\mathrm{d}u \end{cases}$ 确定的函数 $y = y(x)$;

(4) 由 $2 + y\mathrm{e}^{-x} + \int_0^x \sin t^2\,\mathrm{d}t = 0$ 确定的函数 $y = y(x)$.

4. 设 $f'(\sin^2 x) = \cos 2x + \cot^2 x$，求 $f(x)$.

5. 设方程 $\int_0^y \mathrm{e}^{t^2}\,\mathrm{d}t + \int_0^x \sin t^2\,\mathrm{d}t = 0$ 确定一个函数 $y = y(x)$，求 $y'(x)$ 及 $y'(0)$.

6. 求下列极限.

(1) $\lim\limits_{x\to 0^-} \dfrac{\int_0^{x^2} \sin\sqrt{t}\,\mathrm{d}t}{x^3}$;

(2) $\lim\limits_{x\to 1} \dfrac{\int_1^{\sqrt{x}} \sin(\pi t^2)\,\mathrm{d}t}{\ln^2 x}$;

(3) $\lim\limits_{x\to 0}\dfrac{\int_0^{x^2}(\mathrm{e}^{t^2}-1)\mathrm{d}t}{(x-\sin x)^2}$; (4) $\lim\limits_{x\to 0^-}\dfrac{\int_0^{x^2}t^{\frac{3}{2}}\mathrm{d}t}{\int_0^x t(t-\sin t)\mathrm{d}t}$;

(5) $\lim\limits_{x\to \pi}\dfrac{\int_\pi^x \sin t\mathrm{d}t}{\tan^2 x}$; (6) $\lim\limits_{x\to 0}\left(\dfrac{1}{3x^2}-\dfrac{1}{x^4}+\dfrac{1}{x^5}\int_0^x \mathrm{e}^{-t^2}\mathrm{d}t\right)$;

(7) $\lim\limits_{x\to 0}\dfrac{1}{x}\int_0^x(1+t^2)\mathrm{e}^{t^2-x^2}\mathrm{d}t$; (8) $\lim\limits_{x\to +\infty}\dfrac{\int_1^x\left[t^2\left(\mathrm{e}^{\frac{1}{t}}-1\right)-t\right]\mathrm{d}t}{x^2[\ln(1+x)-\ln x]}$.

7. 用微积分基本公式计算下列定积分.

(1) $\int_0^{2\pi}|\sin x|\mathrm{d}x$; (2) $\int_{-1}^1(\mathrm{e}^x+\mathrm{e}^{-x})^2\mathrm{d}x$; (3) $\int_0^1\dfrac{\mathrm{d}x}{\sqrt{2-x^2}}$;

(4) $\int_{-1}^0\dfrac{1+4x^2+x^4}{1+x^2}\mathrm{d}x$; (5) $\int_0^{\frac{\pi}{4}}(2-\tan^2 x)\mathrm{d}x$; (6) $\int_1^9\left(\sqrt{x}-\dfrac{2}{\sqrt{x}}\right)\mathrm{d}x$;

(7) $\int_{-2}^2\max\{x,x^2\}\mathrm{d}x$; (8) $\int_0^{\sqrt{2}}\dfrac{\mathrm{d}x}{\sqrt{2+x^2}}$; (9) $\int_0^\pi\sqrt{\sin^3 x-\sin^5 x}\mathrm{d}x$.

8. 设 $f(x)\in C[a,b]$，且 $f(x)>0$. 令 $F(x)=\int_a^x f(t)\mathrm{d}t+\int_b^x\dfrac{1}{f(t)}\mathrm{d}t$. 试证明:

(1) $\forall x\in(a,b),F'(x)\geqslant 2$.

(2) 方程 $F(x)=0$ 在开区间 (a,b) 内有唯一实根.

9. (1) 已知 $\lim\limits_{x\to 0}\dfrac{1}{ax-\sin x}\int_0^x\dfrac{t^2}{\sqrt{b+t}}\mathrm{d}t=2$，试确定常数 a 和 b 的值;

(2) 试确定常数 a,b,c 的值，使得 $\lim\limits_{x\to 0}\dfrac{ax-\sin x}{\int_b^x\dfrac{\ln(1+t^3)}{t}\mathrm{d}t}=c(c\neq 0)$.

10. 已知函数 $f(x)$ 满足 $f(x)=\sin x+x\int_0^{\frac{\pi}{2}}f(x)\mathrm{d}x$，试求 $\int_0^\pi f(x)\mathrm{d}x$.

11. 求函数 $f(x)=\int_1^x(x^2-t^2)\mathrm{e}^{-t^2}\mathrm{d}t$ 的单调区间和极值.

12. 设 $f(x)=\begin{cases}\mathrm{e}^x-2x, & x\geqslant 0,\\ \cos x, & x<0,\end{cases}$ 求变上限函数 $G(x)=\int_0^x f(t)\mathrm{d}t$ 的解析式.

13. 若 $f(x)$ 有原函数 $\sin^2 x+ax$，并且 $f(0)=2$，求曲边梯形 $\left\{(x,y)\middle|0\leqslant x\leqslant\dfrac{\pi}{4},\ 0\leqslant y\leqslant f'(x)\right\}$ 的面积.

14. 证明：当 $x\geqslant 0$ 时，函数 $f(x)=\int_0^x(t-t^2)\sin^{2n}t\mathrm{d}t(n\in\mathbb{N}^+)$ 的最大值不超过 $\dfrac{1}{(2n+2)(2n+3)}$.

15. 设 $f(x)\in C[0,1]$，并且是单调递减函数. 证明：对任一 $a\in(0,1]$，都有 $\int_0^1 f(x)\mathrm{d}x \leqslant \frac{1}{a}\int_0^a f(x)\mathrm{d}x$.

16. 设 $f(x)\in C[0,1]$，定义 $f_1(x)=\int_0^x f(t)\mathrm{d}t$，当 $n\geqslant 1$ 时，$f_{n+1}(x)=\int_0^x f_n(t)\mathrm{d}t$. 试证明：对任一 $x\in(0,1)$，都有 $\lim\limits_{n\to\infty} f_n(x)=0$.

17. 若 $f(x)\in R[a,b]$，则变上限函数 $\Phi(x)=\int_a^x f(t)\mathrm{d}t$ 在 $[a,b]$ 上连续.

习题 3.3

习题3.3参考解答

1. 用换元法计算下列不定积分.

(1) $\int x\mathrm{e}^{-2x^2}\mathrm{d}x$;　(2) $\int \mathrm{e}^{\mathrm{e}^x+x}\mathrm{d}x$;　(3) $\int(\cos x+\sin x)^n\cos 2x\mathrm{d}x(n\in\mathbb{N})$;

(4) $\int\left(\frac{1+\cos x}{x+\sin x}+\cos^5 x\right)\mathrm{d}x$;　(5) $\int\frac{1-x}{\sqrt{9-4x^2}}\mathrm{d}x$;　(6) $\int\cos^4 x\sin^5 x\mathrm{d}x$;

(7) $\int\tan^5 x\sec^3 x\mathrm{d}x$;　(8) $\int\sin 2x\cos 3x\mathrm{d}x$;　(9) $\int\frac{x+4}{x^2+2x+5}\mathrm{d}x$;

(10) $\int\frac{x^2}{\sqrt{a^2-x^2}}\mathrm{d}x$;　(11) $\int\frac{1}{x\sqrt{x^2-4}}\mathrm{d}x$;　(12) $\int\frac{1}{x^3(x^4+1)}\mathrm{d}x$;

(13) $\int\frac{1}{\sqrt{x+1}-\sqrt[3]{x+1}}\mathrm{d}x$;　(14) $\int\frac{x^5}{\sqrt{1+x^2}}\mathrm{d}x$;　(15) $\int\frac{\mathrm{d}x}{\sqrt{x(x-4)}}$.

2. 用换元法计算下列定积分.

(1) $\int_{-1}^1\frac{2x\sin^2 x+x^2}{x^2+4}\mathrm{d}x$;　(2) $\int_1^{\mathrm{e}^2}\frac{\mathrm{d}x}{x\sqrt{1+\ln x}}$;　(3) $\int_{\frac{3}{4}}^1\frac{\mathrm{d}x}{\sqrt{1-x}-1}$;

(4) $\int_1^{\sqrt{3}}\frac{\mathrm{d}x}{x\sqrt{1+x^2}}$;　(5) $\int_0^{\frac{2\pi}{n}}|\sin nx|\mathrm{d}x$ (其中 $n\in\mathbb{Z}^+$);　(6) $\int_0^1\sqrt{2x-x^2}\mathrm{d}x$;

(7) $\int_0^1\frac{\mathrm{d}x}{\sqrt{(1+x^2)^3}}$;　(8) $\int_{\sqrt{2}}^2\frac{\mathrm{d}x}{x^2\sqrt{x^2-1}}$;　(9) $\int_1^2\frac{\mathrm{d}x}{(1+\sqrt[3]{x})\sqrt{x}}$;

(10) $\int_0^1 x\sqrt{1-x}\mathrm{d}x$;　(11) $\int_{\frac{\pi}{6}}^{\frac{\pi}{4}}\frac{\tan x}{\sqrt{\cos x}}\mathrm{d}x$;　(12) $\int_0^1 x(1-x^4)^{\frac{3}{2}}\mathrm{d}x$;

(13) $\int_0^{\ln 2}\sqrt{1-\mathrm{e}^{-2x}}\mathrm{d}x$;　(14) $\int_0^3\frac{\mathrm{d}x}{\sqrt{x}(1+x)}$;　(15) $\int_0^1\frac{x\mathrm{d}x}{(3x+1)^5}$.

3. 设 $f(x)$ 是连续函数，试讨论定积分 $I=t\int_0^{\frac{s}{t}}f(tx)\mathrm{d}x$ (其中 $s>0,t>0$)的值与 s,t 的关系.

4. 计算不定积分 $\int\frac{\mathrm{d}x}{a^2\sin^2 x+b^2\cos^2 x}$ (其中 a,b 是不全为零的非负常数).

5. 设 $f(x)=\int_1^x \frac{\ln t}{1+t}\mathrm{d}t$，其中 $x>0$，试求 $f(x)+f\left(\frac{1}{x}\right)$.

6. 设 $f(x)=\int_0^x \sin(x-t)^2\,\mathrm{d}t$，求 $f'(x)$.

7. 证明: 若 $m,n\in\mathbb{N}$，则 $\int_0^1 x^m(1-x)^n\,\mathrm{d}x=\int_0^1 x^n(1-x)^m\,\mathrm{d}x$.

8. 证明: (1) 若 $f(x)$ 为 $(-\infty,+\infty)$ 上连续的奇函数, 则 $F(x)=\int_0^x f(t)\mathrm{d}t$ 为可微的偶函数;

(2) 若 $f(x)$ 为 $(-\infty,+\infty)$ 上连续的偶函数, 则 $F(x)=\int_0^x f(t)\mathrm{d}t$ 为可微的奇函数.

9. 设 $f(x)\in C(-\infty,+\infty)$，且 $F(x)=\int_0^x (x-2t)f(t)\mathrm{d}t$，试证明:

(1) 若 $f(x)$ 为偶函数, 则 $F(x)$ 也为偶函数;

(2) 若 $f(x)$ 为单调不增函数, 则 $F(x)$ 为单调不减函数.

10. 设 $f(x)\in C(-\infty,+\infty)$，$F(x)=\int_0^x (2u-x)f(x-u)\mathrm{d}u$. 证明: 若 $f(x)$ 为单调递减函数, 则 $F(x)$ 为单调递增函数.

11. 证明: 当 $n\geqslant 2$ 时, $\ln(1+\sqrt{2})\leqslant\int_0^1\frac{\mathrm{d}x}{\sqrt{1+x^n}}\leqslant 1$.

12. 设 $f(x),g(x)$ 在区间 $[-a,a]$ 上连续(其中 $a>0$), $g(x)$ 为偶函数, $f(x)$ 满足 $f(x)+f(-x)\equiv A$ (其中 A 为常数).

(1) 证明: $\int_{-a}^a f(x)g(x)\mathrm{d}x=A\int_0^a g(x)\mathrm{d}x$;

(2) 利用(1)的结论, 求 $\int_{-\frac{\pi}{2}}^{\frac{\pi}{2}} x\sin x\cdot\arctan\mathrm{e}^x\mathrm{d}x$.

习题 3.4

习题3.4参考解答

1. 用分部积分法计算下列不定积分.

(1) $\int(2x+3)\mathrm{e}^{x-1}\mathrm{d}x$;　(2) $\int(x+1)\sin 2x\mathrm{d}x$;　(3) $\int x^2\ln(x+1)\mathrm{d}x$;

(4) $\int x\ln^2 x\mathrm{d}x$;　(5) $\int x^2\cos^2\frac{x}{2}\mathrm{d}x$;　(6) $\int x\tan^2 x\mathrm{d}x$;

(7) $\int\sec^3 x\mathrm{d}x$;　(8) $\int\frac{x\arctan x}{\sqrt{1+x^2}}\mathrm{d}x$;　(9) $\int\mathrm{e}^{-3x}\cos 2x\mathrm{d}x$;

(10) $\int\frac{x^2}{1+x^2}\arctan x\mathrm{d}x$;　(11) $\int\frac{\arctan\mathrm{e}^x}{\mathrm{e}^x}\mathrm{d}x$;　(12) $\int x\mathrm{e}^x\sin x\mathrm{d}x$.

2. 用分部积分法计算下列定积分.

(1) $\int_0^{\pi}(x\sin x)^2\mathrm{d}x$;　(2) $\int_0^1\frac{\ln(1+x)}{(2-x)^2}\mathrm{d}x$;　(3) $\int_1^{\sqrt{3}} x\arctan x\mathrm{d}x$;

(4) $\int_0^1 \ln(x+\sqrt{3+x^2})\mathrm{d}x$;　　(5) $\int_{-\pi}^{\pi}(x-\sin x)^2\mathrm{d}x$;　　(6) $\int_0^{\frac{\pi}{4}}\frac{x}{1+\cos 2x}\mathrm{d}x$;

(7) $\int_0^{\frac{\pi}{4}}\frac{x\sin x\mathrm{d}x}{\cos^2 x}$;　　(8) $\int_1^2 x\ln\sqrt{x^3}\mathrm{d}x$;　　(9) $\int_0^{\frac{\pi}{2}} x\sin x\sin 2x\mathrm{d}x$.

3. 计算下列不定积分.

(1) $\int \mathrm{e}^{\sqrt[3]{2x-3}}\mathrm{d}x$;　　(2) $\int x^2\arccos x\mathrm{d}x$;　　(3) $\int x\ln\left(x+\sqrt{1+x^2}\right)\mathrm{d}x$;

(4) $\int\left[\ln\left(x+\sqrt{1+x^2}\right)\right]^2\mathrm{d}x$;　(5) $\int x(\arccos x)^2\mathrm{d}x$;　　(6) $\int\frac{x\mathrm{e}^x}{\sqrt{1+\mathrm{e}^x}}\mathrm{d}x$;

(7) 设 $f(x)\in C^{(3)}$, 求 $\int \sin 2x[f'''(\sin x)+f''(\sin x)]\mathrm{d}x$;　　(8) $\int \mathrm{e}^{2x^2+\ln x}\mathrm{d}x$;

(9) $\int \mathrm{e}^{\sin x}\sin 2x\mathrm{d}x$;　　(10) $\int\frac{\arcsin x}{x^2\sqrt{1-x^2}}\mathrm{d}x$;　　(11) $\int \arctan\sqrt{x^2-1}\mathrm{d}x$;

(12) $\int\frac{x\cos^4\frac{x}{2}}{\sin^3 x}\mathrm{d}x$;　　(13) $\int \mathrm{e}^{2x}(1+\tan x)^2\mathrm{d}x$;　　(14) $\int \mathrm{e}^x\left(\frac{1}{x}+\ln x\right)\mathrm{d}x$.

4. 计算下列定积分.

(1) $\int_1^3 x\arctan x^2\mathrm{d}x$;　　(2) $\int_0^1\frac{x^{\frac{n}{2}}}{\sqrt{x-x^2}}\mathrm{d}x$(其中 n 为正整数);　　(3) $\int_0^2\sqrt{|x-x^2|}\mathrm{d}x$;

(4) $\int_1^8\frac{\ln x}{\sqrt[3]{x}}\mathrm{d}x$;　　(5) $\int_{\frac{\pi}{6}}^{\frac{\pi}{4}}\frac{2x+\sin 2x}{\cos^2 x}\mathrm{d}x$;　　(6) $\int_0^{\frac{\pi}{2}} x\max\{\sin x,\cos x\}\mathrm{d}x$;

(7) $\int_1^2\frac{1}{x^3}\mathrm{e}^{\frac{1}{x}}\mathrm{d}x$;　　(8) $\int_{\ln 2}^{\ln 5}\frac{x\mathrm{e}^x}{\sqrt{\mathrm{e}^x-1}}\mathrm{d}x$;　　(9) $\int_0^{\pi} x^2\sin^3 x\mathrm{d}x$.

5. 设 $f(x)\in C^{(2)}[0,1]$, 试求 $2\int_0^1 f(x)\mathrm{d}x+\int_0^1 x(1-x)f''(x)\mathrm{d}x$ 的值.

6. 设 $f(x)$ 有一个原函数 $\frac{\sin x}{x}$, 求定积分 $\int_{\frac{\pi}{2}}^{\pi} x^2 f''(x)\mathrm{d}x$.

7. 设 n 表示自然数, 计算 $\int_1^{\mathrm{e}}\ln^n x\mathrm{d}x$.

8. 求函数 $I(x)=\int_{\mathrm{e}}^{x}\frac{\ln t}{t^2-2t+1}\mathrm{d}t$ 在区间 $[\mathrm{e},\mathrm{e}^2]$ 上的最大值.

习题 3.5

习题3.5参考解答

1. 计算下列有理函数的不定积分或定积分.

(1) $\int\frac{3x^3-x^2-x+1}{(x-1)^2(x^2+1)}\mathrm{d}x$;　　(2) $\int\frac{2x}{(x+1)^2(x^2+1)}\mathrm{d}x$;

(3) $\int\frac{4x+6}{x^3-5x^2+6x}\mathrm{d}x$;　　(4) $\int\frac{x^4+1}{(x-1)(x^2+1)}\mathrm{d}x$;

(5) $\int \frac{x\mathrm{d}x}{(x^2+1)(x^2+x+1)}$;　　(6) $\int \frac{1}{x^4+1}\mathrm{d}x$;

(7) $\int_0^1 \frac{x\mathrm{d}x}{(x^2+1)(x^4+1)}$;　　(8) $\int_1^2 \frac{x^2-3x+1}{(x+1)^6}\mathrm{d}x$;

(9) $\int_0^1 \frac{3x^3-x}{(x^2+1)^5}\mathrm{d}x$;　　(10) $\int_1^{\sqrt{3}} \frac{x^2}{(x^2+1)^2}\mathrm{d}x$.

2. 计算下列有理三角函数的不定积分或定积分.

(1) $\int \frac{\mathrm{d}x}{3+\cos x}$;　　(2) $\int_0^{\frac{\pi}{3}} \frac{\mathrm{d}x}{1-\sin x+\cos x}$;

(3) $\int \frac{\mathrm{d}x}{2\sin x-3\cos x}$;　　(4) $\int_{\frac{\pi}{4}}^{\frac{\pi}{3}} \frac{\sin x}{2\sin x-\cos x}\mathrm{d}x$;

(5) $\int \frac{1+\sin x}{\sin x(1+\cos x)}\mathrm{d}x$;　　(6) $\int_0^{\frac{\pi}{2}} \frac{\mathrm{d}x}{2\sin x-\cos x+5}$.

3. 对于三角函数的积分, 除了万能替换, 对一些条件比较好的被积函数而言, 通常可以作如下优于万能替换的换元处理:

$$\int f(\sin x)\cos x\mathrm{d}x=\int f(\sin x)\mathrm{d}\sin x \xlongequal{\sin x=t} \int f(t)\mathrm{d}t;$$

$$\int f(\cos x)\sin x\mathrm{d}x=-\int f(\cos x)\mathrm{d}\cos x \xlongequal{\cos x=t} -\int f(t)\mathrm{d}t;$$

$$\int f(\tan x)\sec^2 x\mathrm{d}x=\int f(\tan x)\mathrm{d}\tan x \xlongequal{\tan x=t} \int f(t)\mathrm{d}t;$$

$$\int f(\cot x)\csc^2 x\mathrm{d}x=-\int f(\cot x)\mathrm{d}\cot x \xlongequal{\cot x=t} -\int f(t)\mathrm{d}t;$$

$$\int f(\sec x)\tan x\sec x\mathrm{d}x=\int f(\sec x)\mathrm{d}\sec x \xlongequal{\sec x=t} \int f(t)\mathrm{d}t;$$

$$\int f(\csc x)\csc x\cot x\mathrm{d}x=-\int f(\csc x)\mathrm{d}\csc x \xlongequal{\csc x=t} -\int f(t)\mathrm{d}t.$$

试利用以上方法, 计算下列不定积分或定积分.

(1) $\int \frac{\cos^4 x\mathrm{d}x}{\sin x}$;　　(2) $\int \frac{\cos^4 x}{\sin^2 x}\mathrm{d}x$;　　(3) $\int \frac{\mathrm{d}x}{\sin^4 x\cos^2 x}$;

(4) $\int \frac{\mathrm{d}x}{2\sin^2 x+\tan^2 x}$;　　(5) $\int_0^{\frac{\pi}{2}} \mathrm{e}^{\sin x}\sin 2x\mathrm{d}x$;　　(6) $\int_0^{\frac{\pi}{2}} \frac{\sin^3 x}{2+\cos^2 x}\mathrm{d}x$;

(7) $\int_0^{\pi} \frac{\mathrm{d}x}{3+\sin^2 x}$;　　(8) $\int_0^{\frac{\pi}{3}} \sec^4 x\tan^3 x\mathrm{d}x$.

4. 计算下列无理函数的不定积分或定积分.

(1) $\int \frac{1}{1+\sqrt[3]{x+1}}\mathrm{d}x$;　　(2) $\int \frac{\mathrm{d}x}{\sqrt[3]{(x+1)^2(x-1)^4}}$;　　(3) $\int \frac{1}{\sqrt{x}+\sqrt[4]{x}}\mathrm{d}x$;

(4) $\int \frac{(\sqrt{x})^3+1}{\sqrt{x}+1}\mathrm{d}x$;　(5) $\int_1^{\frac{1}{2}} \sqrt{\frac{1-x}{1+x}}\frac{\mathrm{d}x}{x}$;　(6) $\int_0^1 x\sqrt{1-x}\mathrm{d}x$;

(7) $\int_1^3 \frac{\sqrt{x+1}+2}{(x+1)^2-\sqrt{x+1}}\mathrm{d}x$;　(8) $\int_0^1 \sqrt{\frac{3-2x}{3+2x}}\mathrm{d}x$.

5. 设 $x>0$，求不定积分 $\int \ln\left(1+\sqrt{\frac{1+x}{x}}\right)\mathrm{d}x$.

习题 3.6

习题3.6参考解答

1. 求下列平面图形的面积.

(1) 由抛物线 $y=-x^2+4x-3$ 与其在点 $(0,-3)$ 和 $(3,0)$ 处的切线围成的平面图形;

(2) 由抛物线 $y^2=4px$ 与其过点 $(p,2p)$ 处的法线围成的平面图形;

(3) 由两极坐标曲线 $r=3\cos\theta$ 和 $r=1+\cos\theta$ 所围成的图形的公共部分;

(4) 蚶线 $r=1+2\sin\theta$ 的两个圈之间的平面图形;

(5) 3-叶玫瑰线 $r=\sin 3\theta$ 所围的平面图形;

(6) 位于两条参数曲线 $\begin{cases} x=a\cos^3 t, \\ y=a\sin^3 t \end{cases}$ 与 $\begin{cases} x=a\cos^5 t, \\ y=a\sin^5 t \end{cases}$ $(a>0)$ 之间的平面图形;

(7) 由摆线 $\begin{cases} x=a(t-\sin t) \\ y=a(1-\cos t) \end{cases}$ $(0\leqslant t\leqslant 2\pi)$，圆弧 $y=\sqrt{a^2(\pi^2+4)-x^2}$ 及 y 轴所围成的平面图形;

(8) 由圆弧 $x=\sqrt{4y-y^2}$，$y=\sqrt{4-x^2}$，直线 $y=x$ 及 $y=2x$ 共同围成的平面图形.

2. 求下列立体图形的体积:

(1) 设一立体的底面是一个长短半轴长分别为 3 和 2 的椭圆, 且垂直于底面椭圆长轴的截面都是等边三角形, 求该立体的体积;

(2) 在半径为 2 的圆柱体上开凿一开口边长为 2 的方孔, 设方孔的轴与圆柱体的轴垂直相交, 求凿去部分的体积;

(3) 求由 $xy=3$ 与 $x+y=4$ 围成的平面图形绕 x 旋转一周所得的旋转体的体积;

(4) 求由 $y=\frac{16}{1+x^2}$, x 轴, y 轴及直线 $x=2$ 围成的图形分别绕 x 轴和 y 轴旋转一周所得旋转体的体积;

(5) 求摆线 $\begin{cases} x=a(t-\sin t), \\ y=a(1-\cos t) \end{cases}$ $(0\leqslant t\leqslant 2\pi, a>0)$ 与 x 轴所围平面图形绕直线 $y=2a$ 旋转一周所得旋转体的体积;

(6) 求圆盘 $D=\{(x,y):(x-2)^2+y^2\leqslant 1\}$ 绕直线 $x=-1$ 旋转一周所得旋转体的体积;

(7) 求心形线段 $r=4(1+\cos\theta)\left(0\leqslant\theta\leqslant\frac{\pi}{4}\right)$ 与射线 $\theta=0$ 和 $\theta=\frac{\pi}{4}$ 所围成的平面图形绕极轴旋转一周所得旋转体的体积.

3. 试用旋转体体积公式推导出如下体积公式.

(1) 半径为 R 的球的高为 $H(0<H<R)$的球缺之体积为

$$V=\frac{1}{3}\pi H^2(3R-H).$$

(2) 上下底半径分别为 r 和 R, 高为 h 的圆台的体积为

$$V=\frac{\pi h}{3}(R^2+Rr+r^2).$$

4. 求下列曲线(段)的弧长.

(1) 悬链线 $y=\frac{1}{2}(e^x+e^{-x})(-1\leqslant x\leqslant 1)$; (2) 半立方抛物线段 $y=x^{\frac{3}{2}}(1\leqslant x\leqslant 8)$;

(3) 参数曲线 $\begin{cases}x=a(\cos t+t\sin t),\\ y=a(\sin t-t\cos t)\end{cases}(0\leqslant t\leqslant 2\pi)$;

(4) 参数曲线 $\begin{cases}x=3\cos t-2\sin t,\\ y=2\cos t+3\sin t\end{cases}(0\leqslant t\leqslant 2\pi)$;

(5) 参数曲线 $\begin{cases}x=\ln\sqrt{t^2-1},\\ y=\sqrt{t^2-1}\end{cases}(2\leqslant t\leqslant 8)$; (6) 极坐标曲线 $r=\theta^2(0\leqslant\theta\leqslant\sqrt{21})$;

(7) 极坐标曲线 $r=a\sin^3\frac{\theta}{3}$; (8) 直角坐标曲线 $y=\int_0^x\sqrt{3-t^2}\,dt$ 的全长.

5. 求下列曲面的面积.

(1) 悬链线 $y=\frac{1}{2}(e^x+e^{-x})(-1\leqslant x\leqslant 2)$ 绕 x 轴旋转一周所得的曲面;

(2) 摆线 $\begin{cases}x=a(t-\sin t),\\ y=a(1-\cos t)\end{cases}(0\leqslant t\leqslant 2\pi)$ 绕 x 轴旋转一周所得的曲面;

(3) 心形线段 $r=4(1+\cos\theta)\left(0\leqslant\theta\leqslant\frac{\pi}{2}\right)$绕极轴旋转一周所得的曲面.

6. 过点 $P(1,0)$ 作抛物线 $y=\sqrt{x-2}$ 的切线, 该切线与上述抛物线及 x 轴围成一平面图形, 求该平面图形绕 x 轴旋转一周所得旋转体的体积.

7. 在椭圆 $\frac{x^2}{a^2}+\frac{y^2}{b^2}=1$ 的第一象限部分上求一点 P, 使得该点处的切线、椭圆及两坐标轴所围成的图形的面积最小(其中 $a>0,b>0$).

8. 已知一对称轴平行于 y 轴的抛物线通过 x 轴上的两个点 $A(1,0),B(3,0)$.

(1) 求证: 两坐标轴与该抛物线所围成的图形的面积等于 x 轴与该抛物线所围成的图形的面积;

(2) 计算上述两个平面图形绕 x 轴旋转一周所产生的两个旋转体的体积之比.

9. 求两个半径为 R 的正交圆柱体(它们的轴垂直相交)的公共部分的体积.

10. 设一直径 20cm, 高 80cm 的圆柱形容器充满压强为 10kg/cm^2 的气体. 在等温条件下, 要使气体体积缩小一半, 问需要做多少功?

11. 设有一盛满水的锥形储水池, 深 15m, 口径 20m. 今以吸管将水吸干, 问需做多少功?

12. 半径为 r 的球沉入水中, 球的上部与水面相切, 球的比重与水的比重相同. 现将球从水中取出, 问至少得做多少功?

13. 一弹簧原长 80cm, 下挂 8g 物体后, 拉长了 1cm. 求把它压缩到 50cm 长所需做的功.

14. 洒水车上的水箱是一个横放的椭圆柱体形状, 端面椭圆的长轴长 2m, 与地面平行. 短轴长 1.5m, 水箱长 4m. 试求当水箱注满水时和注有一半水时, 水箱端面所受的侧压力.

15. 设有一半径为 r, 中心角为 2θ 的圆弧形细棒, 其线密度为常数 ρ, 在圆心处有一质量为 m 的质点 M. 试求细棒对质点 M 的引力.

16. 设心形线 $x = a\cos^3 t, y = a\sin^3 t$ 上每一点处的线密度的大小等于该点到原点的距离的立方, 在原点 O 处有一单位质点 M, 求该心形线的第一象限部分弧段对质点 M 的引力.

17. 求圆弧 $y = \sqrt{a^2 - x^2}\ (-a \leqslant x \leqslant a)$ 的平均高度.

18. 一物体以速度 $v = 2t^2 + 5t(\mathrm{m/s})$ 做直线运动, 求其出发后 1 分钟内的平均速度.

19. 某可控硅控制线路中, 流过负载 R 的电流 $i(t)$ 为

$$i(t) = \begin{cases} 0, & 0 \leqslant t \leqslant t_0, \\ 5\sin\omega t, & t_0 \leqslant t \leqslant \dfrac{T}{2}, \end{cases}$$

其中 $\omega = \dfrac{2\pi}{T}$, t_0 称为触发时间. 如果 $T = 0.02\mathrm{s}$,

(1) 当触发时间 $t_0 = 0.0025\mathrm{s}$ 时, 求 $\left[0, \dfrac{T}{2}\right]$ 内电流的平均值;

(2) 当触发时间 t_0 时, 求 $\left[0, \dfrac{T}{2}\right]$ 内电流的平均值.

20. 已知函数 $f(x) = x^2 - 4x + 3$, 权函数 $\omega(x) = |x|$, 求 $f(x)$ 在区间 $[-2, 2]$ 上关于权函数 $\omega(x)$ 的加权平均值.

21. 求间歇性正弦交流电

$$i(t) = \begin{cases} I_m \sin\omega t, & 0 \leqslant t \leqslant \dfrac{\pi}{2\omega}, \\ 0, & \dfrac{\pi}{2\omega} < t \leqslant \dfrac{2\pi}{\omega} \end{cases}$$

的有效值.

习题 3.7

习题3.7参考解答

1. 计算下列反常积分.

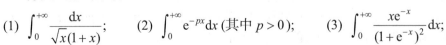

(1) $\displaystyle\int_0^{+\infty} \frac{\mathrm{d}x}{\sqrt{x}(1+x)}$;　(2) $\displaystyle\int_0^{+\infty} \mathrm{e}^{-px}\mathrm{d}x$ (其中 $p > 0$);　(3) $\displaystyle\int_0^{+\infty} \frac{x\mathrm{e}^{-x}}{(1+\mathrm{e}^{-x})^2}\mathrm{d}x$;

(4) $\int_{-\infty}^{+\infty}\frac{\mathrm{d}x}{x^2+2x+2}$;　(5) $\int_{2}^{+\infty}\frac{\mathrm{d}x}{(x+7)\sqrt{x-2}}$;　(6) $\int_{1}^{+\infty}\frac{x\ln x}{(1+x^2)^2}\mathrm{d}x$;

(7) $\int_{0}^{+\infty}\frac{\ln x}{1+x^2}\mathrm{d}x$;　(8) $\int_{1}^{+\infty}\frac{\mathrm{d}x}{x\sqrt{2x^2-1}}$;　(9) $\int_{1}^{+\infty}\frac{\mathrm{d}x}{x\sqrt{1+x^2}}$.

2. 计算下列瑕积分.

(1) $\int_1^2\frac{x\mathrm{d}x}{\sqrt{x-1}}$;　(2) $\int_1^{\mathrm{e}}\frac{\mathrm{d}x}{x\sqrt{1-\ln^2 x}}$;　(3) $\int_{\frac{1}{2}}^{1}\frac{\mathrm{d}x}{\sqrt{x-x^2}}$;　(4) $\int_0^1\frac{\arctan x}{\left(\sqrt{x}\right)^3}\mathrm{d}x$;

(5) $\int_0^1\frac{(x-1)\mathrm{d}x}{\sqrt{x+x^2}}$;　(6) $\int_0^{\frac{\pi}{3}}\frac{\mathrm{d}x}{\sin^2 x\cos^2 x}$;　(7) $\int_0^1\frac{x}{\sqrt{1-x^4}}\mathrm{d}x$;　(8) $\int_0^{\frac{\pi}{2}}\ln\sin x\mathrm{d}x$.

3. 设 n 是自然数, 求下面两个反常积分的值.

(1) $\int_0^{+\infty}x^n\mathrm{e}^{-x}\mathrm{d}x$;　(2) $\int_0^1 x^{\alpha}\ln^n x\mathrm{d}x$ (其中 $\alpha>-1$).

4. 当 k 取何值时, 反常积分 $\int_{\mathrm{e}}^{+\infty}\frac{\mathrm{d}x}{x(\ln x)^k}$ 收敛? 当 k 取何值时, 反常积分 $\int_{\mathrm{e}}^{+\infty}\frac{\mathrm{d}x}{x(\ln x)^k}$ 发散?

5. 已知反常积分 $\int_0^{+\infty}\frac{\sin x}{x}\mathrm{d}x=\frac{\pi}{2}$, 试计算 $\int_0^{+\infty}\left(\frac{\sin x}{x}\right)^2\mathrm{d}x$.

6. 设 $f(t)$ 在 $[0,+\infty)$ 上连续, 则由下式定义的函数 F 称为 f 的拉普拉斯变换, 记为 $F(s)=\mathscr{L}(f(t))$.

$$F(s)=\int_0^{+\infty}f(t)\mathrm{e}^{-st}\mathrm{d}t,$$

其中 F 的定义域是所有使得积分收敛的 s 的值的集合. 试求下列函数的拉普拉斯变换.

(1) $f(t)=\mathrm{e}^{-2t}$;　(2) $f(t)=t^2$;　(3) $f(t)=\sin\frac{t}{2}$;　(4) $f(t)=\sin^2 t$.

7*. 判断下列反常积分的收敛性.

(1) $\int_1^{+\infty}\frac{x\arctan x}{1+x^3}\mathrm{d}x$;　(2) $\int_1^{+\infty}\frac{\mathrm{d}x}{\mathrm{e}^{1+x}+\mathrm{e}^{3-x}}$;

(3) $\int_0^3\frac{1}{(1+x)\sqrt{x}}\mathrm{d}x$;　(4) $\int_0^1\frac{1}{\sqrt{x}}\sin\frac{1}{x}\mathrm{d}x$.

8*. 设函数

$$f(x)=\begin{cases}-\dfrac{1}{\sqrt{n}}, & x\in[2n-1,2n), n=1,2,3,\cdots,\\ \dfrac{1}{\sqrt{n}}, & x\in[2n,2n+1), n=0,1,2,\cdots,\end{cases}$$

试证明反常积分 $\int_1^{+\infty}f(x)\mathrm{d}x$ 收敛, 但不绝对收敛.

9*. 证明: (1) 若反常积分 $\int_1^{+\infty}f^2(x)\mathrm{d}x$ 与 $\int_1^{+\infty}g^2(x)\mathrm{d}x$ 均收敛, 则反常积分 $\int_1^{+\infty}f(x)g(x)\mathrm{d}x$ 绝对收敛.

(2) 若反常积分 $\int_1^{+\infty} f^2(x)\mathrm{d}x$ 收敛, 则反常积分 $\int_1^{+\infty}\frac{f(x)}{x}\mathrm{d}x$ 绝对收敛.

10*. 证明: 若 n 为自然数, 则

(1) $\Gamma\left(n+\frac{1}{2}\right)=\frac{1\cdot 3\cdot 5\cdot\cdots\cdot(2n-1)\sqrt{\pi}}{2^n}$;

(2) $1\cdot 3\cdot 5\cdot\cdots\cdot(2n-1)=\frac{\Gamma(2n)}{2^{n-1}\Gamma(n)}$;

(3) $\int_0^{+\infty}x^{2n+1}\mathrm{e}^{-x^2}\mathrm{d}x=\frac{1}{2}\Gamma(n+1)$.

11*. 用 Γ- 函数表示如下积分, 并指出其收敛范围.

(1) $\int_0^{+\infty}\mathrm{e}^{-x^{\lambda}}\mathrm{d}x(\lambda>0)$;　　(2) $\int_0^{+\infty}x^{\alpha}\mathrm{e}^{-x^{\beta}}\mathrm{d}x(\beta\neq 0)$.

总习题三参考解答

1. 求极限 $\lim\limits_{n\to\infty}\left(\frac{\sin\frac{\pi}{n}}{n+1}+\frac{\sin\frac{2\pi}{n}}{n+\frac{1}{2}}+\cdots+\frac{\sin\frac{n\pi}{n}}{n+\frac{1}{n}}\right)$.

解 为方便起见, 记 $x_n=\frac{\sin\frac{\pi}{n}}{n+1}+\frac{\sin\frac{2\pi}{n}}{n+\frac{1}{2}}+\cdots+\frac{\sin\frac{n\pi}{n}}{n+\frac{1}{n}}$. 则对任一自然数 n, 都有

$$\frac{\sin\frac{\pi}{n}}{n+1}+\frac{\sin\frac{2\pi}{n}}{n+1}+\cdots+\frac{\sin\frac{n\pi}{n}}{n+1}\leqslant x_n\leqslant\frac{\sin\frac{\pi}{n}}{n}+\frac{\sin\frac{2\pi}{n}}{n}+\cdots+\frac{\sin\frac{n\pi}{n}}{n}.$$

而

$$\frac{\sin\frac{\pi}{n}}{n}+\frac{\sin\frac{2\pi}{n}}{n}+\cdots+\frac{\sin\frac{n\pi}{n}}{n}=\sum_{k=1}^{n}\sin\frac{k\pi}{n}\cdot\frac{1}{n}$$

恰好是函数 $\sin(\pi x)$ 在区间 $[0,1]$ 上的一个积分和(当把区间 n 等分, 第 k 个小区间取右端点作为 ξ_k 而作成的积分和). 由于 $\sin(\pi x)$ 在区间 $[0,1]$ 上连续, 因此是可积的, 故

$$\lim_{n\to\infty}\sum_{k=1}^{n}\sin\frac{k\pi}{n}\cdot\frac{1}{n}=\int_0^1\sin(\pi x)\mathrm{d}x=-\frac{1}{\pi}\cos(\pi x)\Big|_0^1=\frac{2}{\pi},$$

同时, 又有

$$\lim_{n\to\infty}\left(\frac{\sin\frac{\pi}{n}}{n+1}+\frac{\sin\frac{2\pi}{n}}{n+1}+\cdots+\frac{\sin\frac{n\pi}{n}}{n+1}\right)=\lim_{n\to\infty}\frac{n}{n+1}\sum_{k=1}^{n}\sin\frac{k\pi}{n}\cdot\frac{1}{n}=\lim_{n\to\infty}\sum_{k=1}^{n}\sin\frac{k\pi}{n}\cdot\frac{1}{n}=\frac{2}{\pi},$$

因此, 由夹逼准则可得

$$\lim_{n\to\infty}\left(\frac{\sin\frac{\pi}{n}}{n+1}+\frac{\sin\frac{2\pi}{n}}{n+\frac{1}{2}}+\cdots+\frac{\sin\frac{n\pi}{n}}{n+\frac{1}{n}}\right)=\frac{2}{\pi}.\ ■$$

2. 设 $f(x)=x+1+\cos x\cdot\int_{-\frac{\pi}{2}}^{\frac{\pi}{2}}f(x)\mathrm{d}x+\sin x\cdot\int_{-\frac{\pi}{2}}^{\frac{\pi}{2}}xf(x)\mathrm{d}x$，求 $\int_0^{\pi}f(x)\mathrm{d}x$.

解　设 $a=\int_{-\frac{\pi}{2}}^{\frac{\pi}{2}}f(x)\mathrm{d}x$，$b=\int_{-\frac{\pi}{2}}^{\frac{\pi}{2}}xf(x)\mathrm{d}x$. 则 $f(x)=x+1+a\cos x+b\sin x$，于是又有

$$a=\int_{-\frac{\pi}{2}}^{\frac{\pi}{2}}(x+1+a\cos x+b\sin x)\mathrm{d}x=\int_{-\frac{\pi}{2}}^{\frac{\pi}{2}}(1+a\cos x)\mathrm{d}x=\pi+2a,$$

$$b=\int_{-\frac{\pi}{2}}^{\frac{\pi}{2}}x(x+1+a\cos x+b\sin x)\mathrm{d}x=\int_{-\frac{\pi}{2}}^{\frac{\pi}{2}}(x^2+bx\sin x)\mathrm{d}x=\frac{1}{12}\pi^3+2b,$$

由以上两个式子可解得 $a=-\pi$，$b=-\frac{1}{12}\pi^3$. 故

$$\int_0^{\pi}f(x)\mathrm{d}x=\int_0^{\pi}\left(x+1-\pi\cos x-\frac{1}{12}\pi^3\sin x\right)\mathrm{d}x$$

$$=\left[\frac{1}{2}x^2+x-\pi\sin x+\frac{1}{12}\pi^3\cos x\right]_0^{\pi}=\pi+\frac{1}{2}\pi^2-\frac{1}{6}\pi^3.\ ■$$

3. 设 $f(x)=\max\{1,x^2\}$，求变上限函数 $\int_1^x f(x)\mathrm{d}x$.

解　由于 $f(x)=\max\{1,x^2\}=\begin{cases}x^2, & x<-1,\\ 1, & -1\leqslant x\leqslant 1,\\ x^2, & x>1,\end{cases}$ 故

当 $x<-1$ 时,

$$\int_1^x f(x)\mathrm{d}x=\int_1^{-1}1\mathrm{d}x+\int_{-1}^{x}x^2\mathrm{d}x=-2+\frac{1}{3}(x^3+1)=\frac{1}{3}(x^3-5).$$

当 $-1\leqslant x\leqslant 1$ 时,

$$\int_1^x f(x)\mathrm{d}x=\int_1^x 1\mathrm{d}x=x-1.$$

当 $x>1$ 时,

$$\int_1^x f(x)\mathrm{d}x=\int_1^x x^2\mathrm{d}x=\frac{1}{3}(x^3-1).$$

因此, 最后可得

$$\int_1^x f(x)\mathrm{d}x=\begin{cases}\frac{1}{3}(x^3-5), & x<-1,\\ x-1, & -1\leqslant x\leqslant 1,\\ \frac{1}{3}(x^3-1), & x>1.\end{cases}\ ■$$

4. 设 $f(x),g(x)$ 都是闭区间 $[a,b]$ 上的连续函数，试证明：

(1) 柯西不等式：$\left[\int_a^b f(x)g(x)\mathrm{d}x\right]^2 \leqslant \int_a^b f^2(x)\mathrm{d}x \cdot \int_a^b g^2(x)\mathrm{d}x$. 且仅当 $f(x)$ 与 $g(x)$ 线性相关时不等式才成为等式；

(2) 闵氏不等式：$\sqrt{\int_a^b [f(x)+g(x)]^2\mathrm{d}x} \leqslant \sqrt{\int_a^b f^2(x)\mathrm{d}x} + \sqrt{\int_a^b g^2(x)\mathrm{d}x}$. 且仅当存在非负常数 k 使得 $f(x)=kg(x)$ 或者 $g(x)=kf(x)$ 时不等式才成为等式.

解 (1)由于 $f(x),g(x)$ 都是闭区间 $[a,b]$ 上的连续函数，故对任一实数 λ，$[f(x)+\lambda g(x)]^2$ 也是闭区间 $[a,b]$ 上的非负连续函数，因而是可积的，且

$$\int_a^b [f(x)+\lambda g(x)]^2\mathrm{d}x \geqslant 0.$$

即有

$$\int_a^b f^2(x)\mathrm{d}x + 2\lambda\int_a^b f(x)g(x)\mathrm{d}x + \lambda^2\int_a^b g^2(x)\mathrm{d}x \geqslant 0.$$

由于该不等式对任意实数 λ 都成立，故关于 λ 的多项式 $\int_a^b f^2(x)\mathrm{d}x + 2\lambda\int_a^b f(x)g(x)\mathrm{d}x + \lambda^2\int_a^b g^2(x)\mathrm{d}x$ 的判别式

$$\varDelta = \left[2\int_a^b f(x)g(x)\mathrm{d}x\right]^2 - 4\int_a^b f^2(x)\mathrm{d}x \cdot \int_a^b g^2(x)\mathrm{d}x \leqslant 0,$$

因此

$$\left[\int_a^b f(x)g(x)\mathrm{d}x\right]^2 \leqslant \int_a^b f^2(x)\mathrm{d}x \cdot \int_a^b g^2(x)\mathrm{d}x.$$

若 $f(x)$ 与 $g(x)$ 线性相关，则存在不全为零的常数 a,b 使得 $af(x)+bg(x)=0$. 因此可不妨设 $f(x)=kg(x)$ (其中 k 为一个常数)，于是

$$\left[\int_a^b f(x)g(x)\mathrm{d}x\right]^2 = \left[\int_a^b kg(x)g(x)\mathrm{d}x\right]^2 = \int_a^b k^2g^2(x)\mathrm{d}x \cdot \int_a^b g^2(x)\mathrm{d}x = \int_a^b f^2(x)\mathrm{d}x \cdot \int_a^b g^2(x)\mathrm{d}x.$$

可见，此时不等式(1)成为等式. 反过来，若不等式(1)成为等式，则前面的判别式 $\varDelta=0$，因此存在唯一一个 λ，使得 $\int_a^b [f(x)+\lambda g(x)]^2\mathrm{d}x=0$. 由于 $[f(x)+\lambda g(x)]^2$ 是连续的非负函数，故由《高等数学》(上册)教材中的例 3.1.6 知，必有 $[f(x)+\lambda g(x)]^2\equiv 0$，从而 $f(x)+\lambda g(x)\equiv 0$. 因此，$f(x)$ 与 $g(x)$ 线性相关.

(2) 利用(1)中的结论，可得

$$\begin{aligned}\int_a^b [f(x)+g(x)]^2\mathrm{d}x &= \int_a^b f^2(x)\mathrm{d}x + 2\int_a^b f(x)g(x)\mathrm{d}x + \int_a^b g^2(x)\mathrm{d}x \\ &\leqslant \int_a^b f^2(x)\mathrm{d}x + 2\sqrt{\int_a^b f^2(x)\mathrm{d}x}\cdot\sqrt{\int_a^b g^2(x)\mathrm{d}x} + \int_a^b g^2(x)\mathrm{d}x \\ &= \left(\sqrt{\int_a^b f^2(x)\mathrm{d}x} + \sqrt{\int_a^b g^2(x)\mathrm{d}x}\right)^2.\end{aligned}$$

由于$\int_a^b [f(x)+g(x)]^2 dx \geqslant 0$，故

$$\sqrt{\int_a^b [f(x)+g(x)]^2 dx} \leqslant \sqrt{\int_a^b f^2(x)dx} + \sqrt{\int_a^b g^2(x)dx}.$$

若存在非负常数k使得$f(x)=kg(x)$，则

$$\begin{aligned}\sqrt{\int_a^b [f(x)+g(x)]^2 dx} &= \sqrt{\int_a^b [kg(x)+g(x)]^2 dx} = |k+1|\sqrt{\int_a^b g^2(x)dx} \\ &= k\sqrt{\int_a^b g^2(x)dx} + \sqrt{\int_a^b g^2(x)dx} = \sqrt{\int_a^b k^2 g^2(x)dx} + \sqrt{\int_a^b g^2(x)dx} \\ &= \sqrt{\int_a^b f^2(x)dx} + \sqrt{\int_a^b g^2(x)dx}.\end{aligned}$$

反之, 若

$$\sqrt{\int_a^b [f(x)+g(x)]^2 dx} = \sqrt{\int_a^b f^2(x)dx} + \sqrt{\int_a^b g^2(x)dx},$$

则两边平方后整理可得

$$\int_a^b f(x)g(x)dx = \sqrt{\int_a^b f^2(x)dx}\sqrt{\int_a^b g^2(x)dx}.$$

从而也有

$$\left[\int_a^b f(x)g(x)dx\right]^2 = \int_a^b f^2(x)dx \cdot \int_a^b g^2(x)dx.$$

于是由(1)可知, 存在常数 k 使得$f(x)=kg(x)$. 若$k<0$，则比较前一个式子两边的符号, 并利用$f(x),g(x)$的连续性, 将得到$f(x)=g(x)\equiv 0$. 此时自然也可取$k=1$. 得到一个矛盾! 因此$k\geqslant 0$. ■

5. 证明: 函数$f(x)=\int_x^{x+2\pi} e^{\sin t}\sin t dt$是取正值的常值函数.

证明　由于被积函数$e^{\sin t}\sin t$是以2π为周期的连续函数, 故由习题 3.1 第 6 题可知,

$$f(x)=\int_x^{x+2\pi} e^{\sin t}\sin t dt = \int_0^{2\pi} e^{\sin t}\sin t dt = f(0)$$

是一个常数. 下面我们证明这个常数是正数即可. 令$t=\pi+x$，可得

$$\int_\pi^{2\pi} e^{\sin t}\sin t dt = \int_0^\pi e^{-\sin x}(-\sin x)dx = -\int_0^\pi e^{-\sin x}\sin x dx = -\int_0^\pi e^{-\sin t}\sin t dt,$$

于是, 有

$$\begin{aligned}f(0) &= \int_0^{2\pi} e^{\sin t}\sin t dt = \int_0^\pi e^{\sin t}\sin t dt + \int_\pi^{2\pi} e^{\sin t}\sin t dt \\ &= \int_0^\pi e^{\sin t}\sin t dt - \int_0^\pi e^{-\sin t}\sin t dt = \int_0^\pi (e^{\sin t} - e^{-\sin t})\sin t dt.\end{aligned}$$

由于当$t\in(0,\pi)$时, $\sin t>0$，$e^{\sin t}>1, e^{-\sin t}<1$，故$e^{\sin t}-e^{-\sin t}>0$. 因此

$$f(0)=\int_0^{\pi}(\mathrm{e}^{\sin t}-\mathrm{e}^{-\sin t})\sin t\mathrm{d}t>0.\blacksquare$$

6. 设 $f(x)$ 在 $x=0$ 的某个邻域 U 内连续, 在 $x=0$ 处可导, 且 $f(0)=0$. 定义

$$\varphi(x)=\begin{cases}\dfrac{1}{x^2}\displaystyle\int_0^x tf(t)\mathrm{d}t, & x\neq 0,\\ 0, & x=0,\end{cases}$$

试证明: $\varphi(x)$ 在该邻域 U 内可导, 且 $\varphi'(x)$ 在 $x=0$ 处连续.

证明 由于 $f(x)$ 在 $x=0$ 的某个邻域 U 内连续, 故变上限函数 $\int_0^x tf(t)\mathrm{d}t$ 在 U 内可导, 因此 $\varphi(x)$ 在 $U-\{0\}$ 内可导. 且当 $x\in U-\{0\}$ 时, 有

$$\varphi'(x)=\left(\frac{1}{x^2}\int_0^x tf(t)\mathrm{d}t\right)'=\frac{xf(x)\cdot x^2-2x\int_0^x tf(t)\mathrm{d}t}{x^4}=\frac{x^2f(x)-2\int_0^x tf(t)\mathrm{d}t}{x^3}.$$

又由于 $f'(0)$ 存在, 且 $f(0)=0$. 故

$$\begin{aligned}\lim_{x\to 0}\frac{\varphi(x)-\varphi(0)}{x-0}&=\lim_{x\to 0}\frac{\frac{1}{x^2}\int_0^x tf(t)\mathrm{d}t-0}{x-0}=\lim_{x\to 0}\frac{\int_0^x tf(t)\mathrm{d}t}{x^3}=\lim_{x\to 0}\frac{xf(x)}{3x^2}\\&=\frac{1}{3}\lim_{x\to 0}\frac{f(x)-f(0)}{x}=\frac{1}{3}f'(0).\end{aligned}$$

因此, 函数 $\varphi(x)$ 在 $x=0$ 处也可导, 且 $\varphi'(0)=\dfrac{1}{3}f'(0)$. 从而 $\varphi(x)$ 在该邻域 U 内可导, 且有

$$\varphi'(x)=\begin{cases}\dfrac{x^2f(x)-2\int_0^x tf(t)\mathrm{d}t}{x^3}, & x\in U-\{0\},\\ \dfrac{1}{3}f'(0), & x=0.\end{cases}$$

最后, 由于

$$\begin{aligned}\lim_{x\to 0}\varphi'(x)&=\lim_{x\to 0}\frac{x^2f(x)-2\int_0^x tf(t)\mathrm{d}t}{x^3}\\&=\lim_{x\to 0}\frac{f(x)}{x}-2\lim_{x\to 0}\frac{\int_0^x tf(t)\mathrm{d}t}{x^3}=\lim_{x\to 0}\frac{f(x)}{x}-2\lim_{x\to 0}\frac{xf(x)}{3x^2}\\&=\frac{1}{3}\lim_{x\to 0}\frac{f(x)}{x}=\frac{1}{3}\lim_{x\to 0}\frac{f(x)-f(0)}{x-0}=\frac{1}{3}f'(0)=\varphi'(0).\end{aligned}$$

可见, $\varphi'(x)$ 在 $x=0$ 处连续.■

7. 给定函数 $y=x^2, 0\leqslant x\leqslant 1$. 试求图 1 中阴影部分的面积 S_1 与 S_2 之和 $S=S_1+S_2$ 的最大值与最小值.

解　如图 1 所示，阴影部分面积 S_1 与 S_2 可用定积分表示如下：

$$S_1 = t\cdot t^2 - \int_0^t x^2\mathrm{d}x = \frac{2}{3}t^3,\quad S_2 = \int_t^1 x^2\mathrm{d}x - (1-t)t^2 = \frac{2}{3}t^3 - t^2 + \frac{1}{3}.$$

因此

$$S(t) = S_1 + S_2 = \frac{2}{3}t^3 + \frac{2}{3}t^3 - t^2 + \frac{1}{3} = \frac{4}{3}t^3 - t^2 + \frac{1}{3}(0 \leqslant t \leqslant 1).$$

令 $S'(t) = 4t^2 - 2t = 0$，得 $t=0$，或者 $t=\frac{1}{2}$. 计算可得，

$$S(0) = \frac{1}{3},\quad S\left(\frac{1}{2}\right) = \frac{4}{3}\cdot\frac{1}{8} - \frac{1}{4} + \frac{1}{3} = \frac{1}{4},\quad S(1) = \frac{4}{3} - 1 + \frac{1}{3} = \frac{2}{3}.$$

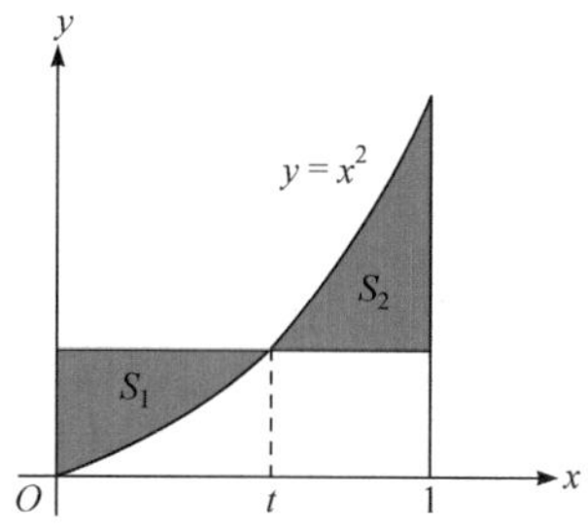

图 1

故 S 的最大值与最小值分别为 $S(1)=\frac{2}{3}$ 与 $S\left(\frac{1}{2}\right)=\frac{1}{4}$. ■

8. 设 $f(x)\in C^{(1)}(-\infty,+\infty)$，且 $m \leqslant f(x) \leqslant M$.

(1) 求极限 $\lim\limits_{a\to 0^+}\frac{1}{4a^2}\int_{-a}^{a}[f(t+a)-f(t-a)]\mathrm{d}t$；

(2) 证明：对任一 $a>0$，$\left|\frac{1}{2a}\int_{-a}^{a}f(t)\mathrm{d}t - f(x)\right| \leqslant M-m$.

解　(1) 分别作换元 $t+a=u$ 与 $t-a=v$，由于 $f(x)\in C^{(1)}(-\infty,+\infty)$，可得

$$\begin{aligned}\lim_{a\to 0^+}\frac{1}{4a^2}\int_{-a}^{a}[f(t+a)-f(t-a)]\mathrm{d}t &= \lim_{a\to 0^+}\frac{\int_{-a}^{a}f(t+a)\mathrm{d}t - \int_{-a}^{a}f(t-a)\mathrm{d}t}{4a^2}\\ &= \lim_{a\to 0^+}\frac{\int_{0}^{2a}f(u)\mathrm{d}u - \int_{-2a}^{0}f(v)\mathrm{d}v}{4a^2}\\ &= \lim_{a\to 0^+}\frac{2f(2a)-(-f(-2a))(-2)}{8a}\\ &= \lim_{a\to 0^+}\frac{f(2a)-f(-2a)}{4a}\\ &= \lim_{a\to 0^+}\frac{2f'(2a)+2f'(-2a)}{4} = f'(0).\end{aligned}$$

(2) 对任一 $a>0$，$f(x)=\frac{1}{2a}\int_{-a}^{a}f(x)\mathrm{d}t$. 由于 $m\leqslant f(x)\leqslant M$，故由定积分的性质可得

$$\begin{aligned}\left|\frac{1}{2a}\int_{-a}^{a}f(t)\mathrm{d}t - f(x)\right| &= \left|\frac{1}{2a}\int_{-a}^{a}[f(t)-f(x)]\mathrm{d}t\right| = \frac{1}{2a}\left|\int_{-a}^{a}[f(t)-f(x)]\mathrm{d}t\right|\\ &\leqslant \frac{1}{2a}\int_{-a}^{a}\left|f(t)-f(x)\right|\mathrm{d}t \leqslant \frac{1}{2a}\int_{-a}^{a}(M-m)\mathrm{d}t = M-m.\ ■\end{aligned}$$

9. 已知函数 $f(x)$ 连续，且 $\lim\limits_{x\to 0}\frac{f(x)}{x}=2$. 设 $F(x)=\int_0^1 f(xt)\mathrm{d}t$，求 $F'(x)$，并讨论 $F'(x)$ 的连续性.

解 由于函数 $f(x)$ 连续，且 $\lim\limits_{x\to 0}\dfrac{f(x)}{x}=2$．故

$$f(0)=\lim_{x\to 0}f(x)=\lim_{x\to 0}x\cdot\frac{f(x)}{x}=0\times 2=0,$$

从而

$$f'(0)=\lim_{x\to 0}\frac{f(x)-f(0)}{x-0}=\lim_{x\to 0}\frac{f(x)}{x}=2,\quad F(0)=\int_0^1 f(0\cdot t)\mathrm{d}t=\int_0^1 f(0)\mathrm{d}t=0.$$

当 $x\neq 0$ 时，令 $xt=u$，则有

$$F(x)=\int_0^1 f(xt)\mathrm{d}t=\int_0^x f(u)\cdot\frac{1}{x}\mathrm{d}u=\frac{1}{x}\int_0^x f(u)\mathrm{d}u,$$

于是

$$F'(x)=-\frac{1}{x^2}\int_0^x f(u)\mathrm{d}u+\frac{1}{x}f(x)=\frac{xf(x)-\int_0^x f(u)\mathrm{d}u}{x^2}.$$

而在 $x=0$ 处，则有

$$F'(0)=\lim_{x\to 0}\frac{F(x)-F(0)}{x-0}=\lim_{x\to 0}\frac{\frac{1}{x}\int_0^x f(t)\mathrm{d}t-0}{x-0}=\lim_{x\to 0}\frac{\int_0^x f(t)\mathrm{d}t}{x^2}=\lim_{x\to 0}\frac{f(x)}{2x}=1,$$

故

$$F'(x)=\begin{cases}\dfrac{xf(x)-\int_0^x f(u)\mathrm{d}u}{x^2}, & x\neq 0,\\ 1, & x=0.\end{cases}$$

由于

$$\begin{aligned}\lim_{x\to 0}F'(x)&=\lim_{x\to 0}\frac{xf(x)-\int_0^x f(u)\mathrm{d}u}{x^2}=\lim_{x\to 0}\frac{f(x)-f(0)}{x}-\lim_{x\to 0}\frac{\int_0^x f(u)\mathrm{d}u}{x^2}\\&=f'(0)-\lim_{x\to 0}\frac{f(x)}{2x}=2-1=1=F'(0).\end{aligned}$$

可见，$F'(x)$ 在 $x=0$ 处连续.■

10. 设 $f(x)$ 是区间 $[0,1]$ 上的任一非负连续函数.

(1) 试证明：存在 $a\in(0,1)$ 使得在区间 $[0,a]$ 上以 $f(a)$ 为高的矩形面积等于 $[a,1]$ 上以 $y=f(x)$ 为曲边的曲边梯形面积.

(2) 若 $f(x)$ 在区间 $(0,1)$ 内还可导，且 $f'(x)>-\dfrac{2f(x)}{x}$，证明：(1)中的 a 还是唯一的.

证明 (1) 令 $F(x)=x\int_x^1 f(t)\mathrm{d}t$，则由已知条件可知，$F(x)$ 是区间 $[0,1]$ 上的可微函数. 并且不难看出，$F(0)=F(1)=0$．因此由罗尔中值定理可知，存在 $a\in(0,1)$ 使得 $F'(a)=\int_a^1 f(t)\mathrm{d}t-af(a)=0$．即有

$$\int_a^1 f(t)\mathrm{d}t = af(a).$$

这表明，在区间 $[0,a]$ 上以 $f(a)$ 为高的矩形的面积 $af(a)$ 等于 $[a,1]$ 上以 $y=f(x)$ 为曲边的曲边梯形面积 $\int_a^1 f(x)\mathrm{d}x$.

(2) 若 $f(x)$ 在区间 $(0,1)$ 内还可导，且 $f'(x) > -\dfrac{2f(x)}{x}$，则 $xf'(x)+2f(x)>0$，因此

$$F'(x)=\int_x^1 f(t)\mathrm{d}t - xf(x),\quad F''(x) = -xf'(x)-2f(x)<0.$$

这说明 $F'(x)$ 在区间 $(0,1)$ 内单调递减，因此 $F'(x)$ 在区间 $(0,1)$ 内的零点是唯一的，亦即(1)中的 a 是唯一的.■

11. (1) 设函数 $f(x)$ 连续，且 $\int_0^x tf(2x-t)\mathrm{d}t = \dfrac{1}{2}\arctan(x^2)$. 已知 $f(1)=1$，求 $\int_1^2 f(x)\mathrm{d}x$.

(2) 设函数 $f(x)$ 连续，且 $\int_0^x tf(x-t)\mathrm{d}t = 1-\cos x$，求 $\int_0^{\frac{\pi}{2}} f(x)\mathrm{d}x$.

解 (1) 首先，令 $2x-t=u$，则有

$$\int_0^x tf(2x-t)\mathrm{d}t = \int_{2x}^x (2x-u)f(u)(-\mathrm{d}u) = 2x\int_x^{2x} f(u)\mathrm{d}u - \int_x^{2x} uf(u)\mathrm{d}u.$$

于是有

$$2x\int_x^{2x} f(u)\mathrm{d}u - \int_x^{2x} uf(u)\mathrm{d}u = \frac{1}{2}\arctan(x^2).$$

对上式两边关于 x 求导，可得

$$2\int_x^{2x} f(u)\mathrm{d}u + 2x(2f(2x)-f(x)) - [2\cdot 2xf(2x) - xf(x)] = \frac{1}{2}\cdot\frac{1}{1+x^4}\cdot 2x,$$

由于 $f(1)=1$，在上式中令 $x=1$，可得 $\int_1^2 f(x)\mathrm{d}x = \int_1^2 f(u)\mathrm{d}u = \dfrac{3}{4}$.

(2) 令 $x-t=u$，则有

$$\int_0^x tf(x-t)\mathrm{d}t = \int_x^0 (x-u)f(u)(-\mathrm{d}u) = x\int_0^x f(u)\mathrm{d}u - \int_0^x uf(u)\mathrm{d}u,$$

于是有

$$x\int_0^x f(u)\mathrm{d}u - \int_0^x uf(u)\mathrm{d}u = 1-\cos x,$$

对上式两边关于 x 求导，可得

$$xf(x) + \int_0^x f(u)\mathrm{d}u - xf(x) = \sin x,\quad 即 \int_0^x f(u)\mathrm{d}u = \sin x.$$

令 $x=\dfrac{\pi}{2}$，则有 $\int_0^{\frac{\pi}{2}} f(x)\mathrm{d}x = \int_0^{\frac{\pi}{2}} f(u)\mathrm{d}u = \sin\dfrac{\pi}{2} = 1$.■

12. 设函数 $f(x)$ 在 $(-\infty,+\infty)$ 内满足 $f(x)=f(x-\pi)+\sin x$，且 $f(x)=x, x\in[0,\pi)$. 计

算$\int_{\pi}^{3\pi} f(x)\mathrm{d}x$.

解　首先, 由于$f(x)$在$(-\infty,+\infty)$内满足$f(x)=f(x-\pi)+\sin x$, 以$x+\pi$替代x可得

$$f(x+\pi)=f((x+\pi)-\pi)+\sin(x+\pi)=f(x)-\sin x.$$

由于$x\in[0,\pi)$时有$f(x)=x$, 故当$x\in[\pi,2\pi)$时, $x-\pi\in[0,\pi)$, 从而有

$$f(x)=f(x-\pi)+\sin x=x-\pi+\sin x.$$

当$x\in[2\pi,3\pi)$时, $x-\pi\in[\pi,2\pi)$, 从而有

$$f(x)=f(x-\pi)+\sin x=[(x-\pi)-\pi+\sin(x-\pi)]+\sin x=x-2\pi.$$

因此,

$$\begin{aligned}\int_{\pi}^{3\pi} f(x)\mathrm{d}x&=\int_{\pi}^{2\pi} f(x)\mathrm{d}x+\int_{2\pi}^{3\pi} f(x)\mathrm{d}x=\int_{\pi}^{2\pi}(x-\pi+\sin x)\mathrm{d}x+\int_{2\pi}^{3\pi}(x-2\pi)\mathrm{d}x\\&=\left[\frac{1}{2}(x-\pi)^2-\cos x\right]\Bigg|_{\pi}^{2\pi}+\frac{1}{2}(x-2\pi)^2\Bigg|_{2\pi}^{3\pi}=\pi^2-2.\ \blacksquare\end{aligned}$$

13. 设函数$f(x)$可导, 且$f(0)=0$,　$F(x)=\int_0^x t^{n-1}f(x^n-t^n)\mathrm{d}t$, 求$\lim\limits_{x\to 0}\dfrac{F(x)}{x^{2n}}$.

解　令$x^n-t^n=u$, 则有

$$F(x)=\int_0^x t^{n-1}f(x^n-t^n)\mathrm{d}t=\int_{x^n}^0 f(u)\left(-\frac{1}{n}\mathrm{d}u\right)=\frac{1}{n}\int_0^{x^n} f(u)\mathrm{d}u.$$

由于函数$f(x)$可导, 且$f(0)=0$, 故

$$\lim_{x\to 0}\frac{F(x)}{x^{2n}}=\lim_{x\to 0}\frac{\frac{1}{n}\int_0^{x^n} f(u)\mathrm{d}u}{x^{2n}}=\frac{1}{n}\lim_{x\to 0}\frac{f(x^n)\cdot nx^{n-1}}{2nx^{2n-1}}=\frac{1}{2n}\lim_{x\to 0}\frac{f(x^n)-f(0)}{x^n-0}=\frac{1}{2n}f'(0).$$

【**注**】由于$f(x)$仅仅知道可导, 并没有导函数连续的条件, 故上式倒数第二个等号不能按照如下方式继续

$$\frac{1}{n}\lim_{x\to 0}\frac{f(x^n)\cdot nx^{n-1}}{2nx^{2n-1}}=\frac{1}{2n}\lim_{x\to 0}\frac{f(x^n)}{x^n}=\frac{1}{2n}\lim_{x\to 0}\frac{f'(x^n)\cdot nx^{n-1}}{nx^{n-1}}=\frac{1}{2n}\lim_{x\to 0}f'(x^n)=\frac{1}{2n}f'(0).\ \blacksquare$$

14.设函数$f(x)$为$(-\infty,+\infty)$上的连续函数, 证明: $\int_0^x\left(\int_0^t f(u)\mathrm{d}u\right)\mathrm{d}t=\int_0^x(x-t)f(t)\mathrm{d}t$.

证法一　由于函数$f(x)$在$(-\infty,+\infty)$上连续, 故有原函数$F(x)$. 于是

$$\begin{aligned}\int_0^x\left(\int_0^t f(u)\mathrm{d}u\right)\mathrm{d}t&=\int_0^x(F(t)-F(0))\,\mathrm{d}t=t(F(t)-F(0))\Big|_0^x-\int_0^x tf(t)\mathrm{d}t\\&=x\int_0^x f(t)\mathrm{d}t-\int_0^x tf(t)\mathrm{d}t=\int_0^x(x-t)f(t)\mathrm{d}t.\end{aligned}$$

证法二　记$F(x)=\int_0^x\left(\int_0^t f(u)\mathrm{d}u\right)\mathrm{d}t-\int_0^x(x-t)f(t)\mathrm{d}t$. 由于函数$f(x)$为$(-\infty,+\infty)$上的连续, 因此$F(x)$为$(-\infty,+\infty)$上的可微函数, 且

$$F(x)=\int_0^x\left(\int_0^t f(u)\mathrm{d}u\right)\mathrm{d}t-x\int_0^x f(t)\mathrm{d}t+\int_0^x tf(t)\mathrm{d}t,$$

上式两边关于 x 求导，可得

$$F'(x)=\int_0^x f(u)\mathrm{d}u-\int_0^x f(t)\mathrm{d}t-xf(x)+xf(x)\equiv 0.$$

因此，$F(x)$ 为 $(-\infty,+\infty)$ 上的常值函数. 由于显然有 $F(0)=0$，故在 $(-\infty,+\infty)$ 上恒有 $F(x)=0$. 因此

$$\int_0^x\left(\int_0^t f(u)\mathrm{d}u\right)\mathrm{d}t=\int_0^x (x-t)f(t)\mathrm{d}t.$$

【注】当学习完二重积分后，也可以用二重积分的方法给出另一个证明如下:

证法三　记 $D=\{(t,u)\mid 0\leqslant t\leqslant x, 0\leqslant u\leqslant t\}$ 表示直角坐标系 tOu 中的三角形区域(如图 2 所示)，则二次积分 $\int_0^x\left(\int_0^t f(u)\mathrm{d}u\right)\mathrm{d}t$ 恰好是函数 $f(u)$ 在平面区域 D 上的二重积分化成的二次积分式，因此交换积分次序可得

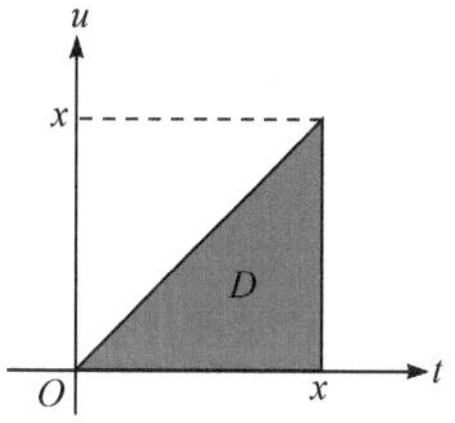

图 2

$$\int_0^x\left(\int_0^t f(u)\mathrm{d}u\right)\mathrm{d}t=\int_0^x\mathrm{d}u\int_u^x f(u)\mathrm{d}t=\int_0^x (x-u)f(u)\mathrm{d}u=\int_0^x (x-t)f(t)\mathrm{d}t. \blacksquare$$

15. 设函数 $f(x)$ 在 $[0,\pi]$ 上连续，且 $\int_0^\pi f(x)\mathrm{d}x=\int_0^\pi f(x)\cos x\mathrm{d}x=0$. 试证明：方程 $f(x)=0$ 在 $(0,\pi)$ 内至少有两个不同的根.

证法一　由于函数 $f(x)$ 在 $[0,\pi]$ 上连续，且 $\int_0^\pi f(x)\mathrm{d}x=0$. 故由定积分中值定理知，存在一个 $a\in(0,\pi)$ 使得 $f(a)=0$. 若方程 $f(x)=0$ 在 $(0,\pi)$ 内只有一个根，则由 $f(x)$ 的连续性可知，$f(x)$ 在 $(0,a)$ 内与在 (a,π) 内异号. 不妨设在 $(0,a)$ 内 $f(x)>0$，在 (a,π) 内 $f(x)<0$. 由于 $\cos x$ 在 $[0,\pi]$ 上单调递减，故 $x\in(0,a)$ 时，$\cos x>\cos a$；$x\in(a,\pi)$ 时，$\cos x<\cos a$. 于是

$$\begin{aligned}0&=\int_0^\pi f(x)\cos x\mathrm{d}x=\int_0^\pi f(x)(\cos x-\cos a)\mathrm{d}x\\&=\int_0^a f(x)(\cos x-\cos a)\mathrm{d}x+\int_0^\pi f(x)(\cos x-\cos a)\mathrm{d}x>0.\end{aligned}$$

矛盾！故方程 $f(x)=0$ 在 $(0,\pi)$ 内至少有两个不同的根.

证法二　令 $F(x)=\int_0^x f(t)\mathrm{d}t, 0\leqslant x\leqslant\pi$. 则由于函数 $f(x)$ 在 $[0,\pi]$ 上连续，$F(x)$ 在 $[0,\pi]$ 上可微，并且由假设条件可知，$F(0)=F(\pi)=0$. 又由于

$$0=\int_0^\pi f(x)\cos x\mathrm{d}x=\int_0^\pi \cos x\mathrm{d}F(x)=F(x)\cos x\Big|_0^\pi+\int_0^\pi F(x)\sin x\mathrm{d}x=\int_0^\pi F(x)\sin x\mathrm{d}x.$$

因此由定积分中值定理，存在 $a\in(0,\pi)$ 使得 $F(a)\sin a=0$. 由于 $\sin a\neq 0$，故 $F(a)=0$. 于是分别在区间 $[0,a]$ 和 $[a,\pi]$ 上使用罗尔中值定理，可知存在 $\xi_1\in(0,a)$ 和 $\xi_2\in(a,\pi)$ 使得 $F'(\xi_1)=F'(\xi_2)=0$，即 $f(\xi_1)=f(\xi_2)=0$. 可见，方程 $f(x)=0$ 在 $(0,\pi)$ 内

至少有两个不同的根. ■

16. 已知两曲线 $y=f(x)$ 与 $y=\int_0^{\arctan x}\mathrm{e}^{-t^2}\mathrm{d}t$ 在点 $(0,0)$ 处的切线相同, 求它们在点 $(0,0)$ 处的公切线方程, 并求极限 $\lim\limits_{n\to\infty} nf\left(\dfrac{2}{n}\right)$.

解 由于两曲线在点 $(0,0)$ 处相切, 故 $f(0)=0$. 由于

$$\frac{\mathrm{d}y}{\mathrm{d}x}=\frac{\mathrm{d}}{\mathrm{d}x}\int_0^{\arctan x}\mathrm{e}^{-t^2}\mathrm{d}t=\mathrm{e}^{-(\arctan x)^2}\cdot\frac{1}{1+x^2},$$

由相切有

$$f'(0)=\mathrm{e}^{-(\arctan x)^2}\cdot\frac{1}{1+x^2}\Big|_{x=0}=1.$$

因此, 所求的公切线方程为

$$y-0=f'(0)(x-0),\quad 即\ y=x.$$

于是,

$$\lim_{n\to\infty} nf\left(\frac{2}{n}\right)=2\lim_{n\to\infty}\frac{f\left(\frac{2}{n}\right)-f(0)}{\frac{2}{n}-0}=2f'(0)=2. ■$$

17. 求函数 $f(x)=\int_1^x (x^2-t)\mathrm{e}^{-t^2}\mathrm{d}t$ 的单调区间和极值.

解 显然, $f(x)$ 是个在 $(-\infty,+\infty)$ 上处处有连续导数的函数, 且

$$f(x)=\int_1^x (x^2-t)\mathrm{e}^{-t^2}\mathrm{d}t=x^2\int_1^x \mathrm{e}^{-t^2}\mathrm{d}t-\int_1^x t\mathrm{e}^{-t^2}\mathrm{d}t.$$

令

$$f'(x)=2x\int_1^x \mathrm{e}^{-t^2}\mathrm{d}t+x^2\mathrm{e}^{-x^2}-x\mathrm{e}^{-x^2}=x\left[2\int_1^x \mathrm{e}^{-t^2}\mathrm{d}t+(x-1)\mathrm{e}^{-x^2}\right]=0,$$

可解得 $x=0$, 或者 $x=1$.

当 $x<0$ 时, $\int_1^x \mathrm{e}^{-t^2}\mathrm{d}t<0$, $(x-1)\mathrm{e}^{-x^2}<0$, 因此 $f'(x)>0$;

当 $0<x<1$ 时, $\int_1^x \mathrm{e}^{-t^2}\mathrm{d}t<0$, $(x-1)\mathrm{e}^{-x^2}<0$, 因此 $f'(x)<0$;

当 $x>1$ 时, $\int_1^x \mathrm{e}^{-t^2}\mathrm{d}t>0$, $(x-1)\mathrm{e}^{-x^2}>0$, 因此 $f'(x)>0$;

故 $f(x)$ 的单调递增区间有 $(-\infty,0]$ 和 $[1,+\infty)$; 单调递减区间有 $[0,1]$. 函数 $f(x)$ 在 $x=1$ 处取得极小值 $f(1)=0$, 在 $x=0$ 处取得极大值 $f(0)$, 且

$$f(0)=\int_1^0 (0^2-t)\mathrm{e}^{-t^2}\mathrm{d}t=\int_0^1 t\mathrm{e}^{-t^2}\mathrm{d}t=-\frac{1}{2}\mathrm{e}^{-t^2}\Big|_0^1=\frac{\mathrm{e}-1}{2\mathrm{e}}. ■$$

18. (1) 试比较 $\int_0^1 |\ln t|[\ln(1+t)]^n\mathrm{d}t$ 与 $\int_0^1 t^n|\ln t|\mathrm{d}t\,(n=1,2,\cdots)$ 的大小, 说明理由;

(2) 记 $a_n=\int_0^1|\ln t|[\ln(1+t)]^n\mathrm{d}t, n=1,2,\cdots$，求极限 $\lim\limits_{n\to\infty}a_n$.

解　(1) 由于当 $0<t<1$ 时，$\ln t<0$，且 $0<\ln(1+t)<t$. 因此对任意自然数 n，有

$$0<[\ln(1+t)]^n<t^n,\quad |\ln t|>0,\quad 0<t<1.$$

故在 $(0,1)$ 内，有 $0<|\ln t|[\ln(1+t)]^n<t^n|\ln t|$. 从而

$$\int_0^1|\ln t|[\ln(1+t)]^n\mathrm{d}t<\int_0^1 t^n|\ln t|\mathrm{d}t\quad (n=1,2,\cdots).$$

(2) 记 $a_n=\int_0^1|\ln t|[\ln(1+t)]^n\mathrm{d}t, n=1,2,3,\cdots$，则由(1)知，有

$$0<a_n<\int_0^1 t^n|\ln t|\mathrm{d}t=-\int_0^1 t^n\ln t\mathrm{d}t=-\frac{1}{n+1}\int_0^1\ln t\mathrm{d}t^{n+1}$$

$$=-\frac{1}{n+1}\left[t^{n+1}\ln t\Big|_0^1-\int_0^1 t^n\mathrm{d}t\right]=\frac{1}{(n+1)^2}t^{n+1}\Big|_0^1=\frac{1}{(n+1)^2}.$$

并且 $\lim\limits_{n\to\infty}\frac{1}{(n+1)^2}=0$. 因此由夹逼准则知，$\lim\limits_{n\to\infty}a_n=0$. ■

19. 设函数 $f(x)$ 具有 2 阶连续导数. 若曲线 $y=f(x)$ 过点 $(0,0)$，且与曲线 $y=2^x$ 在 $(1,2)$ 处相切，求 $\int_0^1 xf''(x)\mathrm{d}x$.

解　由曲线 $y=f(x)$ 过点 $(0,0)$ 知，$f(0)=0$. 又由曲线 $y=f(x)$ 与曲线 $y=2^x$ 在 $(1,2)$ 处相切可知，

$$f(1)=2,\quad 且\ f'(1)=(2^x)'\big|_{x=1}=(2^x\ln 2)\big|_{x=1}=2\ln 2.$$

于是有

$$\int_0^1 xf''(x)\mathrm{d}x=\int_0^1 x\mathrm{d}f'(x)=xf'(x)\Big|_0^1-\int_0^1 f'(x)\mathrm{d}x=[xf'(x)-f(x)]\Big|_0^1$$

$$=f'(1)-f(1)+f(0)=2\ln 2-2+0=2\ln 2-2.\ ■$$

20. 设 $y=f(x)$ 是 $[0,+\infty)$ 上单调递增的连续函数，$f(0)=0, \lim\limits_{x\to+\infty}f(x)=+\infty$. 又设 $x=g(y)$ 是其反函数. 试用定积分的几何意义说明：对任意 $a\geqslant 0, b\geqslant 0$，总有

$$\int_0^a f(x)\mathrm{d}x+\int_0^b g(y)\mathrm{d}y\geqslant ab.$$

证明　由于 $y=f(x)$ 是 $[0,+\infty)$ 上单调递增的连续函数，$f(0)=0, \lim\limits_{x\to+\infty}f(x)=+\infty$. 故其反函数 $x=g(y)$ 存在，并且也是单调递增函数，且也有 $g(0)=0, \lim\limits_{y\to+\infty}g(y)=+\infty$. 对任意两个实数 $a\geqslant 0, b\geqslant 0$，不妨设 $a\leqslant b$. 如图 3 所示，$\int_0^a f(x)\mathrm{d}x+\int_0^b g(y)\mathrm{d}y$ 是图中两块阴影部分的总面积，而 ab 只是左侧一个矩形的面积，显然有

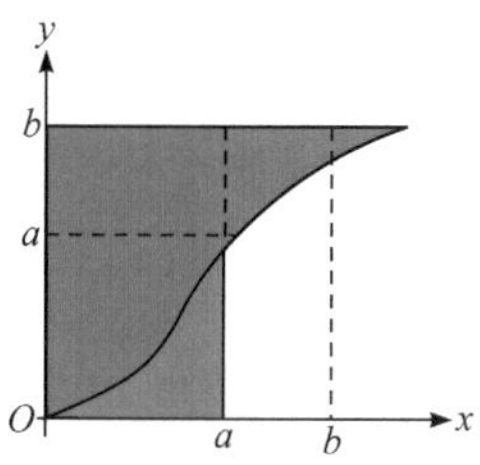

图 3

$$\int_0^a f(x)\mathrm{d}x+\int_0^b g(y)\mathrm{d}y \geqslant ab. \blacksquare$$

21. 利用例 3.4.16 的结论, 证明: $\lim\limits_{n\to\infty}\left[\dfrac{(2n)!!}{(2n-1)!!}\right]^2\cdot\dfrac{1}{2n+1}=\dfrac{\pi}{2}$.

证明　对自然数 n, 记 $I_n=\int_0^{\frac{\pi}{2}}\sin^n x\mathrm{d}x$, 则由例 3.4.16 知

$$I_n=\begin{cases}\dfrac{(n-1)!!}{n!!}\cdot\dfrac{\pi}{2}, & n=2,4,6,\cdots,\\ \dfrac{(n-1)!!}{n!!}\cdot 1, & n=1,3,5,\cdots.\end{cases}$$

同时, 由于当 $x\in\left[0,\dfrac{\pi}{2}\right]$ 时, $0\leqslant\sin x\leqslant 1$, 故对任一自然数 n, 都有

$$I_{2(n+1)}<I_{2n+1}<I_{2n},\quad 即 \frac{(2n+1)!!}{(2n+2)!!}\cdot\frac{\pi}{2}<\frac{(2n)!!}{(2n+1)!!}<\frac{(2n-1)!!}{(2n)!!}\cdot\frac{\pi}{2}.$$

不等式各边同时除以 $\dfrac{(2n-1)!!}{(2n)!!}$ 得

$$\frac{2n+1}{2n+2}\cdot\frac{\pi}{2}=\frac{(2n+1)!!}{(2n+2)!!}\cdot\frac{(2n)!!}{(2n-1)!!}\cdot\frac{\pi}{2}<\left[\frac{(2n)!!}{(2n-1)!!}\right]^2\cdot\frac{1}{2n+1}<\frac{\pi}{2}.$$

由于 $\lim\limits_{n\to\infty}\dfrac{2n+1}{2n+2}\cdot\dfrac{\pi}{2}=\dfrac{\pi}{2}$, 故由夹逼准则

$$\lim_{n\to\infty}\left[\frac{2(n)!!}{(2n-1)!!}\right]^2\cdot\frac{1}{2n+1}=\frac{\pi}{2}. \blacksquare$$

22. 在水平放置的椭圆底柱形容器内储存某种液体. 容器的尺寸如图 4 所示, 其中椭圆方程为 $\dfrac{x^2}{4}+y^2=1$ (长度单位: m), 问:

(1) 当液面在过点 $(0,y)(-1\leqslant y\leqslant 1)$ 的水平线时, 容器内液体的体积是多少 m^3?

(2) 当容器内储满液体后, 以 $0.16\mathrm{m}^3/\mathrm{min}$ 的速度将液体从容器顶端抽出, 则当液面降至 $y=0$ 处时, 液面下降的速度是多少?

(3) 如果液体的密度是 $1000\mathrm{kg/m}^3$, 抽出全部液体需做多少功?

解　(1) 当液面在过点 $(0,y)(-1\leqslant y\leqslant 1)$ 的水平线时, 容器内溶液的体积 $V(y)$ 等于下图 5 中阴影部分的面积乘以容器的长度 4m, 而阴影部分的面积为

$$A(y)=2\int_{-1}^{y}\sqrt{4-4y^2}\mathrm{d}y=2\int_{-1}^{y}\sqrt{4-4t^2}\mathrm{d}t=4\int_{-1}^{y}\sqrt{1-t^2}\mathrm{d}t.$$

令 $t=\sin\theta$, 则

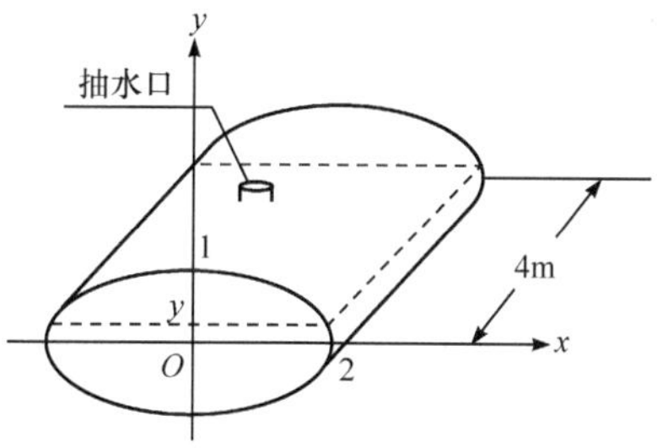

图 4

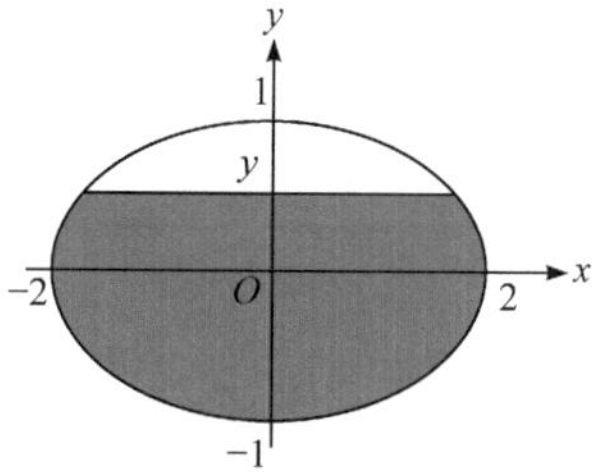

图 5

$$\begin{aligned}A(y)&=4\int_{-\frac{\pi}{2}}^{\arcsin y}\cos^2\theta\mathrm{d}\theta=2\int_{-\frac{\pi}{2}}^{\arcsin y}(1+\cos 2\theta)\mathrm{d}\theta\\&=[2\theta+\sin 2\theta]\Big|_{-\frac{\pi}{2}}^{\arcsin y}=2\arcsin y+\pi+\sin(2\arcsin y)\\&=2y\sqrt{1-y^2}+2\arcsin y+\pi.\end{aligned}$$

因此,

$$V(y)=4\left[2y\sqrt{1-y^2}+2\arcsin y+\pi\right]=8y\sqrt{1-y^2}+8\arcsin y+4\pi(\mathrm{m}^3).$$

(2) 当容器内储满液体后，液体的体积为 $V=\pi\cdot 1\cdot 2\cdot 4=8\pi(\mathrm{m}^3)$. 当液体从顶端以 $0.16\mathrm{m}^3/\mathrm{min}$ 的速度抽出液体, 则液面降至点 $(0,y)$ 处时, 抽出的液体总量为

$$V^*(y)=8\pi-V(y)=4\pi-8y\sqrt{1-y^2}-8\arcsin y.$$

对上式两边关于时间 t 求导, 得到

$$\frac{\mathrm{d}V^*}{\mathrm{d}t}=\left[-8\sqrt{1-y^2}-8y\cdot\frac{-y}{\sqrt{1-y^2}}-8\cdot\frac{1}{\sqrt{1-y^2}}\right]\cdot\frac{\mathrm{d}y}{\mathrm{d}t}.$$

将 $\frac{\mathrm{d}V^*}{\mathrm{d}t}=0.16, y=0$ 代入上式, 可得 $\left.\frac{\mathrm{d}y}{\mathrm{d}t}\right|_{y=0}=-0.01\mathrm{m}/\min$. 负号表示 y 在减少, 即此时液面下降的速度是 $v=0.01\mathrm{m}^3/\min$.

(3) 如图 6 所示, 深度区间为 $[y,y+\mathrm{d}y]$ 的部分液体的体积为

$$\mathrm{d}V=2x\cdot\mathrm{d}y\cdot 4=8x\mathrm{d}y=16\sqrt{1-y^2}\mathrm{d}y.$$

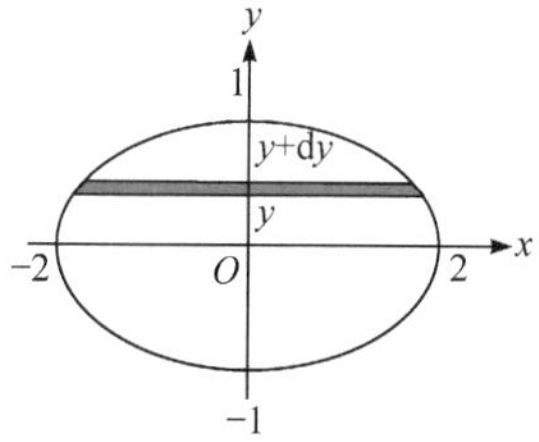

图 6

这部分液体被抽出容器需要做功

$$\mathrm{d}W=\mathrm{d}V\cdot 1000g\cdot(1-y)=16000g(1-y)\sqrt{1-y^2}\mathrm{d}y,$$

其中 g 为重力加速度. 于是所求的功为

$$W=\int_{-1}^{1}\mathrm{d}W=16000g\int_{-1}^{1}(1-y)\sqrt{1-y^2}\mathrm{d}y=16000g\int_{-1}^{1}\sqrt{1-y^2}\mathrm{d}y=16000g\cdot\frac{\pi}{2}=8000g\pi(\mathrm{J}).\ \blacksquare$$

第4章 微分方程

4.1 教学基本要求

1. 了解微分方程及其阶数、解、通解、初始条件和特解等概念;

2. 掌握变量可分离的一阶微分方程及一阶线性微分方程的解法;

3. 会解一阶齐次型微分方程, 伯努利(Bernoulli)方程, 会用简单的变量代换求解某些微分方程;

4. 会用降阶法解下列形式的微分方程: $y^{(n)}=f(x), y''=f(x,y')$ 和 $y''=f(y,y')$;

5. 理解线性微分方程解的性质及解的结构定理;

6. 掌握二阶常系数齐次线性微分方程的解法, 了解高于二阶的常系数齐次线性微分方程的通解形式;

7. 会解自由项为多项式、指数函数、正弦函数、余弦函数以及它们的和与积的二阶常系数非齐次线性微分方程;

8. 了解欧拉(Euler)方程及其解法;

9. 会用微分方程解决一些简单的应用问题.

4.2 内容复习与整理

4.2.1 基本概念

1. **微分方程的基本概念** 含有未知函数的导数或者微分的方程称为**微分方程**, 方程中出现的未知函数的导数或者微分的最高阶数称为该**微分方程的阶**. 若未知函数为一元函数, 则该微分方程称为**常微分方程**, 若未知函数为多元函数, 则该微分方程称为**偏微分方程**. 本课程涉及的都是常微分方程.

一个 n 阶常微分方程具有形式 $F(x,y,y',y'',\cdots,y^{(n)})=0$, 其中 $y^{(n)}$ 必须出现, 而 $x,y,y',\cdots,y^{(n-1)}$ 可以在方程中不出现. 一个函数 $y=y(x)$ 代入微分方程中能够使等式称为恒等式, 则称函数 $y=y(x)$ 为该微分方程的**解**. 如果解的表达式中含有相互独立的任意常数的个数等于该微分方程的阶数, 则这个解就称为该微分方程的**通解**; 如果解的表达式中不含有任何表示任意常数的字母, 则这个解称为该微分方程的一个**特解**. 用来确定通解中那些任意常数具体取值的条件, 称为**定解条件**; 常见的定解条件是**初值条件**, n 阶微分方程 $F(x,y,y',y'',\cdots,y^{(n)})=0$ 的初值条件通常是如下 n 个条件:

$$y(x_0)=y_0,\quad y'(x_0)=a_1,\quad y''(x_0)=a_2,\quad \cdots,\quad y^{(n)}(x_0)=a_n.$$

相当于一个系统的初始状态.

求微分方程满足初值条件的解的问题称为**微分方程初值问题**, 或者**柯西问题**.

微分方程的任一特解的图形都称为该微分方程的一条**积分曲线**; 所有积分曲线的集合称为**积分曲线族**, 它相当于通解的图形.

2. **几种一阶微分方程**

(1) **可分离变量的微分方程** 形如 $\dfrac{\mathrm{d}y}{\mathrm{d}x}=f(x)g(y)$ 的方程称为可分离变量的微分方程, 其中 $f(x),g(y)$ 都是连续函数.

(2) **一阶线性微分方程** 形如 $\dfrac{\mathrm{d}y}{\mathrm{d}x}+P(x)y=Q(x)$ 的方程称为一阶线性微分方程, 其中 $P(x),Q(x)$ 是连续函数. 当 $Q(x)=0$ 时, 称为一阶齐次线性微分方程; 当 $Q(x)\not\equiv 0$ 时, 称为一阶非齐次线性微分方程.

(3) **一阶齐次型微分方程** 形如 $\dfrac{\mathrm{d}y}{\mathrm{d}x}=f\left(\dfrac{y}{x}\right)$ 的方程称为**一阶齐次型微分方程**, 其中 $f(u)$ 是连续函数.

(4) **伯努利方程** 形如 $\dfrac{\mathrm{d}y}{\mathrm{d}x}+P(x)y=Q(x)y^{\alpha}\,(\alpha\in\mathbb{R},\alpha\neq 0,1)$ 的方程称为**伯努利方程**, 其中 $P(x),Q(x)$ 是连续函数.

3. **可降阶的二阶微分方程** 通过变量替换, 可以分化成两个一阶微分方程逐个求解的二阶微分方程, 称为可降阶微分方程, 我们主要介绍下列三类:

(1) 形如 $y''=f(x)$ 的微分方程, 其中 $f(x)$ 是连续函数. 更一般地, 形如 $y^{(n)}=f(x)$ $(n\geqslant 2)$ 的高阶可降阶微分方程, 其中 $f(x)$ 是连续函数;

(2) 形如 $y''=f(x,y')$ 的微分方程(其中 f 是二元连续函数), 也称为不显含 y 的二阶微分方程;

(3) 形如 $y''=f(y,y')$ 的微分方程(其中 f 是二元连续函数), 也称为不显含 x 的二阶微分方程.

4. **二阶线性微分方程** 形如

$$P_0(x)y''+P_1(x)y'+P_2(x)y=f(x)$$

的微分方程称为**二阶线性微分方程**, 其中 $P_0(x),P_1(x),P_2(x),f(x)$ 都是连续函数, 且 $P_0(x)$ 不为 0. 当 $f(x)=0$ 时, 称为**二阶齐次线性微分方程**; 当 $f(x)\not\equiv 0$ 时, 称为**二阶非齐次线性微分方程**.

当 $P_0(x),P_1(x),P_2(x)$ 都是常值函数时, 称为**二阶常系数线性微分方程**.

常系数线性微分方程 $P_0y''+P_1y'+P_2y=f(x)$ 的**特征方程**为

$$P_0r^2+P_1r+P_2=0,$$

其根称为该微分方程的**特征根**.

5. **有限个函数的线性相关性**　给定 n 个定义在区间 I 上的函数 $f_1(x), f_2(x), \cdots, f_n(x)$，如果存在不全为零的常数 $\lambda_1, \lambda_2, \cdots, \lambda_n$ 使得

$$\lambda_1 f_1(x) + \lambda_2 f_2(x) + \cdots + \lambda_n f_n(x) \equiv 0,$$

则称函数组 $f_1(x), f_2(x), \cdots, f_n(x)$ **在区间 I 上线性相关**，否则称它们**在区间 I 上线性无关**.

两个函数 $f_1(x), f_2(x)$ 线性相关当且仅当它们成比例，即其中一个可以写成另外一个的数乘形式.

6. **欧拉方程**　形如

$$x^n \frac{d^n y}{dx^n} + a_1 x^{n-1} \frac{d^{n-1} y}{dx^{n-1}} + \cdots + a_{n-1} x \frac{dy}{dx} + a_n y = 0$$

的微分方程称为 n **阶欧拉微分方程**，其中 $a_1, a_2, \cdots, a_n$ 都是常数.

4.2.2　基本理论与方法

1. **几种一阶微分方程的求解**

(1) **可分离变量方程 $\frac{dy}{dx} = f(x)g(y)$ 的求解方法**

当 $g(y) \neq 0$ 时，先分离变量得 $\frac{dy}{g(y)} = f(x)dx$，然后两边取积分得该微分方程的隐式解 $G(y) = F(x) + C$ (这里 $G(y), F(x)$ 分别为 $\frac{1}{g(y)}, f(x)$ 的原函数)，可能的话再显式化.

若 $g(y_0) = 0$，则常值函数 $y \equiv y_0$ 也是该微分方程的解.

(2) **一阶线性微分方程的求解**

① 一阶齐次线性微分方程 $\frac{dy}{dx} + P(x)y = 0$ 的通解公式为

$$y = Ce^{-\int P(x)dx}.$$

这里 $\int P(x)dx$ 仅仅表示 $P(x)$ 的一个原函数(不附带任意常数).

② 一阶非齐次线性微分方程 $\frac{dy}{dx} + P(x)y = Q(x)$ 的求解公式为

$$y = e^{-\int P(x)dx}\left[\int Q(x)e^{\int P(x)dx}dx + C\right].$$

这里每个积分号都只表示取被积函数的一个原函数(不附带任意常数)

③ **常数变易法**　若 $y = Ce^{-\int P(x)dx}$ 是一阶齐次线性微分方程 $\frac{dy}{dx} + P(x)y = 0$ 的通解，可把常数 C 变易为函数 $C(x)$，假设 $y = C(x)e^{-\int P(x)dx}$ 是非齐次线性微分方程

$\dfrac{dy}{dx}+P(x)y=Q(x)$ 的解，代入方程整理得到函数 $C(x)$ 应该满足的微分方程

$$C'(x)=Q(x)e^{\int P(x)dx},$$

进而解得

$$C(x)=\int C'(x)dx=\int Q(x)e^{\int P(x)dx}dx+C,$$

由此可得非齐次线性微分方程 $\dfrac{dy}{dx}+P(x)y=Q(x)$ 的通解为

$$y=e^{-\int P(x)dx}\left[\int Q(x)e^{\int P(x)dx}dx+C\right].$$

这里所用的解法俗称"常数变易法". 这种方法对于求解线性微分方程(组)是非常有效的方法.

(3) 一阶齐次微分方程的解法

对于一阶齐次微分方程 $\dfrac{dy}{dx}=f\left(\dfrac{y}{x}\right)$，可令 $\dfrac{y}{x}=u$，则 $y=xu$，$\dfrac{dy}{dx}=u+x\dfrac{du}{dx}$，由此可将原方程转化为

$$x\frac{du}{dx}=f(u)-u.$$

这是一个可分离变量的一阶微分方程，其通解为

$$x=Ce^{\int\frac{du}{f(u)-u}},$$

将 $u=\dfrac{y}{x}$ 代入上式可得原方程的通解.

(4) 伯努利方程 $\dfrac{dy}{dx}+P(x)y=Q(x)y^{\alpha}$ (其中 $\alpha\neq 0,1$)的求解

令 $u=y^{1-\alpha}$，则 $\dfrac{du}{dx}=(1-\alpha)y^{-\alpha}\cdot\dfrac{dy}{dx}$，即 $\dfrac{dy}{dx}=\dfrac{1}{1-\alpha}y^{\alpha}\dfrac{du}{dx}$，由此可将原方程转化为

$$\frac{du}{dx}+(1-\alpha)P(x)u=(1-\alpha)Q(x).$$

这是一个一阶线性非齐次微分方程，可由公式得到其通解，再将 $u=y^{1-\alpha}$ 代入，即可得到原方程的通解.

(5) 形如 $\dfrac{dy}{dx}=f\left(\dfrac{a_1x+b_1y+c_1}{a_2x+b_2y+c_2}\right)$ 的方程的求解方法

① 若 $c_1=c_2=0$，则可转化为一阶齐次型微分方程 $\dfrac{dy}{dx}=f\left(\dfrac{a_1+b_1\dfrac{y}{x}}{a_2+b_2\dfrac{y}{x}}\right)=g\left(\dfrac{y}{x}\right)$ 求解;

② 若 $\frac{a_1}{b_1}=\frac{a_2}{b_2}=k\neq\frac{c_1}{c_2}$，则

$$\frac{\mathrm{d}y}{\mathrm{d}x}=f\left(\frac{a_1x+b_1y+c_1}{a_2x+b_2y+c_2}\right)=f\left(\frac{k(a_2x+b_2y)+c_1}{a_2x+b_2y+c_2}\right)=g(a_2x+b_2y),$$

令 $a_2x+b_2y=u$，则原方程转化为可分离变量微分方程

$$\frac{\mathrm{d}u}{\mathrm{d}x}=a_2+b_2g(u).$$

③ 若 $\frac{a_1}{b_1}\neq\frac{a_2}{b_2}$，且 c_1,c_2 不都为 0，则通过方程组

$$\begin{cases}a_1x+b_1y+c_1=0,\\ a_2x+b_2y+c_2=0,\end{cases}$$

求出解 $x=\alpha,y=\beta$，作变换 $\begin{cases}x=X+\alpha,\\ y=Y+\beta,\end{cases}$ 则有

$$\begin{cases}a_1x+b_1y+c_1=a_1X+b_1Y,\\ a_2x+b_2y+c_2=a_2X+b_2Y,\end{cases}$$

于是原方程可转化为如下一阶齐次型微分方程

$$\frac{\mathrm{d}Y}{\mathrm{d}X}=f\left(\frac{a_1X+b_1Y}{a_2X+b_2Y}\right)=f\left(\frac{a_1+b_1\frac{Y}{X}}{a_2+b_2\frac{Y}{X}}\right)=g\left(\frac{Y}{X}\right).$$

2. 几种可降阶的二阶微分方程的求解

(1) 形如 $y''=f(x)$ 的微分方程的求解

两边各积分两次，依次可得

$$y'=\int f(x)\mathrm{d}x+C_1,$$

$$y=\int\left(\int f(x)\mathrm{d}x\right)\mathrm{d}x+C_1x+C_2.$$

这就是原方程的通解，这里每个积分仅仅表示被积函数的一个原函数. 类似地，对于形如 $y^{(n)}=f(x)$ 的微分方程，连续积分 n 次即可得到通解.

(2) 形如 $y''=f(x,y')$ 的微分方程

令 $y'=p(x)$，则 $y''=\frac{\mathrm{d}p}{\mathrm{d}x}$，从而原方程可分解为两个一阶微分方程

$$y'=p(x)\quad 和\quad \frac{\mathrm{d}p}{\mathrm{d}x}=f(x,p),$$

先求出方程 $\frac{\mathrm{d}p}{\mathrm{d}x}=f(x,p)$ 的通解 $p=\varphi(x,C_1)$，进而得原方程的通解为

$$y=\int\varphi(x,C_1)\mathrm{d}x+C_2.$$

(3) **形如 $y''=f(y,y')$ 的微分方程(其中 f 是二元连续函数)**

令 $y'=p(y)$，则 $y''=\frac{\mathrm{d}p}{\mathrm{d}x}=\frac{\mathrm{d}p}{\mathrm{d}y}\cdot\frac{\mathrm{d}y}{\mathrm{d}x}=p\frac{\mathrm{d}p}{\mathrm{d}y}$，从而原方程可分解为两个一阶微分方程

$$y'=p(y) \quad 和 \quad p\frac{\mathrm{d}p}{\mathrm{d}y}=f(y,p),$$

先求出方程 $p\frac{\mathrm{d}p}{\mathrm{d}y}=f(y,p)$ 的通解 $p=p(y,C_1)$，再代入 $y'=p(y)$ 中进一步求出原方程的反函数形式的通解

$$x=\int\frac{\mathrm{d}y}{p(y,C_1)}+C_2.$$

3. **二阶常系数线性微分方程求解**

(1) **二阶线性微分方程解的结构**

设有下列五个齐次和非齐次的二阶线性微分方程

$$y''+p(x)y'+q(x)y=0, \tag{4.2.1}$$

$$y''+p(x)y'+q(x)y=f(x), \tag{4.2.2}$$

$$y''+p(x)y'+q(x)y=g(x), \tag{4.2.3}$$

$$y''+p(x)y'+q(x)y=f(x)+g(x), \tag{4.2.4}$$

$$y''+p(x)y'+q(x)y=f(x)+\mathrm{i}g(x), \tag{4.2.5}$$

其中 $p(x),q(x),f(x),g(x)$ 都是实函数，i 是单位虚数. 则有如下结论: 对任一自然数 n，

① 若 $y_1(x),y_2(x),\cdots,y_n(x)$ 是方程(4.2.1)的任意 n 个解，则对任意 n 个常数 $\lambda_1,\lambda_2,\cdots,\lambda_n$，函数 $y=\lambda_1y_1(x)+\lambda_2y_2(x)+\cdots+\lambda_ny_n(x)$ 都是方程(4.2.1)的解;

② 若 $y_1(x),y_2(x),\cdots,y_n(x)$ 是方程(4.2.2)的任意 n 个解，$\lambda_1,\lambda_2,\cdots,\lambda_n$ 是任意 n 个常数，则

(i) 若 $\lambda_1+\lambda_2+\cdots+\lambda_n=0$，则函数 $y=\lambda_1y_1(x)+\lambda_2y_2(x)+\cdots+\lambda_ny_n(x)$ 是方程(4.2.1)的解;

(ii) 若 $\lambda_1+\lambda_2+\cdots+\lambda_n=1$，则函数 $y=\lambda_1y_1(x)+\lambda_2y_2(x)+\cdots+\lambda_ny_n(x)$ 是方程(4.2.2)的解;

③ 若 $y_1(x),y_2(x)$ 分别是方程(4.2.1)和方程(4.2.2)的解，则 $y=y_1(x)+y_2(x)$ 是方程(4.2.2)的解.

④ 若 $y_1(x),y_2(x)$ 是方程(4.2.1)的两个线性无关的解，则方程(4.2.1)的通解为

$$y=C_1y_1(x)+C_2y_2(x),$$

其中 C_1,C_2 表示任意常数.

⑤ 若 $y_1(x),y_2(x)$ 是方程(4.2.1)的两个线性无关的解，$y^*(x)$ 是方程(4.2.2)的一个特解，则方程(4.2.2)的通解为

$$y = C_1 y_1(x) + C_2 y_2(x) + y^*(x),$$

其中C_1, C_2表示任意常数.

⑥ 若$y_1(x), y_2(x)$分别是方程(4.2.2)和方程(4.2.3)的解，则$y = y_1(x) + y_2(x)$是方程(4.2.4)的解.

⑦ 若$y_1(x), y_2(x)$是两个实函数，则$y = y_1(x) + \mathrm{i}y_2(x)$是方程(4.2.5)的解当且仅当$y_1(x)$是方程(4.2.2)的解且$y_2(x)$是方程(4.2.3)的解.

(2) 对于二阶常系数齐次线性微分方程$y'' + py' + qy = 0$，其求解可以按照如下方式进行

首先写出特征方程$r^2 + pr + q = 0$，求出两个特征根r_1, r_2，然后按照如下三种不同形式写出该微分方程的通解:

① 若r_1, r_2是两个不同实根，则方程的通解为$y = C_1 \mathrm{e}^{r_1 x} + C_2 \mathrm{e}^{r_2 x}$;

② 若r_1, r_2是两个相同实根，则方程的通解为$y = (C_1 + C_2 x)\mathrm{e}^{r_2 x}$;

③若r_1, r_2是两个共轭复根，$r_1 = \overline{r_2} = \alpha + \mathrm{i}\beta$，则方程的通解为$y = \mathrm{e}^{\alpha x}(C_1 \cos\beta x + C_2 \sin\beta x)$.

(3) 形如$y'' + py' + qy = P_n(x)\mathrm{e}^{\lambda x}$的二阶常系数非齐次线性微分方程的求解——待定系数法

这里$P_n(x)$是一个n次多项式，λ是常数. 根据 4.2.2.3(1)中的⑤，我们可以按照如下方法求解:

首先写出特征方程$r^2 + pr + q = 0$，求出两个特征根r_1, r_2，再设方程的特解为

$$y^* = x^k (a_0 x^n + a_1 x^{n-1} + \cdots + a_{n-1} x + a_n)\mathrm{e}^{\lambda x} = Q(x)\mathrm{e}^{\lambda x},$$

这里k为λ作为特征根的重数(根据λ不是特征根、一重特征根、二重特征根，k依次取$0,1,2$). 将其代入原方程，并整理可得

$$Q''(x) + (2\lambda + p)Q'(x) + (\lambda^2 + p\lambda + q)Q(x) \equiv P_n(x),$$

通过比较上式两边多项式的系数，可以求出$Q(x)$的所有系数，从而求出y^*，进而根据二阶常系数线性微分方程求解(1)中的⑤，得到原方程的通解.

(4) 形如$y'' + py' + qy = \mathrm{e}^{\alpha x}[P_n(x)\cos\beta x + Q_m(x)\sin\beta x]$的二阶常系数非齐次线性微分方程的求特解法(这里$P_n(x)$表示$n$次多项式，$Q_m(x)$表示$m$次多项式)

可以设特解为

$$y^* = x^k \mathrm{e}^{\alpha x}[M_l(x)\cos\beta x + N_l(x)\sin\beta x],$$

其中k是$\lambda = \alpha + \mathrm{i}\beta$作为特征根的重数(不是特征根时取值$0$，是特征根时取值$1$)，$l = \max\{m, n\}$，而

$$M_l(x) = a_l x^l + a_{l-1} x^{l-1} + \cdots + a_1 x + a_0$$

与

$$N_l(x)=b_lx^l+b_{l-1}x^{l-1}+\cdots+b_1x+b_0$$

是两个 l 次的待定系数的多项式. 再把 y^* 代入原方程, 并使得两边 $\cos\beta x$ 与 $\sin\beta x$ 的系数分别相等, 从而得到两组多项式相等, 由此通过比较两边多项式对应项的系数, 可求出 $M_l(x)$ 与 $N_l(x)$ 中的所有系数, 从而求出 y^*.

4. 欧拉方程

$$x^n\frac{\mathrm{d}^ny}{\mathrm{d}x^n}+a_1x^{n-1}\frac{\mathrm{d}^{n-1}y}{\mathrm{d}x^{n-1}}+\cdots+a_{n-1}x\frac{\mathrm{d}y}{\mathrm{d}x}+a_ny=0 \tag{4.2.6}$$

的求解

(1) 若 $x>0$, 则令 $x=\mathrm{e}^t$, 于是有

$$\frac{\mathrm{d}y}{\mathrm{d}x}=\frac{\mathrm{d}y}{\mathrm{d}t}\Big/\frac{\mathrm{d}x}{\mathrm{d}t}=\mathrm{e}^{-t}\frac{\mathrm{d}y}{\mathrm{d}t}=\frac{1}{x}\frac{\mathrm{d}y}{\mathrm{d}t},\quad \text{即}x\frac{\mathrm{d}y}{\mathrm{d}x}=\frac{\mathrm{d}y}{\mathrm{d}t}.$$

$$\frac{\mathrm{d}^2y}{\mathrm{d}x^2}=\frac{\mathrm{d}}{\mathrm{d}x}\left(\frac{1}{x}\frac{\mathrm{d}y}{\mathrm{d}t}\right)=-\frac{1}{x^2}\frac{\mathrm{d}y}{\mathrm{d}t}+\frac{1}{x}\frac{\mathrm{d}^2y}{\mathrm{d}t^2}\Big/\frac{\mathrm{d}x}{\mathrm{d}t}=\frac{1}{x^2}\left(-\frac{\mathrm{d}y}{\mathrm{d}t}+\frac{\mathrm{d}^2y}{\mathrm{d}t^2}\right),\quad \text{即}x^2\frac{\mathrm{d}^2y}{\mathrm{d}x^2}=-\frac{\mathrm{d}y}{\mathrm{d}t}+\frac{\mathrm{d}^2y}{\mathrm{d}t^2}.$$

$$\frac{\mathrm{d}^3y}{\mathrm{d}x^3}=\frac{\mathrm{d}}{\mathrm{d}x}\left[\frac{1}{x^2}\left(-\frac{\mathrm{d}y}{\mathrm{d}t}+\frac{\mathrm{d}^2y}{\mathrm{d}t^2}\right)\right]=\frac{-2}{x^3}\left(-\frac{\mathrm{d}y}{\mathrm{d}t}+\frac{\mathrm{d}^2y}{\mathrm{d}t^2}\right)+\frac{1}{x^2}\left(-\frac{1}{x}\frac{\mathrm{d}^2y}{\mathrm{d}t^2}+\frac{1}{x}\frac{\mathrm{d}^3y}{\mathrm{d}t^3}\right),\quad \text{即有}$$

$$x^3\frac{\mathrm{d}^3y}{\mathrm{d}x^3}=2\frac{\mathrm{d}y}{\mathrm{d}t}-3\frac{\mathrm{d}^2y}{\mathrm{d}t^2}+\frac{\mathrm{d}^3y}{\mathrm{d}t^3}.$$

……

如果记 $D=\frac{\mathrm{d}}{\mathrm{d}t},D^2=\frac{\mathrm{d}^2}{\mathrm{d}t^2},\cdots,D^n=\frac{\mathrm{d}^n}{\mathrm{d}t^n},\cdots$, 则上面推导的结果可以表示为

$$x\frac{\mathrm{d}y}{\mathrm{d}x}=Dy,\quad x^2\frac{\mathrm{d}^2y}{\mathrm{d}x^2}=D^2y-Dy=D(D-1)y,$$

$$x^3\frac{\mathrm{d}^3y}{\mathrm{d}x^3}=(D^3-3D^2+2D)y=D(D-1)(D-2)y.$$

更一般地, 利用归纳法, 容易证明: 对任一自然数 n, 有

$$x^n\frac{\mathrm{d}^ny}{\mathrm{d}x^n}=D(D-1)(D-2)\cdots(D-(n-1))y,\quad n=1,2,3,\cdots.$$

然后把以上各个式子一起代入原方程, 即可将原方程转化为关于函数 $y=y(t)$ 的 n 阶常系数齐次线性微分方程:

$$\frac{\mathrm{d}^ny}{\mathrm{d}t^n}+b_1\frac{\mathrm{d}^{n-1}y}{\mathrm{d}t^{n-1}}+\cdots+b_{n-1}\frac{\mathrm{d}y}{\mathrm{d}t}+b_ny=0. \tag{4.2.7}$$

用特征根方法可以求出其通解, 再用 $t=\ln x$ 来还原, 即得原方程的通解.

若 $x<0$, 则令 $x=-\mathrm{e}^t$, 于是与(1)类似地可以把原方程转化为关于函数 $y=y(t)$ 的 n 阶常系数齐次线性微分方程, 用特征根方法求出其通解, 再用 $t=\ln(-x)$ 来还原, 即得原方程的通解.

(2) 由(1)的推导，也可以知道(4.2.6)有形如 $y = x^k$ 的解，将其代入方程(4.2.6)可得

$$k(k-1)\cdots(k-n+1)+a_1k(k-1)\cdots(k-n+2)+\cdots+a_{n-1}k+a_n=0. \tag{4.2.8}$$

这里(4.2.8)实际上就是方程(4.2.7)的特征方程. (4.2.8)的 m 重实根 $k=s$ 对应方程(4.2.6)的 m 个解

$$x^s,\quad x^s\ln x,\quad x^s\ln^2 x,\quad \cdots,\quad x^s\ln^{m-1}x.$$

(4.2.8)的 m 重复根 $k=\alpha+\mathrm{i}\beta$ 对应方程(4.2.6)的 $2m$ 个实值解

$$x^\alpha\cos(\beta\ln x),\quad x^\alpha\ln x\cdot\cos(\beta\ln x),\quad x^\alpha\ln^2 x\cdot\cos(\beta\ln x),\quad \cdots,\quad x^\alpha\ln^{m-1}x\cdot\cos(\beta\ln x);$$

$$x^\alpha\sin(\beta\ln x),\quad x^\alpha\ln x\cdot\sin(\beta\ln x),\quad x^\alpha\ln^2 x\cdot\sin(\beta\ln x),\quad \cdots,\quad x^\alpha\ln^{m-1}x\cdot\sin(\beta\ln x).$$

所有这些解的带任意系数的线性组合即给出方程(4.2.6)的通解.

4.3 扩展与提高

4.3.1 *n* 阶常系数线性微分方程解的结构

设有下列五个齐次和非齐次的 n 阶线性微分方程

$$y^{(n)}+p_1(x)y^{(n-1)}+p_2(x)y^{(n-2)}+\cdots+p_{n-1}(x)y'+p_n(x)y=0, \tag{4.3.1}$$

$$y^{(n)}+p_1(x)y^{(n-1)}+p_2(x)y^{(n-2)}+\cdots+p_{n-1}(x)y'+p_n(x)y=f(x), \tag{4.3.2}$$

$$y^{(n)}+p_1(x)y^{(n-1)}+p_2(x)y^{(n-2)}+\cdots+p_{n-1}(x)y'+p_n(x)y=g(x), \tag{4.3.3}$$

$$y^{(n)}+p_1(x)y^{(n-1)}+p_2(x)y^{(n-2)}+\cdots+p_{n-1}(x)y'+p_n(x)y=f(x)+g(x), \tag{4.3.4}$$

$$y^{(n)}+p_1(x)y^{(n-1)}+p_2(x)y^{(n-2)}+\cdots+p_{n-1}(x)y'+p_n(x)y=f(x)+\mathrm{i}g(x), \tag{4.3.5}$$

其中 $p_1(x),p_2(x),\cdots,p_{n-1}(x),p_n(x),f(x),g(x)$ 都是实函数.则有如下结论：对任一自然数 k，

① 若 $y_1(x),y_2(x),\cdots,y_k(x)$ 是方程(4.3.1)的任意 k 个解，则对任意 k 个常数 $\lambda_1,\lambda_2,\cdots,\lambda_k$，函数 $y=\lambda_1y_1(x)+\lambda_2y_2(x)+\cdots+\lambda_ky_k(x)$ 都是方程(4.3.1)的解.

② 若 $y_1(x),y_2(x),\cdots,y_k(x)$ 是方程(4.3.2)的任意 k 个解，$\lambda_1,\lambda_2,\cdots,\lambda_k$ 是任意 k 个常数，则

(i) 若 $\lambda_1+\lambda_2+\cdots+\lambda_k=0$，则函数 $y=\lambda_1y_1(x)+\lambda_2y_2(x)+\cdots+\lambda_ky_k(x)$ 是方程(4.3.1)的解；

(ii) 若 $\lambda_1+\lambda_2+\cdots+\lambda_k=1$，则函数 $y=\lambda_1y_1(x)+\lambda_2y_2(x)+\cdots+\lambda_ky_k(x)$ 是方程(4.3.2)的解.

③ 若 $y_1(x),y_2(x)$ 分别是方程(4.3.1)和方程(4.3.2)的解，则 $y=y_1(x)+y_2(x)$ 是方程(4.3.2)的解.

④若 $y_1(x),y_2(x),\cdots,y_n(x)$ 是方程(4.3.1)的 n 个线性无关的解，则方程(4.3.1)的通解为

$$y=C_1y_1(x)+C_2y_2(x)+\cdots+C_ny_n(x),$$

其中 $C_1,C_2,\cdots,C_n$ 表示任意常数.

⑤ 若 $y_1(x), y_2(x), \cdots, y_n(x)$ 是方程(4.3.1)的 n 个线性无关的解，$y^*(x)$ 是方程(4.3.2)的一个特解，则方程(4.3.2)的通解为

$$y = C_1 y_1(x) + C_2 y_2(x) + \cdots + C_n y_n(x) + y^*(x),$$

其中 $C_1, C_2, \cdots, C_n$ 表示任意常数.

⑥ 若 $y_1(x), y_2(x)$ 分别是方程(4.3.2)和方程(4.3.3)的解，则 $y = y_1(x) + y_2(x)$ 是方程(4.3.4)的解.

⑦ 若 $y_1(x), y_2(x)$ 是两个实函数，则 $y = y_1(x) + \mathrm{i} y_2(x)$ 是方程(4.3.5)的解当且仅当 $y_1(x)$ 是方程(4.3.2)的解且 $y_2(x)$ 是方程(4.3.3)的解.

4.3.2　常实系数的 *n* 阶线性微分方程求解

4.3.2.1　常实系数的 n 阶齐次线性微分方程求解的特征根法

对于常实系数的 n 阶齐次线性微分方程

$$y^{(n)} + p_1 y^{(n-1)} + p_2 y^{(n-2)} + \cdots + p_{n-1} y' + p_n y = 0,$$

其特征方程为

$$r^n + p_1 r^{n-1} + p_2 r^{n-2} + \cdots + p_{n-1} r + p_n = 0.$$

设其 n 个特征根为 $r_1, r_2, \cdots, r_n$，则其通解为如下一些项的和.

对于 k 重实特征根 r_i，有如下 k 项

$$(C_1 + C_2 x + \cdots + C_k x^{k-1}) \mathrm{e}^{r_i x}.$$

对于 k 重复特征根 $r_j = \alpha + \mathrm{i}\beta$，对应地有 k 重复特征根 $\overline{r_j} = \alpha - \mathrm{i}\beta$，它们共同决定如下 $2k$ 项

$$\mathrm{e}^{\alpha x}[(C_1 + C_2 x + \cdots + C_k x^{k-1}) \cos \beta x + (C_1' + C_2' x + \cdots + C_k' x^{k-1}) \sin \beta x],$$

把如上所有这 n 项相加所得的带有 n 个相互独立的任意常数的表达式所表示的函数就是所求的通解.

4.3.2.2　常实系数的 n 阶非齐次线性微分方程的特解求法

对于常实系数的 n 阶非齐次线性微分方程

$$y^{(n)} + p_1 y^{(n-1)} + p_2 y^{(n-2)} + \cdots + p_{n-1} y' + p_n y = P_m(x) \mathrm{e}^{\lambda x},$$

其中 $P_m(x)$ 为 x 的 m 次多项式，其特征方程为

$$r^n + p_1 r^{n-1} + p_2 r^{n-2} + \cdots + p_{n-1} r + p_n = 0,$$

设其 n 个特征根为 $r_1, r_2, \cdots, r_n$，则其特解可设为

$$y^* = x^k (a_0 x^m + a_1 x^{m-1} + \cdots + a_{m-1} x + a_m) \mathrm{e}^{\lambda x} = Q(x) \mathrm{e}^{\lambda x},$$

这里 k 为 λ 作为特征根的重数(即 $r_1, r_2, \cdots, r_n$ 中恰好有 k 个是 λ). 将其代入原方程，约去两边的 $\mathrm{e}^{\lambda x}$，整理可得两个多项式相等，通过比较系数，可以得到 $m+1$ 个关于系数 $a_0, a_1,$

$\cdots,a_{m-1},a_m$ 的线性方程组，从中可以解得系数 $a_0,a_1,\cdots,a_{m-1},a_m$，从而求得特解 y^*.

4.3.3 常数变易法的用法补充

常数变易法对于求解线性微分方程是很有用的一种方法，下面介绍解高阶线性微分方程的两个用法.

4.3.3.1 对于二阶齐次线性微分方程 $y''+P(x)y'+Q(x)y=0$

若已知一个解 $y_1(x)$，则对任意常数 C，$Cy_1(x)$ 也是该微分方程的解. 为了得到通解，只需再求出一个与 $y_1(x)$ 线性无关的解 $y_2(x)$，为此采用常数变易法，可设

$$y_2(x)=C(x)y_1(x),$$

代入方程并整理可得

$$y_1(x)C''(x)+(2y_1'(x)+P(x)y_1(x))C'(x)=0,$$

于是有

$$\frac{C''(x)}{C'(x)}=-\frac{2y_1'(x)}{y_1(x)}-P(x),$$

两边积分得(注意，我们只需要取一个原函数，因此省略掉任意常数项)

$$\ln C'(x)=-2\ln y_1(x)-\int P(x)\,\mathrm{d}x=\ln\left[\frac{1}{y_1^2(x)}\mathrm{e}^{-\int P(x)\mathrm{d}x}\right],$$

因此有

$$C'(x)=\frac{1}{y_1^2(x)}\mathrm{e}^{-\int P(x)\mathrm{d}x},$$

从而可取

$$C(x)=\int\frac{1}{y_1^2(x)}\mathrm{e}^{-\int P(x)\mathrm{d}x}\,\mathrm{d}x,$$

进而可得微分方程 $y''+P(x)y'+Q(x)y=0$ 的通解为

$$y=C_1y_1(x)+C_2y_1(x)\int\frac{1}{y_1^2(x)}\mathrm{e}^{-\int P(x)\mathrm{d}x}\,\mathrm{d}x.$$

这里积分号下仅仅取一个原函数，不作不定积分理解.

4.3.3.2 对于二阶非齐次线性微分方程 $y''+P(x)y'+Q(x)y=f(x)$

如果已经找到对应齐次方程 $y''+P(x)y'+Q(x)y=0$ 的两个线性无关的解 $y_1(x)$ 与 $y_2(x)$，则齐次线性微分方程的通解为

$$y=C_1y_1(x)+C_2y_2(x),$$

把上式中的常数 C_1,C_2 变易为函数 $C_1(x),C_2(x)$，我们可以得到非齐次线性微分方程

$$y''+P(x)y'+Q(x)y=f(x)$$

的特解 y^*. 具体而言, 方法如下.

设 $y^*=C_1(x)y_1(x)+C_2(x)y_2(x)$, 代入方程并整理可得

$$C_1''(x)y_1(x)+C_2''(x)y_2(x)+2[C_1'(x)y_1'(x)+C_2'(x)y_2'(x)]$$
$$+P(x)[C_1'(x)y_1(x)+C_2'(x)y_2(x)]=f(x),$$

令 $C_1'(x)y_1(x)+C_2'(x)y_2(x)=0$, 则由上式可得 $C_1'(x)y_1'(x)+C_2'(x)y_2'(x)=f(x)$. 即有如下方程组

$$\begin{cases}C_1'(x)y_1(x)+C_2'(x)y_2(x)=0,\\ C_1'(x)y_1'(x)+C_2'(x)y_2'(x)=f(x),\end{cases}$$

从该方程组可解得 $C_1'(x)$ 与 $C_2'(x)$, 再积分即可得 $C_1(x),C_2(x)$, 从而得到 y^*.

4.3.4 形如 $y''+py'+qy=P_n(x)e^{\alpha x}\cos\beta x$ 与 $y''+py'+qy=P_n(x)e^{\alpha x}\sin\beta x$ 的二阶常系数非齐次线性微分方程求特解的复数解法

这里的 p,q,α,β 都是实数, $P_n(x)$ 是实系数多项式. 由欧拉公式知, 有

$$P_n(x)e^{(\alpha+i\beta)x}=P_n(x)e^{\alpha x}\cos\beta x+iP_n(x)e^{\alpha x}\sin\beta x.$$

因此, 若微分方程

$$y''+py'+qy=P_n(x)e^{(\alpha+i\beta)x}$$

有特解 $y^*=y_1^*+iy_2^*$, 其中 $y_1^*=\mathrm{Re}\,y^*$, $y_2^*=\mathrm{Im}\,y^*$, 代入方程 $y''+py'+qy=P_n(x)e^{(\alpha+i\beta)x}$ 可得

$$[(y_1^*)''+p(y_1^*)'+qy_1^*]+i[(y_2^*)''+p(y_2^*)'+qy_2^*]=P_n(x)e^{\alpha x}\cos\beta x+iP_n(x)e^{\alpha x}\sin\beta x.$$

因此由两个复数相等的条件可知, 其实部与虚部应分别相等, 即有

$$(y_1^*)''+p(y_1^*)'+qy_1^*=P_n(x)e^{\alpha x}\cos\beta x,$$
$$(y_2^*)''+p(y_2^*)'+qy_2^*=P_n(x)e^{\alpha x}\sin\beta x.$$

这表明, y_1^* 与 y_2^* 分别为微分方程

$$y''+py'+qy=P_n(x)e^{\alpha x}\cos\beta x \quad 与 \quad y''+py'+qy=P_n(x)e^{\alpha x}\sin\beta x$$

的特解.

注意, 这里求 y^* 的方法可以照搬二阶常系数线性微分方程求解中的待定系数法(见 4.2.2 节 3(3)), 只要把其中的 λ 改为 $\alpha+i\beta$ 即可.

4.3.5 一阶线性微分方程满足初始条件的特解公式

一阶线性微分方程 $y'+p(x)y=Q(x)$ 满足初始条件 $y(x_0)=y_0$ 的特解为

$$y=e^{-\int_{x_0}^{x}p(x)dx}\left[\int_{x_0}^{x}Q(x)e^{\int_{x_0}^{x}p(x)dx}dx+y_0\right].$$

因为上式显然满足 $y(x_0)=y_0$, 此外对上式关于 x 求导可得

$$y' = e^{-\int_{x_0}^{x} p(x)dx} \cdot (-p(x))\left[\int_{x_0}^{x} Q(x)e^{\int_{x_0}^{x} p(x)dx} dx + y_0\right] + e^{-\int_{x_0}^{x} p(x)dx} \cdot Q(x)e^{\int_{x_0}^{x} p(x)dx}$$

$$= -p(x)y + Q(x).$$

可见有 $y' + p(x)y = Q(x)$，即所给的函数满足微分方程，因此所给的特解公式是正确的.

4.3.6 二阶常系数线性微分方程的降阶解法

考虑二阶常系数线性微分方程

$$y'' + py' + qy = f(x).$$

设 $u = y' - ay$，使得 $y'' + py' + qy = u' - bu$，则得到如下两个方程

$$a + b = -p, \quad ab = q,$$

由此可见 a, b 就是特征方程 $r^2 + pr + q = 0$ 的两个根 r_1, r_2. 据此我们可以给出二阶常系数线性微分方程

$$y'' + py' + qy = f(x)$$

的降阶解法: 令 $u = y' - r_1 y$，则方程可改写成如下一阶线性方程

$$u' - r_2 u = f(x).$$

由一阶线性微分方程的通解公式可得

$$y' - r_1 y = u = e^{\int r_2 dx}\left[\int f(x)e^{-\int r_2 dx} dx + C_1\right] = e^{r_2 x}\left[\int f(x)e^{-r_2 x} dx + C_1\right] = F(x, C_1).$$

从而可得原方程的通解为

$$y = e^{\int r_1 dx}\left[\int F(x, C_1)e^{-\int r_1 dx} dx + C_2\right] = e^{r_1 x}\left[\int F(x, C_1)e^{-r_1 x} dx + C_2\right].$$

例 4.3.6.1 求解微分方程 $y'' - 2y' - 3y = \sin x$.

解 特征方程为 $r^2 - 2r - 3 = 0$，特征根为 $r_1 = -1$, $r_2 = 3$. 令 $u = y' + y$，则原方程改写成

$$u' - 3u = \sin x.$$

因此有

$$u = e^{\int 3dx}\left[\int \sin x \cdot e^{\int -3dx} dx + C_1\right] = e^{3x}\left[\int e^{-3x}\sin x dx + C_1\right] = C_1 e^{3x} - \frac{1}{10}(3\sin x + \cos x).$$

即有

$$y' + y = C_1 e^{3x} - \frac{1}{10}(3\sin x + \cos x).$$

因此原方程的通解为

$$y = e^{-\int dx}\left(\int [C_1 e^{3x} - \frac{1}{10}(3\sin x + \cos x)] \cdot e^{\int dx} dx + C_2\right)$$

$$= e^{-x}\left(\int C_1 e^{4x} dx - \frac{1}{10}\int e^x(3\sin x + \cos x) dx + C_2\right)$$

$$= \frac{1}{4}C_1 e^{3x} + C_2 e^{-x} - \frac{1}{10}(2\sin x - \cos x). \blacksquare$$

4.4 释疑解惑

1. 如何看待微分方程中的未知函数及其自变量?

答 解微分方程的最终目的是得出满足微分方程的两个变量 x 与 y 之间的函数关系, 而这种函数关系, 既可以表现为 y 是 x 的显函数形式 $y=y(x)$, 也可以表现为 x 是 y 的显函数形式 $x=x(y)$, 甚至还可以表现为隐函数形式 $F(x,y)=0$. 因此方程中的哪个变量应该看作自变量, 哪个变量应该看作未知函数, 其实并不重要. 解微分方程时, 我们经常把导数 y' 看作微分 $\mathrm{d}y$ 与 $\mathrm{d}x$ 的商 $\dfrac{\mathrm{d}y}{\mathrm{d}x}$, 由于 $\mathrm{d}y$ 与 $\mathrm{d}x$ 的可分离特点, 往往给解微分方程带来较大便利. 比如, 在解微分方程

$$y'=\frac{y}{2x-y^3}$$

时, 如果一定要把 x 看作自变量, 把 y 看作未知函数, 则该方程不属于我们教材中介绍过的任何一类方程, 因而一时之间束手无策. 但是, 如果换一个角度, 把 y 看作自变量, 把 x 看作未知函数, 则方程可以改写成

$$\frac{\mathrm{d}x}{\mathrm{d}y}-\frac{2}{y}x=-y^2,$$

这是一个一阶非齐次线性微分方程, 可以有公式解, 就很容易求出其通解来.■

2. 微分方程的通解与它的所有解的集合是个什么样的关系?

答 按照定义, n 阶微分方程的通解是指该微分方程的含有 n 个相互独立的任意常数的解, 当这些表示任意常数的字母取不同的值时, 可以得到无数个不同的解, 因此通解可以理解为某些解的集合. 一般来说, 通解是所有解的集合的真子集, 两者未必相同. 我们可以通过下面这个例子来看:

对于微分方程 $\dfrac{\mathrm{d}y}{\mathrm{d}x}=\sqrt{a^2-y^2}\,(a>0)$, 这是一个可分离变量的一阶微分方程, 分离变量得

$$\frac{\mathrm{d}y}{\sqrt{a^2-y^2}}=\mathrm{d}x,$$

两边积分可得

$$\arcsin\frac{y}{a}=x+C,$$

因此方程的通解为

$$y=a\sin(x+C).$$

然而, 很容易看出, 这个通解并没有包含该微分方程的所有解, 因为常值函数 $y=a$ 与 $y=-a$ 都是方程的解, 但是这两个解并不能从通解中取 C 为某个特定常数而得到.

因此通解只是解的一种形式，它当然包含了方程的绝大部分解，但未必包含所有解.

然而，线性微分方程的通解与全体解的集合是相同的. 为简单起见，我们只证明二阶线性微分方程的通解包含了所有解.

(1) 设 y_1,y_2 是二阶齐次线性微分方程 $y''+p(x)y'+q(x)y=0$ 的两个线性无关的解，则该方程的任一解 y 都可以由 y_1,y_2 线性表示，从而通解包含了所有解.

事实上，由于 y_1,y_2 是微分方程 $y''+p(x)y'+q(x)y=0$ 的两个解，故

$$\begin{cases} y_1''+p(x)y_1'+q(x)y_1=0, \\ y_2''+p(x)y_2'+q(x)y_2=0, \end{cases}$$

由此可得

$$(y_1y_2''-y_2y_1'')+p(x)(y_1y_2'-y_2y_1')=0,$$

令 $u=y_1y_2'-y_2y_1'$，则 $u'=y_1y_2''-y_2y_1''$，故上述方程可改写成

$$u'+p(x)u=0.$$

由此解得

$$u=y_1y_2'-y_2y_1'=C_1\,\mathrm{e}^{-\int p(x)\mathrm{d}x},$$

其中 C_1 为非零常数(因为若 $C_1=0$，则 $y_1y_2'-y_2y_1'=0$，即 $\dfrac{y_1'}{y_1}=\dfrac{y_2'}{y_2}$，从而有 $\dfrac{y_1}{y_2}=C$，这与 y_1,y_2 线性无关矛盾).

同理，存在常数 C_2 和 C_3 使得

$$\begin{cases} yy_2'-y_2y'=C_2\,\mathrm{e}^{-\int p(x)\mathrm{d}x}, \\ y_1y'-yy_1'=C_3\,\mathrm{e}^{-\int p(x)\mathrm{d}x}, \end{cases} \tag{4.4.1}$$

由于雅可比行列式 $\begin{vmatrix} y_2' & -y_2 \\ -y_1' & y_1 \end{vmatrix}=u\neq 0$，故由克拉默法则，从上述方程组可得

$$y=\frac{\begin{vmatrix} C_2\,\mathrm{e}^{-\int p(x)\mathrm{d}x} & -y_2 \\ C_3\,\mathrm{e}^{-\int p(x)\mathrm{d}x} & y_1 \end{vmatrix}}{\begin{vmatrix} y_2' & -y_2 \\ -y_1' & y_1 \end{vmatrix}}=\frac{C_2y_1\,\mathrm{e}^{-\int p(x)\mathrm{d}x}+C_3y_2\,\mathrm{e}^{-\int p(x)\mathrm{d}x}}{C_1\,\mathrm{e}^{-\int p(x)\mathrm{d}x}}=\frac{C_2}{C_1}y_1+\frac{C_3}{C_1}y_2.$$

可见，y 都可以由 y_1,y_2 线性表示.

(2) 设 y_1,y_2 是二阶齐次线性微分方程 $y''+p(x)y'+q(x)y=0$ 的两个线性无关的解，y^* 是二阶非齐次线性微分方程 $y''+p(x)y'+q(x)y=f(x)$ 的一个特解，则该非齐次线性微分方程的任一解 y 都可以表示为 $y=C_1y_1+C_2y_2+y^*$. 从而通解包含了所有解.

事实上，由前面的 4.3.1 可知，$y-y^*$ 是齐次线性微分方程 $y''+p(x)y'+q(x)y=0$ 的解，故由(1)知，存在常数 C_1,C_2 使得 $y-y^*=C_1y_1+C_2y_2$，即 $y=C_1y_1+C_2y_2+y^*$. ■

3. 解微分方程时，我们经常会用对数型任意常数 $\ln C$ 来代替任意常数 C，但最后留下来的任意常数 C 又可以取任意值，包括负数，这里是不是与对数函数的定义域相矛盾了？

答　确实，我们经常会用对数型任意常数 $\ln C$ 来代替任意常数 C．比如在下列求解过程中就是这样:

例　解微分方程 $xy'=1+y$.

首先分离变量可得

$$\frac{\mathrm{d}y}{1+y}=\frac{\mathrm{d}x}{x},$$

两边积分可得

$$\ln(1+y)=\ln x+\ln C=\ln(Cx),$$

因此，原方程的通解为 $1+y=Cx$, 即 $y=Cx-1$ (其中 C 为任意常数).

如果我们更严谨一些，则积分后应该得到 $\ln|1+y|=\ln|x|+\ln|C|=\ln|Cx|$,

由此一样可得原方程的通解为 $1+y=Cx$, 即 $y=Cx-1$. (考虑到 $y=-1$ 也是微分方程的解，因此通解中 C 也可以取 0，故我们默认 C 为任意常数.)

在这里，前面取对数时有没有加绝对值号并没有影响最后结果.

但是，正如例子中所显示的那样，我们在最后的通解表达式中，没有保留对数符号. 通常就是这样，为了方便起见，在积分过程中如果出现了对数函数，同时在最后结论中我们又不希望保留对数符号，则此时对数的真数可以不加绝对值号，其中的任意常数可以选择对数型任意常数 $\ln C$ 来代替，且不必去关心其中的 C 是否为正数，甚至不必关心它会不会是 0. 在对数符号去掉之后我们可以自然地把 C 看作任意常数. 但是，如果在解的最终表达式中要保留对数符号，则真数必须保证是正数，如有必要，必须在真数处加上一个绝对值号.■

4. 在求初值问题的解时，是不是必须要先求出通解，然后再通过初值条件去确定任意常数，再得到所求的初值问题的特解？

答　一般而言，在求初值问题特解的过程中，一旦出现一个任意常数，先用初值条件把这个常数确定下来，再接着往下做会比较好. 因为这样可以避免某些不必要的讨论. 如果在通解求出来之后再去确定那些任意常数的具体取值，有时就会遇到讨论问题. 我们从下面这个例子来看看就清楚了.

例　求解初值问题: $y''=2yy', y(0)=-1, y'(0)=1$.

解　令 $y'=p$，则由原方程可得 $p\dfrac{\mathrm{d}p}{\mathrm{d}y}=2yp$，由初值条件知，$p\not\equiv 0$，因此有

$$\frac{\mathrm{d}p}{\mathrm{d}y}=2y,\quad 即\,\mathrm{d}p=2y\mathrm{d}y,$$

积分得 $p=y^2+C_1$. 将初值条件 $y(0)=-1, y'(0)=p(0)=1$ 代入可得 $C_1=0$. 从而 $p=y^2$，即

$$\frac{\mathrm{d}y}{\mathrm{d}x}=y^2,\quad 即\,y^{-2}\mathrm{d}y=\mathrm{d}x,$$

积分得 $-y^{-1}=x+C_2$. 将初值条件 $y(0)=-1$ 代入可得 $C_2=1$. 故所求的初值问题的特解为

$$y^*=-\frac{1}{1+x}.$$

在上述求解过程中，得到 $p=y^2+C_1$ 后，我们没有接着去求通解 $y=y(x,C_1,C_2)$，而是先利用初值条件确定常数 $C_1=0$，然后再继续去求 y^*. 如果得到 $p=y^2+C_1$ 后接着去求通解 $y=y(x,C_1,C_2)$，则将遇到如下讨论:

若 $C_1>0$，则 $\frac{\mathrm{d}y}{y^2+C_1}=\mathrm{d}x$，两边积分得通解为 $x=\frac{1}{\sqrt{C_1}}\arctan\frac{y}{C_1}+C_2$；

若 $C_1=0$，则 $\frac{\mathrm{d}y}{y^2}=\mathrm{d}x$，两边积分得通解为 $x=-\frac{1}{y}+C_2$；

若 $C_1<0$，则 $\frac{\mathrm{d}y}{y^2+C_1}=\mathrm{d}x$，两边积分得通解为 $x=\frac{1}{2\sqrt{-C_1}}\ln\left|\frac{y-\sqrt{-C_1}}{y+\sqrt{-C_1}}\right|+C_2$.

然后再用初值条件去确定 C_1,C_2 的值，最后得到特解 y^*. 这样，整个解题过程就复杂得多！■

5. 在求初值问题的特解时，如果出现有解的不同分支，如何确定究竟是哪个分支？

答　在求初值问题的特解的过程中，遇到开方等运算，可能会出现该取哪个分支的问题. 如果出现有解的不同分支，一般可根据初值条件来确定应该取哪个分支，即根据自变量和因变量或其导数的取值来确定应该取哪个分支. 我们看下面这个例子，作为参考.

例　求下列初值问题的特解：$y''+y'^2=2\mathrm{e}^{-y}, y(0)=-1, y'(0)=-2\mathrm{e}^{\frac{1}{2}}$.

解　令 $y'=p, y''=\frac{\mathrm{d}p}{\mathrm{d}x}=p\frac{\mathrm{d}p}{\mathrm{d}y}$，则原方程可以改写成

$$p\frac{\mathrm{d}p}{\mathrm{d}y}+p^2=2\mathrm{e}^{-y},$$

再令 $p^2=q$，上述方程又可以改写成

$$\frac{\mathrm{d}q}{\mathrm{d}y}+2q=4\mathrm{e}^{-y},$$

由此解得

$$p^2=q=\mathrm{e}^{-\int 2\mathrm{d}y}\left[\int 4\mathrm{e}^{-y}\cdot\mathrm{e}^{\int 2\mathrm{d}y}\mathrm{d}y+C_1\right]=\mathrm{e}^{-2y}(4\mathrm{e}^{y}+C_1).$$

因此

$$p=\pm\sqrt{\mathrm{e}^{-2y}(4\mathrm{e}^{y}+C_1)}.$$

由于 $x=0$ 时 $y=-1, p=-2\mathrm{e}^{\frac{1}{2}}<0$，故应该取分支

$$p=-\sqrt{\mathrm{e}^{-2y}(4\mathrm{e}^{y}+C_1)},$$

将 $y=-1, p=-2\mathrm{e}^{\frac{1}{2}}$ 代入上式，得 $C_1=0$，从而

$$\frac{dy}{dx}=p=-2e^{-\frac{1}{2}y},\quad \text{即有}\, e^{\frac{1}{2}y}dy=-2dx,$$

积分可得

$$e^{\frac{1}{2}y}=-x+C_2,$$

将 $x=0, y=-1$ 代入上式, 得 $C_2=e^{-\frac{1}{2}}$. 因此所求的初值问题的特解为

$$y=2\ln\left(e^{-\frac{1}{2}}-x\right). \blacksquare$$

4.5 典型错误辨析

4.5.1 通解概念理解不到位, 公式把握不准确

例 4.5.1.1 解微分方程 $y'-2xy=e^{x^2}$.

错误解法 根据公式, 所求通解为

$$\begin{aligned}y&=e^{-\int -2x\mathrm{d}x}\left[\int e^{x^2}\cdot e^{\int -2x\mathrm{d}x}\mathrm{d}x+C\right]=e^{x^2+C_1}\left[\int e^{x^2}\cdot e^{-x^2+C_2}\mathrm{d}x+C\right]\\&=e^{x^2+C_1}[e^{C_2}x+C_3+C]=(C_1'x+C_2')e^{x^2},\end{aligned}$$

其中 C_1', C_2' 为任意常数.

解析 这里的错误有两个: 一个是通解概念理解不到位, 一阶微分方程只能有一个任意常数, 而这里却有两个独立的任意常数, 显然不能成为通解; 第二个是一阶线性微分方程通解公式把握不准确, 公式

$$y=e^{-\int p(x)\mathrm{d}x}\left[\int Q(x)e^{\int p(x)\mathrm{d}x}\mathrm{d}x+C\right]$$

中的每个积分号不是不定积分的意思, 而只代表被积函数的一个不带任意常数的原函数.

正确解法 根据公式, 所求通解为

$$y=e^{-\int -2x\mathrm{d}x}\left[\int e^{x^2}\cdot e^{\int -2x\mathrm{d}x}\mathrm{d}x+C\right]=e^{x^2}\left[\int e^{x^2}\cdot e^{-x^2}\mathrm{d}x+C\right]=e^{x^2}[x+C]=(x+C)e^{x^2}. \blacksquare$$

4.5.2 不注意具体条件

例 4.5.2.1 求解微分方程 $y'=\dfrac{\sin x}{\sin y}$.

错误解法 分离变量可得 $\sin y\mathrm{d}y=\sin x\mathrm{d}x$, 两边积分得方程的通解为

$$\cos y=\cos x+C \quad (\text{其中}\, C\, \text{为任意常数}).$$

解析 这里的错误是“其中 C 为任意常数”, 因为由函数关系式可知, 应该有约束条件

$$|C|=|\cos y-\cos x|\leqslant 2.$$

正确解法　分离变量可得 $\sin y\mathrm{d}y=\sin x\mathrm{d}x$，两边积分得方程的通解为

$$\cos y=\cos x+C \quad (\text{其中}|C|\leqslant 2\text{为任意常数}).■$$

4.5.3　混淆变量

例 4.5.3.1　求初值问题 $y''=\frac{1}{2}\sin 2y, y(0)=\frac{\pi}{2}, y'(0)=-1$ 的解.

错误解法　令 $u=y'$，则方程改写成 $u'=\frac{1}{2}\sin 2y$，故

$$u=\int\frac{1}{2}\sin 2y\mathrm{d}y=\frac{1}{2}\sin^2 y+C_1.$$

由 $x=0$ 时 $y=\frac{\pi}{2},u=-1$ 知 $C_1=-\frac{3}{2}$. 故有

$$y'=\frac{1}{2}\sin^2 y-\frac{3}{2},\quad \text{即}\quad \frac{2\mathrm{d}y}{\sin^2 y-3}=\mathrm{d}x,$$

两边积分可得

$$x=\int\frac{2\mathrm{d}y}{\sin^2 y-3}=2\int\frac{\mathrm{d}\cot y}{3\cot^2 y+2}=\sqrt{\frac{2}{3}}\arctan\frac{\cot y}{\sqrt{\frac{2}{3}}}+C_2.$$

由 $x=0$ 时，$y=\frac{\pi}{2}$ 知 $C_2=0$. 故所求初值问题的解为

$$x=\sqrt{\frac{2}{3}}\arctan\frac{\cot y}{\sqrt{\frac{2}{3}}}.$$

解析　实际上，把上述函数代入原方程验证会发现，它并不满足原方程. 那么错在哪里呢?

这是一个不显含自变量 x 的微分方程，当令 $u=y'$ 时，$y''=\frac{\mathrm{d}u}{\mathrm{d}x}=\frac{\mathrm{d}u}{\mathrm{d}y}\cdot\frac{\mathrm{d}y}{\mathrm{d}x}=u\frac{\mathrm{d}u}{\mathrm{d}y}$，从而原方程改写成 $u\frac{\mathrm{d}u}{\mathrm{d}y}=\frac{1}{2}\sin 2y$，并不是改写成 $\frac{\mathrm{d}u}{\mathrm{d}y}=\frac{1}{2}\sin 2y$. 上述解法混淆了 $u'=\frac{\mathrm{d}u}{\mathrm{d}x}$ 与 $u'=\frac{\mathrm{d}u}{\mathrm{d}y}$，因此是不对的.

正确解法　令 $u=y'$，则方程改写成 $u\frac{\mathrm{d}u}{\mathrm{d}y}=\frac{1}{2}\sin 2y$，分离变量后积分可得

$$u^2=\sin^2 y+C_1.$$

由 $x=0$ 时，$y=\frac{\pi}{2},u=-1$ 知 $C_1=0$. 故有

$$y'=u=-\sin y,\quad \text{即}-\csc y\mathrm{d}y=\mathrm{d}x,$$

积分可得

$$\ln|\csc y+\cot y|=x+\ln|C_2|,\quad 即\csc y+\cot y=C_2\,\mathrm{e}^{x}.$$

再由 $x=0$ 时 $y=\dfrac{\pi}{2}$ 知 $C_2=1$. 故所求初值问题的解为

$$\csc y+\cot y=\mathrm{e}^{x}.\ ■$$

4.5.4 特解设法不正确

例 4.5.4.1 微分方程 $y''-y'-2y=\cos x$ 的特解的形式为__________.

错误解法 该微分方程的特征方程为 $r^2-r-2=0$，特征根为 $r_1=-1,r_2=2$. 由于 i 不是特征根, 故该方程特解形式为

$$y^*=a\cos x.$$

解析 这样设特解是不对的. 事实上, 我们通过计算可知, 该方程的通解为

$$y=C_1\,\mathrm{e}^{-x}+C_2\,\mathrm{e}^{2x}-\frac{1}{10}(\sin x+3\cos x),$$

因此并不存在 $y^*=a\cos x$ 型的特解. 在给形如

$$y''+py'+qy=\mathrm{e}^{\alpha x}[P_n(x)\cos\beta x+Q_m(x)\sin\beta x]$$

的微分方程设特解时, 即便 $P_n(x)=0$ 或者 $Q_m(x)=0$，也必须设

$$y^*=x^k\,\mathrm{e}^{\alpha x}[M_l(x)\cos\beta x+N_l(x)\sin\beta x]\quad (其中l=\max(m,n),k为\alpha+\mathrm{i}\beta作为特征根的重数).$$

正确答案 特解形式为 $y^*=a\sin x+b\cos x$，其中 a,b 为待定常数. ■

4.5.5 忽略了方程本身蕴含的初值条件, 导致解答不完整.

例 4.5.5.1 求解积分方程 $f(x)=\mathrm{e}^{2x}+\int_0^x(x-t)f(t)\mathrm{d}t$.

错误解法 由于

$$f(x)=\mathrm{e}^{2x}+\int_0^x(x-t)f(t)\mathrm{d}t=\mathrm{e}^{2x}+x\int_0^x f(t)\mathrm{d}t-\int_0^x tf(t)\mathrm{d}t,$$

两边关于 x 求导, 可得

$$f'(x)=2\mathrm{e}^{2x}+\int_0^x f(t)\mathrm{d}t+xf(x)-xf(x)=2\mathrm{e}^{2x}+\int_0^x f(t)\mathrm{d}t,$$

再两边关于 x 求导, 可得

$$f''(x)=4\mathrm{e}^{2x}+f(x),\quad 即\ f''(x)-f(x)=4\mathrm{e}^{2x}.$$

该微分方程的特征方程为 $r^2-1=0$，特征根为 $r=\pm1$. 又容易看出, 方程有特解 $y^*=\dfrac{4}{3}\mathrm{e}^{2x}$.

因此所求积分方程的通解为

$$f(x)=C_1\mathrm{e}^x+C_2\mathrm{e}^{-x}+\frac{4}{3}\mathrm{e}^{2x}.$$

解析　这里的错误是没有注意到积分方程本身所蕴含的初值条件. 在积分方程中，令上下限相等即可得到相应的初值条件. 一般而言，积分方程的解是特解，而不是通解.

正确解法　首先，在方程中令 $x=0$，可得 $f(0)=1$. 由于

$$f(x)=\mathrm{e}^{2x}+\int_0^x(x-t)f(t)\mathrm{d}t=\mathrm{e}^{2x}+x\int_0^x f(t)\mathrm{d}t-\int_0^x tf(t)\mathrm{d}t,$$

两边关于 x 求导，可得

$$f'(x)=2\mathrm{e}^{2x}+\int_0^x f(t)\mathrm{d}t+xf(x)-xf(x)=2\mathrm{e}^{2x}+\int_0^x f(t)\mathrm{d}t,$$

在上式中令 $x=0$，可得 $f'(0)=2$. 上式又两边关于 x 求导，可得

$$f''(x)=4\mathrm{e}^{2x}+f(x),\quad 即\ f''(x)-f(x)=4\mathrm{e}^{2x}.$$

该微分方程的特征方程为 $r^2-1=0$，特征根为 $r=\pm1$. 又容易看出，上述方程有特解 $y^*=\frac{4}{3}\mathrm{e}^{2x}$. 因此上述方程的通解为

$$f(x)=C_1\mathrm{e}^x+C_2\mathrm{e}^{-x}+\frac{4}{3}\mathrm{e}^{2x}.$$

由初值条件 $f(0)=1,f'(0)=2$ 可知，有 $\begin{cases}C_1+C_2+\frac{4}{3}=1,\\ C_1-C_2+\frac{8}{3}=2,\end{cases}$ 解之可得 $C_1=-\frac{1}{2},C_2=\frac{1}{6}$. 因此所求积分方程的解为

$$f(x)=-\frac{1}{2}\mathrm{e}^x+\frac{1}{6}\mathrm{e}^{-x}+\frac{4}{3}\mathrm{e}^{2x}.\ ■$$

4.6　例题选讲

选例 4.6.1　若微分方程有通解 $y=C\mathrm{e}^x+\sin x$ (其中 C 为任意常数)，则该微分方程是__________.

思路　利用常数的导数为 0.

解　由于通解表达式中只有一个任意常数，故该微分方程是一阶微分方程. 由通解表达式可得

$$C=\mathrm{e}^{-x}(y-\sin x),$$

两边关于 x 求导，得

$$-\mathrm{e}^{-x}(y-\sin x)+\mathrm{e}^{-x}(y'-\cos x)=0,$$

由于 $\mathrm{e}^{-x}\neq0$，故

$$-(y-\sin x)+(y'-\cos x)=0, \quad 即 y'-y=\cos x-\sin x,$$

此即所求的微分方程.■

选例 4.6.2　若 $y_1=(1+x^2)^2-\sqrt{1+x^2}, y_2=(1+x^2)^2+\sqrt{1+x^2}$ 是微分方程 $y''+p(x)y=q(x)$ 的两个解, 则 $q(x)=$____________.

思路　把解代入方程, 再解以 $p(x),q(x)$ 为未知量的方程组. 或者利用线性微分方程解的结构知识, 先得出 $\frac{1}{2}(y_1+y_2)=(1+x^2)^2$ 为方程 $y''+p(x)y=q(x)$ 的特解, $\frac{1}{2}(y_2-y_1)=\sqrt{1+x^2}$ 为对应齐次线性微分方程 $y''+p(x)y=0$ 的解, 再分别代入方程, 得到关于 $p(x),q(x)$ 的线性方程组, 由此可求出 $p(x),q(x)$.

解法一　由于 y_1,y_2 是微分方程 $y''+p(x)y=q(x)$ 的两个解, 故

$$\begin{cases} y_1''+p(x)y_1=q(x), \\ y_2''+p(x)y_2=q(x), \end{cases}$$

将 $y_1=(1+x^2)^2-\sqrt{1+x^2}, y_2=(1+x^2)^2+\sqrt{1+x^2}$ 代入, 即

$$\begin{cases} 4+12x^2-\dfrac{1}{\sqrt{(1+x^2)^3}}+p(x)[(1+x^2)^2-\sqrt{1+x^2}\,]=q(x), \\ 4+12x^2+\dfrac{1}{\sqrt{(1+x^2)^3}}+p(x)[(1+x^2)^2+\sqrt{1+x^2}\,]=q(x), \end{cases}$$

由此解得 $q(x)=3+12x^2$. ■

解法二　由线性微分方程解的结构知识可知, $y_3=\frac{1}{2}(y_1+y_2)=(1+x^2)^2$ 为方程 $y''+p(x)y=q(x)$ 的特解, $y_4=\frac{1}{2}(y_2-y_1)=\sqrt{1+x^2}$ 为对应齐次线性微分方程 $y''+p(x)y=0$ 的解, 分别代入方程可得

$$\begin{cases} 4+12x^2+(1+x^2)^2p(x)=q(x), \\ \dfrac{1}{\sqrt{(1+x^2)^3}}+\sqrt{1+x^2}\,p(x)=0, \end{cases}$$

由此解得 $q(x)=3+12x^2$. ■

选例 4.6.3　已知 $y_1=e^{3x}-xe^{2x}, y_2=e^x-xe^{2x}, y_3=-xe^{2x}$ 是某个二阶常系数非齐次线性微分方程的三个解, 则该方程的通解为 $y=$____________.

思路　利用线性微分方程解的结构的知识.

解　由于 $y_1=e^{3x}-xe^{2x}, y_2=e^x-xe^{2x}, y_3=-xe^{2x}$ 是该二阶常系数非齐次线性微分方程的三个解, 故 $y_4=y_1-y_3=e^{3x}, y_5=y_2-y_3=e^x$ 是其对应的齐次线性微分方程的解, 由于 y_4,y_5 线性无关, 故该二阶常系数非齐次线性微分方程的通解为

$$y=C_1y_4+C_2y_5+y_3=C_1e^{3x}+C_2e^x-xe^{2x} \quad (其中 C_1,C_2 为任意常数).■$$

选例 4.6.4 设 $y_1(x),y_2(x),y_3(x)$ 是非齐次线性微分方程 $y''+p(x)y'+q(x)y=f(x)$ 的三个特解, 并且已知 $y=C_1y_1(x)+C_2y_2(x)+C_3y_3(x)$ 也是该方程的解, 则常数 C_1,C_2,C_3 之间的关系是(　　).

(A) C_1,C_2,C_3相互独立　　(B) $C_1+C_2+C_3=0$

(C) $C_1+C_2+C_3=1$　　(D) C_1,C_2,C_3不全为0

思路 利用线性微分方程解的结构知识.

解 由已知条件可知, 有

$$y_i''+p(x)y_i'+q(x)y_i=f(x),\quad i=1,2,3,$$

将函数 $y=C_1y_1+C_2y_2+C_3y_3$ 代入方程 $y''+p(x)y'+q(x)y=f(x)$ 的左边可得

$$\begin{aligned}y''+p(x)y'+q(x)y&=C_1(y_1''+p(x)y_1'+q(x)y_1)+C_2(y_2''+p(x)y_2'+q(x)y_2)\\&\quad+C_3(y_3''+p(x)y_3'+q(x)y_3)\\&=(C_1+C_2+C_3)f(x).\end{aligned}$$

因此, 若 $y=C_1y_1(x)+C_2y_2(x)+C_3y_3(x)$ 也是该方程的解, 则 $C_1+C_2+C_3=1$. 因此选择(C).■

选例 4.6.5 设 $y(x)$ 是微分方程 $y''+py'+qy=2\mathrm{e}^{3x}+x$ 满足条件 $y(0)=0,y'(0)=1$ 的特解(其中 p,q 为常数, 且 $p\neq 2$), 试求极限 $\lim\limits_{x\to 0}\dfrac{x\arctan(2x)}{y(x)-x}$.

思路 由所给条件容易推知, 函数 $y(x)$ 在点 $x=0$ 附近有任意阶导数, 且

$$\lim_{x\to 0}(y(x)-x)=0,\quad \lim_{x\to 0}(y'(x)-1)=0,\quad \lim_{x\to 0}y''(x)=\lim_{x\to 0}[2\mathrm{e}^{3x}+x-py'(x)-qy(x)]=2-p.$$

因此可以利用洛必达法则求出该极限.

解 由已知条件, 函数 $y(x)$ 在点 $x=0$ 附近有任意阶导数, 且

$$\lim_{x\to 0}(y(x)-x)=0,\quad \lim_{x\to 0}(y'(x)-1)=0,\quad \lim_{x\to 0}y''(x)=\lim_{x\to 0}[2\mathrm{e}^{3x}+x-py'(x)-q(y(x)]=2-p,$$

因此利用洛必达法则, 得

$$\begin{aligned}\lim_{x\to 0}\frac{x\arctan(2x)}{y(x)-x}&=\lim_{x\to 0}\frac{2x^2}{y(x)-x}=\lim_{x\to 0}\frac{4x}{y'(x)-1}=\lim_{x\to 0}\frac{4}{y''(x)}\\&=\lim_{x\to 0}\frac{4}{2\mathrm{e}^{3x}+x-py'(x)-qy(x)}=\frac{4}{2-p}.\ ■\end{aligned}$$

选例 4.6.6 已知函数 $f(x)$ 满足关系式 $f(x+y)=\dfrac{f(x)+f(y)}{1-f(x)f(y)}$, 且已知 $f'(0)=1$, 求 $f(x)$.

思路 首先利用关系式 $f(x+y)=\dfrac{f(x)+f(y)}{1-f(x)f(y)}$ 看得出 $f(0)=0$, 再利用该关系式及 $f'(0)=1$ 可探讨函数在任一点的可导性, 从而得到函数 $f(x)$ 应该满足的微分方程, 进而通过解微分方程求出 $f(x)$.

解 由已知关系式可得

$$f(0)=f(0+0)=\frac{f(0)+f(0)}{1-f^2(0)},\quad 即\quad f(0)[1+f^2(0)]=0.$$

故 $f(0)=0$. 再由 $f'(0)=1$, 对任一 x, 有

$$\lim_{\Delta x\to 0}\frac{f(x+\Delta x)-f(x)}{\Delta x}=\lim_{\Delta x\to 0}\frac{\dfrac{f(x)+f(\Delta x)}{1-f(x)f(\Delta x)}-f(x)}{\Delta x}=\lim_{\Delta x\to 0}\frac{f(\Delta x)}{\Delta x}\cdot\frac{1+f^2(x)}{1-f(x)f(\Delta x)}$$

$$=\lim_{\Delta x\to 0}\frac{f(\Delta x)-f(0)}{\Delta x}\cdot\frac{1+f^2(x)}{1-f(x)f(\Delta x)}=f'(0)\cdot\frac{1+f^2(x)}{1-f(x)f(0)}=1+f^2(x).$$

因此 $f(x)$ 在点 x 处可导, 且 $f'(x)=1+f^2(x)$. 可见函数 $f(x)$ 是下列微分方程初值问题的解

$$\begin{cases} y'=1+y^2, \\ y(0)=0, \end{cases}$$

分离变量得

$$\frac{\mathrm{d}y}{1+y^2}=\mathrm{d}x,$$

两边积分可得

$$\arctan y=x+C,$$

即

$$y=\tan(x+C).$$

由 $y(0)=0$ 知 $C=0$. 因此 $y=\tan x$, 故 $f(x)=\tan x$. ■

选例 4.6.7　设 $f(x)$ 为微分方程 $y''-2y'-3y=0$ 的解, 也是微分方程 $y''+3y'+2y=0$ 的解, 且 $f(0)=1$, 则 $f(x)=$____________.

思路　利用线性微分方程解的结构知识.

解　微分方程 $y''-2y'-3y=0$ 的特征方程为 $r^2-2r-3=0$, 特征根为 $r_1=3,r_2=-1$, 故

$$f(x)=C_1\mathrm{e}^{3x}+C_2\mathrm{e}^{-x},$$

同时, 微分方程 $y''+3y'+2y=0$ 的特征方程为 $r^2+3r+2=0$, 特征根为 $r_1=-2,r_2=-1$, 故又有

$$f(x)=C_3\mathrm{e}^{-2x}+C_4\mathrm{e}^{-x}.$$

因此, 必有 $f(x)=C\mathrm{e}^{-x}$. 再由 $f(0)=1$ 知 $C=1$, 故 $f(x)=\mathrm{e}^{-x}$. ■

选例 4.6.8　若函数 $f(x)$ 满足 $f''(x)+af'(x)+f(x)=0(a>0)$, 且 $f(0)=m,f'(0)=n$, 则反常积分 $\int_0^{+\infty}f(x)\mathrm{d}x=$____________.

思路　借助于微分方程把被积函数 $f(x)$ 换成 $-f''(x)-af'(x)$, 再利用 $\lim\limits_{x\to+\infty}f(x)=0$, $\lim\limits_{x\to+\infty}f'(x)=0$, 就很容易得到答案.

解　由假设, $f(x)$ 满足 $f''(x)+af'(x)+f(x)=0$, 因此

$$\int_0^{+\infty} f(x)\mathrm{d}x = -\int_0^{+\infty}[f''(x)+af'(x)]\mathrm{d}x = -[f'(x)+af(x)]\Big|_0^{+\infty} = n+am.$$

下面我们说明一下，为什么 $\lim\limits_{x\to+\infty} f(x)=0, \lim\limits_{x\to+\infty} f'(x)=0$.

由于微分方程 $f''(x)+af'(x)+f(x)=0$ 的特征方程为

$$r^2+ar+1=0,$$

其两个特征根为 $r_{1,2}=-\dfrac{a}{2}\pm\sqrt{\dfrac{a^2}{4}-1}$ (当 $a\geqslant 2$ 时为一对负数；当 $0<a<2$ 时为一对实部为负数的共轭复根). 因此当 $a\geqslant 2$ 时,

$$f(x)=C_1\mathrm{e}^{r_1x}+C_2\mathrm{e}^{r_2x};$$

当 $0<a<2$ 时,

$$f(x)=\mathrm{e}^{-\frac{a}{2}x}\left[C_1\cos\left(\sqrt{1-\frac{a^2}{4}}x\right)+C_2\sin\left(\sqrt{1-\frac{a^2}{4}}x\right)\right].$$

不管哪种情况，都有 $\lim\limits_{x\to+\infty} f'(x)=0, \lim\limits_{x\to+\infty} f(x)=0$. ■

选例 4.6.9 解微分方程 $y'=2\left(\dfrac{y+2}{x+y-1}\right)^2$.

思路 这是一个 $y'=f\left(\dfrac{a_1x+b_1y+c_1}{a_2x+b_2y+c_2}\right)$ 型的方程，可转化成一阶齐次微分方程求解.

解 令 $\begin{cases}x=X+k\\ y=Y+h\end{cases}$ 使得 $\begin{cases}y+2=Y,\\ x+y-1=X+Y,\end{cases}$ 则有

$$\begin{cases}h+2=0,\\ k+h-1=0,\end{cases}$$

解得 $k=3,h=-2$. 于是原方程可改写成

$$\frac{\mathrm{d}Y}{\mathrm{d}X}=2\left(\frac{Y}{X+Y}\right)^2=2\left(\frac{\frac{Y}{X}}{1+\frac{Y}{X}}\right)^2,$$

令 $\dfrac{Y}{X}=u$，则上述方程又可以化为

$$u+X\frac{\mathrm{d}u}{\mathrm{d}X}=2\left(\frac{u}{1+u}\right)^2, \quad 即 \quad -\frac{\mathrm{d}X}{X}=\frac{(1+u)^2}{u(1+u^2)}\mathrm{d}u,$$

两边积分可得

$$-\ln X+\ln C=\ln u+2\arctan u, \quad 即 \quad \frac{C}{X}=u\,\mathrm{e}^{2\arctan u},$$

将 $X=x-3, u=\dfrac{y+2}{x-3}$ 代入上式，得原方程通解为

$$y = C\mathrm{e}^{-2\arctan\frac{y+2}{x-3}} - 2. \blacksquare$$

选例 4.6.10　求初值问题 $\begin{cases} y' = \dfrac{y^2 - x^2}{2xy}, \\ y(1) = 1 \end{cases}$ 的解.

思路　把方程改写成 $y' - \dfrac{1}{2x}y = -\dfrac{x}{2}y^{-1}$，这是一个伯努利方程，因此可按照伯努利方程的常规解法求解；若令 $y^2 = u$，方程又可以改写成 $\dfrac{\mathrm{d}u}{\mathrm{d}x} - \dfrac{1}{x}u = -x$，这是一个一阶线性非齐次微分方程，直接用通解公式即可. 当巧用导数公式时，还可以有更巧妙的方法.

解法一　方程可改写成以 y^2 为未知函数的微分方程

$$\frac{\mathrm{d}y^2}{\mathrm{d}x} - \frac{1}{x}y^2 = -x,$$

其通解为

$$y^2 = \mathrm{e}^{\int \frac{1}{x}\mathrm{d}x}\left[\int -x\mathrm{e}^{\int -\frac{1}{x}\mathrm{d}x}\mathrm{d}x + C\right] = x\left[\int -x\cdot\frac{1}{x}\mathrm{d}x + C\right] = Cx - x^2,$$

由初值条件 $y(1) = 1$ 知，$C = 2$. 故所求初值问题的解为 $y = \sqrt{2x - x^2}$.

解法二　方程可以改写成

$$\frac{x(y^2)' - y^2}{x^2} = -1, \quad 即 \quad \left(\frac{y^2}{x}\right)' = -1,$$

因此积分可得

$$\frac{y^2}{x} = -x + C, \quad 即 \quad y^2 = Cx - x^2,$$

由初值条件 $y(1) = 1$ 知，$C = 2$. 故所求初值问题的解为 $y = \sqrt{2x - x^2}$. $\blacksquare$

选例 4.6.11　利用代换 $u = y\cos x$ 将微分方程 $y''\cos x - 2y'(\sin x - \cos x) - y(2\sin x + 4\cos x) = \mathrm{e}^x$ 化简，并求原方程的通解.

思路　由 $u = y\cos x$ 得 $y = u\sec x$，求出 y' 及 y''，代入原方程并整理，即得化简后的关于 u,x 的微分方程. 然后解出化简后的方程的通解，并将 $u = y\cos x$ 回代，即得原方程的通解.

解　由 $u = y\cos x$ 得 $y = u\sec x$，因此有

$$y' = u'\sec x + u\sec x\tan x, \quad y'' = u''\sec x + 2u'\sec x\tan x + u(\sec x\tan^2 x + \sec^3 x),$$

代入方程并整理得

$$u'' + 2u' - 3u = \mathrm{e}^x, \tag{4.6.1}$$

这是一个二阶常系数非齐次线性微分方程，其特征方程为 $r^2 + 2r - 3 = 0$，特征根为 $r_1 = 1$，$r_2 = -3$. 设其特解为 $u^* = ax\mathrm{e}^x$，代入方程并整理可得 $4a = 1$. 因此 $u^* = \dfrac{1}{4}x\mathrm{e}^x$. 故方程(4.6.1)

的通解为

$$u=C_1\mathrm{e}^x+C_2\mathrm{e}^{-3x}+\frac{1}{4}x\mathrm{e}^x,$$

从而原方程的通解为

$$y=\sec x\cdot\left[C_1\mathrm{e}^x+C_2\mathrm{e}^{-3x}+\frac{1}{4}x\mathrm{e}^x\right].$$ ■

选例 4.6.12　求初值问题$\begin{cases}y'-y\tan x=\mathrm{e}^{|\sin x|},\\ y(0)=0\end{cases}$在$\left(-\frac{\pi}{2},\frac{\pi}{2}\right)$内的解.

思路　注意到方程中出现了$|\sin x|$，因此在用积分法解方程时需要对x所处区间进行讨论. 除此而外, 本题是个常规的一阶非齐次线性微分方程的初值问题.

解法一　由于在$\left(-\frac{\pi}{2},\frac{\pi}{2}\right)$内$\cos x>0$，故原方程等价于

$$y'\cos x-y\sin x=\mathrm{e}^{|\sin x|}\cos x,\quad 即\quad (y\cos x)'=\mathrm{e}^{|\sin x|}\cos x,$$

积分可得

$$y\cos x=\int\mathrm{e}^{|\sin x|}\cos x\mathrm{d}x=\int\mathrm{e}^{|\sin x|}\mathrm{d}\sin x=\begin{cases}-\mathrm{e}^{-\sin x}+C_1, & -\frac{\pi}{2}<x\leqslant 0,\\ \mathrm{e}^{\sin x}+C_2, & 0<x<\frac{\pi}{2},\end{cases}$$

由原方程可知，$y'(0)=1$，因此所求的解$y=y(x)$在$x=0$处连续，因此上式中的$C_1=C_2+2$. 再由初值条件$y(0)=0$知，$C_1=1$. 故所求的初值问题的解为

$$y=\begin{cases}(-\mathrm{e}^{-\sin x}+1)\sec x, & -\frac{\pi}{2}<x\leqslant 0,\\ (\mathrm{e}^{\sin x}-1)\sec x, & 0<x<\frac{\pi}{2}.\end{cases}$$

解法二　微分方程$y'-y\tan x=\mathrm{e}^{|\sin x|}$在$\left(-\frac{\pi}{2},\frac{\pi}{2}\right)$内的通解为

$$y=\mathrm{e}^{\int\tan x\mathrm{d}x}\left[\int\mathrm{e}^{|\sin x|}\cdot\mathrm{e}^{-\int\tan x\mathrm{d}x}\mathrm{d}x+C\right]=\sec x\left[\int\mathrm{e}^{|\sin x|}\cos x\mathrm{d}x+C\right]$$

$$=\begin{cases}(-\mathrm{e}^{-\sin x}+C_1)\sec x, & -\frac{\pi}{2}<x\leqslant 0,\\ (\mathrm{e}^{\sin x}+C_2)\sec x, & 0<x<\frac{\pi}{2}.\end{cases}$$

由原方程可知，$y'(0)=1$，因此所求的解$y=y(x)$在$x=0$处连续，因此上式中的$C_1=C_2+2$. 再由初值条件$y(0)=0$知，$C_1=1$. 故所求的初值问题的解为

$$y=\begin{cases}(-\mathrm{e}^{-\sin x}+1)\sec x, & -\frac{\pi}{2}<x\leqslant 0,\\ (\mathrm{e}^{\sin x}-1)\sec x, & 0<x<\frac{\pi}{2}.\end{cases}$$ ■

选例 4.6.13　求解初值问题$\begin{cases} yy''-(y')^2=y^2\ln y, \\ y(0)=\mathrm{e}, y'(0)=-2\mathrm{e}. \end{cases}$

思路　这是不显含 x 的二阶微分方程的初值问题, 因此用常规方法求解即可. 但是由于有不同的分支, 因此要注意利用初值条件确定具体应该选哪个分支.

解　令 $y'=p, y''=p\dfrac{\mathrm{d}p}{\mathrm{d}y}$, 则原方程可化为

$$yp\frac{\mathrm{d}p}{\mathrm{d}y}-p^2=y^2\ln y,$$

再令 $p^2=u$, 则方程又可化为

$$\frac{\mathrm{d}u}{\mathrm{d}y}-\frac{2}{y}u=2y\ln y,$$

这是一阶线性非齐次微分方程, 由公式得其通解为

$$\begin{aligned} u&=\mathrm{e}^{-\int-\frac{2}{y}\mathrm{d}y}\left[\int 2y\ln y\cdot\mathrm{e}^{\int-\frac{2}{y}\mathrm{d}y}\mathrm{d}y+C_1\right]=\mathrm{e}^{2\ln y}\left[\int 2y\ln y\cdot\mathrm{e}^{-2\ln y}\mathrm{d}y+C_1\right] \\ &=y^2\left[\int 2y\ln y\cdot\frac{1}{y^2}\mathrm{d}y+C_1\right]=y^2(\ln^2 y+C_1). \end{aligned}$$

由于 $x=0$ 时 $y=\mathrm{e}, y'=-2\mathrm{e}, u=(y')^2=4\mathrm{e}^2$, 故 $C_1=3$. 从而 $y'=-\sqrt{u}=-y\sqrt{\ln^2 y+3}$. 分离变量可得

$$\frac{\mathrm{d}y}{y\sqrt{\ln^2 y+3}}=-\mathrm{d}x,$$

两边积分得

$$x=-\int\frac{\mathrm{d}y}{y\sqrt{\ln^2 y+3}}=-\int\frac{\mathrm{d}\ln y}{\sqrt{\ln^2 y+3}}=-\ln\left|\ln y+\sqrt{\ln^2 y+3}\right|+\ln C_2,$$

即有

$$C_2\mathrm{e}^{-x}=\ln y+\sqrt{\ln^2 y+3},$$

由于 $x=0$ 时 $y=\mathrm{e}$, 故 $C_2=3$. 故

$$3\mathrm{e}^{-x}=\ln y+\sqrt{\ln^2 y+3},$$

由此又可得

$$\sqrt{\ln^2 y+3}-\ln y=\frac{3}{\ln y+\sqrt{\ln^2 y+3}}=\frac{3}{3\mathrm{e}^{-x}}=\mathrm{e}^x,$$

从而

$$2\ln y=3\mathrm{e}^{-x}-\mathrm{e}^x.$$

因此所求初值问题的解为

$$y = e^{\frac{3e^{-x}-e^{x}}{2}}.\blacksquare$$

选例 4.6.14　解微分方程 $xy''-y'=x^3$.

思路　本题至少有两种处理方法: 其一是两边乘以 x 后, 方程就成为欧拉方程, 用对应的换元解法; 其二是两边同除以 x^2 再利用商的求导公式.

解法一　方程两边同乘以 x 得

$$x^2y''-xy'=x^4.$$

这是一个欧拉方程. 令 $x=e^t$, 则 $t=\ln x$, 从而

$$y'=\frac{dy}{dx}=\frac{dy}{dt}\cdot\frac{dt}{dx}=\frac{1}{x}\frac{dy}{dt},\quad y''=\frac{dy'}{dx}=\frac{d}{dx}\left(\frac{1}{x}\frac{dy}{dt}\right)=-\frac{1}{x^2}\frac{dy}{dt}+\frac{1}{x}\frac{d^2y}{dt^2}\cdot\frac{dt}{dx}=-\frac{1}{x^2}\frac{dy}{dt}+\frac{1}{x^2}\frac{d^2y}{dt^2},$$

由此上述方程可化为

$$\frac{d^2y}{dt^2}-2\frac{dy}{dt}=e^{4t},$$

该方程的特征方程为 $r^2-2r=0$, 特征根为 $r_1=0,r_2=2$, 且易知该微分方程有特解 $y=\frac{1}{8}e^{4t}$. 故上述方程的通解为

$$y=C_1+C_2e^{2t}+\frac{1}{8}e^{4t}.$$

将 $e^t=x$ 代入上式, 得原微分方程的通解为

$$y=C_1+C_2x^2+\frac{1}{8}x^4.$$

解法二　方程两边同除以 x^2 可得

$$\frac{xy''-y'}{x^2}=x,\quad 即\left(\frac{y'}{x}\right)'=x.$$

因此

$$\frac{y'}{x}=\frac{1}{2}x^2+C_1,\quad y'=\frac{1}{2}x^3+C_1x.$$

从而原方程的通解为

$$y=\int\left(\frac{1}{2}x^3+C_1x\right)dx=\frac{1}{8}x^4+\frac{C_1}{2}x^2+C_2.\blacksquare$$

选例 4.6.15　求曲线族 $y^3=x^3+C$ 的以 $y=1$ 为渐近线的正交曲线.

思路　曲线正交是指两条曲线在交点处的切线相互垂直, 因此在交点处切线的斜率互为负倒数. 而曲线族的正交曲线则与曲线族中的每一条曲线都正交. 利用导数表示切线的斜率, 就可以建立曲线族的正交曲线应该满足的微分方程, 从而可以解出正交曲线族(即微分方程的通解), 再利用以 $y=1$ 为渐近线这一条件, 可确定出所求的正交曲线.

解 对曲线方程 $y^3 = x^3 + C$ 两边关于 x 求导, 得

$$3y^2y' = 3x^2, \quad \text{即有} \quad y' = \frac{x^2}{y^2}.$$

设所求正交曲线为 $y = y(x)$，则有

$$y' = -\frac{y^2}{x^2},$$

该方程可改写成

$$\frac{\mathrm{d}y}{y^2} = -\frac{\mathrm{d}x}{x^2},$$

两边积分可得

$$\frac{1}{x} = -\frac{1}{y} + C.$$

由于所求正交曲线以 $y = 1$ 为渐近线, 即有 $\lim\limits_{x\to\infty} y = 1$，因此对上式取 $x \to \infty$ 时的极限可得 $C = 1$. 故所求的正交曲线方程为

$$\frac{1}{x} = -\frac{1}{y} + 1, \quad \text{即} \quad \frac{1}{x} + \frac{1}{y} = 1. \blacksquare$$

选例 4.6.16 从船上向海中沉放某种探测器, 按探测要求, 需确定仪器的下沉深度 y(从海平面算起)与下沉速度 v 之间的函数关系. 设仪器在重力作用下, 从海平面由静止开始铅直下沉, 在下沉过程中还受到阻力和浮力的作用. 设仪器的质量为 m，体积为 V，海水密度为 ρ，仪器所受阻力与下沉速度成正比, 比例系数为 $k(k > 0)$. 试建立 y 与 v 所满足的微分方程, 并求出函数关系 $y = y(v)$.

思路 依据牛顿第二运动定律建立所需的微分方程, 然后按照常规方法进行求解即可. 需注意由静止开始铅直下沉这一初值条件.

解 仪器在下沉过程中受到重力 mg、阻力 $-kv$ 和浮力 $-V\rho g$ 等三个力作用, 其合力为

$$F = mg - kv - V\rho g.$$

其中下沉速度 $v = \frac{\mathrm{d}y}{\mathrm{d}t} = \frac{\mathrm{d}y}{\mathrm{d}v}\cdot\frac{\mathrm{d}v}{\mathrm{d}t} = \frac{\mathrm{d}y}{\mathrm{d}v}\cdot\frac{\mathrm{d}^2y}{\mathrm{d}t^2}$. 因此又有 $\frac{\mathrm{d}^2y}{\mathrm{d}t^2} = v\frac{\mathrm{d}v}{\mathrm{d}y}$. 于是由牛顿第二运动定律知, 有

$$F = m\frac{\mathrm{d}^2y}{\mathrm{d}t^2}, \quad \text{即} \quad mg - kv - V\rho g = mv\frac{\mathrm{d}v}{\mathrm{d}y},$$

这就是 y 与 v 所满足的微分方程. 分离变量可得

$$\mathrm{d}y = \frac{mv\mathrm{d}v}{mg - kv - V\rho g},$$

两边同时积分可得

$$y=\frac{m}{k^2}(V\rho g-mg)\ln(mg-kv-V\rho g)-\frac{mv}{k}+C.$$

由于仪器由静止开始下沉, 故 $t=0$ 时, $y=0,v=0$. 代入上式得 $C=\frac{m}{k^2}(mg-V\rho g)\ln(mg-V\rho g)$. 因此所求关系式为

$$y=-\frac{m}{k}v+\frac{m}{k^2}(V\rho g-mg)\ln\frac{mg-kv-V\rho g}{mg-V\rho g}. ■$$

选例 4.6.17(悬链线问题)　一条均匀而柔软的链子两端固定而自然下垂, 试求其曲线方程.

思路　这是雅各比 · 伯努利在 1690 年向当时数学界公开征求答案的一个问题, 第二年莱布尼茨、惠更斯和约翰 · 伯努利各自给出了正确解答. 通过受力分析和力的平衡原理, 可建立起曲线所满足的微分方程, 解出满足相关初值条件的特解即可.

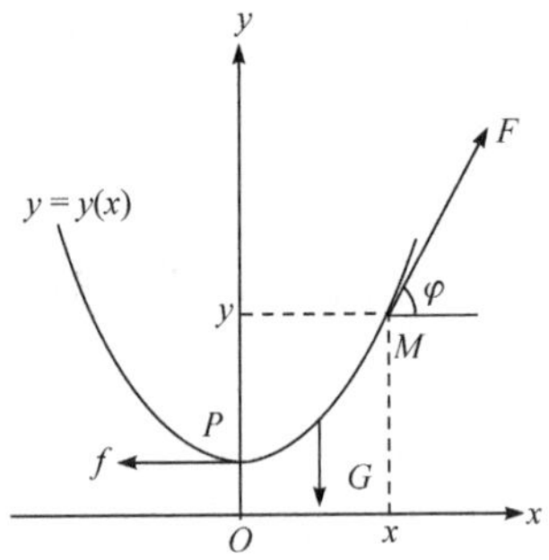

图 4.6-1

解　首先, 如图 4.6-1 所示建立直角坐标系: 过曲线的最低点 P 垂直向上作 y 轴, 在曲线所在平面上水平朝右作 x 轴, 使曲线最低点为 $P(0,1)$. 设所求曲线方程为 $y=y(x)$. 在曲线上任取一个不同于点 P 的点 $M(x,y)$, 下面分析曲线段 $\overset{\frown}{PM}$ 的受力情况. 该曲线段受到三个力的作用: 一个是点 P 处向左的水平拉力 f, 一个是向下的重力 G, 还有一个是 M 点处斜向上的拉力 F (如图 4.6-1 所示). 由于链子均匀且柔软, 因此曲线 $y=y(x)$ 是光滑的, 力 F 沿切线方向. 设单位长度链子的重量为 ρ, 则由于曲线段 $\overset{\frown}{PM}$ 的长度为

$$s=\int_0^x\sqrt{1+y'^2}\,\mathrm{d}x,$$

故重力 $G=\rho s=\rho\int_0^x\sqrt{1+y'^2}\,\mathrm{d}x$. 又 $\tan\varphi=y'$. 由于链子处于平衡状态, 因此曲线段 $\overset{\frown}{PM}$ 所受的合力为 0, 即有

$$F\cos\varphi=f,\quad F\sin\varphi=G.$$

由此可得

$$f\tan\varphi=G,\quad 即\quad f\cdot y'=\rho\int_0^x\sqrt{1+y'^2}\,\mathrm{d}x,$$

注意到当链子稳定时, f 是常数, 若记 $k=\frac{\rho}{f}$, 则由上述方程两边关于 x 求导可得

$$y''=k\sqrt{1+y'^2},$$

通过分离变量, 上式可改写成

$$\frac{\mathrm{d}y'}{\sqrt{1+y'^2}}=k\mathrm{d}x,$$

两边积分可得

$$\ln\left(y'+\sqrt{1+y'^2}\right)=kx+C_1.$$

由于 $x=0$ 时 $y'=0$，故 $C_1=0$. 从而

$$y'+\sqrt{1+y'^2}=\mathrm{e}^{kx}, \tag{4.6.2}$$

进而有

$$\sqrt{1+y'^2}-y'=\frac{1}{y'+\sqrt{1+y'^2}}=\mathrm{e}^{-kx}, \tag{4.6.3}$$

由(4.6.2)、(4.6.3)两式可得

$$y'=\frac{\mathrm{e}^{kx}-\mathrm{e}^{-kx}}{2}.$$

从而有

$$y=\int\frac{\mathrm{e}^{kx}-\mathrm{e}^{-kx}}{2}\mathrm{d}x=\frac{\mathrm{e}^{kx}+\mathrm{e}^{-kx}}{2k}+C_2.$$

由 $y(0)=1$ 知，$C_2=1-\dfrac{1}{k}$. 故所求曲线方程为

$$y=\frac{\mathrm{e}^{kx}+\mathrm{e}^{-kx}}{2k}+1-\frac{1}{k}.$$

注意, 如果在建立坐标系时设 $P\left(0,\dfrac{1}{k}\right)$, 则曲线方程变为

$$y=\frac{\mathrm{e}^{kx}+\mathrm{e}^{-kx}}{2k}=\frac{1}{k}\cosh kx,$$

这是一条双曲余弦曲线.■

选例 4.6.18(探照灯反光镜设计原理)　探照灯的反光镜面是一个旋转曲面, 设计要求光线从光源发出经过镜面反射后均以平行光射出, 这样光线能量最为集中, 可以射得最远. 试问反光镜面应该是怎样的曲面?

思路　光线照射在曲面上某一点相当于照射在曲面在这一点的切平面上的这一点, 按照光线反射原理, 入射角等于反射角, 以此可以建立起我们所需要的微分方程. 然后求出满足条件的解即可知道反射面应该是个怎样的曲面.

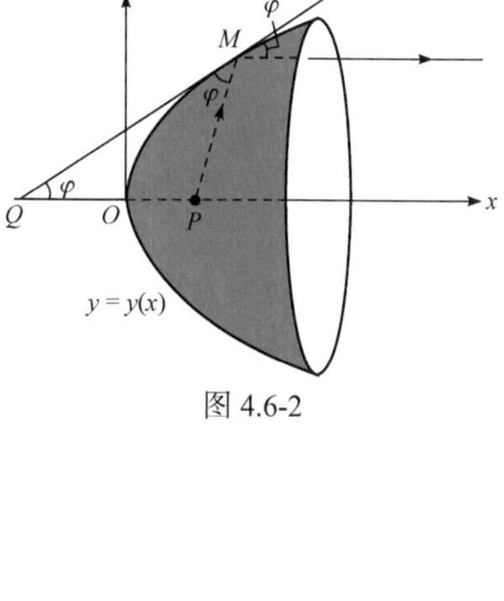

图 4.6-2

解　如图 4.6-2 所示, 设反射面是由曲线 $y=y(x)$ 绕 x 轴旋转而成的, 我们如图建立坐标系. 注意到对称性, 我们只需求位于上半平面的曲线, 即可假定 $y>0$. 设光源位于点 $P(c,0)$ 处, 当一束光线射到曲线上点 $M(x,y)$ 处, 经过反射沿平行于 x 轴的方向射出. 设曲线在点 M 处的切线交 x 轴于 Q 点, 则由光

的反射原理可知，三角形$\triangle PMQ$为等腰三角形，即有$PM = PQ$．由于切线T的方程为

$$Y - y = y'(X - x),$$

因此点Q的横坐标为$x - \dfrac{y}{y'} = x - y\dfrac{\mathrm{d}x}{\mathrm{d}y}$．因此由$PM = PQ$可得

$$c - \left(x - y\frac{\mathrm{d}x}{\mathrm{d}y}\right) = \sqrt{(x-c)^2 + y^2}.$$

令$x - c = u$，则上述方程可改写为

$$y\frac{\mathrm{d}u}{\mathrm{d}y} = u + \sqrt{u^2 + y^2},$$

这是一个一阶齐次微分方程，令$v = \dfrac{u}{y}$，则方程化为(注意到$y > 0$)

$$\frac{\mathrm{d}v}{\sqrt{1+v^2}} = \frac{\mathrm{d}y}{y}.$$

两边积分可得

$$\ln\left(v + \sqrt{1+v^2}\right) = \ln y + \ln C = \ln(Cy),$$

因此有

$$\begin{cases} v + \sqrt{1+v^2} = Cy, \\ \sqrt{1+v^2} - v = \dfrac{1}{v + \sqrt{1+v^2}} = \dfrac{1}{Cy}, \end{cases}$$

从而有

$$2v = Cy - \frac{1}{Cy}, \quad \text{即} \quad 2C(x-c) = C^2y^2 - 1.$$

由于曲线过点$(0,0)$，故$C = \dfrac{1}{2c}$．因此所求曲线方程为

$$y^2 = 4cx.$$

这是一条以$(c,0)$为焦点，x轴为对称轴的抛物线，因此反光镜面是旋转抛物面．当把灯泡置于焦点位置，经过抛物面反射，所有光线最终以平行于x轴的方向射出．■

选例 4.6.19(目标追踪问题)　一潜艇发现一敌舰位于北偏西30°方向a海里处，且测知其正以每小时v海里的速度往东北方向航行．潜艇立即发射一枚制导水雷进行跟踪追击．设水雷始终瞄准敌舰行进，速度为每小时$3v$海里．假设敌舰始终未发现水雷，并保持常速航行，试求水雷的运行轨迹，并求水雷从发射到击中敌舰所需时间．

思路　利用水雷始终瞄准敌舰，因此两者的连线就是水雷轨迹曲线的切线，由此可以建立所需的微分方程．注意到在不同的坐标系下，同一条曲线方程是不一样的，因此建立起来的微分方程的求解过程复杂性也不一样．我们用两种坐标系建立微分方程，只就一种坐标系给出求解过程．

解　(Ⅰ) 以潜艇发现敌舰时所处位置为原点，正东方向为 x 轴方向，正北方向为 y 轴方向建立平面直角坐标系(如图 4.6-3 所示). 敌舰刚被发现时处于点 A，依题设知

$$\theta=30^\circ,\quad \varphi=45^\circ,\quad OA=a.$$

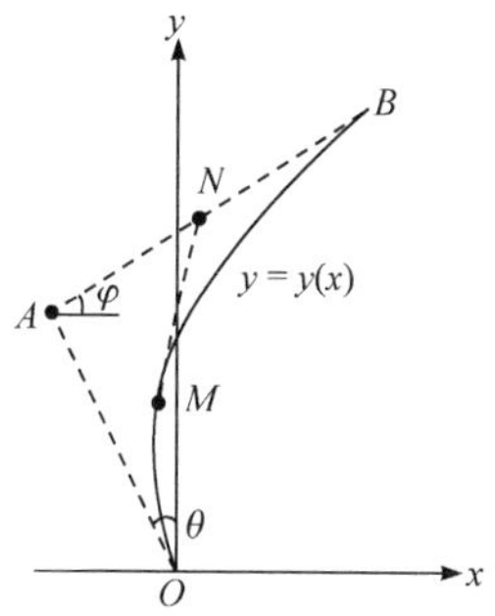

图 4.6-3

设水雷运行的轨迹方程为 $y=y(x)$，发射后经过时间 t 到达点 $M(x,y)$，此时敌舰位于点 N 处. 则直线 MN 为曲线 $y=y(x)$ 在点 M 处的切线. 根据条件，我们可得到如下各式:

(1) $\displaystyle\int_0^x \sqrt{1+y'^2}\,\mathrm{d}x=3vt.$

(2) $A\left(-\dfrac{1}{2}a,\dfrac{\sqrt{3}}{2}a\right), AN=vt$, 因此 $N\left(\dfrac{\sqrt{2}}{2}vt-\dfrac{1}{2}a,\dfrac{\sqrt{2}}{2}vt+\dfrac{\sqrt{3}}{2}a\right)$.

由于直线 MN 为曲线 $y=y(x)$ 在点 M 处的切线，故有

(3) $\dfrac{\mathrm{d}y}{\mathrm{d}x}=\dfrac{\dfrac{\sqrt{2}}{2}vt+\dfrac{\sqrt{3}}{2}a-y}{\dfrac{\sqrt{2}}{2}vt-\dfrac{1}{2}a-x}=\dfrac{\sqrt{2}vt+\sqrt{3}a-2y}{\sqrt{2}vt-a-2x}.$

由(1)和(3)中消去 t 可得

$$\frac{2y-(a+2x)y'-\sqrt{3}a}{\sqrt{2}-\sqrt{2}y'}=\frac{1}{3}\int_0^x\sqrt{1+y'^2}\,\mathrm{d}x,$$

这就是水雷运行轨迹曲线所满足的微分方程. 此外，该轨迹曲线还满足初值条件

$$y(0)=0,\quad y'(0)=-\sqrt{3}.$$

即所求的轨迹曲线是下列初值问题的解

$$\begin{cases}\dfrac{2y-(a+2x)y'-\sqrt{3}a}{\sqrt{2}-\sqrt{2}y'}=\dfrac{1}{3}\displaystyle\int_0^x\sqrt{1+y'^2}\,\mathrm{d}x,\\ y(0)=0, y(0)=-\sqrt{3}.\end{cases}$$

这个方程的求解看起来就比较复杂，我们这里不予求解.

(Ⅱ) 下面为了方便求解，我们重新建立一个直角坐标系，在这个坐标系下解这个问题会方便得多.

我们以敌舰航行方向为正 y 轴方向，建立平面直角坐标系(如图 4.6-4 所示). 设敌舰刚被发现时位于 y 轴上 A 处，潜艇位于 P 处. 设水雷运行的轨迹方程为 $y=y(x)$，水雷发射后经过时间 t 到达点 $M(x,y)$，此时敌舰位于点 N 处. 则直线 MN 为曲线 $y=y(x)$ 在点 M 处的切线. 根据条件，我们可得到如下各式:

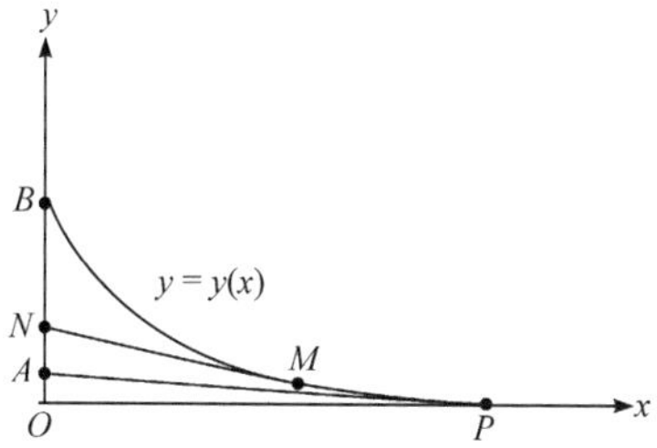

图 4.6-4

(4) $\angle APO=15^\circ=\dfrac{\pi}{12}, AP=a, OA=\dfrac{\sqrt{6}-\sqrt{2}}{4}a=b.$

(5) $N(0,b+vt),\overset{\frown}{PM}=\int_x^c\sqrt{1+y'^2}\mathrm{d}x=3vt$, 其中 $c=|PO|$.

由于直线 MN 为曲线 $y=y(x)$ 在点 M 处的切线, 故有

(6) $y'=\dfrac{y-b-vt}{x}$.

由(5)和(6)两式消去 t 可得

$$\int_x^c\sqrt{1+y'^2}\mathrm{d}x=3(y-b-xy'),$$

两边关于 x 求导并整理, 得

$$\sqrt{1+y'^2}=3xy'',$$

这是一个不显含 y 的二阶微分方程, 令 $p=y'$, 并分离变量可得

$$\frac{\mathrm{d}p}{\sqrt{1+p^2}}=\frac{\mathrm{d}x}{3x},$$

两边积分得

$$\ln\left(p+\sqrt{1+p^2}\right)=\frac{1}{3}\ln x+\ln C_1,$$

消去对数符号得

$$p+\sqrt{1+p^2}=C_1\sqrt[3]{x},$$

从而又有

$$\sqrt{1+p^2}-p=\frac{1}{C_1\sqrt[3]{x}},$$

于是

$$y'=p=\frac{1}{2}\left[C_1\sqrt[3]{x}-\frac{1}{C_1\sqrt[3]{x}}\right].$$

积分可得

$$y=\int\frac{1}{2}\left[C_1\sqrt[3]{x}-\frac{1}{C_1\sqrt[3]{x}}\right]\mathrm{d}x=\frac{3}{8}C_1x^{\frac{4}{3}}-\frac{3}{4C_1}x^{\frac{2}{3}}+C_2,$$

其中的常数 C_1,C_2 由 $b=\dfrac{\sqrt{6}-\sqrt{2}}{4}a$ 及 $y(b)=0,y'(b)=\tan\left(\pi-\dfrac{\pi}{12}\right)=\sqrt{3}-2$ 可得

$$\begin{cases}C_1=\dfrac{\sqrt{8-2\sqrt{3}}+\sqrt{3}-2}{\sqrt[3]{\dfrac{\sqrt{6}-\sqrt{2}}{4}a}},\\ C_2=\dfrac{3(\sqrt{6}-\sqrt{2})a}{16(\sqrt{8-2\sqrt{3}}+\sqrt{3}-2)}-\dfrac{3(\sqrt{6}-\sqrt{2})(\sqrt{8-2\sqrt{3}}+\sqrt{3}-2)a}{32}.\end{cases}$$

最后，令 $x=0$，得

$$y=C_2=\frac{3(\sqrt{6}-\sqrt{2})a}{16(\sqrt{8-2\sqrt{3}}+\sqrt{3}-2)}-\frac{3(\sqrt{6}-\sqrt{2})(\sqrt{8-2\sqrt{3}}+\sqrt{3}-2)a}{32}.$$

此时水雷击中敌舰. 水雷从发射到击中所需时间为

$$T=\frac{OB-OA}{v}=\frac{\dfrac{3\left(\sqrt{6}-\sqrt{2}\right)a}{16\left(\sqrt{8-2\sqrt{3}}+\sqrt{3}-2\right)}-\dfrac{3\sqrt{8-2\sqrt{3}}+3\sqrt{3}-14}{32}a}{v}.$$ ■

选例 4.6.20　已知某车间的容积为 $30\text{m}\times30\text{m}\times6\text{m}$，车间内空气中 CO_2 的含量为 0.12%，现输入 CO_2 的含量为 0.04% 的新鲜空气，假定新鲜空气进入车间后立即与车间内原有空气均匀混合，并且有等量混合空气从车间内排出. 问每分钟应输入多少这样的新鲜空气，才能在 30 分钟后使车间内 CO_2 的含量不超过 0.06%？

思路　利用微元分析法，即在自变量的微小变化区间 $[x,x+\mathrm{d}x]$ 内，计算函数 $y=y(x)$ 的改变量 $\mathrm{d}y$，从而给出所需的微分方程的一种分析方法.

解　设在时刻 t，车间内 CO_2 的含量为 $y(t)$；又设每分钟应输入新鲜空气 $k\text{m}^3$，则在时间段 $[t,t+\mathrm{d}t]$ 内，输入 CO_2 的量为 $0.0004k\mathrm{d}t$，排出 CO_2 的量为 $\dfrac{y(t)}{5400}k\mathrm{d}t$，故在该时间段 $[t,t+\mathrm{d}t]$ 内，CO_2 的改变量为 $\mathrm{d}y=\left(0.0004-\dfrac{y}{5400}\right)k\mathrm{d}t$. 即有

$$\frac{\mathrm{d}y}{\mathrm{d}t}+\frac{k}{5400}y=0.0004k,$$

且满足初始条件 $y(0)=0.0012\times5400=6.48$.

这是一个一阶线性非齐次微分方程，于是由通解公式得

$$\begin{aligned}y&=\mathrm{e}^{-\int\frac{k}{5400}\mathrm{d}t}\left[\int0.0004k\cdot\mathrm{e}^{\int\frac{k}{5400}\mathrm{d}t}\mathrm{d}t+C\right]=\mathrm{e}^{-\frac{kt}{5400}}\left[\int0.0004k\cdot\mathrm{e}^{\frac{kt}{5400}}\mathrm{d}t+C\right]\\&=\mathrm{e}^{-\frac{kt}{5400}}\left[2.16\mathrm{e}^{\frac{kt}{5400}}+C\right]=2.16+C\mathrm{e}^{-\frac{kt}{5400}}.\end{aligned}$$

将 $y(0)=6.48, y(30)=0.0006\times5400=3.24$ 代入，可解得 $k\approx250$. 因此每分钟至少应输入 250m^3 这样的新鲜空气，才能在 30 分钟后使车间内 CO_2 的含量不超过 0.06%. ■

选例 4.6.21　已知一条经过原点和点 $(1,1)$ 的位于第一象限的向下凹的曲线 $y=y(x)$，对曲线上任一点 $(x,y)(x>0)$，曲线在该点的切线总是把区间 $[0,x]$ 上以该曲线为曲边的曲边梯形的面积分割成 1∶2. 试求曲线方程 $y=y(x)$.

思路　由于面积分割仅仅说是分割成 1∶2，并没有说哪部分为 1，哪部分为 2，故有两种可能的分法，每种分法是否有解需要讨论. 首先建立切线方程，然后计算出曲边三角形面积和切线分割出的一部分的面积，再根据 1∶2 的分割原则构造方程(显然是个积分方程)，再通过求导转化为微分方程求解.

解　由于面积分割仅仅说是分割成 1∶2，并没有说哪部分为 1，哪部分为 2，故有

两种可能的分法, 因此有两个可能的解. 如图 4.6-5 所示, 根据题意, 阴影部分 A 的面积可能是曲边三角形 OBM 面积的 $\frac{1}{3}$ 或 $\frac{2}{3}$.

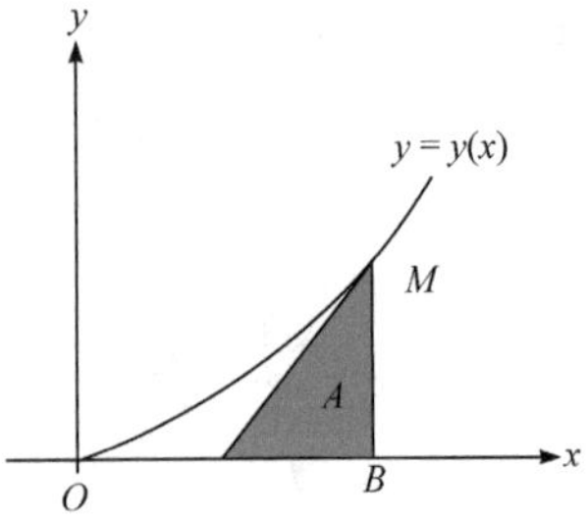

图 4.6-5

设点 $M(x,y)$ 是曲线 $y=y(x)$ 上任一点, 则曲线在点处的切线方程为

$$Y-y=y'(X-x).$$

令 $Y=0$, 得切线与轴的交点的横坐标为 $X=x-\frac{y}{y'}$. 因此阴影部分 A 的面积为

$$A=\frac{1}{2}\left[x-\left(x-\frac{y}{y'}\right)\right]\cdot y=\frac{y^2}{2y'}.$$

(1) 若 A 的面积是曲边三角形 OBM 面积的 $\frac{1}{3}$, 则有

$$\frac{y^2}{2y'}=\frac{1}{3}\int_0^x y(x)\mathrm{d}x,$$

两边关于 x 求导得

$$\frac{2yy'\cdot y'-y''\cdot y^2}{2y'^2}=\frac{1}{3}y,$$

消去并整理可得

$$4y'^2=3yy''.$$

令 $y'=p, y''=p\frac{\mathrm{d}p}{\mathrm{d}y}$, 则上述方程可化为

$$4p^2=3y\cdot p\frac{\mathrm{d}p}{\mathrm{d}y},$$

由于 $p\neq 0$, 故有

$$\frac{\mathrm{d}p}{p}=\frac{4}{3}\frac{\mathrm{d}y}{y},$$

由此解得 $p=C_1y^{\frac{4}{3}}$. 故有

$$y^{-\frac{4}{3}}\mathrm{d}y=C_1\mathrm{d}x,$$

积分得

$$C_1x+C_2=-3y^{-\frac{1}{3}},\quad 即\quad y^{-1}=-\frac{1}{27}(C_1x+C_2)^3.$$

但该曲线不过原点, 故此时所求的这种曲线 $y=y(x)$ 不存在.

(2) 若 A 的面积是曲边三角形 OBM 面积的 $\frac{2}{3}$，则有

$$\frac{y^2}{2y'} = \frac{2}{3}\int_0^x y(x)\mathrm{d}x,$$

两边关于 x 求导得

$$\frac{2yy' \cdot y' - y'' \cdot y^2}{2y'^2} = \frac{2}{3}y,$$

约去一个 y 并整理可得

$$2y'^2 = 3yy''.$$

令 $y' = p, y'' = p\frac{\mathrm{d}p}{\mathrm{d}y}$，则上述方程可化为

$$2p^2 = 3y \cdot p\frac{\mathrm{d}p}{\mathrm{d}y},$$

由于 $p \neq 0$，故有

$$\frac{\mathrm{d}p}{p} = \frac{2}{3}\frac{\mathrm{d}y}{y},$$

由此解得 $p = C_1 y^{\frac{2}{3}}$. 故有

$$y^{-\frac{2}{3}}\mathrm{d}y = C_1\mathrm{d}x,$$

积分得

$$C_1 x + C_2 = 3y^{\frac{1}{3}}, \quad 即 \quad y = \frac{1}{27}(C_1 x + C_2)^3.$$

由曲线 $y = y(x)$ 过原点知 $C_2 = 0$. 又由曲线过 $(1,1)$，故 $C_1 = 3$，即所求曲线方程为 $y = x^3$. ■

选例 4.6.22　设圆柱形浮筒的直径为 0.5m，将它铅直地放在水中，当稍向下压后突然放开，浮筒在水中上下振动的周期为 2s，求浮筒的质量.

思路　浮筒在上下振动的过程中主要受重力和浮力作用，当重力大于浮力时向下，当浮力大于重力时向上. 因此重力与浮力之差就是振动的回复力，浮筒就是在这个回复力作用下上下振动. 而这个回复力实际上就是浮筒离开平衡位置的部分所能承受的水的浮力. 运动问题当然服从牛顿第二运动定律，因此可以依据牛顿第二运动定律建立所需的微分方程，进而求解.

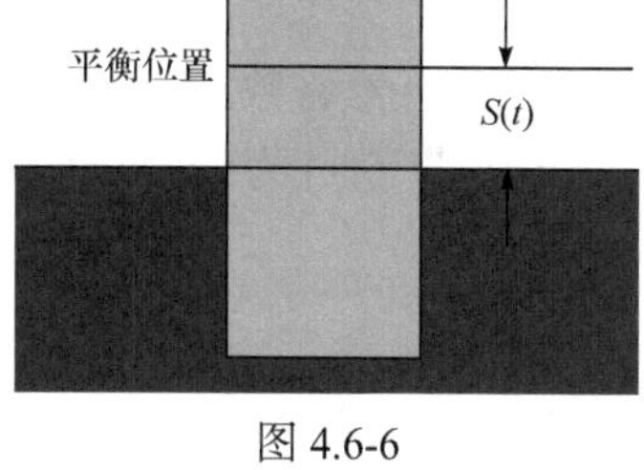

图 4.6-6

解　设浮筒的质量为 M，并设在 t 时刻，浮筒离开平衡位置的位移为 $S(t)$ (如图 4.6-6 所示)，则其回复力(偏离

平衡位置部分所能承受的浮力)应该为

$$F(t)=-\pi\cdot\left(\frac{0.5}{2}\right)^2\cdot S(t)\cdot\mu g,$$

其中 μg 表示水的比重. 根据牛顿运动定律, 有

$$F(t)=Ma=MS''(t),\quad 即\quad -\pi\cdot\left(\frac{0.5}{2}\right)^2\cdot S(t)\cdot\mu g=MS''(t),$$

亦即

$$MS''(t)+0.0625\pi\mu gS(t)=0.$$

该微分方程的特征方程为 $Mr^2+0.0625\pi\mu g=0$, 其特征根为

$$r_{1,2}=\pm 0.25\mathrm{i}\sqrt{\frac{\pi\mu g}{M}}.$$

因此微分方程的通解为

$$S(t)=C_1\cos\left(0.25\sqrt{\frac{\pi\mu g}{M}}t\right)+C_2\sin\left(0.25\sqrt{\frac{\pi\mu g}{M}}t\right).$$

由假设可知有 $2\pi/\left(0.25\sqrt{\frac{\pi\mu g}{m}}\right)=2$, 因此可得 $m=\frac{\mu g}{16\pi}$. ■

选例 4.6.23 已知微分方程 $y'+y=f(x)$, 其中 $f(x)$ 是 $\mathbb{R}$ 上的连续函数.

(1) 若 $f(x)=x$, 求方程的通解;

(2) 若 $f(x)$ 为周期函数, 试证明: 微分方程有解与其对应, 且该解也为周期函数.

思路 (1)的思路是明显的, 直接用一阶线性微分方程的通解公式就可以求出通解; (2)的思路当然是要从通解中找到某一个特解, 使其为一个周期函数. 为此, 先设 $f(x)$ 的周期是必要的, 而且利用相关性可以猜想目标解的周期应该与 $f(x)$ 的周期相同. 寻找合适的特解实际上就是寻找通解中某一个合适的常数 C. 由于在通解公式

$$y=\mathrm{e}^{-\int\mathrm{d}x}\left[\int f(x)\mathrm{e}^{\int\mathrm{d}x}\,\mathrm{d}x+C\right]=\mathrm{e}^{-x}\left[\int f(x)\mathrm{e}^{x}\,\mathrm{d}x+C\right]$$

中 C 与中括号外的 e^{-x} 是乘积关系, 因此利用周期性特点, 可猜测到 $C=0$. 当然这个过程也可以严谨地写出推理过程.

解 (1)若 $f(x)=x$, 则微分方程 $y'+y=x$ 的通解为

$$y=\mathrm{e}^{-\int\mathrm{d}x}\left[\int x\mathrm{e}^{\int\mathrm{d}x}\,\mathrm{d}x+C\right]=\mathrm{e}^{-x}\left[\int x\mathrm{e}^{x}\,\mathrm{d}x+C\right]=\mathrm{e}^{-x}[(x-1)\mathrm{e}^{x}+C]=x-1+C\mathrm{e}^{-x},$$

其中 C 为任意常数.

(2) 若 $f(x)$ 为以 $T(>0)$ 为周期的周期函数, 则微分方程的通解为

$$y=\mathrm{e}^{-\int\mathrm{d}x}\left[\int f(x)\mathrm{e}^{\int\mathrm{d}x}\,\mathrm{d}x+C\right]=\mathrm{e}^{-x}\left[\int f(x)\mathrm{e}^{x}\,\mathrm{d}x+C\right],$$

考虑 $C=0$ 时的特解 $y=\mathrm{e}^{-x}\int f(x)\mathrm{e}^{x}\,\mathrm{d}x$, 下面证明这个解是以 $T(>0)$ 为周期的周期函数.

事实上,

$$y(x+T)=\mathrm{e}^{-(x+T)}\int f(x+T)\mathrm{e}^{x+T}\,\mathrm{d}x=\mathrm{e}^{-(x+T)}\int f(x)\mathrm{e}^{x}\cdot\mathrm{e}^{T}\,\mathrm{d}x$$
$$=\mathrm{e}^{-(x+T)}\cdot\mathrm{e}^{T}\int f(x)\mathrm{e}^{x}\,\mathrm{d}x=\mathrm{e}^{-x}\int f(x)\mathrm{e}^{x}\,\mathrm{d}x=y(x),$$

可见 $y=\mathrm{e}^{-x}\int f(x)\mathrm{e}^{x}\,\mathrm{d}x$ 确实是微分方程对应的解, 且这个解是以 $T(>0)$ 为周期的周期函数.

【注】(2) 中的推证过程也可以完整地写出来: 若解

$$y=\mathrm{e}^{-x}\left[\int f(x)\mathrm{e}^{x}\,\mathrm{d}x+C\right]$$

是周期为 T 的周期函数, 则有 $y(x+T)=y(x)$, 而

$$y(x+T)=\mathrm{e}^{-(x+T)}\left[\int f(x+T)\mathrm{e}^{x+T}\,\mathrm{d}x+C\right]=\mathrm{e}^{-(x+T)}\left[\int f(x)\mathrm{e}^{x}\cdot\mathrm{e}^{T}\,\mathrm{d}x+C\right]$$
$$=\mathrm{e}^{-x}\left[\int f(x)\mathrm{e}^{x}\,\mathrm{d}x+C\mathrm{e}^{-T}\right],$$

故有 $C=C\mathrm{e}^{-T}$. 由于 $T>0$, 故 $\mathrm{e}^{-T}<1$, 从而 $C=0$. ■

选例 4.6.24 已知曲线 $L:\begin{cases}x=f(t),\\ y=\cos t\end{cases}\left(0\leqslant t\leqslant\dfrac{\pi}{2}\right)$, 其中 $f(t)$ 具有连续导数, 且 $f(0)=0$, $f'(t)>0\left(0<t<\dfrac{\pi}{2}\right)$. 若曲线 L 的切线与 x 轴的交点到切点的距离恒为 1, 求函数 $f(t)$ 的表达式, 并求以曲线 L 及 x 轴和 y 轴为边界的区域的面积.

思路 建立方程当然源于等量关系, 因此本题就利用"曲线 L 的切线与 x 轴的交点到切点的距离恒为 1"来建立所需的方程. 先写出切线方程, 求出切线与轴的交点, 再计算出该交点到切点的距离, 方程就建立起来了. 然后利用条件 $f'(t)>0$ 简化方程, 并求解.

解 曲线 L 在点 (x_0,y_0) (对应参数为 t)处的切线方程为

$$y-y_0=\left.\frac{\mathrm{d}y}{\mathrm{d}x}\right|_t(x-x_0),\quad 即\ y-\cos t=\frac{-\sin t}{f'(t)}(x-f(t)).$$

其与 x 轴的交点为 $(f(t)+f'(t)\cot t,0)$, 依假设, 有

$$(f'(t)\cot t)^2+\cos^2 t=1,\quad 即 f'^2(t)=\sin^2 t\tan^2 t.$$

由于 $f'(t)>0\left(0<t<\dfrac{\pi}{2}\right)$, 故 $f'(t)=\sin t\tan t$. 因此

$$f(t)=\int\sin t\tan t\,\mathrm{d}t\xlongequal{\sin t=x}\int\frac{x^2}{1-x^2}\mathrm{d}x=\int\left[-1+\frac{1}{2}\left(\frac{1}{1+x}+\frac{1}{1-x}\right)\mathrm{d}x\right]$$
$$=-x+\frac{1}{2}\ln\frac{1+x}{1-x}+C=-\sin t+\frac{1}{2}\ln\frac{1+\sin t}{1-\sin t}+C,$$

由 $f(0)=0$ 可知 $C=0$, 故

$$f(t)=-\sin t+\frac{1}{2}\ln\frac{1+\sin t}{1-\sin t}=-\sin t+\frac{1}{2}\ln\frac{(1+\sin t)^2}{1-\sin^2 t}=\ln(\sec t+\tan t)-\sin t.$$

此外，以曲线 L 及 x 轴和 y 轴为边界的区域的面积为

$$A=\int_0^{f\left(\frac{\pi}{2}\right)} y\mathrm{d}x \xlongequal{x=f(t)} \int_0^{\frac{\pi}{2}} \cos t\cdot f'(t)\mathrm{d}t=\int_0^{\frac{\pi}{2}} \cos t\sin t\tan t\mathrm{d}t=\int_0^{\frac{\pi}{2}} \sin^2 t\mathrm{d}t=\frac{\pi}{4}. \blacksquare$$

选例 4.6.25 设 $f(x)$ 为可微函数，解方程 $f(x)=\mathrm{e}^x+\mathrm{e}^x\int_0^x [f(t)]^2\mathrm{d}t$.

思路 本题是个积分方程，基本解法就是通过求导，转化为微分方程. 同时要注意积分方程本身蕴含有初始条件.

解 在方程中令 $x=0$，可得 $f(0)=1$. 把原方程改写成

$$\mathrm{e}^{-x} f(x)=1+\int_0^x [f(t)]^2\mathrm{d}t,$$

然后，方程两边同时关于 x 求导，得

$$-\mathrm{e}^{-x} f(x)+\mathrm{e}^{-x} f'(x)=[f(x)]^2.$$

令 $y=f(x)$，则上述方程即为

$$y'-y=\mathrm{e}^x y^2,$$

这是一个伯努利方程，令 $y^{-1}=u$，则该方程可化为

$$\frac{\mathrm{d}u}{\mathrm{d}x}+u=-\mathrm{e}^x,$$

因此

$$y^{-1}=u=\mathrm{e}^{-\int\mathrm{d}x}\left[\int -\mathrm{e}^x\cdot\mathrm{e}^{\int\mathrm{d}x}\mathrm{d}x+C\right]=\mathrm{e}^{-x}\left(-\frac{1}{2}\mathrm{e}^{2x}+C\right).$$

将 $x=0, y=1$ 代入上式，得 $C=\frac{3}{2}$. 因此 $y^{-1}=\frac{1}{2}(3\mathrm{e}^{-x}-\mathrm{e}^x)$，所求的解为

$$f(x)=\frac{2}{3\mathrm{e}^{-x}-\mathrm{e}^x}. \blacksquare$$

选例 4.6.26 某种飞机在机场降落时，为了减少滑行距离，在触地的瞬间，飞机尾部张开减速伞，以增大阻力，使飞机迅速减速并停下. 现有一质量为 9000kg 的飞机，着陆时的水平速度为 700km / h，经测试，减速伞打开后，飞机所受阻力与飞机的速度成正比(比例系数为 $k=6.0\times10^6$)，问从着陆点算起，飞机滑行的最长距离是多少？

思路 运动问题，建立方程的理论依据是牛顿第二运动定律 $F=ma$，在这里力 F 就是滑行中所受的阻力，依据假设，$F=-kv=-k\frac{\mathrm{d}S}{\mathrm{d}t}=-6.0\times10^6\frac{\mathrm{d}S}{\mathrm{d}t}$，而加速度 $a=\frac{\mathrm{d}v}{\mathrm{d}t}=\frac{\mathrm{d}^2S}{\mathrm{d}t^2}$，质量 $m=9000\mathrm{kg}$. 方程建立好了以后，就是解方程的问题. 为了求出滑行距离的最大值，可求极限 $\lim\limits_{t\to+\infty} S(t)$.

解 设飞机着陆时的时刻为 $t=0$，其后的时刻 t 时，飞机滑行的距离为 $S(t)$，则此时飞机的速度为 $S'(t)$，根据假设及牛顿运动定律，有下列关系式成立

$$\begin{cases} 9000\dfrac{\mathrm{d}^2S}{\mathrm{d}t^2}=-k\dfrac{\mathrm{d}S}{\mathrm{d}t}=-6.0\times10^6\dfrac{\mathrm{d}S}{\mathrm{d}t}, \\ \left.\dfrac{\mathrm{d}S}{\mathrm{d}t}\right|_{t=0}=700\mathrm{km/h}, \quad S(0)=0. \end{cases}$$

由 $9\dfrac{\mathrm{d}^2S}{\mathrm{d}t^2}=-6000\dfrac{\mathrm{d}S}{\mathrm{d}t}$ 解得

$$\frac{\mathrm{d}S}{\mathrm{d}t}=C\mathrm{e}^{-\frac{2000}{3}t},$$

由初值条件 $\left.\dfrac{\mathrm{d}S}{\mathrm{d}t}\right|_{t=0}=700\mathrm{km/h}$ 可知，$C=700$，因此

$$\frac{\mathrm{d}S}{\mathrm{d}t}=700\mathrm{e}^{-\frac{2000}{3}t},$$

对上式两边积分可得

$$S=-\frac{63}{60}\mathrm{e}^{-\frac{2000}{3}t}+C'.$$

由 $S(0)=0$ 可知，$C'=\dfrac{63}{60}$. 因此 $S(t)=\dfrac{63}{60}\left(1-\mathrm{e}^{-\frac{2000}{3}t}\right)$. 由

$$\lim_{t\to+\infty}S(t)=\lim_{t\to+\infty}\frac{63}{60}\left(1-\mathrm{e}^{-\frac{2000}{3}t}\right)=\frac{63}{60}=1.05.$$

可知，飞机最远的滑行距离为1.05km.

【注】解方程时也可以用特征根法. 微分方程 $9\dfrac{\mathrm{d}^2S}{\mathrm{d}t^2}=-6000\dfrac{\mathrm{d}S}{\mathrm{d}t}$ 的特征方程为 $9r^2=-6000r$，故特征根为 $r_1=0, r_2=-\dfrac{6000}{9}=-\dfrac{2000}{3}$. 因此

$$S(t)=C_1\mathrm{e}^{-\frac{2000}{3}t}+C_2.$$

再由初值条件可知，$S(t)=\dfrac{63}{60}\left(1-\mathrm{e}^{-\frac{2000}{3}t}\right)$. ■

选例 4.6.27　设函数 $y(x)$ 满足方程 $y''+2y'+ky=0$，其中 $0<k<1$.

(1) 证明：反常积分 $\int_0^{+\infty}y(x)\mathrm{d}x$ 收敛；

(2) 若 $y(0)=1, y'(0)=1$，求 $\int_0^{+\infty}y(x)\mathrm{d}x$ 的值.

思路　要证明反常积分收敛，或者计算反常积分，首先得从方程中解出 $y(x)$，然后再根据函数的构成进行判断和计算.

解　微分方程 $y''+2y'+ky=0$ 的特征方程为 $r^2+2r+k=0$，由于 $0<k<1$，故特征根为

$$r_1=-1+\sqrt{1-k},\quad r_2=-1-\sqrt{1-k},$$

故微分方程 $y''+2y'+ky=0$ 的通解为

$$y(x)=C_1\mathrm{e}^{r_1x}+C_2\mathrm{e}^{r_2x},$$

其中 C_1,C_2 是任意常数.

(1) 由于 $0<k<1$，故 r_1,r_2 都是负数，因此反常积分 $\int_0^{+\infty}\mathrm{e}^{r_1x}\mathrm{d}x,\int_0^{+\infty}\mathrm{e}^{r_2x}\mathrm{d}x$ 都收敛，从而对任意常数 C_1,C_2，反常积分 $\int_0^{+\infty}(C_1\mathrm{e}^{r_1x}+C_2\mathrm{e}^{r_2x})\mathrm{d}x$ 都收敛，即反常积分 $\int_0^{+\infty}y(x)\mathrm{d}x$ 收敛.

(2) 若 $y(0)=1,y'(0)=1$，则由于 r_1,r_2 都是负数，故

$$\lim_{x\to+\infty}y(x)=\lim_{x\to+\infty}[C_1\mathrm{e}^{r_1x}+C_2\mathrm{e}^{r_2x}]=0,\quad \lim_{x\to+\infty}y'(x)=\lim_{x\to+\infty}[C_1r_1\mathrm{e}^{r_1x}+C_2r_2\mathrm{e}^{r_2x}]=0.$$

于是有

$$\begin{aligned}0&=\int_0^{+\infty}(y''(x)+2y'(x)+ky(x))\mathrm{d}x=\int_0^{+\infty}y''(x)\mathrm{d}x+2\int_0^{+\infty}y'(x)\mathrm{d}x+k\int_0^{+\infty}y(x)\mathrm{d}x\\&=y'(x)\Big|_0^{+\infty}+2y(x)\Big|_0^{+\infty}+k\int_0^{+\infty}y(x)\mathrm{d}x\\&=0-y'(0)+2(0-y(0))+k\int_0^{+\infty}y(x)\mathrm{d}x=-3+k\int_0^{+\infty}y(x)\mathrm{d}x.\end{aligned}$$

因此，$\int_0^{+\infty}y(x)\mathrm{d}x=\dfrac{3}{k}$.

【注】(2) 的解答如果按照下面方法，也可以，不过过程要复杂一些:

由于 $y(0)=1,y'(0)=1$，故有

$$\begin{cases}C_1+C_2=1,\\C_1(-1+\sqrt{1-k})+C_2(-1-\sqrt{1-k})=1.\end{cases}$$

由此解得 $C_1=\dfrac{2+\sqrt{1-k}}{2\sqrt{1-k}},C_2=\dfrac{\sqrt{1-k}-2}{2\sqrt{1-k}}$. 因此

$$y(x)=\frac{2+\sqrt{1-k}}{2\sqrt{1-k}}\mathrm{e}^{(-1+\sqrt{1-k})x}+\frac{-2+\sqrt{1-k}}{2\sqrt{1-k}}\mathrm{e}^{(-1-\sqrt{1-k})x}.$$

于是

$$\begin{aligned}\int_0^{+\infty}y(x)\mathrm{d}x&=\int_0^{+\infty}\left(\frac{2+\sqrt{1-k}}{2\sqrt{1-k}}\mathrm{e}^{(-1+\sqrt{1-k})x}+\frac{-2+\sqrt{1-k}}{2\sqrt{1-k}}\mathrm{e}^{(-1-\sqrt{1-k})x}\right)\mathrm{d}x\\&=\left[\frac{2+\sqrt{1-k}}{2(-1+\sqrt{1-k})\sqrt{1-k}}\mathrm{e}^{(-1+\sqrt{1-k})x}+\frac{-2+\sqrt{1-k}}{2(-1-\sqrt{1-k})\sqrt{1-k}}\mathrm{e}^{(-1-\sqrt{1-k})x}\right]\Bigg|_0^{+\infty}\\&=0-\left[\frac{2+\sqrt{1-k}}{2(-1+\sqrt{1-k})\sqrt{1-k}}+\frac{-2+\sqrt{1-k}}{2(-1-\sqrt{1-k})\sqrt{1-k}}\right]=\frac{3}{k}.\ \blacksquare\end{aligned}$$

选例 4.6.28 设函数 $y=y(x)$ 在 $(-\infty,+\infty)$ 内具有二阶导数，且 $y'(x)\neq0$，$x=x(y)$ 是

$y=y(x)$ 的反函数,

(1) 试将 $x=x(y)$ 所满足的微分方程

$$\frac{\mathrm{d}^2x}{\mathrm{d}y^2}+(y+\sin x)\left(\frac{\mathrm{d}x}{\mathrm{d}y}\right)^3=0$$

变换为 $y=y(x)$ 满足的微分方程.

(2) 求变换后 $y=y(x)$ 的微分方程满足初始条件 $y(0)=0, y'(0)=\frac{3}{2}$ 的解.

思路 (1) 利用反函数求导法则与复合函数求导法则把 $\frac{\mathrm{d}x}{\mathrm{d}y}$ 与 $\frac{\mathrm{d}^2x}{\mathrm{d}y^2}$ 用 $\frac{\mathrm{d}y}{\mathrm{d}x}$ 和 $\frac{\mathrm{d}^2y}{\mathrm{d}x^2}$ 来表示出来, 代入原方程即可得到所需微分方程; (2)用常规方法.

解 (1) 由于 $y'(x)\neq 0$, 根据反函数求导法则与复合函数求导法则, 有

$$\frac{\mathrm{d}x}{\mathrm{d}y}=\frac{1}{\frac{\mathrm{d}y}{\mathrm{d}x}},\quad \frac{\mathrm{d}^2x}{\mathrm{d}y^2}=\frac{\mathrm{d}}{\mathrm{d}y}\left(\frac{\mathrm{d}x}{\mathrm{d}y}\right)=\frac{\mathrm{d}}{\mathrm{d}y}\left(\frac{1}{\frac{\mathrm{d}y}{\mathrm{d}x}}\right)=\frac{\mathrm{d}}{\mathrm{d}x}\left(\frac{1}{\frac{\mathrm{d}y}{\mathrm{d}x}}\right)\cdot\frac{\mathrm{d}x}{\mathrm{d}y}=\frac{-\frac{\mathrm{d}^2y}{\mathrm{d}x^2}}{\left(\frac{\mathrm{d}y}{\mathrm{d}x}\right)^2}\cdot\frac{1}{\frac{\mathrm{d}y}{\mathrm{d}x}}=\frac{-\frac{\mathrm{d}^2y}{\mathrm{d}x^2}}{\left(\frac{\mathrm{d}y}{\mathrm{d}x}\right)^3},$$

代入已知方程, 得

$$\frac{-\frac{\mathrm{d}^2y}{\mathrm{d}x^2}}{\left(\frac{\mathrm{d}y}{\mathrm{d}x}\right)^3}+(y+\sin x)\left(\frac{1}{\frac{\mathrm{d}y}{\mathrm{d}x}}\right)^3=0.$$

两边乘以 $\left(\frac{\mathrm{d}y}{\mathrm{d}x}\right)^3$ 可得 $y=y(x)$ 满足的微分方程

$$\frac{\mathrm{d}^2y}{\mathrm{d}x^2}-y=\sin x.$$

(2) 变换后 $y=y(x)$ 的微分方程是一个二阶常系数非齐次线性微分方程, 其特征方程为 $r^2-1=0$, 特征根为 $r=\pm 1$. 因此对应的齐次线性微分方程的通解为

$$Y=C_1\mathrm{e}^x+C_2\mathrm{e}^{-x}.$$

设微分方程

$$\frac{\mathrm{d}^2y}{\mathrm{d}x^2}-y=\mathrm{e}^{\mathrm{i}x}$$

的特解为 $y^*=a\mathrm{e}^{\mathrm{i}x}$, 代入方程并整理可得 $-2a=1$. 由此解得 $a=-\frac{1}{2}$. 故 $y^*=-\frac{1}{2}\mathrm{e}^{\mathrm{i}x}$. 故微分方程 $\frac{\mathrm{d}^2y}{\mathrm{d}x^2}-y=\sin x$ 有特解 $y_2^*=\operatorname{Im}y^*=-\frac{1}{2}\sin x$. 从而其通解为

$$y=C_1\mathrm{e}^x+C_2\mathrm{e}^{-x}-\frac{1}{2}\sin x.$$

由初始条件 $y(0)=0, y'(0)=\dfrac{3}{2}$ 可知，有

$$\begin{cases} C_1+C_2=0, \\ C_1-C_2-\dfrac{1}{2}=\dfrac{3}{2}. \end{cases}$$

由此解得 $C_1=1, C_2=-1$，故所求的特解为

$$y=\mathrm{e}^x-\mathrm{e}^{-x}-\frac{1}{2}\sin x. \blacksquare$$

4.7 教材配套小节习题参考解答

习题 4.1

习题4.1参考解答

1. 指出下列各微分方程的阶数.

(1) $(x^2-y)\mathrm{d}x+y\mathrm{d}y=0$;　　(2) $x(y')^2-2yy'-x=0$;

(3) $y'''+y'-2y^5=3x^2$;　　(4) $y^{(5)}-(y'')^3=xy'$.

2. 验证下列各函数是相应微分方程的解.

(1) $y=C\mathrm{e}^x, y''-2y'+y=0$ (C 是任意常数);

(2) $y=\dfrac{\sin x}{x}$， $xy'+y=\cos x$.

3. 试建立分别具有下列性质的曲线所满足的微分方程:

(1) 曲线上任一点的切线介于两坐标轴之间的部分被切点所平分;

(2) 曲线上任一点的切线的纵轴截距等于切点横坐标的平方.

习题 4.2

习题4.2参考解答

1. 求下列微分方程的解:

(1) $\dfrac{\mathrm{d}y}{\mathrm{d}x}=x\sqrt{1-y^2}$;　　(2) $\dfrac{\mathrm{d}y}{\mathrm{d}x}=\dfrac{\mathrm{e}^x\cos x}{y}$;　　(3) $(\mathrm{e}^{x+y}+\mathrm{e}^x)\mathrm{d}x+(\mathrm{e}^{x+y}-\mathrm{e}^y)\mathrm{d}y=0$.

2. 求下列初值问题的解:

(1) $y^2\mathrm{d}x+(x+1)\mathrm{d}y=0, y\big|_{x=0}=1$;　　(2) $y'\sin x=y\ln y, x=\dfrac{\pi}{3}$时， $y=\mathrm{e}$.

3. 求一条通过点 $(2,3)$ 的曲线，它在任意点 (x,y) 的切线介于坐标轴间的部分被切点分成相等的两段.

4. 镭的衰变与它的现存量 R 成正比，经过1600 年后，只余下原始量 R_0 的一半，试求镭的量 R 与时间 t 的关系.

5. 设非零连续函数 $y=y(x)$ 满足关系式 $\int_0^x xy(x)\mathrm{d}x=y^2$，试求函数 $y=y(x)$.

6. 求下列微分方程的通解:

(1) $y'+\frac{1}{x}y=e^{x}$;　(2) $y'+y\cos x=e^{-\sin x}$;

(3) $xy'+(1-x)y=e^{2x}$;　(4) $(x^{2}+1)y'+2xy=4x^{2}$.

7. 求下列初值问题的解.

(1) $xy'+y=\sin x, y\big|_{x=\frac{\pi}{2}}=1$;　(2) $x(x+1)y'-y-x(x+1)=0, y(1)=0$.

8. 求一曲线方程 $y=y(x)$，该曲线通过原点并且在任意点 (x,y) 处的切线斜率等于 $2x+y$.

9. 设连续函数 $y=y(x)$ 满足关系式 $y=e^{x}+\int_{0}^{x}y(t)dt$，试求函数 $y=y(x)$.

10. 设函数 $f(x)$ 可微，且满足关系式 $\int_{0}^{1}f(ux)du=\frac{1}{2}f(x)+1$，试求函数 $f(x)$.

习题 4.3

习题4.3参考解答

1. 求下列微分方程的通解.

(1) $\frac{dy}{dx}=\frac{y}{x}+\tan\frac{y}{x}$;　(2) $x\frac{dy}{dx}=y(1+\ln y-\ln x)$;　(3) $\frac{dy}{dx}+xy=x^{3}y^{3}$;

(4) $xdy-[y+xy^{3}(1+\ln x)]dx=0$;　(5) $(y^{3}x^{2}+xy)y'=1$;　(6) $\frac{dy}{dx}=\frac{x-y+1}{x+y-3}$.

2. 求初值问题的解：$xyy'=x^{2}+y^{2}, y\big|_{x=1}=2$.

3. 作适当的变量代换求解下列方程:

(1) $\frac{dy}{dx}=\frac{1}{(x+y)^{2}}$;　(2) $\frac{dy}{dx}=\sin^{2}(x-y+1)$.

习题 4.4

习题4.4参考解答

1. 求下列微分方程的通解.

(1) $y''=e^{x}+\sin x$;　(2) $y'''=xe^{x}$;　(3) $y''=y'+x$;

(4) $xy''+y'=0$;　(5) $y''=1+y'^{2}$.

2. 求下列微分方程满足初值条件的解.

(1) $(1+x^{2})y''=2xy', y\big|_{x=0}=1, y'\big|_{x=0}=3$;

(2) $y''=\frac{3x^{2}y'}{1+x^{3}}, y\big|_{x=0}=1, y'\big|_{x=0}=4$;

(3) $y^{3}y''+1=0, y\big|_{x=1}=1, y'\big|_{x=1}=0$.

3. 已知曲线 $y=y(x)$ 满足方程 $y''-\sqrt{1-y'^{2}}=0$，并且与曲线 $y=e^{-x}$ 相切于点 $(0,1)$，求该曲线方程.

4. 设子弹以 200m/s 的速度射入厚 0.1m 的木板，受到的阻力大小与子弹的速度成正比. 如果子弹穿出木板时的速度为 80m/s，求子弹穿过木板的时间.

5. 函数 $f(x)$ 在 $[0,+\infty)$ 上可导，$f(0)=1$，且满足 $f'(x)+f(x)-\dfrac{1}{x+1}\displaystyle\int_0^x f(t)\mathrm{d}t=0$.

(1) 试求导数 $f'(x)$；　　(2) 证明：当 $x\geqslant 0$ 时，有 $\mathrm{e}^{-x}\leqslant f(x)\leqslant 1$.

习题 4.5

习题4.5参考解答

1. 求下列微分方程的通解：

(1) $y''+y'=0$;　(2) $y''-9y=0$;　(3) $y''+y'-2y=0$;

(4) $y''+6y'+9y=0$;　(5) $y''+4y=0$;　(6) $4y''-20y'+25y=0$;

(7) $y'''-3ay''+3a^2y'-a^3y=0$;　(8) $y^{(4)}-5y''+4y=0$;　(9) $y^{(5)}-4y'''=0$.

2. 求下列微分方程满足初值条件的解：

(1) $y''-3y'-4y=0, y\big|_{x=0}=0, y'\big|_{x=0}=-5$;　(2) $4y''+4y'+y=0, y\big|_{x=0}=2, y'\big|_{x=0}=0$;

(3) $y''+4y'+29y=0, y\big|_{x=0}=0, y'\big|_{x=0}=15$;

(4) $y'''+2y''+y'=0, y\big|_{x=0}=2, y'\big|_{x=0}=0, y''\big|_{x=0}=-1$.

3. 求微分方程 $y'''-y'=0$ 的一条积分曲线，使此曲线在原点处有拐点，且以 $y=2x$ 为切线.

4. 一个单位质量的质点在数轴上运动，开始时质点在原点 O 处且速度为 v_0，在运动过程中，它受到一个力的作用，这个力的大小与质点到原点的距离成正比(比例系数 $k_1>0$)，而方向与速度一致，有介质阻力与速度成正比(比例系数 $k_2>0$)，求反映该质点运动规律的函数.

5. 求下列微分方程的通解.

(1) $y''-2y'-3y=3x+1$;　(2) $y''-4y'+3y=\mathrm{e}^{-x}$;

(3) $y''-6y'+9y=\mathrm{e}^{3x}(x+1)$;　(4) $y''-2y'+5y=\mathrm{e}^{x}\sin 2x$;

(5) $y''-3y'+2y=\mathrm{e}^{x}(1-2x)$;　(6) $y''-3y'+2y=\sin^2 x$;

(7) $x''+x=\mathrm{e}^{t}+\cos t$.

6. 求下列微分方程满足初值条件的解：

(1) $y''-2y'=\mathrm{e}^{2x}, y\big|_{x=0}=0, y'\big|_{x=0}=1$;　(2) $y''+9y=6\mathrm{e}^{3x}, y\big|_{x=0}=0, y'\big|_{x=0}=0$.

7. 设函数 $\varphi(x)$ 可微，且满足关系式 $\varphi(x)=\mathrm{e}^{x}+\displaystyle\int_0^x (t-x)\varphi(t)\,\mathrm{d}t$，试求函数 $\varphi(x)$.

习题 4.6

习题4.6参考解答

求下列方程的通解.

(1) $x^2y''+xy'-y=0$;　(2) $x^2y''+3xy'+y=0$.

总习题四参考解答

1. 单项选择题.

(1) 方程 $y'''-x^2y''-x^5=1$ 通解应含有独立常数的个数为(　　).

(A) 2　　(B) 3　　(C) 4　　(D) 5

(2) $x\mathrm{d}y+(y-y^2\ln x)\mathrm{d}x=0$ 是属于(　　).

(A) 可分离变量方程　(B) 伯努利方程　(C) 一阶线性方程　(D) 齐次方程

(3) 方程 $y'=|xy|(x<0)$ 满足初始条件 $y\big|_{x=-\sqrt{2}}=\dfrac{1}{\mathrm{e}}$ 的解为(　　).

(A) $y=\mathrm{e}^{-\frac{x^2}{2}}+C$　(B) $y=\mathrm{e}^{\frac{x^2}{2}}$　(C) $y=\mathrm{e}^{-\frac{x^2}{2}}$　(D) $y=C\mathrm{e}^{-\frac{x^2}{2}}$

(4) 设可导函数 $f(x)$ 满足方程 $f(x)=\int_0^{2x}f\left(\dfrac{t}{2}\right)\mathrm{d}t+\ln 2$，则函数 $f(x)=$(　　).

(A) $\mathrm{e}^x\ln 2$　(B) $\mathrm{e}^{2x}\ln 2$　(C) $\mathrm{e}^x+\ln 2$　(D) $\mathrm{e}^{2x}+\ln 2$

(5) 设可导函数 $f(x)$ 满足方程 $\int_0^1 f(tx)\mathrm{d}t=nf(x)(n\in\mathbb{N}^*)$，则函数 $f(x)=$(　　).

(A) $Cx^{\frac{1-n}{n}}$　(B) C　(C) $C\sin(nx)$　(D) $C\cos(nx)$

解　(1) 应该选择(B), 因为这是一个 3 阶微分方程.

(2) 应该选择(B), 因为方程可以改写成 $\dfrac{\mathrm{d}y}{\mathrm{d}x}+\dfrac{y}{x}=y^2\dfrac{\ln x}{x}$.

(3) 应该选择(C), 因为(A)和(D)不是特解, 而(B)不满足初始条件, 只有(C)满足所有条件.

(4) 应该选择(B), 因为由所给方程两边令 $x=0$ 可得 $f(0)=\ln 2$；又由原方程可以得到

$$f(x)=\int_0^{2x}f\left(\frac{t}{2}\right)\mathrm{d}t+\ln 2\overset{u=\frac{t}{2}}{=\!=\!=}2\int_0^x f(u)\mathrm{d}u+\ln 2.$$

上式两边关于 x 求导得 $f'(x)=2f(x)$. 从而 $f(x)=C\mathrm{e}^{2x}$. 再由 $f(0)=\ln 2$ 可知, $C=\ln 2$. 故选择(B).

(5) 应该选择(A), 因为由方程 $\int_0^1 f(tx)\mathrm{d}t=nf(x)(n\in\mathbb{N}^*)$ 可得

$$nxf(x)=\int_0^1 f(tx)x\mathrm{d}t=\int_0^x f(u)\mathrm{d}u,$$

两边关于 x 求导得, $nxf'(x)=(1-n)f(x)$. 这是一个一阶齐次线性微分方程, 其通解正是 $f(x)=Cx^{\frac{1-n}{n}}$. ■

2. 填空题.

(1) 微分方程中出现的未知函数的____________称为微分方程的阶数.

(2) 下列方程是否为微分方程？如果是则指出其阶数.

1) $x^2y''-xy'+y=0$ __________.

2) $x(y')^2+2yy'+x=0$ __________.

3) $\dfrac{\mathrm{d}y}{\mathrm{d}x}+\mathrm{d}y=0$ __________.

4) $\frac{d^3y}{dx^3}+\left(\frac{dy}{dx}\right)^5=0$ ____________.

(3) $y=C_1\ln x^{C_2}$ ______(是、不是)方程 $xy''+y'=0$ 的解, ________(是、不是)它的通解, _______(是、不是)它的特解.

(4) 设二阶常系数线性微分方程有三个特解 $y_1=x+\sin x, y_2=x+\cos x, y_3=x$, 则该方程的通解为 __________________.

(5) 设二阶常系数线性微分方程 $y''+py'+qy=\mu e^x$ 有一个特解 $y=e^{2x}+(1+x)e^x$, 则常数 $p=$ _, $q=$ _, $\mu=$ _.

解 (1) 导数或微分的最高阶数.

(2) 1) 二阶微分方程; 2) 一阶微分方程; 3) 非微分方程; 4) 三阶微分方程.

(3) 是; 不是; 不是.

(4) $y=C_1\sin x+C_2\cos x+x$.

由线性微分方程解的结构知识可知, $y_1-y_3=\sin x, y_2-y_3=\cos x$ 是对应齐次线性微分方程的解, 这两个解还线性无关, 因此该微分方程的通解为 $y=C_1\sin x+C_2\cos x+x$.

(5) −3; 2; −1.

将特解 $y=e^{2x}+(1+x)e^x$ 代入微分方程 $y''+py'+qy=\mu e^x$ 可得

$$(4+2p+q)e^{2x}+[3+x+p(2+x)+q(1+x)-\mu]e^x\equiv 0,$$

由于上式是恒等式, 且 e^{2x} 与 e^x 线性无关, 故必有

$$(4+2p+q)=0,\quad 3+x+p(2+x)+q(1+x)-\mu\equiv 0,$$

进而有

$$\begin{cases}4+2p+q=0,\\3+2p+q-\mu=0,\\1+p+q=0,\end{cases}$$

于是可解得 $p=-3, q=2, \mu=-1$. ■

3. 求下列微分方程的通解.

(1) $x^2\frac{dy}{dx}=xy-y^2$;

(2) $\frac{dy}{dx}+y\frac{d\varphi}{dx}=\varphi(x)\frac{d\varphi}{dx}$($\varphi(x)$为已知可导函数);

(3) $y''-2y'+3y=\sin x+e^{2x}$.

解 (1) 当 $x\neq 0$ 时, 方程可改写成

$$\frac{dy}{dx}=\frac{y}{x}-\left(\frac{y}{x}\right)^2,$$

这是一个一阶齐次微分方程, 令 $\frac{y}{x}=u$, 则上述方程可化为

$$u + x\frac{\mathrm{d}u}{\mathrm{d}x} = u - u^2, \quad 即\, x\frac{\mathrm{d}u}{\mathrm{d}x} = -u^2,$$

这是可分离变量的微分方程, 分离变量并积分, 可得

$$\int \frac{\mathrm{d}u}{-u^2} = \int \frac{\mathrm{d}x}{x}, \quad 即\, \frac{1}{u} = \ln|x| + C,$$

将 $u = \frac{y}{x}$ 代入上式, 可得原方程的通解为

$$x = y(\ln|x| + C).$$

(2) 原方程可改写为

$$\frac{\mathrm{d}y}{\mathrm{d}\varphi}\cdot\frac{\mathrm{d}\varphi}{\mathrm{d}x} + y\frac{\mathrm{d}\varphi}{\mathrm{d}x} = \varphi(x)\frac{\mathrm{d}\varphi}{\mathrm{d}x},$$

若 $\varphi(x) = C$, 则原方程等价于 $\frac{\mathrm{d}y}{\mathrm{d}x} = 0$, 其通解为 $y = C'$. 否则, 原方程等价于

$$\frac{\mathrm{d}y}{\mathrm{d}\varphi} + y = \varphi(x),$$

这是一个一阶线性微分方程, 其通解为

$$y = \mathrm{e}^{-\int \mathrm{d}\varphi}\left[\int \varphi\cdot\mathrm{e}^{\int \mathrm{d}\varphi}\mathrm{d}\varphi + C\right] = \mathrm{e}^{-\varphi}\left[\int \varphi\cdot\mathrm{e}^{\varphi}\mathrm{d}\varphi + C\right] = \mathrm{e}^{-\varphi}[(\varphi-1)\mathrm{e}^{\varphi} + C] = (\varphi-1) + C\,\mathrm{e}^{-\varphi},$$

由于上述通解包含了 $\varphi(x) = C$ 时所对应的解 $y = C'$. 因此无论 $\varphi(x) = C$ 是否为真, 原方程的通解都是

$$y = \varphi(x) - 1 + C\,\mathrm{e}^{-\varphi(x)}.$$

(3) 这是一个二阶非齐次线性微分方程, 其特征方程为 $r^2 - 2r + 3 = 0$, 特征根为 $r = 1 \pm \sqrt{2}\mathrm{i}$. 因此对应的齐次线性微分方程的通解为

$$Y = \mathrm{e}^{x}\left[C_1\cos\sqrt{2}x + C_2\sin\sqrt{2}x\right].$$

① 由于 2i 不是特征值, 故可设 $y'' - 2y' + 3y = \mathrm{e}^{2\mathrm{i}x}$ 的特解为 $y_* = a\,\mathrm{e}^{2\mathrm{i}x}$. 代入方程并整理可得

$$((2\mathrm{i})^2 - 2(2\mathrm{i}) + 3)a = 1, \quad 即有\, a = \frac{1}{-1-4\mathrm{i}} = \frac{-1+4\mathrm{i}}{17},$$

故

$$y_* = \frac{-1+4\mathrm{i}}{17}\mathrm{e}^{2\mathrm{i}x} = \left(-\frac{1}{17}\cos 2x - \frac{4}{17}\sin 2x\right) + \mathrm{i}\left(-\frac{1}{17}\sin 2x + \frac{4}{17}\cos 2x\right).$$

于是微分方程 $y'' - 2y' + 3y = \sin 2x$ 有特解

$$y_1^* = \operatorname{Im} y_* = -\frac{1}{17}\sin 2x + \frac{4}{17}\cos 2x.$$

② 由于 2 不是特征根, 因此可设微分方程 $y'' - 2y' + 3y = \mathrm{e}^{2x}$ 的特解为 $y_2^* = b\,\mathrm{e}^{2x}$. 代

入方程并整理可得 $b=\frac{1}{3}$，因此 $y_2^*=\frac{1}{3}e^{2x}$.

由①、②及线性微分方程解的结构知识可知，原微分方程有特解

$$y^*=y_1^*+y_2^*=-\frac{1}{17}\sin 2x+\frac{4}{17}\cos 2x+\frac{1}{3}e^{2x},$$

从而原微分方程的通解为

$$\begin{aligned}y&=e^x\left[C_1\cos\sqrt{2}x+C_2\sin\sqrt{2}x\right]+y^*\\&=e^x\left[C_1\cos\sqrt{2}x+C_2\sin\sqrt{2}x\right]-\frac{1}{17}\sin 2x+\frac{4}{17}\cos 2x+\frac{1}{3}e^{2x}.\end{aligned}$$ ■

4. 试求出以 $y_1=x, y_2=\cos 2x$ 为特解的二阶齐次线性微分方程.

解　设所求的二阶齐次线性微分方程为

$$y''+p(x)y'+q(x)y=0.$$

将特解 $y_1=x, y_2=\cos 2x$ 分别代入上述方程，可得

$$\begin{cases}p(x)+q(x)x=0,\\-4\cos 2x-2p(x)\sin 2x+q(x)\cos 2x=0,\end{cases}$$

由此经消元法可解得

$$\begin{cases}q(x)=\dfrac{4\cot 2x}{2x+\cot 2x},\\p(x)=\dfrac{4x\cot 2x}{2x+\cot 2x},\end{cases}$$

因此所求微分方程为

$$y''-\frac{4x\cot 2x}{2x+\cot 2x}y'+\frac{4x\cot 2x}{2x+\cot 2x}y=0,$$

即

$$(2x+\cot 2x)y''-4xy'\cot 2x+4y\cot 2x=0.$$ ■

5. 求通过点 $(1,1)$ 的曲线 $y=y(x)$，使其在区间 $[1,x]$ 上所形成的曲边梯形面积的值等于该曲线中的横坐标 x 与纵坐标 y 之积的 2 倍减去 $2(x>1, y>0)$.

解　由题设条件可知，曲线 $y=y(x)$ 满足如下方程

$$\begin{cases}\int_1^x y(x)dx=2xy-2 \quad (x>1),\\y(1)=1,\end{cases}$$

对方程 $\int_1^x y(x)dx=2xy-2$ 两边关于 x 求导可得

$$2xy'+y=0.$$

由此可得

$$y = C\mathrm{e}^{\int -\frac{1}{2x}\mathrm{d}x} = C\mathrm{e}^{-\frac{1}{2}\ln x} = \frac{C}{\sqrt{x}},$$

由 $y(1)=1$ 可得，$C=1$．因此所求曲线方程为 $y=\dfrac{1}{\sqrt{x}}$．■

6. 设可导函数 $f(x)$ 满足方程

$$f(x) = \cos 2x + \int_0^x f(t)\sin t\mathrm{d}t,$$

试求函数 $f(x)$．

解 这是一个积分方程，本身蕴含有初值条件．在方程中令 $x=0$，可得 $f(0)=\cos 0=1$．对原方程两边关于 x 求导可得

$$f'(x) = -2\sin 2x + f(x)\sin x, \quad 即\ f'(x) - f(x)\sin x = -2\sin 2x,$$

这是一个一阶非齐次线性微分方程，其通解为

$$\begin{aligned} f(x) &= \mathrm{e}^{\int \sin x\mathrm{d}x}\left[\int -2\sin 2x\cdot \mathrm{e}^{-\int \sin x\mathrm{d}x}\mathrm{d}x + C\right] = \mathrm{e}^{-\cos x}\left[-4\int \sin x\cos x\cdot \mathrm{e}^{\cos x}\mathrm{d}x + C\right] \\ &= \mathrm{e}^{-\cos x}\left[4\int \cos x\cdot \mathrm{e}^{\cos x}\mathrm{d}\cos x + C\right] = \mathrm{e}^{-\cos x}[4(\cos x - 1)\cdot \mathrm{e}^{\cos x} + C] \\ &= 4(\cos x - 1) + C\mathrm{e}^{-\cos x}, \end{aligned}$$

由 $f(0)=1$ 可知，$C=\mathrm{e}$，因此 $f(x)=4(\cos x-1)+\mathrm{e}^{1-\cos x}$．■

7. 设可导函数 $f(x)$ 满足方程

$$f(x) = \sin x - \int_0^x (x-t)f(t)\mathrm{d}t,$$

试求函数 $f(x)$．

解 首先，方程 $f(x)=\sin x-\int_0^x (x-t)f(t)\mathrm{d}t$ 可以改写成

$$f(x) = \sin x - x\int_0^x f(t)\mathrm{d}t + \int_0^x tf(t)\mathrm{d}t.$$

在上式中令 $x=0$，可得 $f(0)=\sin 0=0$．方程两边关于 x 求导可得

$$f'(x) = \cos x - \int_0^x f(t)\mathrm{d}t,$$

在上式中再令 $x=0$，可得 $f'(0)=\cos 0=1$．再对上述方程两边关于 x 求导又可得

$$f''(x) = -\sin x - f(x), \quad 即\ f''(x) + f(x) = -\sin x,$$

这是关于函数 $f(x)$ 的二阶常系数非齐次线性微分方程，其特征方程为 $r^2+1=0$，特征根为 $r=\pm\mathrm{i}$．设微分方程 $y''+y=-\mathrm{e}^{\mathrm{i}x}$ 的特解为 $y_*=ax\mathrm{e}^{\mathrm{i}x}$，代入方程并整理可得 $2\mathrm{i}a=-1$，从而 $a=-\dfrac{1}{2\mathrm{i}}=\dfrac{1}{2}\mathrm{i}$．因此

$$y_* = \frac{1}{2}\mathrm{i}x\mathrm{e}^{\mathrm{i}x} = -\frac{1}{2}x\sin x + \mathrm{i}\left(\frac{1}{2}x\cos x\right),$$

由此可知, 方程 $f''(x)+f(x)=-\sin x$ 有特解

$$f^*(x) = \mathrm{Im}\, y_* = \frac{1}{2}x\cos x,$$

故

$$f(x) = C_1\cos x + C_2\sin x + \frac{1}{2}x\cos x,$$

由 $f(0)=0, f'(0)=1$ 可得 $\begin{cases} C_1 = 0, \\ C_2 + \dfrac{1}{2} = 0, \end{cases}$ 解得 $C_1=0, C_2=\dfrac{1}{2}$. 故所求函数

$$f(x) = \frac{1}{2}\sin x + \frac{1}{2}x\cos x. ■$$

8. 质量为 1 克的质点受到外力作用做直线运动, 这个力的大小和时间成正比, 和质点运动速度成反比, 在 $t=10$ 秒时, 速度等于 50 厘米/秒, 外力等于 4 克 · 厘米/秒 ^{2}. 问从运动开始经过 1 分钟后该质点的速度是多少?

解 设质点从运动开始经过 t 秒钟所受外力为 $F(t)$, 位移为 $s(t)$, 速度为 $v(t)$. 则由假设, 应有

$$F(t) = k\frac{t}{v(t)}, \quad s(0)=0, \quad v(10)=50, \quad F(10)=4.$$

由于 $v(t)=\dfrac{\mathrm{d}s}{\mathrm{d}t}$, 且由牛顿运动定律知, $F(t)=m\dfrac{\mathrm{d}v}{\mathrm{d}t}$. 由已知条件知, $m=1$. 因此有

$$\frac{\mathrm{d}v}{\mathrm{d}t} = k\frac{t}{v(t)}.$$

分离变量并积分可得

$$\int v\mathrm{d}v = \int kt\mathrm{d}t, \quad 即有\ v^2 = kt^2 + C,$$

将条件 $v(10)=50, F(10)=4$ 代入上述对应各式, 可得: $k=20, C=500$. 因此有

$$v = \sqrt{20t^2+500},$$

最后, 将 $t=1$ 分钟= 60 秒代入上式, 得

$$v(60) = \sqrt{20\times 3600+500} = 50\sqrt{29}(厘米/秒). ■$$